“十二五”职业教育国家规划教材
经全国职业教育教材审定委员会审订



# 绿色食品生产与实训

鞠剑峰　主编

中国农业大学出版社
·北京·

## 内容简介

《绿色食品生产与实训》教材，立足生产岗位，以工作过程为主线，知识与技能并重，将学习内容分为岗前准备、绿色食品生产岗位和绿色食品质量及其监控岗位3个相对独立部分，较好地融入了绿色食品基本知识、绿色食品产地的选择与建设、绿色食品生产资料、绿色食品生产技术基础、绿色食品的产品质量监控、绿色食品标志管理及认证等方面的知识和技能，旨在使学生在本教材的引领下，学习必要知识，了解生产过程，形成必要技能，养成一定职业素养。

**图书在版编目(CIP)数据**

绿色食品生产与实训 / 鞠剑峰主编. — 北京：中国农业大学出版社，2016.8
ISBN 978-7-5655-1618-4

Ⅰ.①绿… Ⅱ.①鞠… Ⅲ.①绿色食品－生产技术－高等学校－教材 Ⅳ.①TS2

中国版本图书馆CIP数据核字(2016)第158264号

**书　名** 绿色食品生产与实训
**作　者** 鞠剑峰　主编

**策划编辑** 陈　阳　伍　斌　　**责任编辑** 田树君
**封面设计** 郑　川　　**责任校对** 王晓凤
**出版发行** 中国农业大学出版社
**社　址** 北京市海淀区圆明园西路2号　　**邮政编码** 100193
**电　话** 发行部 010-62818525，8625　　读者服务部 010-62732336
编辑部 010-62732617，2618　　出 版 部 010-62733440
**网　址** http://www.cau.edu.cn/caup　　**E-mail** cbsszs @ cau.edu.cn
**经　销** 新华书店
**印　刷** 北京鑫丰华彩印有限公司
**版　次** 2016年8月第1版　2016年8月第1次印刷
**规　格** 787×1 092　16开本　24.75印张　605千字
**定　价** 52.00元

# 中国农业大学出版社
# “十二五”职业教育国家规划教材
# 建设指导委员会专家名单
## （按姓氏拼音排列）

# 编审人员
# CONTRIBUTORS


主　编　鞠剑峰

副主编　米志鹏　孙连双

编　者　（按姓氏笔画排序）

任学坤　孙连双　米志鹏

何晓亮　鞠剑峰

主　审　黄晓梅

# 前言
# PREFACE

绿色食品事业是朝阳产业，绿色食品产品是21世纪主流食品，顺应了人们随着生活水平和消费水平的提高，追求健康、绿色、营养保健消费意识的趋势，顺应了人们饮食结构从数量型向优质型转变的趋势，满足了人们对安全、营养食品的需求。因此，进行绿色食品生产是生产者必备的能力。

《绿色食品生产与实训》教材，立足生产岗位，以工作过程为主线，知识与技能并重，将学习内容分为岗前准备、绿色食品生产岗位和绿色食品质量及其监控岗位3个相对独立部分，较好地融入了绿色食品基本知识、绿色食品产地的选择与建设、绿色食品生产资料、绿色食品生产技术基础、绿色食品的产品质量监控、绿色食品标志管理及认证等方面的知识和技能，旨在使学生在本教材的引领下，学习必要知识，了解生产过程，形成必要技能，养成一定职业素养。

本书岗前准备的单元一、二、三由鞠剑峰编写，岗位一的单元一、二、四由孙连双编写，岗位一的单元三及岗位二的单元一由米志鹃编写，岗位二的单元二由任学坤编写，岗位二的单元三、四由何晓亮编写。全书由鞠剑峰统稿，由黄晓梅审稿。

由于绿色食品事业发展速度快，开发时间较短，尚未形成完整的体系，这方面的资料较少，加之我们水平所限，不当之处在所难免，敬请专家批评指正。在编写过程中得到了中国农业大学出版社、黑龙江农业职业技术学院、黑龙江生物科技职业学院、黑龙江职业学院等单位及诸多方面的大力支持，在此一并表示感谢。

编写组

2016年1月

# 目录 CONTENTS

## 岗前准备　绿色食品生产基础



## 岗位一　绿色食品生产

## 岗位二 绿色食品质量及其监控

# 岗前准备　绿色食品生产基础

单元一　绿色食品产业

单元二　绿色食品基本知识

单元三　安全农产品概况

# 单元一

# 绿色食品产业

**学习目标**

- 了解食品污染的现状及对人类生存构成的巨大威胁，理解绿色食品产生的必然性，掌握绿色食品发展趋势。

**知识要点**

- 食品污染的普遍性、危害性、长期性；绿色食品的产生是社会发展的必然，是社会进步的标志；绿色食品产生的国际、国内背景，绿色食品发展现状、趋势。

**技能要点**

- 实例分析食品污染及其形成的原因，列举其主要危害。

# 项目一　绿色食品的产生及发展

## 【你知道吗】

1962年，美国海洋生物学家R.卡逊女士通过调查，以自己的家乡美国密歇根州东辛兰市为消灭榆树甲虫，使用DDT农药，秋天树叶落地，蠕虫吃落叶，春天布谷鸟吃蠕虫，在一星期内布谷鸟全部死掉，春天听不到鸟叫，而出版了一本书叫《寂静的春天》。书中写道："全世界遭受治虫药物的污染，化学品已侵入万物赖以生存的水中，渗入土壤并且在植物上布成一层有害的薄膜……"

## 【知识与技能】

### 一、食品污染与人类生存

食品、空气和水共同构成保障人体健康的三大要素，食物的营养成分是构成人体组织和免疫系统的基本物质。食物的好坏直接影响到每一个人的健康状况。随着现代工业革命的兴起，食物这一维系人类生命健康的物质，愈来愈变得不安全起来。来自各个方面的污染，通过生产、加工、贮存、包装等环节破坏了食品的安全性，已经和正在吞噬着人类的健康。人类痛苦地感到，食品污染已经成为一个世界性的问题。

据世界卫生组织的报告显示，仅在发达国家，每年就有30%的居民因食物污染而致病。在德国，仅2003年就有62 836人次感染沙门氏菌，47 546人次因感染了大肠弯曲菌而得了肠炎，因不洁饮食而生病的有20万例左右。虽然在发展中国家没有相应的统计数据，但世界卫生组织专家预测，其数字会比发达国家的还高。世界上每年因食用污染食物和饮用不洁水而死亡的人数达180万人。对于儿童、老人和体弱者来说，饮食污染的危害更大。在一些国家里，由于大量滥用抗生素导致许多病菌产生了抗药性。美国每年约有7 200万人发生食源性疾病(即食物中毒)，占总人口的30%左右，造成约3 500亿美元的经济损失。英国自1986年公布发生疯牛病以后，1987—1999年期间证实的疯牛病病牛达17万头，英国的养牛业、饲料业、屠宰业、牛肉加工业、奶制品工业、肉类零售业无不受到严重打击。仅禁止进出口一项，英国每年就损失52亿美元。比利时发生的二噁英污染事件不仅造成了比利时的动物性食品被禁止上市并被大量销毁，而且导致世界各国禁止其动物性产品的进口，据估计，其经济损失达13亿欧元。这些食品安全问题造成了巨额经济损失。在所有环境污染对人类健康的危害中，食品污染的危害最大、最直接。目前，在世界范围内，食品污染问题日益尖锐、突出。

1. 食品污染

食品污染是指在食品生产及经营过程中，各种无机的、有机的以及生物的可能对人体健康产生危害的物质介入食品的现象。微生物性污染和化学性污染是食品污染的主要形式。

食品给人类带来两方面的作用：一方面为人们提供所需的蛋白质、脂肪、碳水化合物、维生素、矿物质等各种营养素，以保证人们机体正常的生长发育、生理功能和生活活动及生产劳动的需要；另一方面，食品在动、植物的生长过程中或在加工、贮藏、运输、销售、烹饪直到食用前的各个环节中，由于生物、化学及物理等方面因素的作用，增加或产生了某种或某些原先没有的物质，或增加了食品中原有的物质，以至超过允许限量，造成食品污染。食品由于污染降低了卫生质量或失去营养价值，并可对人体健康产生不同程度的急性、慢性或潜在性危险，甚至有“三致作用”(致癌、致畸、致突变作用)。

2. 食品污染的种类

食品污染按性质分为 3 种类型：生物性食品污染、化学性食品污染和放射性食品污染。

(1)生物性食品污染

主要是食品受到细菌、霉菌等有害微生物及其毒素或寄生虫卵污染，造成食品腐蚀、食品中毒、使人体染上各种传染病和寄生虫病。

(2)化学性食品污染

主要是食品受到各种有害的无机或有机化合物或人工合成物污染，造成人体急、慢性中毒和潜在的远期影响危害。主要为农用化学物质、食品添加剂、食品包装容器和工业废弃物的污染，汞、镉、铅、砷、氰化物、有机磷、有机氯、亚硝酸盐和亚硝胺及其他有机或无机化合物等所造成的污染。各种有机磷农药通过食品污染造成的急性中毒；“六六六”和 DDT 农药通过食品污染造成肝脏、肾脏、神经系统的慢性和潜在的远期影响。随着高效、低毒、低残留农药的研制及投入使用和一些高毒高残留农药禁止使用，农药在食品中的残留问题也将得到改善。目前，兽药和植物激素在食品中的残留成为食品污染的新焦点。塑料在加工过程中加入增塑剂、稳定剂、抗氧化剂、抗静电剂、抗紫外线剂等，当塑料作为食品包装和食品容器接触食品时，也可能由于这些添加剂导致食品不同程度的污染，并对人体带来危害。

(3)放射性食品污染

当食品吸附的人为放射性物质高于自然界本身存在的放射性物质时，食品就出现放射性污染。常见的是碘 131 对牛奶的放射性污染，这种污染可引起人的甲状腺损伤和诱发甲状腺癌。还有一些物质，通过食品污染进入人体，可产生“三致作用”，如甲基汞、DDT、氯丹等可致畸；烷基汞化合物、狄氏剂等可致突变；黄曲霉毒素、多环芳烃化合物、亚硝胺化合物等可致癌。

3. 食品污染的原因

导致食品污染的因素主要有两大方面：一方面是由于人类自身的生产及生活活动使人类赖以生存的环境(大气、水、土壤等)受到不同程度的污染，而自然界中的动、植物又将这些有害污染物质连同所需物质一同沿食物链逐级向上传递、富集，形成不同程度的污染食品；另一方面是食品在生产、包装、贮运、销售和烹调等过程中人为造成的污染。

(1)环境污染引起食品污染

由于环境污染及环境退化对地球上所有生命构成了不同程度的威胁，其中对人类健康及生存最直接的危害就是导致食品污染。我国环境污染相当严重，据环境质量监测结果显示，我国七大水系、湖泊、水库、部分地区地下水和近岸海域已受到不同程度的污染。据统计有 80% 的工业废水未经处理就直接排入江河、湖泊，或用于灌溉农田、养殖鱼虾等。含有各种农药、化肥、杀虫剂的灌溉用水，家庭和工厂排出的污水、垃圾等污染物，均以沟渠、下水道的形式排入江河、湖泊、大海，使水生物的生长环境十分恶劣。首先是浮游生物被污染。因为浮游生物具有较强的吸附功能，它在进行生命代谢的同时，将水中的部分有毒、有害物质吸收到自己体内，又将有毒、有害物质传递给以浮游生物为食的各类水生生物，然后通过食物链的聚集、浓缩，最后到达顶端——人体，从而引起人类的慢性或急性中毒，甚至危害子孙后代。例如20世纪50年代的日本，就因水俣病而导致了世界上第一例因环境污染而诱发的先天畸形病。20世纪80年代发生在上海的甲肝流行事件，就是因携带甲肝病毒的粪便污染了水域，造成毛蚶污染而引起的。

在现代农业生产中大量施用了化肥、农药以及各种生长调节剂。植物大量吸收氮肥后会以硝酸盐的形式储存在体内，造成硝酸盐和亚硝酸盐的污染。尤其是蔬菜被大量硝酸盐污染后，会对人体健康构成直接威胁。大量施用的农药在杀死害虫的同时，会在农作物上残留，长期食入残留农药、化学杀虫剂的食品，会在体内蓄积引发中毒。由于长期施用农药，使病原物产生抗药性，有些农药甚至用量达到了对人体都能引发中毒的剂量，却不能将害虫杀死。另外，大多农产品内含有相当量的生长激素，肉类食品中含有相当量的抗生素。

近年来，我国畜禽养殖业发展到相当规模，但畜禽排放的大量粪尿与养殖场的大量废水，大多未经妥善处理即直接排放，这对周围环境及一些水体造成极其严重的污染。如果用这些污水来灌溉农田，就会造成许多有毒物质进入农作物(粮食、蔬菜、水果等)体内，长时间积累下来后再被人体摄入。如果用被污染的农产品喂养家畜、家禽等，也同样会造成有毒物质在这些动物体内积存，然后再通过食品而转入人体，危害健康。

人和动物是一个食物链上的生物，动物食入有毒、有害的物质，会残留在动物的肉、奶、蛋、内脏中，当人们吃动物食品时，这些有害、有毒物质都会被人吸收，从而对人体的健康构成危害。

饮用水情况也相当严峻。我国广大农村仍有不少人口直接饮用江、河、湖泊中的水，倘若这些水体被污染，那么人体就直接受到危害，不是造成急性中毒，就是引起慢性危害。如果城镇居民饮用水供水系统发生了化学、生物等污染，将对饮用者的健康产生长期影响，甚至导致重大事故。

(2)人为污染引起食品污染

在禽、畜喂养过程中有些养殖户为降低成本，用变了质的农副产品作饲料，在饲料中加入抗生素类物质和自制的添加剂等。有的还用“肠粉”和“血粉”代替鱼粉作为蛋白饲料。为了家禽、家畜长得快、出肉率高而大量使用添加剂、抗生素和激素等。这些抗生素一部分残留在动物体内，这就是食物的抗生素污染。当人食入这种动物的肉、奶、蛋时，也间接地食入了这些抗生素。长期食用的后果是使人产生抗药性；破坏人体内正常的微生态平衡，造成“肠道菌群失调症”；有时可能造成严重的抗生素过敏反应。

随着污染日趋严重，空气质量下降，环境中的有毒物质和致癌物质越来越多，合乎标准的安全食品和饮用水越来越少，由环境污染导致的疾病发生率出现上升趋势，甚至出现了一些罕见的和奇特的疾病，残酷的事实已到了令人焦虑的程度，而比这更加令人焦虑的是全社会环保意识的严重滞后和管理混乱。

有一些对人体有害的化学元素过去隐藏在地壳中，由于近代科学技术水平的发展，自然资源大量应用，这些有害的化学元素大量进入了人类环境。古代对元素的应用只有20种，18世纪应用了近100多种，而现代人们已将发现的化学元素几乎全部都应用了。全世界每年进入人类环境的汞有1万多t。汞(水银)常温下为银白色有毒液体，用以制作水银灯、温度计、气压计，误服含汞化合物或长期吸入汞蒸气会引起的中毒，急性者表现为腹痛、腹泻、血尿等症状，慢性者主要表现口腔炎等症状；每年从汽油中放出的四基铅有 80 万 t。铅及其化合物均有毒，中毒途径主要是由呼吸吸入铅、铅蒸气或口服铅化物，主要表现为肠绞痛、贫血、瘫痪等症状。镉有 20 万 t。镉为银白色，用于原子工业，也用于电镀等。这些进入人类环境的化学元素，造成水源、大气、土壤和食品等广泛的污染，20 世纪 50 年代和 20 世纪 60 年代的资本主义国家这是一个非常严重的公害问题，在震惊世界的所谓 8 件大公害事中，至少有 3 件是食品污染造成的。日本政府曾经公布的 4 种内参公害病中，除哮喘病外，水俣病（甲基汞慢性中毒）、骨痛病（镉慢性中毒）和慢性砷中毒 3 种都是由食品污染造成的。

在人类为现代经济增长造成的环境污染付出沉重的健康代价的同时，商家为牟取暴利而人为造成的食品污染使现代人付出了更为惨重的代价。

4. *食品污染的危害*

主要表现为对人体健康的危害，如果一次大量摄入受污染的食品，可引起食物中毒，如细菌性食物中毒、农药食物中毒和霉菌毒素中毒等。长期（一般指半年到一年以上）少量摄入含污染物的食品，即可引起慢性中毒。造成慢性中毒的原因较难追查，但影响又更广泛。例如，摄入残留有机汞农药的粮食数月后，会出现周身乏力、尿汞含量增高等症状；长期摄入微量黄曲霉毒素污染的粮食，能引起肝细胞变性、坏死、脂肪浸润和胆管上皮细胞增生，甚至发生癌变。某些食品污染物还具有致突变作用。食品污染已严重威胁到人类健康，而遵循可持续发展原则，生产无污染的安全、优质、营养类食品——绿色食品及其同类产品，才是中国农业的发展方向。

## 【实习实训】

1. 小组讨论归纳食品污染主要有哪些种类？
2. 小组讨论列举你身边人为污染引起食品污染的实例。

## 【自我训练】

1. 分析了解食品污染概念构成要因。
2. 通过新闻、网络等查找食品污染的实例。
3. 选一食品污染实例分析其形成的原因并列举其主要危害。

## 【专业大事记】

### 世界环境污染最著名的“八大公害”事件(一)

1. 马斯河谷事件：比利时马斯河谷工业区处于狭窄盆地中，因为地形的关系，工厂排出的有害气体（主要是二氧化硫）和粉尘不能及时地散发出去，而在近地层长期积累下来。1930 年 12 月 1～5 日发生气温逆转，大气中二氧化硫浓度高达 25～100 $mg/m^3$。3 d 后，有人开始发病，症状为胸痛、咳嗽、呼吸困难等。在接下来的 1 周内，有 60 多人相继死亡，其中心脏病和肺病患者的死亡率最高。家畜的死亡率也大大增高。这次事件主要是由于几种有害气体和煤烟粉尘污染的综合作用所致。

2. 洛杉矶光化学烟雾事件：洛杉矶临海依山，处于50 km长的盆地中。1936年在洛杉矶开采出石油后，刺激了当地汽车业的发展。至20世纪40年代初期，洛杉矶市已有250万辆汽车，每天消耗约1 600万L汽油。由于汽车汽化率低，大量碳氢化合物、氮氧化物和一氧化碳排入大气中，废气在日光的作用下，形成了以臭氧为主的浅蓝色光化学烟雾，使这座本来风景优美、气候温和的滨海城市成为美国著名的"雾城"。1943年5～10月，美国洛杉矶市的大量汽车废气产生的光化学烟雾，造成大多数居民患眼睛红肿、喉炎、呼吸道疾患恶化等疾病，65岁以上的老人死亡400多人。同时，也影响到远在百里之外的柑橘减产，松树枯萎。

## 【推荐导读】

### 《寂静的春天》

1962年，美国海洋生物学家R.卡逊女士通过调查，以自己的家乡美国密歇根州东辛兰市为消灭榆树甲虫，使用DDT农药，秋天树叶落地，蠕虫吃落叶，春天布谷鸟吃蠕虫，在一星期内布谷鸟全部死掉，春天听不到鸟叫，而出版了一本书叫《寂静的春天》。书中写道："全世界遭受治虫药物的污染，化学品已侵入万物赖以生存的水中，渗入土壤并且在植物上布成一层有害的薄膜……，已对人类有严重的危害。除此以外，还有可怕的后遗症，可能近几年内无法查出，甚至于对遗传有影响，几个世代都无法觉察"。此书发表后，在美国和世界各地引起强烈的反响，各国都开始留意本国的田地、河流、山川、近海，再加上20世纪五六十年代世界上发生的伦敦烟雾、日本水俣病、痛痛病、粮油中毒、北爱尔兰海鸟死亡等一系列环境污染公害事件，敦促人们提出一种新的思想，即可持续发展思想，其基本要点：一是强调人类追求健康而享有生产成果和生活成果的权利，应当坚持与自然和谐的统一方式，而不应凭借手中的技术和资金，采取耗竭资源、破坏生态和污染环境的方式来追求这种发展权利的实现；二是强调当代人不应以当今资源与环境大量消耗型的发展与消费，剥夺后代人发展的权利和机会。

## 【你知道吗】

绿色食品的概念是1989年提出来的，而正式启动这项工作则是1990年。起初提出发展绿色食品的目的，简单地说有两个：一个是生产绿色食品，保护生态环境；另一个是通过消费绿色食品，保障消费者的身体健康。中心就是"以人为本"，落脚点就是实现经济和社会的可持续发展。

## 【知识与技能】

### 二、绿色食品的产生

1. 绿色食品产生的国际背景

(1)可持续发展思想的提出

①地球环境问题的产生。随着地球上人口的快速增长，需求急剧增加。人类急于发展经济、增加物质财富，凭借日益进步的科学技术，采取非常手段和措施，促使世界经济得到迅

速发展。地球上在20世纪，特别是第二次世界大战以后，发生了3种影响深远的变化：一是发达国家率先采用现代科技和现代工业武装农业显著提高了社会生产力，促进了农业的发展，创造了前所未有的物质财富，大大推进了人类文明的进程；二是随着人口急剧增长、食物供需矛盾增大，更加刺激了人类向自然界不合理的开发；三是人类不合理的社会经济活动加剧了人与自然的矛盾，对社会经济的持续发展和人类自身的生存构成了新的障碍，也埋下了影响子孙后代的延续和发展的巨大隐患。也就是说，人类在征服自然方面取得了巨大的成功的同时，也带来了人类难以解决的一系列生态环境问题。其中在资源和环境方面的主要问题有：臭氧层破坏、温室效应、酸雨危害、海洋污染、热带雨林减少、野生动植物减少（有的已经或濒临灭绝）、土地沙漠化、毒物及有害废弃物扩散等，而这些影响和危害有相当多是不可逆的，是无法挽回的。如各种环境和资源的破坏，直接影响生物的多样性。生物多样性是人类社会赖以生存和发展的基础。根据科学测算，20世纪末至少有10万种生物已在地球上消失。生物的多样性减少将导致4种后果，即遗传资源减少；潜在食物资源和病虫害控制因子减少；生态系统稳定性降低；对自然灾害缓冲能力降低。

②发展中国家对世界环境带来的影响。或者称为国家发展阶段给环境带来的影响。一般是随着发展中国家人口基数的不断增加，以及综合生存条件的基本好转，出现人口的急剧增长，粮食需求量不断增加，大大刺激了农业生产。也正是由于人们过量的开垦，盲目扩大农业用地，导致森林、草原破坏，野生生物不断减少，而开垦出的农田又未能得到很好的管理，以及过度放牧及粗放耕作造成地力下降、水土流失、大量耕地荒废、土地荒漠化；不适当的灌溉造成土壤中盐分积累，导致土壤劣化等。

③发达国家对世界环境带来的影响。或者称为国家步入先进行列以后对环境造成的影响。其主要来自于发达工业，大量生产和使用化学物质及石化燃料等，造成环境严重污染。例如形成酸雨使作物生长发育受到不同程度的影响，排放物破坏臭氧层，导致紫外线含量增加；农田中大量喷洒农药、施用化学肥料，导致地上的江、河、湖泊污染，也导致珍贵的地下水遭受污染等。

这些问题同时也给工、农业生产和人们的日常生活、身体健康带来严重的危害。由于其造成的环境污染和资源破坏所产生的危害具有隐蔽性、累积性和扩散性的特点，因此在相当一段时间没有引起人们的重视。直到相继发生一系列令世界震惊的事件，如20世纪五六十年代世界上发生的伦敦烟雾、日本水俣病、痛痛病、粮油中毒、北爱尔兰海鸟死亡等一系列环境污染公害事件，才使人们在惊恐中痛思原因。特别是美国海洋生物学家R.卡逊女士通过调查，以自己家乡的实例为题材，于1962年出版了一本书叫《寂静的春天》。书中写道："全世界遭受治虫药物的污染，化学品已侵入万物赖以生存的水中，渗入土壤并且在植物上布成一层有害的薄膜……，已对人类有严重的危害。除此之外，还有可怕的后遗症，可能近几年内无法查出，甚至于对遗传有影响，几个世代都无法觉察"。此书发表后，在世界各地引起强烈的反响。面临日益严重的资源和环境问题，经过长时间的反思，人们提出了一种新的思想，即可持续发展思想。所谓可持续发展就是"满足当代人的需求，又不损害子孙后代满足其需求能力的发展"。可持续发展的基本理论包括环境承载力论、环境价值论、协同发展论三大内容。可持续发展已成为当今国际社会论坛的主题，是人类长期面临人口、资源、环境等问题的严重困扰，仅仅靠先进的科学技术和发达的工业难以解决，反思人类文明发展史和人类生存方式的演变过程后，所形成的共识。可持续发展思想现已成为绿色食品的理论基础。

(2)对现代农业的反思

农业是人类生存最基本的活动，也是国民经济最基础的产业，它的最大特点是将自然再生产和经济再生产紧密地结合起来，一方面提供食物，维系人类的生存，一方面又承担保护资源和环境的职能。世界各国都十分重视农业。在所有的行业中，农业是最古老的行业，具有一万年以上的悠久历史。从农业发展的历程来看，人类经历了3个阶段，即原始农业、传统农业和现代农业。但现代农业的历史至今尚不足百年。

所谓现代农业指的是20世纪以来，特别是第二次世界大战以来在各发达国家所出现的高度发达的农业。即是用先进的工业技术装备、受实验科学指导、以商品生产为主的农业。它的基本特征是：使用现代化的工业提供的机械能源生产工具和产品，实现了全面机械化，提高了劳动生产率；各种现代科学技术在农业中广泛应用，提高了土地生产率和饲养产出率；生产经营达到高度社会化、集约化、专业化、产业化和商品化的组织管理，农业生产结构发生了根本变化，提高了生产效率和经济效益。农业与农村的面貌发生了根本性的变化。

现代农业为经济和社会的发展做出了四大贡献：提供食物的产品贡献；为工业化积累资本，提供剩余劳动力的要素贡献；为工业品提供消费市场的市场贡献；工业化和技术引进提供外汇资本的外汇贡献。但是，我们所说的现代农业，充其量也只能说是人类现代农业的初级阶段，由于她的不成熟性和盲目性，也给人类带来了相当多的问题，逐渐暴露出许多严重的缺点和弊端。

首先是消耗大量资源。现代农业是一种高投入、高产出农业，其产品大幅度的增长是以物质和能量的高投入为代价的，所以有人称现代农业为“石油农业”。它依靠大量地消耗石油、森林、淡水、土地、动植物物种等人类赖以生存和发展的重要资源来维持生产的运转和当前的消费水平。由于现代农业过度依赖于石油、化肥、农药等的投入，势必要大量消耗自然资源，加速资源枯竭的进程。

其次是加速环境恶化。过分依赖机械、化肥、农药等的投入，加上不合理地耕作，造成土壤板结、盐渍化，恶化了土壤理化性状，降低了土地生产能力。由于环境的破坏，加剧水土流失、土地沙漠化，草原、森林面积的逐步减少、水资源枯竭、生物物种资源濒危等一系列的后果。

第三是导致食物污染。化肥、农药、除草剂等对人及其他动植物均有毒害作用。大量施用的化学氮肥，造成食物中亚硝酸盐积累，对人有强烈的致癌作用。含有铅、砷、汞的农药和有机氯杀虫剂等化学性质稳定，不易分解，在环境或农产品中残留期长，脂溶性高。农作物是直接受污染者，动物是间接受污染者，动物的富集能力强，受污染程度最严重。而这些受污染的农作物、动物又通过食物链的传递作用，经各种渠道进入人体，最终将有毒物质传给了人类。如果人体摄入量超过允许的限度，则会诱发癌症，严重威胁人类的生命安全。

全世界1960—1985年的25年间，化肥用量由194万t增加到12 867.2万t，增加了66倍。据调查，1997年江苏省无锡、常州、苏州三市的化肥使用总量为45.73万t，其中氮肥(纯氮)为30.38万t。除了被作物吸收(20%～35%)、土壤吸附(20%左右)、通过$NH_3$挥发和硝化作用等的损失(35%左右)，以及河流自净、沉淀等之外，有4%～5%的氮肥汇入太湖。依此推算，汇入太湖的纯氮量将达到1.2万t以上，占排入太湖总氮量的20%。

(3)可持续农业的确立

由于世界各国对环境、资源、食物、安全、健康问题的日益关注，对现代农业利弊的反思，相继产生了一系列替代农业，如生态农业、有机农业、自然农业、生物农业、再生农业、低投入农业等。这些替代农业名称虽然不同，但共同点就是：在生产过程中避免或尽量减少化学合成物质的使用，生产出无污染的安全食品，维护生态平衡，保障人体健康；在技术路线上强调重视传统农业技术的应用，尽可能地依靠有机肥、轮作、种植豆科作物培肥地力，运用生态、生物、农业、物理等技术控制和防治病虫害。应当说是一种新型、具有可持续发展思想的农业正在形成。

一般认为，可持续农业是一种综合兼顾了产量、质量、效益和环境等因素的农业生产模式，是在不破坏环境和资源，不损害后代利益的前提下，实现当代人对农产品供需平衡的农业发展模式。其代表着一种全新的农业发展观，是实施可持续发展的重要组成部分。

受可持续发展思想的影响，可持续农业的概念得以确立。1987 年，世界环境与发展委员会提出了“2000 年转向可持续农业的全球政策”。1988 年，联合国粮农组织制订了“可持续农业生产：对国际农业研究的要求”文件。1991 年，联合国粮农组织在荷兰召开的“农业与环境国际会议”上，通过了“关于持续农业和农村发展的丹波宣言、行动纲领”给可持续农业的定义是：管理和保护自然资源基础，调整技术和体制变化的方向，以确保获得和持续满足当代和后代人的需要。这种持续发展能够保护土地、水、植物和动物资源，不造成环境退化，同时要在技术上适宜，经济上可行，能够被社会接受。目标是：建立节约资源的生产系统，保护资源和环境；实施清洁生产，提高食物质量，增进人体健康；实现生态效益、社会效益和经济效益的同步增长。这就是在可持续发展潮流下，中国发展绿色食品的国际背景。

2. 绿色食品产生的国内背景

(1)资源和环境的压力

我国是发展中国家，人多地少资源短缺，特别是土地和水资源贫乏。世界人均耕地 0.27 $hm^2$，中国只有 0.1 $hm^2$；世界人均水资源 10 800 $m^3$，中国只有 2 700 $m^3$；世界人均农林牧面积 2.23 $hm^2$，中国只有 0.44 $hm^2$；世界人均森林 1 $hm^2$，中国只有 0.12 $hm^2$，我们要以占世界 6.8%的耕地，生产占世界 20%的粮食，养活占世界 22%的人口。随着经济的发展和人口的不断增长，所显露出的农业资源和环境问题有两大方面：一是自然资源与生态的破坏，主要表现为土地超载、耕地退化严重，森林资源减少、森林生态功能进一步减弱，水资源短缺、地下水超量开采，动植物资源减少、濒危物种增加等；二是农业环境污染，主要表现为工业排放的污染物对农业的影响加剧，农业化学品的污染严重，畜禽粪便污染日趋加大，乡镇企业的污染愈来愈重，据 2007 年统计资料，在中国受不同程度污染的耕地面积接近 2 000 万 $hm^2$，其中，受农药、化肥污染较重的耕地有 133 万 $hm^2$；全国化肥施用量 261 $kg/hm^2$，分别是俄罗斯、加拿大和美国的 9.0、4.4 和 2.4 倍；一些地区农药使用量 15 $kg/hm^2$，导致粮食、畜禽和蚕蜂产品中农药残留严重超标。

我国相对短缺的资源和脆弱的环境，承载的压力越来越大：耕地减少、草场退化、水土流失、土壤沙漠化、生态破坏、环境污染等问题，我们必须保护环境和资源，发展可持续农业。

(2)农业发展战略转变

20 世纪 80 年代末随着改革开放和经济发展，我国农业发展战略有一次大的转变，提出高产优质高效农业，即由单一数量型发展向数量、质量、效益并重发展方向转变；实行“五个结合”：种养加结合、产供销结合、农工商结合、农科教结合、内外贸结合；采取两方面措施：一是以市场为导向，以资源为基础，以效益为中心，以科技为动力，加快农业生产结构的调整；二是选准拳头产品，围绕支柱产业，建设龙头企业，开展农工商一体化经营，建立规模化农副产品商品生产基地，组织专业化农产品市场。这些奠定了绿色食品产生的基础。

20世纪90年代后期以来，随着农产品供求关系发生根本性变化，中国农业发展不仅受到资源短缺的约束，而且越来越受到市场的影响，农产品销售困难、价格下跌问题日益突出，农民收入连续数年下降或停滞不前。中国农业发展正处于一个艰难的转折时期。正是在这样的背景下，中国成为世贸组织成员。加入世贸组织给中国农业与其说带来了严峻的挑战，不如说正孕育着新的发展机会。中国积极参与农业国际化进程，加快战略转换、体制改革和政策调整步伐，全面提升竞争力。实现从自给自足型农业向市场竞争型农业转变，从增产型农业向质量效益型农业转变，从依靠传统技术向传统技术与现代技术相结合转变，从劳动密集向劳动密集与资本和知识密集相结合转变，从依靠资源消耗型的增长方式向重视生态保护、可持续发展的增长方式转变。这就形成了绿色食品产生和发展的动力。

(3)对食物质量的要求

改革开放以来，经过20多年的发展，我国城乡人民收入水平和生活水平有了显著提高，温饱问题基本解决，农产品(食品)出现了结构性过剩，人们对食物质量的要求越来越高，主要表现在：一是对品质要求越来越高，包括品种要优良、营养要丰富、风味和口感要好；二是对加工质量要求越来越高，拒绝滥用食品添加剂、防腐剂、人工合成色素的食品；三是对卫生和安全性要求越来越高，关注食品是否有农药残留、重金属污染、细菌超标等；四是对包装要求越来越高，不仅考虑包装的外观，而且注意包装材料是否对食品产生污染；五是对品牌要求越来越高，购买食品时看品牌，找名牌，希望买得放心，吃得舒心。绿色食品、有机食品就是适应这种需要，以环保、安全、健康为目标的可持续发展食品，代表着未来食品的发展方向。

综上所述，我国经济发展面临的资源与环境压力、农业发展战略的转变和城乡人民生活的转型是绿色食品产生和发展的国内背景。

## 【实习实训】

1. 分小组研讨我国资源、环境面临哪些问题。
2. 分小组研讨对比发达国家与发展中国家面临环境问题的区别。

## 【专业大事记】

### 世界环境污染最著名的“八大公害”事件(二)

3. 多诺拉事件：美国宾夕法尼亚州多诺拉镇处于河谷地区，1948年10月26～30日，大部地区受反气旋和逆温控制，该地区持续有雾，大气中的二氧化硫以及其他氧化物与大气烟尘共同作用，生成硫酸烟雾，使大气严重污染，当时该地大气中二氧化硫浓度高达$0.5\times10^{-6}\sim2.0\times10^{-6}$ mg/m$^3$，并发现有尘粒。受事件影响，共有5 911人发病，占全镇总人口的43%。症状是眼痛、肢体乏酸、呕吐、腹泻，有17人死亡。

4. 伦敦烟雾事件：英国伦敦市素有“雾都”之称。1952年12月5～8日，英国伦敦由于冬季燃煤引起的煤烟形成烟雾，英国几乎全境为浓雾覆盖，突然有许多人患起呼吸系统病，导致5 d时间内有4 000多人相继死亡，45岁以上的死亡最多，约为平时3倍；1岁以下死亡的，约为平时2倍；1周中因支气管炎死亡的人数是平时的9.3倍。此后2个月内，又有

8 000 多人死亡。据测算，当时大气中尘粒浓度高达 4.46 $mg/m^3$，是平时的 10 倍，二氧化硫浓度高达 $1.34\times10^{-6}$ $mg/m^3$，是平时的 6 倍。

## 【你知道吗】

“民以食为天”、“食以安为先”。我国发展绿色食品实施“环境有监测、操作有规程、生产有记录、产品有检验、上市有标识”的全程标准化生产模式，推行“以品牌为纽带、企业为主体、基地为依托、农户为基础”的产业发展模式，倡导“保护环境、清洁生产、健康养殖、安全消费”的可持续发展理念，创建了“以技术标准为基础、质量认证为形式、标志管理为手段”的质量保证体系，推行的全程标准化生产和监管模式达到了国际先进水平。

## 【知识与技能】

### 三、我国绿色食品现状及前景

1. 绿色食品是一项开创性事业，发展迅速

我国绿色食品事业于 1990 年起步，现已发展成为一个快速成长的新兴产业。1998 年以来，我国绿色食品年均增长速度超过 25%。从 1990 年到 2009 年，我国绿色食品产品总量规模扩大，企业由 63 家发展到 6 003 家，产品由 127 个发展到 15 707 个，年均增长率分别达到 27%和 29%；生产总量由 50 万 t 增加到近 1 亿 t，产地环境监测面积由 60 万亩（1 亩＝666.7 $m^2$）扩大到 2.5 亿亩；产品覆盖农产品及加工食品的 1 000 多个品种。品牌公信力和影响力增强，产品质量抽检合格率一直稳定保持在 98%以上，大、中城市消费者对品牌的认知度和信任度已分别超过 70%和 80%；产业发展水平不断提高，通过认证的国家级、省级农业产业化龙头企业分别达到 263 家和 1 090 家，25 个省（区、市）建成绿色食品大型原料标准化基地 432 个，对接龙头企业 1 138 家，带动农户 1 297 万个，直接增加农民收入 6.5 亿元以上；部分大中城市已建立了绿色食品专业营销网络和渠道。质量保障体系不断完善，农业部已累计发布绿色食品标准 152 项，形成了产地环境、生产过程、产品质量和包装贮运全程控制的标准体系；已建立起了一套较为完善的认证制度，通过落实企业年检、产品抽检、市场监察、产品公告等监管措施，强化淘汰退出机制等，维护了品牌的信誉。已建立了覆盖全国的工作体系，工作队伍发展到 4 000 多人。

2010 年全国绿色食品继续保持平稳健康发展。全年新发展绿色食品企业 2 526 家，产品 6 437 个，分别比 2009 年同期增长 6.4%和 3.9%。全国累计有效使用绿色食品标志的企业总数为 6 391 家，产品总数为 16 748 个，分别比 2009 年同期增长 5.1%和 4.4%。绿色食品产品抽检合格率为 99.2%，产品质量保持稳定可靠。

绿色食品粮油、蔬菜、水果、茶叶、畜禽、水产等主要产品产量占全国同类产品总量的比重不断提高，产品结构不断优化。截至 2010 年，在绿色食品产品结构中，农林及加工产品占 65%，畜禽产品占 8.9%，水产品占 4.7%，饮料产品占 12.8%，其他类产品占 8.6%。在绿色食品企业中，国家级农业产业化龙头企业有 239 家，省级龙头企业有 1194 家。另外，还有 886 家农民专业合作社通过绿色食品认证。2010 年，绿色食品产品国内年销售额 2 823.8 亿

元，出口额23.1亿美元。绿色食品产地环境监测面积达到2.4亿亩。

2010年，全国已有340个单位（1个地市州、262个县、44个农场）创建了479个绿色食品原料标准化生产基地，种植面积1亿多亩，总产量6 547万t，基地带动农户1 686万个农户，对接龙头企业1 256家，每年直接增加农民收入在8.4亿元以上。

按照全程质量控制的标准化生产和规范化管理的要求，绿色食品现已建立较为完善的标准体系，包括产地环境、生产加工过程、产品质量、包装储运标准，整体达到国际先进水平。目前，通过农业部发布的绿色食品标准已达164项，基本涵盖主要农产品及其加工食品。

在证后监管方面，2010年，共抽检5 142个产品，占2009年底有效用标产品总数的32.7%，对检出不合格的42个产品取消了标志使用权，并进行了公告。各地共检查86个城市，241个各类市场，对发现的不规范用标的170个产品，已责成企业整改；对发现的假冒38个绿色食品产品，已配合工商管理部门进行了查处。

2. 绿色食品市场建设成效显著、质量可靠，国际化进程加快

我国绿色食品国际交流与合作取得了重大进展。1993年5月，中国绿色食品发展中心在国内第1个被有机农业运动国际联盟（IFOAM，1972年成立）接纳为正式会员。

绿色食品标志是我国国家商标局注册的证明商标，现已分别在中国香港地区、日本、美国、俄罗斯、英国、法国、葡萄牙、芬兰、澳大利亚和新加坡等国家和地区注册，国际化进程不断加快，开始走向国际市场。如我国黑龙江五常市培育的“五优稻1号”、“长粒香”大米已通过美国绿色协会认证，这是我国大米第一次获此认证。由于凡是通过美国绿色协会认证的产品，将在北美和欧洲许多国家获得免检资格，为我国大米进军欧美市场带来了极好的机遇。绿色食品出口额已占全国农产品出口总额的5.6%，成为中国农产品出口新的增长点。

我国的北京、上海、天津、哈尔滨、南京、西安、深圳等大中城市均相继组建了绿色食品专业营销网点和流通渠道。在国内大中城市，绿色食品标志的认知度超过70%。

绿色食品以其鲜明的形象、过硬的质量、合理的价位赢得了广大消费者的好评，市场覆盖面日益扩大，市场占有率越来越高。还有相当一部分绿色食品已成功地进入了日本、美国、欧洲、中东、中国香港等国家和地区的市场，并显示出了在技术、质量、价格、品牌上的明显优势。

截至2010年年底，全国有效使用绿色食品标志商标的企业总数达到6 391家，产品总数达到16 748个。现已开发的绿色食品产品包括农林及加工产品、畜禽类产品、水产类产品、饮品类产品四大类57个小类，覆盖农产品及加工食品的1 000多个品种。

多年来，绿色食品工作系统跟踪监测和农业行政主管部门的监督抽查结果表明，绿色食品产品合格率一直保持在较高水平。2010年，绿色食品产品质量年度抽检合格率达到98.9%。

绿色食品的发展在我国产生了广泛的影响，其所倡导的生产和消费观念、质量标准、商标品牌已被越来越多的生产加工企业和消费者接受。近年来，我国绿色食品引起了国际社会的关注，国际有机农业运动联盟（IFOAM）、联合国粮农组织（FAO）等国际组织都对我国绿色食品的发展给予了关注和肯定。

3. 绿色食品产业结构逐步优化，产业整体水平不断提升

①发展速度。我国绿色食品一直保持了加快发展的态势，产品数量以年均25%以上的速度增长。现已开发的产品包括粮食、食用油、水果、蔬菜、畜禽产品、水产品、奶类产品、酒

类和饮料类产品等。产业结构进一步优化，初级产品占 32.4%，初加工产品占 26.7%，深加工产品占 40.9%。绿色食品产品开发覆盖了全国绝大部分省区，其中黑龙江、江苏、浙江、安徽、山东等地发展规模比较大(图 0-1-1、表 0-1-1、表 0-1-2)。

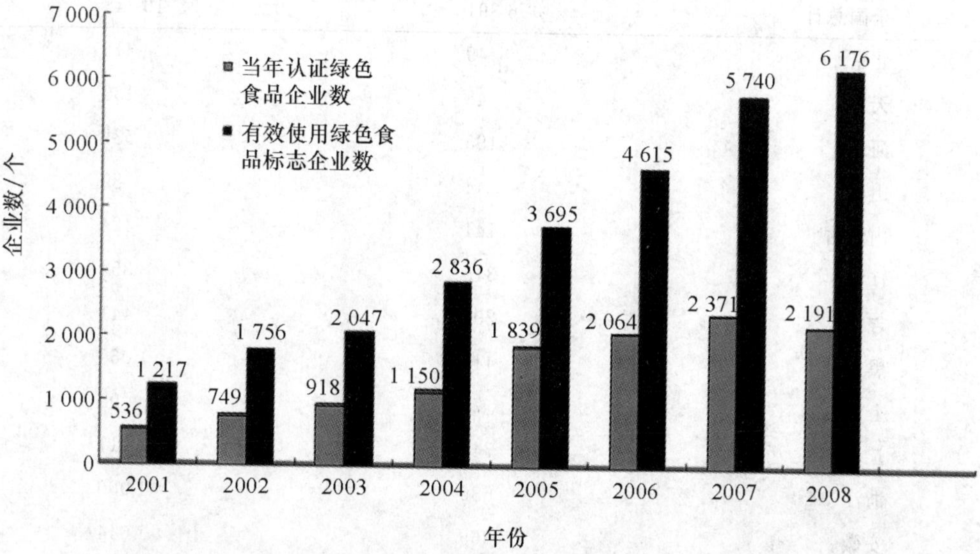


**图 0-1-1　2001—2010 年每年认证与有效使用绿色食品标志企业数**

注：中国绿色食品统计年报 2010。

**表 0-1-1　2010 年绿色食品主要产品数量与产量**

| 产品名称 | 产品数/个 | 年产量/万 t |
|---|---|---|
| 大米 | 2 301 | 1 131.87 |
| 小麦粉 | 1 059 | 373.17 |
| 食用植物油及制品 | 352 | 118.68 |
| 蔬菜 | 2 888 | 1 274.07 |
| 鲜果 | 1 789 | 1 052.73 |
| 猪肉 | 113 | 3.86 |
| 牛肉 | 79 | 6.58 |
| 羊肉 | 56 | 2.61 |
| 禽肉 | 299 | 25.88 |
| 液体乳 | 108 | 85.22 |
| 奶制品 | 212 | 39.55 |
| 水产品 | 529 | 17.68 |
| 精制茶 | 1 139 | 7.38 |

注：中国绿色食品统计年报 2010。

**表 0-1-2　2010 年分地区绿色食品发展情况**

| 2010 年分地区绿色食品发展情况(三年有效) | | |
| --- | --- | --- |
| 地区 | 企业数/家 | 产品数/个 |
| 全国总计 | 6 391 | 16 748 |
| 北京 | 49 | 215 |
| 天津 | 48 | 133 |
| 河北 | 195 | 532 |
| 山西 | 44 | 89 |
| 内蒙古 | 141 | 424 |
| 辽宁 | 315 | 854 |
| 吉林 | 200 | 441 |
| 黑龙江 | 416 | 1 067 |
| 上海 | 72 | 99 |
| 江苏 | 742 | 1 911 |
| 浙江 | 636 | 1 060 |
| 安徽 | 369 | 1 044 |
| 福建 | 242 | 548 |
| 江西 | 214 | 640 |
| 山东 | 770 | 1 969 |
| 河南 | 114 | 342 |
| 湖北 | 362 | 1 252 |
| 湖南 | 229 | 873 |
| 广东 | 248 | 518 |
| 广西 | 63 | 149 |
| 海南 | 20 | 26 |
| 重庆 | 62 | 194 |
| 四川 | 205 | 891 |
| 贵州 | 16 | 84 |
| 云南 | 221 | 480 |
| 西藏 | 5 | 11 |
| 陕西 | 71 | 173 |
| 甘肃 | 122 | 232 |
| 宁夏 | 63 | 188 |
| 青海 | 22 | 62 |
| 新疆 | 110 | 230 |
| 境外认证 | 5 | 17 |

注:中国绿色食品统计年报 2010。

②整体水平。绿色食品产业整体水平不断提升，国内一批大型知名品牌企业积极参与绿色食品开发，企业实力进一步增强。在372家国家级农业产业化经营重点龙头企业中，绿色食品企业有117家，占31.5%；在1 796家省级农业产业化龙头企业中，绿色食品企业有299家，占16.6%。到2003年年底，全国绿色食品出口企业已达384家，占绿色食品企业总数的18.6%(表0-1-3)。

**表0-1-3　2010年绿色食品发展总体情况**

| 指　标 | 单位 | 数量 |
|---|---|---|
| 当年认证企业数 | 个 | 2 526 |
| 当年认证产品数 | 个 | 6 437 |
| 企业总数① | 个 | 6 391 |
| 产品总数② | 个 | 16 748 |
| 年销售额 | 亿元 | 2 823.8 |
| 出口额 | 亿美元 | 23.1 |
| 产地环境监测面积 | 亿亩 | 2.4 |

注：①截至2010年12月10日，有效使用绿色食品标志的企业总数；
②截至2010年12月10日，有效使用绿色食品标志的产品总数。
中国绿色食品统计年报2010。

③产业结构。绿色食品产业结构逐步优化，2003年在372家国家级农业产业化经营重点龙头企业中绿色食品企业有299家，比2002年增加14.6%。主要产品产量占全国同类产品的比重逐步提高，初步测算，大米占18.3%、面粉占0.64%、食用植物油占1.54%、水果占1.61%、茶叶占18.3%、液体奶及奶制品占63.5%，均比2002年有了大幅度提高(表0-1-4)。

**表0-1-4　2010年绿色食品产品结构**(按产品类别)

| 产品类别 | 产品数/个 | 比重/% |
|---|---|---|
| 农林及加工产品 | 10 889 | 65.02 |
| 畜禽类产品 | 1 488 | 8.88 |
| 水产类产品 | 787 | 4.70 |
| 饮品类产品 | 2 140 | 12.78 |
| 其他产品 | 1 444 | 8.62 |
| 合计 | 16 748 | 100.00 |

注：中国绿色食品统计年报2010。

4. 我国绿色食品的出口贸易也保持了快速增长

随着对外贸易的不断加大，我国在出口贸易中遇到的各种“壁垒”，加入WTO以后，为了有效地突破国际农产品贸易中日趋森严的“技术性贸易壁垒”我国绿色食品加快了国际化发展战略的步伐，产品出口保持了快速增长。2000年，全国绿色食品产品出口额为2亿美元，出口率为2.5%；2001年，产品出口额为4亿美元，出口率为6.5%；2002年，产品出口额为8.4亿美元，出口率为11.6%。2000—2002年，绿色食品出口年平均增长105%，比

1997—2000 年平均增长速度的 42%高出 63 个百分点。2003 年,绿色食品出口规模进一步扩大,出口额达 10.8 亿美元,比 2002 年增长 28.6%;出口率 12.4%,提高了 0.8 个百分点。目前全国绿色食品出口企业已达 384 家,占绿色食品企业总数的 18.6%;出口产品达 604 个,占产品总数的 15.0%。我国绿色食品在质量标准、质量制度、企业和产品优势以及品牌优势等方面在国际市场上都已具备了一定的竞争优势(表 0-1-5、图 0-1-2)。

**表 0-1-5　2010 年绿色食品主要产品出口情况**

| 出口产品 | 出口量/万 t | 出口额/万美元 | 占出口总额的比重/% |
|---|---|---|---|
| 大米 | 19.67 | 9 635.1 | 4.17 |
| 玉米加工品 | 6.4 | 4 026.5 | 1.74 |
| 大豆加工品 | 1.16 | 6 947.5 | 3.01 |
| 食用油及制品 | 8.32 | 5 428.3 | 2.35 |
| 油料作物产品 | 5.26 | 6 838 | 2.96 |
| 机制糖 | 1.19 | 1 701.66 | 0.74 |
| 杂粮 | 2.4 | 4 879.37 | 2.11 |
| 蔬菜 | 340.37 | 41 359.53 | 17.91 |
| 蔬菜加工品 | 15.5 | 13 752.8 | 5.95 |
| 冷冻保鲜蔬菜 | 23.86 | 6 847.81 | 2.96 |
| 鲜果 | 69.82 | 9 757.7 | 4.22 |
| 干果 | 0.67 | 3 022 | 1.31 |
| 食用菌及山野菜 | 3.58 | 3 735.25 | 1.62 |
| 山野菜加工品 | 4.31 | 1 834.72 | 0.79 |
| 其他农林产品 | 6.88 | 5 264.4 | 2.28 |
| 果类加工品 | 13.82 | 9 727.83 | 4.21 |
| 禽肉 | 5.3 | 43 262 | 18.73 |
| 牛肉 | 13.76 | 6 213.4 | 2.69 |
| 羊肉 | 0.27 | 1 200 | 0.52 |
| 水产品 | 5.9 | 3 903.6 | 1.69 |
| 水产加工品 | 5.73 | 9 015.3 | 3.9 |
| 精制茶 | 12.02 | 6 270.74 | 2.71 |
| 白酒 | 0.06 | 4 012.7 | 1.74 |
| 方便主食品 | 0.67 | 2 736.44 | 1.18 |
| 食盐 | 1.77 | 2 740.3 | 1.19 |
| 调味品 | 0.56 | 1 206.6 | 0.52 |
| 生产资料 | 8 | 1 823 | 0.79 |
| 合计 | | 217 142.55 | 93.99 |

注:表中所列产品为出口额超过 1 000 万美元的产品。
中国绿色食品统计年报 2010。

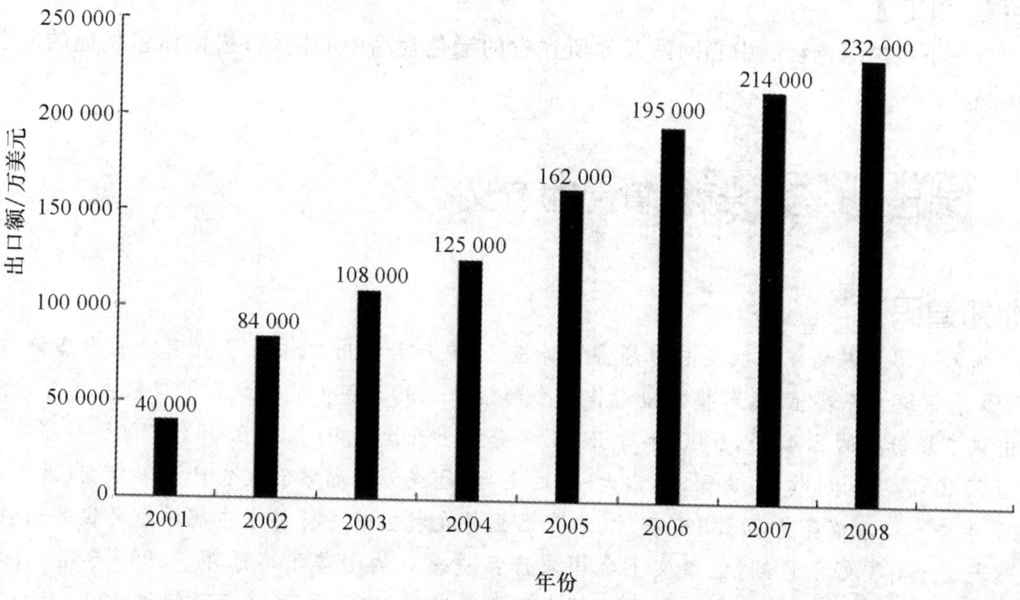


**图 0-1-2　2001—2010 年每年绿色食品产品出口额**

## 【专业大事记】

### 世界环境污染最著名的“八大公害”事件(三)

5. 水俣病事件:日本一家生产氮肥的工厂从 1908 年起在日本九州熊本县水俣市建厂,该厂从 1949 年起开始制造氯乙烯和醋酸乙烯。由于制造过程要使用含汞(Hg)的催化剂,大量的汞便随着工厂未经处理的废水被直接排放到了水俣湾,使水俣湾和不知火海的鱼虾、贝类及其他水生动物遭受污染。1953—1956 年,先是发现“自杀猫”,后是有人生怪病,因医生无法确诊而称之为“水俣病”。症状是步态不稳、抽搐、手足变形、精神失常、身体弯弓高叫,直至死亡。1972 年,日本环境厅公布:水俣湾和新县阿贺野川下游汞中毒者有 283 人,其中 60 多人死亡。后经多年调查发现,“水俣病”是由于食用水俣湾的鱼而引起。水俣湾因排入大量甲基汞化合物,汞被水生生物食用后在体内被转化成甲基汞($CH_3Hg$),在鱼的体内形成高浓度的积累。这种物质通过鱼虾进入人体和动物体内后,会侵害脑部和身体的其他部位,引起脑萎缩、小脑平衡系统被破坏等多种危害,毒性极大。猫和人食用了这种被污染的鱼类就会中毒生病,造成中枢神经疾患。

6. 四日市哮喘事件:20 世纪五六十年代日本东部沿海四日市设立了多家石油化工厂,这些工厂排出的含二氧化硫、金属粉尘的废气,严重污染大气。石油冶炼产生的废气使当地天空终年烟雾弥漫,烟雾厚达 500 m,其中漂浮着多种有毒有害气体和金属粉尘,很多人出现头疼、咽喉疼、眼睛疼、呕吐等不适。还有许多居民患上哮喘等呼吸系统疾病。1961 年,哮喘病开始发作。1967 年,一些患者不堪忍受痛苦而自杀。1972 年,全市共确认哮喘病患者达 817 人,10 多人死亡。到 1979 年 10 月底,当地确认患有大气污染性疾病的患者人数达 775 491 人,典型的呼吸系统疾病有支气管炎、哮喘、肺气肿、肺癌。

## 【自我训练】

查一下我国绿色食品中心网站及你所在省的绿色食品中心网站，选择你感兴趣的问题持续关注。

# 项目二　发展绿色食品的意义

## 【你知道吗】

加入世界贸易组织后我国总体经济形势良好，农产品进出口保持了快速发展的态势，据WTO最新统计资料显示，若将欧盟看作一个经济体，1990年中国农产品出口额占世界农产品出口市场份额的2.43%，2000年和2004年分别上升至2.97%和3.08%，2005年继续上升至3.40%，中国居欧盟、美国、加拿大、巴西之后，已成为世界第五大农产品出口国(地区)。2007年进出口总值高达775.9亿美元，农产品贸易在我国对外贸易中占有举足轻重的地位。虽然表面上看要好于预期，但事实上我国农产品进出口的形势不容乐观。1998年后，我国农产品净出口顺差不断减少，2004年开始出现贸易逆差，这种局面一直延续到2007年一直没有扭转。同时，我国农产品出口占总出口的比重也呈逐年下降趋势，由1996年的9.44%一路下滑，到2007年仅为3.57%，这一比例与作为农业大国的我国来说是极不相称的。究其原因：一方面我国农产品以劳动密集型为主，技术含量低、附加值低，近年来并没有根本的改善；另一方面是随着我国农产品出口总量的持续上升，越来越多地遭遇到国外绿色"壁垒"的冲击，使农产品出口竞争力受到极大影响。据商务部2003年调查显示，我国90%的农业及食品出口企业受国外技术性贸易"壁垒"影响，每年损失约90亿美元。中国国家质检总局2007年《中国技术性贸易措施年度报告》显示，有42%的农产品出口企业受国外技术性措施的影响，农产品是国外技术性措施影响最严重的领域。(赵建华，2008，12)

## 【知识与技能】

开发绿色食品是当代及未来人们对食品的基本要求，也是我国农业可持续发展，保证食品安全和人民健康的重要举措，更是扩大农产品出口创汇的发展方向。1991年国务院在《关于开发绿色食品有关问题的批复》中明确指出："开发绿色食品对于保护生态环境、提高农产品质量、促进食品工业发展、增进人民身体健康、增加农产品出口创汇都具有现实意义和深远影响"。

农业部在2009年全国绿色食品工作会议上强调：经过近20年的发展，绿色食品品牌的知名度越来越高，影响力越来越大，已成为我国大中城市居民消费的一个热点、促进农产品出口的一个亮点。

1. 发展绿色食品是社会进步、经济发展的需要

一方面，我国经济正值高速发展期，人们的生活水平在不断提高，对绿色食品的需求的增长是不可逆转的，尤其是在一些发达的城市和地区表现明显；另一方面，绿色食品的开发符合省情和国情，利于融入国际经济大循环的格局之中，是实现以人为本的科学发展观的具体体现，是实现农业可持续发展的必由之路。

随着经济和社会的发展，城乡居民生活水平的提高，在消费领域出现了两个积极变化。一是对生态环境质量要求越来越高。近几年来我国一些地区的城市市区陆续建立了生态农业区、绿色农庄、观光农场等类型的示范基地，这说明人们崇尚自然、追求健康的意识越来越强。二是对食品的质量和安全性要求越来越高。近年来，在我国一些大中城市的超市、食品店，绿色食品产品以其过硬的质量、鲜明的特色深受广大市民的欢迎，部分绿色食品产品还出现了供不应求的现象。据调查大中城市消费者对品牌的认知度和信任度已分别超过70%和80%。绿色食品是市场经济发展的产物，绿色食品开发的效果最终要通过市场来检验，其进一步发展也需要市场的力量来推动。

绿色食品事业在国内外产生广泛而深刻的影响，其所倡导的生产和消费观念、食品安全意识、质量标准、商标品牌已被广大的农户，生产加工企业和消费者接受。在中国，绿色食品已成为优质安全食品的代名词，市场覆盖面日益扩大，市场占有率越来越高，中国绿色食品事业在国际社会也产生了积极的影响。联合国粮农组织、联合国亚太经社会、有机农业运动国际联盟、世界持续农业协会等国际组织充分肯定了中国的绿色食品事业，"中国绿色食品工程"被誉为全球可持续农业发展20个最成功的模式之一。

2.发展绿色食品是应对"绿色贸易壁垒"挑战、促进外向型农业发展的客观要求

当今，世界贸易保护由"关税壁垒"转向了"绿色贸易壁垒"，借环保之名变相限制自由贸易，这对加入WTO之后的我国农业和农产品走向国际市场来说，无疑是一个严峻的挑战。所谓"绿色贸易壁垒"就是指进口国以保护生态环境、自然资源、人类和动植物的健康安全为由限制进口的措施，主要包括：绿色技术标准、绿色环保标志、绿色认证制度、绿色卫生检疫制度、绿色检验程序、绿色包装、规格、标签和标准及绿色补贴制度等。复杂苛刻的环境与技术标准对许多国家，特别是包括我国在内的发展中国家的农产品出口贸易构成了威胁，因此，要使我国农业成功地应对WTO的挑战、冲破绿色贸易堡垒而走向国际市场，重视发展绿色食品则是最佳选择。绿色食品在国际市场的竞争优势主要体现在5个方面：一是质量标准优势，绿色食品质量标准整体上达到了发达国家食品卫生安全标准，出口产品能够经受进口国严格的检测检验；二是质量保障制度优势，绿色食品实行"两端监测、过程控制、质量认证、标识管理"的质量安全制度，增强了产品质量安全水平的可信度；三是企业和产品优势，绿色食品龙头强势企业多，精深加工产品多，市场开拓能力强；四是环保优势，绿色食品实行对产地环境的监测和保护，易于打破资源和环境保护领域的"绿色壁垒"，易于推动出口贸易的发展，在国际市场竞争中，绿色食品出口产品的品牌和价格优势将逐步发挥出来；五是品牌和价格优势。

3.发展绿色食品是适应农业结构调整和加快农村经济发展的必然选择

我国在传统的农业模式下生产的农产品，以追求数量增长为目标、其种类和质量远不能适应市场消费需求的变化，致使农产品产生严重的结构性失调：高质量高档次的农产品供不应求，而大量质量低劣的农产品则存在严重的"销售难"问题。为了适应农业生产由重数量向重质量的结构转变，满足国内外市场对高质量、健康型农产品的需求，发展绿色食品便成了我国实现农业结构调整的主要内容和必然选择。

4.发展绿色食品是对国内外市场的主动适应

在国际上，绿色食品(及同类产品)总体处于供不应求的趋势中。据资料表明，84%的美国消费者希望购买无污染的蔬菜和水果；在欧洲有40%的消费者喜欢购买绿色食品。英国

人在经历疯牛病的噩梦后，热衷于绿色食品，据统计英国人对绿色食品的需求量增加40%，而本国现有农场只能提供占食品总量的0.5%的绿色食品，英国超市不得不靠进口满足国内需求。发达国家对绿色食品进口量的日益增加，刺激了其他国家绿色食品产业的发展。在国内，随着国民经济的发展和人民生活水平的不断提高，城乡居民对健康型农产品的需求也日益增多，越来越多的中国人对绿色食品的需求正在由潜在需求变成现实需求。据调查，北京和上海两个城市79%～84%的消费者希望购买绿色食品。我国加入WTO后，应积极迎接挑战，抓住机遇，主动去适应国际市场的需求，大力发展绿色食品，以推动我国农业快速发展和深化改革。

5. 加快绿色食品产业的开发，有利于农业生态环境条件的改善和保护

生态环境是人类生存、生产与生活的基本条件。生态环境问题既是目前影响各国经济和社会发展的一个重要问题，也是今后国家综合竞争力的一个重要组成部分。随着世界人口的增长和工农业生产的迅速发展，人类活动对自然环境的影响越来越大，已造成自然环境和社会环境的恶化；生态危机严重制约了社会经济的发展，影响了人类的生存和生活，因而维持生态平衡，改善环境质量，成为全世界人民极为关心的重大问题。全面建设小康社会，要求人们必须充分运用现代高新科技，转变经济增长方式，改善优化生态环境，永续利用自然资源，创建经济发达、优美舒适的美好家园，实现人类与自然界和谐相处、共同发展。

6. 中国绿色食品发展优势及前景

绿色食品的概念是1989年提出来的，而正式启动这项工作则是1990年。起初提出发展绿色食品的目的，简单地说有两个：一个是生产绿色食品，保护生态环境；另一个是通过消费绿色食品，保障消费者的身体健康。中心就是“以人为本”，落脚点就是实现经济和社会的可持续发展。

20世纪90年代初期，在绿色食品推出不久，有关专家就曾预言：21世纪的主导农业是生态农业，21世纪的主导食品是绿色食品。绿色食品事业十几年发展取得的成效和产生的影响已印证了这一点，而且通过这十几年的实践探索，我们不仅进一步认识到了发展绿色食品事业的重要意义和积极作用，而且看到了这项事业美好的发展前景。

发展绿色食品，不仅有利于保护环境、促进农业可持续发展，而且有利于增加农民收入，提高企业的经济效益，扩大农产品出口创汇，这是一项利国利民的工作。我国农业已经进入一个新的发展阶段，面临着结构调整、产业升级、农民增收、生态环境治理，以及提高产品质量、安全性和市场竞争力的严峻挑战，这既为绿色食品发展提供了有利的条件，也对绿色食品工作提出了更高的要求，尽管相对于整个农产品和食品总量来说，绿色食品的开发规模还很小，但这项工作已经显示出重要的意义和广阔的前景。

从国内来看，主要表现在4个方面：一是收入增长引发了市场需求的变化，安全优质的绿色食品日益受到消费者的欢迎；二是农产品供求格局的变化引发了农业和农村经济结构的战略性调整，开发绿色食品成为结构调整的一个重要领域；三是西部地区开发战略的实施也将推动绿色食品的发展；四是加入WTO将对我国农产品和贸易产生深刻影响，发展绿色食品将有助于提高我国农产品的市场竞争力。我国加入WTO后，许多不占比较优势的农产品面临从根本上提高质量、降低成本、增强竞争力的严峻挑战。发展绿色食品，一是有利于促进标准建设，提高农产品质量；二是有利于扩大产品出口。经过二十多年的发展，我国绿色食品逐步成为农业农村经济中的一个“亮点”，创立了一个具有鲜明特色的新兴产业，打

造了一个代表我国安全优质农产品的精品品牌，创建了一套符合我国农业和食品工业的发展模式，构建了一套具有国际先进水平的技术标准体系。

从国际上看，如今越来越多的国家已认识到农业生产只关注生产效率和经济效益已远远不够，还必须考虑农业生产对资源、环境和消费者安全的影响。农业生产方式已对食物价值构成产生了影响，并开始对国际农产品贸易产生影响，全球农业发展的另一个变化是更加注重农产品及食品的质量和安全性。在世界各国日益高度重视可持续农业发展和食品安全性的情况下，全球有机农业、自然农业、生态农业、生物动力农业、再生农业、外部低投入农业等替代农业生产发展迅速，市场份额也在逐步扩大。

二十多年来，我国绿色食品事业遵循可持续发展原则，借鉴国际相关行业做法，结合中国国情，创造了一个概念，开辟了一个领域，形成了一个模式。即创造了一个既有追求保护生态环境，提高食品安全性的深刻内涵，又容易被全社会和广大消费者接受的形象概念；开辟了一个农业可持续和生产无污染、安全、优质食品的新领域；形成一个以"标准体系、质量认证、标志管理"为主线的运行模式，探索了在市场经济条件下组织农产品生产、加工、贸易的新途径。

中国绿色食品发展中心已在全国各个省区和直辖市委托了管理机构，分别设立了部级产品质量监测机构和省级环境监测机构，形成了覆盖全国的绿色食品认证管理、监测服务工作系统，逐步建立了涵盖产地环境、生产过程、产品质量、专用生产资料等环节的质量标准体系框架，制订了一批绿色食品标准，颁布了《绿色食品标志管理办法》，创立了"从农田到餐桌"全程质量控制模式，促进了农业标准化生产，提高了农产品的质量安全水平。绿色食品建立的以安全、优质为核心的技术标准体系，符合我国国情，整体达到了国际先进水平；通过发展绿色食品，在不断满足城乡居民对安全优质农产品消费需求的同时，面向全社会，引导和传播了科学、安全、健康、环保的消费理念；面向广大企业和农户，普及和推广了安全优质农产品标准化生产技术和管理模式；面向国内外市场，宣传和提升了我国安全优质农产品的品牌形象，取得了良好的经济效益、社会效益和生态效益。

我国发展绿色食品实施"环境有监测、操作有规程、生产有记录、产品有检验、上市有标识"的全程标准化生产模式，推行"以品牌为纽带、企业为主体、基地为依托、农户为基础"的产业发展模式，倡导"保护环境、清洁生产、健康养殖、安全消费"的可持续发展理念，创建了"以技术标准为基础、质量认证为形式、标志管理为手段"的质量保证体系，推行的全程标准化生产和监管模式达到了国际先进水平。

我国绿色食品迅猛发展是受人类对生存质量的追求和绿色消费市场成交日益活跃所推动。我国发展绿色食品有着得天独厚的条件，绿色食品已成为我国安全优质农产品精品品牌的代表，成为引领高端农产品生产和消费的"风向标"。我国是 21 世纪绿色食品最具潜力、最具发展前景的理想国家之一。

## 【实习实训】

### 绿色食品生产基本环境调查

**实训目标：**通过实地参观访问及网上查询，使学生了解本区域进行绿色食品生产的主要优势和问题，熟悉绿色食品生产资源、收集相关资料。

**实训场所**：当地自然生态环境，种植、养殖业生产基地，农村或农场。

主要工业区。

**实训要求**：1. 当地生产绿色食品的自然资源优势；

2. 当地农业生产主业的生产习惯，化肥、农药等的使用习惯、污染状况；

3. 网络查询、归纳本区域进行绿色食品生产的优势，总结整理本区域进行绿色食品生产需要解决的主要问题。

**实训考核**：撰写实习报告。

## 【专业大事记】

### 世界环境污染最著名的"八大公害"事件(四)

7. 米糠油事件：1968 年 3 月，日本北九州市、爱知县一带生产米糠油时所用的脱臭热载体多氯联苯，由于生产管理不善，混入米糠油中，造成食物油污染。致使 1 400 多人食用后中毒，患病者超过 1 400 人。4 个月后，患病者超过 5 000 人，其中 16 人死亡，实际受害者约 13 000 人。病人初期症状是皮疹、指甲发黑、皮肤色素沉着、眼结膜充血，后期症状转为肝功能下降、全身肌肉疼痛等，重者会发生急性肝坏死、肝昏迷，以至死亡。与此同时，用生产米糠油的副产品黑油做家禽饲料，又使数十万只鸡死亡。

8. 富山事件：也有人称之为"痛痛病事件"。19 世纪 80 年代，日本富山县平原神通川上游的神冈矿山实现现代化经营，成为从事铅、锌矿的开采、精炼及硫酸生产的大型矿山企业。然而在采矿过程及堆积的矿渣中产生的含有镉等重金属的废水却直接长期流入周围的环境中，在当地的水田土壤、河流底泥中产生了镉等重金属的沉淀堆积。镉通过稻米进入人体，首先引起肾脏障碍，逐渐导致软骨症，在妇女妊娠、哺乳、内分泌不协调、营养性钙不足等诱发原因存在的情况下，使妇女得上一种浑身剧烈疼痛的病，叫痛痛病，也叫骨痛病，重者全身多处骨折，在痛苦中死亡。从 1931 年到 1968 年，神通川平原地区被确诊患此病的人数为 258 人，其中死亡 128 人，至 1977 年 12 月又死亡 79 人。

## 【推荐导读】

中国农产品所遭遇的绿色壁垒主要来自于其农产品出口最主要的 3 个市场：日本、欧盟和美国。以 2004 年数据为例，中国是这些国家进口农产品及食品被检出不合格并被扣留的批次最多的国家：日本全年总扣留批次为 1 105 次，其中来自中国的为 477 批次，占 43%；2004 年上半年，根据欧盟食品和饲料快速预警系统通报情况统计，欧盟总计通报批次为 1 264 件，涉及 83 个国家和地区，其中中国食品出口被通报次数为 62 件，排在被通报国家批次的第 2 位；美国食品药品管理局(FDA)扣留我国的产品中农产品及食品的扣留批次占据榜首，为 816 批次，占被扣留总数的 41%。这些针对中国农产品的壁垒给中国生产企业和农户造成了巨大损失。

绿色壁垒是进口国为保护公众健康和生态环境或以这些目的为名，实质是削弱出口国产品竞争力，保护本国产品和市场所实施的技术性措施。伴随着人类文明进步、经济全球化、自由贸易的不断发展，环境污染与生态破坏日益恶化，各种以保护环境、人类以及动植物生命和健康为目的的法律法规及相应的措施层出不穷并日益完善，形形色色的绿色壁垒会不断涌现。特别是农产品，它是关系到国计民生的特殊产品，势必成为绿色壁垒的“重灾区”。

值得关注的是，绿色壁垒问题不仅制约着我国农产品的出口，同时也影响到国内农业产业结构的调整和农民的增收，进而影响到整个经济的发展。21世纪的中国正在步入一个全新的繁荣发展阶段，中国的农业在这一阶段要实现转型，农产品要实现升级，这种质的变化是在WTO的外部环境和人类环境保护事业迅猛发展的大背景下进行的，其复杂性和严峻性是备受世人瞩目的，能否选择正确的农业发展道路，从根本上跨越绿色壁垒对拥有13亿人口(近9亿农民)的发展中国家来说是至关重要的。(赵建华，2008，12)

## 安徽省“十二五”绿色食品产业发展规划

2011年8月2日

“十二五”是加快转变农业发展方式，大力建设现代农业的新时期。为促进我省绿色食品产业全面、协调、可持续发展，根据《中华人民共和国食品安全法》、《中华人民共和国农产品质量安全法》和《安徽省农业和农村经济发展第十二个五年规划》，制定《安徽省“十二五”绿色食品产业发展规划》。

### 一、“十一五”我省绿色食品产业发展情况

“十一五”时期，全省绿色食品工作坚持以科学发展观为指导，以深化改革为动力，认真贯彻落实省委、省政府加快发展绿色食品产业的工作要求，加大指导服务，加强产业监管，加快体系建设，产品认证数量快速增长，标准化基地建设稳步推进，产业监管有效加强，品牌影响不断提升，开创了我省绿色食品工作新局面。至“十一五”末，全省有效使用绿色食品标志企业438家，认证产品总数1 260个，年产量600万t，年产值达176亿元，年出口额5 000万美元，建设全国绿色食品原料标准化生产基地40个，产地环境监测面积达到1 880万亩。绿色食品产品总数和企业产值分别比“十五”末增长347%和267%，基本完成“十一五”规划目标任务。

按照“发展与监管并重”的工作要求，全省初步建立健全了绿色食品监管工作体系，“十一五”期间全省绿色食品企业年检率平均达到95%，产品质量抽检合格率平均达到98%以上；绿色食品产品数量由“十五”末位居全国第21位跃升至第5位，绿色食品原料标准化基地数量居全国第2位。绿色食品产业已成为我省农业和农村经济新的增长点，成为提高农产品市场竞争力，带动农民增收的重要突破口。

### 二、发展机遇与面临的挑战

发展机遇：我省绿色食品工作正处在良性发展的关键时期，面临诸多有利的发展机遇。党的十七届三中全会《决定》和连续6年中央1号文件都对加快发展绿色食品提出了明确要求，省委、省政府在贯彻中央1号文件中作出了大力推进绿色食品产业、建设绿色食品基地的决策和部署，为我省发展绿色食品创造了良好的政策环境和有利条件。“十一五”期间，全省初步建立健全了绿色食品工作体系，培养了一支政治上信得过、工作上有水平、作风上过得硬的绿色食品管理队伍，奠定了良好的工作基础。安徽资源丰富，生态环境优越，具有得天独厚的发展绿色食品优势。“十一五”期间，我省绿色食品产业迅速崛起，成为全国绿色食

品工作先进省份，为“十二五”绿色食品产业发展奠定了坚实基础。

面临的挑战：我省绿色食品工作面临许多压力和挑战，需要在发展中不断调整和解决。一是区域发展不平衡，一些地方重视程度不够，支持力度不大，发展绿色食品的环境条件、资源优势未得到充分发挥；二是绿色食品生产过程涉及生产、加工、贮藏、运输等诸多环节，监管任务艰巨，监管队伍有待加强，监管方式有待创新；三是绿色食品品牌宣传落后于产业发展现状，绿色食品市场拓展力度仍显不足。

## 三、指导思想、目标任务和发展原则

指导思想：坚持以科学发展观为指导，以促进农民增收为核心，以深化改革、推动农业产业转型升级为立足点，稳健发展，强化监管，提升品牌，为加快农业结构优化，构建现代农业产业体系，保障农产品质量安全，提升农业综合效益做出积极贡献。

目标任务：到2015年，绿色食品企业达到550家，产品总数达到1 800个，绿色食品产地监控面积超过2 600万亩；新创建全国绿色食品原料标准化生产基地15个，重点推进一批基地开展产品质量追溯体系建设，提高全省绿色食品标准化生产基地建设水平。至“十二五”末，实现绿色食品年产量850万t，年产值460亿元，分别比“十一五”末增长42%和260%，占当年全省农产品加工产值比重力争每年提高0.5个百分点，实现出口额占全省农产品出口额比重逐年增长，绿色食品生产对农民增收的贡献率稳步提高。大力加强绿色食品监管，绿色食品企业年检率达到95%，产品质量抽检合格率达到98%以上，基本实现绿色食品原料标准化生产基地产品质量安全可追溯。

发展原则：认证与监管并举，数量与质量并重，积极稳妥地推进绿色食品产业发展。在坚持质量标准，强化证后监管，有效防范风险的基础上，优先发展名特优产品，优先发展深加工产品，优先发展产业化龙头企业产品，促进全省绿色食品产业长期平稳较快发展。

## 四、规划布局

要立足现代农业建设的大局，科学规划，合理布局，以绿色食品引领农业品牌化，进一步发挥其在推动农业标准化生产，提高农产品质量安全水平，促进农业增效和农民增收中的示范带动作用。

(1)重点区域布局。充分发挥区位优势、自然资源优势、劳动力资源比较优势，利用产业基础好、要素成本低、配套能力强等综合优势，组织实施绿色食品产业带建设，加强区域间横向经济联合和协作，把绿色食品产品开发与优势农产品区域布局相结合，严格按照绿色食品生产技术标准，实行科学化管理、标准化生产，形成大基地、大龙头、大品牌、大产业。

①皖江城市带、皖江承接产业示范区及合肥省会经济圈。建设沿江、江淮之间绿色食品稻米产业带，开发绿色食品大米生产和加工，重点发展芜湖、安庆、池州、宣城、巢湖、六安等市绿色食品水稻标准化生产基地及大米加工产品。

建设江淮之间绿色食品双低油菜产业带，开发绿色食品油料生产和加工，重点发展滁州、芜湖、安庆、宣城、巢湖、六安等市绿色食品油菜标准化生产基地及油料加工产品。

建设江淮之间绿色食品蔬菜产业带，开发绿色食品蔬菜生产和加工，重点发展合肥、芜湖、巢湖、滁州、淮南、六安等市绿色食品反季节蔬菜标准化生产基地及产品。

建设江淮和大别山区绿色食品水产品产业带，开发绿色食品优质水产品，重点发展安庆、芜湖、马鞍山、巢湖、滁州、六安等市大型湖、库等水域绿色食品水产品生产。

建设沿江、沿淮和巢湖流域绿色食品畜禽产业带，开发绿色食品畜禽蛋奶产品，重点发展宣城、巢湖、安庆、六安等市绿色食品禽、蛋产品生产及合肥、淮南、马鞍山、滁州等市城郊绿色食品乳品加工。

②沿淮、淮北区域。建设绿色食品小麦(面粉)产业带，重点发展亳州、宿州、淮北、阜阳、蚌埠、淮南、滁州等市绿色食品小麦标准化生产基地及产品开发。

建设绿色食品果品产业带，重点发展蚌埠、宿州、淮北等市绿色食品酥梨、苹果、石榴、黄桃、葡萄等绿色食品标准化生产基地及产品开发。

建设蔬菜产业带，开发绿色食品蔬菜生产和加工，重点发展亳州、淮北、蚌埠等市绿色食品设施蔬菜标准化生产基地及产品。

建设绿色食品畜产品产业带，重点发展阜阳、亳州、淮北、宿州等市牛、羊肉生产及加工产品。

③皖南、皖西山区。建设绿色食品茶叶产业带，重点发展黄山、宣城、池州、安庆、六安等市绿色食品茶叶标准化生产基地及产品。

建设蔬菜产业带，开发绿色食品蔬菜生产和加工，重点发展安庆、池州、六安等市绿色食品高山蔬菜标准化生产基地及产品。

建设绿色食品土特产产业带，重点发展黄山、宣城、池州、安庆、六安等市山区土特产绿色食品标准化生产基地及产品。

(2)重点开发产业。坚持因地制宜，逐步实现绿色食品产业化、区域化、规模化发展。通过建立规范、稳定的绿色食品原料生产基地，并与绿色食品生产加工企业相对接，形成绿色食品产业综合开发。“十二五”期间，全省绿色食品重点打造粮食及制品、油料及制品、畜禽肉蛋奶制品、水产品、名优茶、果蔬、山特产、酿酒制品等八大绿色食品精品产业，并逐步培植，做大做强，形成代表全省农产品精品形象的名牌产品。

①绿色食品粮食及制品产业：以水稻和小麦为重点，开发绿色食品水稻种植面积 1 000 万亩，小麦 700 万亩。

②绿色食品油料及制品产业：以油菜、花生、芝麻为重点，开发绿色食品原料油菜面积 500 万亩，花生面积 180 万亩，芝麻面积 80 万亩。

③绿色食品畜禽蛋奶制品产业：以牛、羊、禽、蛋产品为重点，乳制品以纯牛奶、花色奶、奶粉为重点，开发绿色食品肉禽蛋奶产品，不断提高产品总量。

④绿色食品水产品产业：以名优鱼、虾、蟹开发为重点，力争产量占全省水产品产量 15% 以上。

⑤绿色食品名优茶产业：规模 100 万亩，占全省茶叶面积 60% 以上。

⑥绿色食品果蔬产业：蔬菜产品开发以食用菌、豆类、瓜类、茄果类、高山蔬菜、水生蔬菜和名、特、新蔬菜为主，面积 150 万亩。开发绿色食品水果基地 30 万亩。

⑦绿色食品山特产产业：以山核桃、竹笋、板栗、葛粉、苔干等产品开发为主，绿色食品原料种植面积 50 万亩。

⑧绿色食品酿酒制品产业：原料种植面积 300 万亩，白酒、黄酒、葡萄酒多品种开发。

**五、保障措施**

“十二五”时期，各级农业部门必须充分认识发展绿色食品产业的重要意义，采取综合举措，推进我省绿色食品产业又好又快发展。

(1)加快基地建设,巩固绿色食品产业基础。各级农业部门要按照绿色食品原料标准化生产基地建设要求,以优势农产品产业带、特色农产品规划区为重点,继续创建一批全国绿色食品原料标准化生产基地,推广绿色食品标准化生产技术,促进原料标准化生产基地与绿色食品加工企业的有效对接。加强已建成基地的监督管理,巩固、提高基地运行质量,通过实施基地监督、检查,在标准推广应用、农民生产技术培训、基地产品质量监管等方面进一步深化建设内容,提高基地建设质量和管理水平。

(2)强化产业监管,提升绿色食品质量水平。各地要把贯彻落实食品安全法律法规,制定并采取积极的产业监管措施,切实加强证后监管,作为提升绿色食品产业发展水平,保障产品质量安全的重要环节。通过完善各项监管制度,构建绿色食品产品质量监管长效机制,促进绿色食品产业监管工作制度化、常态化和规范化。要按照"保证产品质量,规范标志管理"的基本要求,全面落实企业年度检查、产品质量抽检、标志市场监察、质量安全预警等监管措施,督促绿色食品企业强化内部管理,规范生产经营行为,突出全程质量控制,同时,加大打击假冒产品和纠正不规范用标行为的力度,维护绿色食品品牌公信力。

(3)加强体系建设,充实稳定工作队伍。各地要健全和完善绿色食品工作机构,进一步明确职能,充实力量,在工作条件、业务经费方面予以保证,巩固和加强绿色食品工作队伍,发挥体系优势,增强工作合力,提高服务和管理水平。

(4)扩大宣传推介,加快市场流通体系建设。各级农业部门要重视和加强绿色食品品牌宣传与市场培育,加大市场服务力度,全面提升我省绿色食品产业的竞争力和影响力。要积极探索我省绿色食品市场建设有效途径,建立有特色的营销体系,同时,精心组织企业和产品参加全国绿色食品、有机食品博览会及各类专业展会,宣传、展示我省绿色食品品牌形象和发展成果,培育市场,促进贸易,使绿色食品始终保持"以品牌引领消费、以消费拓展市场、以市场拉动生产"健康发展的局面。

(5)推进标准化生产,建立健全质量安全保障体系。全面推行绿色食品全程质量控制体系建设和标准化生产措施,加快建立绿色食品企业诚信机制,提高产品质量安全自律意识。坚持绿色食品生产"源头"质量控制,深入推进绿色食品标准化生产基地产品质量可追溯体系建设的组织与实施。要进一步加强绿色食品标志监管员队伍建设,建立健全企业内检员制度,"十二五"时期,基本实现每个县(市、区)有绿色食品监管员、每个绿色食品企业有绿色食品内检员的管理目标,并通过加大培训,不断提高业务素质和管理水平,发挥基层队伍和企业核心业务骨干产品质量监督和管理作用。

(6)推行产业化经营,提升绿色食品产业层次。充分发挥我省绿色食品资源和产品优势,培育壮大龙头企业,依托农业产业化发展与建设,重点指导农产品加工龙头企业发展绿色食品生产,推进绿色食品产业集群发展,形成绿色食品专业化、规模化、区域化生产格局,加快促进农业转型升级,提升产品质量与档次,创建名牌产品,增强市场竞争力,提升我省绿色食品产业层次。

(7)加强组织领导,制定积极的产业扶持政策。要切实加强对绿色食品工作的组织领导,将绿色食品产业发展融入农业农村发展的全局,纳入国民经济发展整体规划,统筹安排,加大公共财政对绿色食品产业的支持力度,争取省财政在专项预算中,逐年增加绿色食品基地建设专项资金;鼓励各级财政在支持农业发展经费中设立绿色食品专项资金,支持当地绿色食品产业开发;同时,积极引导社会资金投入绿色食品产业建设,扩大绿色食品投资规模,增强绿色食品产业发展能力。要制定出台优惠政策，把通过绿色食品认证作为产业化龙头企业评审、名牌农产品评定的重要条件；把绿色食品基地建设作为农业综合开发、现代农业示范区、优势农产品产业带建设的一项重要内容，相互促进，统筹加力，推动绿色食品产业健康发展。

## 【自我训练】

1. 何为食品污染？
2. 食品污染的种类有哪些？
3. 造成食品污染的主要原因有哪些？
4. 绿色食品产生的国际背景是什么？
5. 绿色食品产生的国内背景是什么？
6. 黑龙江发展绿色食品在自然方面有哪些优势？
7. 黑龙江发展绿色食品在地缘方面有哪些优势？
8. 论述黑龙江绿色食品事业的特点及前景。
9. 简述发展绿色食品的意义。
10. 世界环境污染最著名的“八大公害”事件是什么？
11. 黑龙江省绿色食品2010年发展规划要点是什么？

# 单元二

# 绿色食品基本知识

**学习目标**

- 了解绿色食品的同类产品、绿色食品开发管理体系及绿色食品产业体系现状，掌握绿色食品的概念、特征及绿色食品工程。

**知识要点**

- 绿色食品的概念以及与国际同类产品的区别和联系；
- 绿色食品产生的国内、外背景；
- 绿色食品的显著特征与绿色食品工程。

**技能要点**

- 绿色食品与同类产品的区别；A级绿色食品与AA级绿色食品的区别。

# 项目一　绿色食品的概念与特征

## 【你知道吗】

进入20世纪80年代以后，人们已逐步认识到过度依赖现代投入的农业方式给环境和资源以及人类自身造成的严重危害，纷纷寻求可持续发展的农业生产方式，以保护人类自身安全和生态环境为主题的“绿色行动”日渐引起全人类的极大关注和积极参与，各国政府相继推出有机食品、生态食品、自然食品等。我国没有简单的照搬国外的模式，而是在考察其相关技术、标准及管理模式的基础上，结合我国的具体国情，选择了自己的发展道路——绿色食品。

## 【知识与技能】

### 一、绿色食品概念

1. 定义

绿色食品是遵循可持续发展原则，按照特定生产方式生产，经专门机构认定、许可使用绿色食品标志商标的无污染、安全、优质、营养类食品。

2. 种类

(1)AA级绿色食品

系指生产地的环境质量符合绿色食品产地环境技术条件的要求，生产过程中不使用化学合成的肥料、农药、兽药、饲料添加剂、食品添加剂和其他有害于环境和身体健康的物质，按有机生产方式生产，产品质量符合绿色食品产品标准，经专门机构认定、许可使用AA级绿色食品标志的产品。产品包装上以白底印绿色标志，防伪标签的底色为蓝色。按照农业部发布的行业标准，AA级绿色食品等同于有机食品。

(2)A级绿色食品

系指生产地的环境质量符合绿色食品产地环境技术条件的要求，生产过程中严格按照绿色食品生产资料使用准则和生产操作规程要求，限量使用限定的化学合成生产资料，产品质量符合绿色食品产品标准，经专门机构认定，许可使用A级绿色食品标志的产品。A级绿色食品产品包装上以绿底印白色标志，其防伪标签的底色为绿色。

3. 内涵

如今“绿色食品”备受消费者青睐，但许多人对它的内涵并不十分清楚，从而出现种种误解：一是“绿色食品”就是含叶绿素的绿颜色食品；二是“绿色食品”就是走上餐桌的野菜；三是市场上销售的绿颜色食品就是“绿色食品”。其实这些都不是真正意义上的“绿色食品”，之所以称为“绿色”，是因为自然资源和生态环境是食品生产的基本条件，由于与生命、资源、环境保护相关的事物国际上通常冠之以“绿色”，为了突出这类食品出自良好的生态环境，并能给人们带来旺盛的生命活力，因此将其定名为“绿色食品”。

发展绿色食品必须遵循可持续发展的原则，从保护、改善生态环境入手，以开发无污染食品为突破口，将保护环境、发展经济、增进人们健康紧密地结合起来，促成环境、资源、经济、社会发展的良性循环。

绿色食品特定的生产方式是指按照标准生产、加工，对产品实施全程质量控制，依法对产品实行标志管理。

## 二、绿色食品的显著特征

无污染、安全、优质、营养是绿色食品的特征。为了保证绿色食品产品无污染、安全、优质、营养的特性，开发绿色食品有一套较为完整的质量标准体系。绿色食品标准包括产地环境质量标准、生产技术标准、产品质量和卫生标准、包装标准、储藏和运输标准以及其他相关标准，它们构成了绿色食品完整的质量控制标准体系。

为了与一般的普通食品区别开，绿色食品由统一的标志来标识。绿色食品标志由特定的图形来表示。绿色食品标志图形由3部分构成：上方的太阳、下方的叶片和蓓蕾。标志图形为正圆形，意为保护、安全。整个图形描绘了一幅明媚阳光照耀下的和谐生机，告诉人们绿色食品是出自纯净、良好生态环境的安全、无污染食品，能给人们带来蓬勃的生命力。绿色食品标志还提醒人们要保护环境和防止污染，通过改善人与环境的关系，创造自然界新的和谐。绿色食品标志图形如图0-2-1表示。

图 0-2-1　绿色食品标志图

绿色食品与普通食品相比有3个显著特征：

1. 强调产品出自最佳生态环境

农业生产需要在适宜的环境下进行，由于工业、农业、农村生活污染等日益加剧，大气、土壤、水体污染严重，造成农业环境质量不断下降，从而直接影响了在该环境下生长的动植物，进而造成食物污染。因此，在绿色食品生产中，对环境有严格的要求，强调环境是基础，具有一票否决权，绿色食品必须具备条件中的首要条件就是："绿色食品或原料产地必须符合绿色食品产地环境质量标准"。绿色食品生产首先从原料产地的生态环境入手，通过对原料产地及其周围的大气、土壤、水质等环境因子严格监测，判定其是否具备生产绿色食品的基础条件。能够符合绿色食品产地环境标准的产地基本都是在空气清新、水质纯净、土壤未受污染、农业生态环境质量良好的地区。在确定该区域环境符合绿色食品产地标准的基础上，还要求生产企业或当地政府有一套保证措施，以确保该区域在今后的生产过程中环境质量不下降。

2. 对产品实行全程质量控制

实行"从土地到餐桌"全程质量控制是绿色食品的特色。绿色食品生产并不是简单地对最终产品的有害成分含量和卫生指标进行测定，而是对整个生产过程实施全程质量监控。在绿色食品开发过程中，生产前由定点环境监测机构对绿色食品产地环境质量进行监测和评价（包括生产、加工区域的大气、土壤、灌溉水、畜禽养殖水、渔业养殖水和食品加工用水），以保证产地环境符合绿色食品产地环境技术条件；生产过程中，要符合绿色食品种植、养殖和食品加工操作规程并由委托管理机构派检查员检查生产者是否按照绿色食品生产技术标准进行生产，检查生产企业的生产资料购买、使用情况，以证明生产行为对产品质量和产地环境质量是有益的；产后由定点产品监测机构对最终产品进行监测，确保最终产品符合绿色食品标准。绿色食品生产是我国在食品行业和农业上最先推广全程质量控制模式的典范，它在食品和农产品生产及其加工领域改变了仅以最终产品的检验结果评定产品质量优劣的传统观念，这是以质量控制为核心的生产方式的一个进步，是一个质的变化，也树立了一个全新的质量观。同时，实施全程质量控制不仅要求在生产中强调技术投入，更要求在生产前、生产后追加技术投入，有利于提高整个生产过程的技术含量，推动农业和食品工业的技术进步。

3. 对产品依法实行标志管理

绿色食品标志是一个质量证明商标，属知识产权范畴，受《中华人民共和国商标法》保护。目前我国的绿色食品标志已在日本、中国香港等国家与地区注册，绿色食品标志已日趋国际化，在国外已拥有一定的市场，成为农业突破壁垒的一条有效的途径。

凡绿色食品产品的包装上都同时印有绿色食品商标标志、文字和批准号，其中标志和绿色食品 4 个字为绿色衬托的白色图案。除包装标签上的印制内容外，尚贴有中国绿色食品发展中心的统一防伪标签，该标签上的编号应与产品包装标签上的编号一致。

## 三、绿色食品必须具备的条件

绿色食品并非指“绿颜色“的食品，而是特指无污染、安全、优质、营养类食品。我们生产绿色食品的最终目的是为了不断提高人民的生活水平和民族健康状况。随着我国人民生活水平的提高，消费者在质量标准、营养条件、口味的基础上对食品卫生标准提出更严格的要求，绿色食品正是适应了新形势下的这种趋势。具体说来，无污染、安全是针对农业生产、食品生产过程中工业、商业、生活和农业自身的污染，化学合成物质投放越来越多，食品安全问题越来越令人担忧的状况，通过严密监测、控制和防止农药残留、放射性物质、重金属、有害细菌、有毒有害化学合成物质等对食品生产各个环节的污染，以确保绿色食品产品的洁净，而不仅仅是将最终产品的污染水平控制在危害人体健康的安全限度之内；优质、营养是指绿色食品不仅产品的外表包装水平高，而且内在品质优良，营养价值和卫生安全指标高。由此可见，绿色食品不仅强调安全，而且在安全的基础上突出优质和营养，是无公害农产品中的精品。食品的内在质量，是衡量社会进步的一个重要标准，从这种意义上讲，绿色食品是人类向前进化的一个标志。

绿色食品必须同时具备以下条件：

(1)产品或产品原料产地必须符合绿色食品生态环境质量标准

农业初级产品或食品的主要原料，其生长区域内没有工业企业的直接污染，水域上游、上风口没有污染源对该区域构成污染威胁。该区域内的大气、土壤、水质均符合绿色食品生态环境标准，并有一套保证措施，确保该区域在今后的生产过程中环境质量不下降。

(2)农作物种植、畜禽饲养、水产养殖及食品加工必须符合绿色食品生产操作规程

农药、肥料、兽药、食品添加剂等生产资料的使用必须符合《生产绿色食品的农药使用准则》《生产绿色食品肥料使用准则》《生产绿色食品的食品添加剂使用准则》《生产绿色食品的兽药使用准则》。

(3)产品必须符合农业部制定的绿色食品质量和卫生标准

凡冠以绿色食品的最终产品必须由中国绿色食品发展中心指定的食品监测部门依据绿色食品产品标准检测合格。绿色食品产品标准是参照有关国家、部门、行业标准制定的，通常高于或等同现行标准，有些还增加了检测项目。

(4)产品外包装必须符合国家食品标签通用标准，符合绿色食品特定的包装、装潢和标签规定

绿色食品产品的包装、装潢应符合农业部《绿色食品标志设计标准手册》的要求，取得绿色食品标志使用资格的单位，应将绿色食品标志用于产品的内外包装，《手册》对绿色食品标志的标准图形、标准字体、图形与字体的规范组合、标准色、广告用语及用于食品系列化包装的标准图形、编号规范均作了严格规定，同时列举了应用示例。《农业部"绿色食品"产品管理暂行办法》第四条规定，绿色食品产品出厂时，须印制专门的标签，其内容除必须符合国家GB 7718—94标准外，还应标明主要原料产地的环境、产品的卫生及质量等主要指标。

要购买真正的绿色食品，一定要认准绿色食品标志 。

## 【你知道吗】

20世纪70年代初，由美国扩展到欧洲和日本的旨在限制化学物质过量投入以保护生态环境和提高食品安全性的"有机农业"思潮影响了许多国家。一些国家开始采取经济措施和法律手段，鼓励、支持本国无污染食品的开发和生产。自1992年联合国在里约热内卢召开的环境与发展大会后，许多国家从农业着手，积极探索农业可持续发展的模式，以减缓石油农业给环境和资源造成的严重压力。欧洲、美国、日本和澳大利亚等发达国家和一些发展中国家纷纷加快了生态农业的研究。在这种国际背景下，我国决定开发无污染、安全、优质的营养食品，并且将它们定名为"绿色食品"。但是在许多国家，绿色食品又有着许多相似的名称和叫法，诸如"生态食品""自然食品""蓝色天使食品""健康食品""有机农业食品""有机食品""无公害食品"等。

## 四、绿色食品的同类产品

1. 有机食品

(1)概念

有机食品是一种国际通称，是从英文 Organic Food 直译过来的。这里所说的"有机"不是化学上的概念，而是指采取一种有机的耕作和加工方式。即有机食品是指原料必须来自已建立的或正在建立的有机农业生产体系，或采用有机方式采集的野生天然产品；产品在整个生产过程中严格遵循有机食品的生产、加工、包装、贮藏、运输标准；生产者在有机食品生产和流通过程中，有完善的质量跟踪审查体系和完整的生产与销售记录档案；产品符合国际或国家有机食品要求和标准；并通过国家认证机构认证的一切农副产品及其加工品，包括粮食、蔬菜、水果、奶制品、禽畜产品、蜂蜜、水产品、调料等。有机农产品是纯天然、无污染、安全营养的食品，也可称为"生态食品"。

有机食品与目前市场上推出的绿色食品、无公害食品最显著的区别是：前者在其生产和加工过程中绝对禁止使用农药、化肥、激素等人工合成物质，后者则允许有限制地使用。

除有机食品外，目前国际上还把一些派生的产品如有机化妆品、纺织品、林产品，或有机食品生产而提供的生产数据，包括生物农药、有机肥料等，经认证后统称有机产品。

有机农产品执行的是国际有机农业运动联盟（IFOAM）的“有机农业和产品加工基本标准”，由于有机农产品在我国尚未形成消费群体，产品主要用于出口，虽然我国也发布了一些有机农产品的行业标准，但我国的有机农产品执行的标准主要是出口国要求的标准。目前，欧盟、美国、日本、澳大利亚、加拿大、墨西哥、阿根廷、韩国等都已制定了有机农业及产品生产、加工准则性的标准。有机农产品的标准集中在生产加工和储运技术条件方面，无环境和产品质量标准。

（2）有机食品与其他食品的区别

目前，我国有关部门在推行的其他标志食品还有无公害食品和绿色食品。从本质上来讲，绿色食品是从普通食品向有机食品发展的一种过渡产品。有机食品与其他食品的区别体现在如下几方面：

①有机食品在其生产加工过程中绝对禁止使用农药、化肥、激素等人工合成物质，并且不允许使用基因工程技术；而其他食品则允许有限使用这些技术，且不禁止基因工程技术的使用。如绿色食品对基因工程和辐射技术的使用就未作规定。

②生产转型方面，从生产其他食品到有机食品需要 2～3 年的转换期，而生产其他食品（包括绿色食品和无公害食品）没有转换期的要求。

③数量控制方面，有机食品的认证要求定地块、定产量，而其他食品没有如此严格的要求。

几种食品在层次和数量上如图 0-2-2 表示。

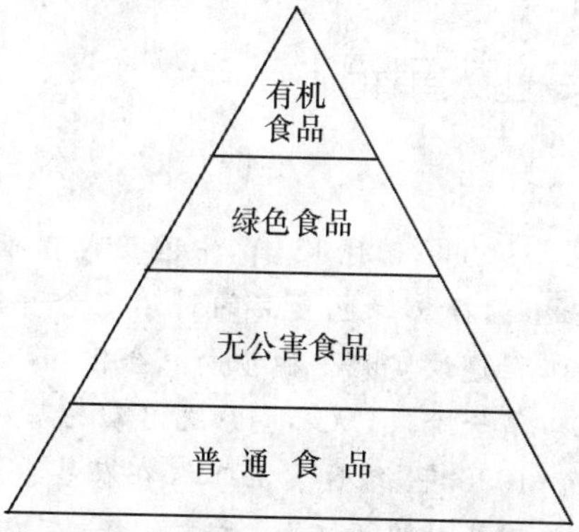

**图 0-2-2　食品数量及层次关系**

2. 无公害食品

产地环境、生产过程最终产品质量符合无公害食品的规范，并使用无公害食品标识的食品。绿色无公害农产品是出自洁净生态环境。生产方式与环境保护有关，有害物含量控制在一定范围之内，是经专门机构认证的一类无污染、安全食品的泛称。它包括无公害食品、绿色食品和有机食品。无公害食品是按照无公害食品生产技术标准和要求生产的、符合通用卫生标准并经有关部门认定的安全食品。严格来讲，无公害食品是普通食品都应当达到的一种基本要求。

无公害农产品执行的是国家质检总局发布的强制性标准及农业部发布的行业标准。产品标准、环境标准和生产资料使用准则为强制性国家或行业标准，生产操作规程为推荐性行业标准。目前，国家质检总局和国家标准委已发布了 4 类农产品的 8 个强制性国家标准，农业部发布了 200 余项行业标准。

3. 转基因食品

切割和拼接基因的外科手术，就是基因工程。利用这种技术，能够把特定的基因从一种类型的生物转移给地球上另一种生物。

转基因食品是指利用分子生物学手段将某些生物的基因转移到其他生物物种上，使其出现原物种不具有的性状或产物，以转基因生物为原料加工生产的食品就是转基因食品。

通过这种技术人类可以获得更符合要求的食品品质，它具有产量高、营养丰富、抗病力强的优势，但它可能造成的遗传基因污染也是其明显的缺陷。

转基因食品的规范是国际潮流。1998 年全球转基因作物种植面积达 2 780 万 $hm^2$，其中美国和加拿大种植面积高达 2 330 万 $hm^2$，占全球转基因作物的 84%。由于国内已有不少来自美国、加拿大的大豆、玉米等，均为转基因食品，为了加强转基因食品规范，应确立转基因食品上市前审查制度，基于安全原因，在上市前建议提供相关资料，证明转基因食品成分和原食品相同，且不会影响自然生态、物种，不会产生毒素，无过敏反应，不影响抗生素耐药性等才准许上市。目前，全世界转基因农作物的播种面积已达 4 000 万 $hm^2$，转基因食品在数量和品种上都有了相当规模，对于全世界 8 亿多的饥饿人口来说，转基因食品具有极大的发展潜力。

转基因食品可分为转基因微生物与其产物、转基因作物与转基因家畜。转基因微生物是用以生产食品用酶，此类产品无论是生产、销售或管理均已成熟；直接用作食品的转基因微生物，如发酵食品菌，虽然早在 20 世纪 80 年代末就有公司申请，并获准上市，但因顾虑消费者对转基因发酵食品所持态度，目前市场上仍未有这类产品。转基因作物的商业化生产为时不过数年，但此产品为转基因食品中发展最快速的领域，目前已有超过 25 种转基因作物上市。转基因家畜的研发费用相当高，主要用于医药相关研究领域。

## 【专业大事记】

### 绿色食品发展历程(一)

1990 年 5 月 15 日，中国正式宣布开始发展绿色食品。中国绿色食品事业经历了以下发展过程：提出绿色食品的科学概念→建立绿色食品生产体系和管理体系→系统组织绿色食品工程建设实施→稳步向社会化、产业化、市场化、国际化方向推进。

第一阶段，从农垦系统启动的基础建设阶段(1990—1993 年)

1990 年，绿色食品工程在农垦系统正式实施。在绿色食品工程实施后的 3 年中，完成了一系列基础建设工作，主要包括：在农业部设立绿色食品专门机构，并在全国省级农垦管理部门成立了相应的机构；以农垦系统产品质量监测机构为依托，建立起绿色食品产品质量监测系统；制订了一系列技术标准；制订并颁布了《绿色食品标志管理办法》等有关管理规定；对绿色食品标志进行商标注册；加入了“有机农业运动国际联盟”组织。与此同时，绿色食品开发也在一些农场快速起步，并不断取得进展。1990 年绿色食品工程实施的当年，全国就有 127 个产品获得绿色食品标志商标使用权。1993 年全国绿色食品发展出现第一个高峰，当年新增产品数量达到 217 个。

# 项目二　绿色食品开发管理体系及绿色食品工程

## 【你知道吗】

绿色食品质量管理体系的建立就是国家按照一定的质量标准对绿色食品从生产环境生产过程到产品的加工、包装、储藏、运输、销售全过程实施质量控制的系统。

## 【知识与技能】

### 一、绿色食品开发管理体系

1. 绿色食品开发管理体系的基本构架

绿色食品开发管理体系由 4 个基本部分组成：严密的质量标准体系、全程质量控制措施、网络化的组织系统、规范化的管理方式。

(1)严密的质量标准体系

绿色食品产地环境质量标准、生产技术标准、产品标准、产品包装标准和储藏、运输标准构成了绿色食品一个完整的质量标准体系。

绿色食品产地环境质量标准规定了绿色食品产地的环境空气质量、农田灌溉水质、渔业水质、畜禽养殖水质和土壤环境质量的各项指标及浓度限值监测和评价方法。适用于绿色食品(AA 级和 A 级)生产的农田、蔬菜、果园、茶园、饲养场、放牧场和水产养殖场。

绿色食品生产技术标准指绿色食品种植、养殖和食品加工各个环节必须遵循的技术规范。该标准的核心内容是：在总结各地作物种植、畜禽饲养、水产养殖和食品加工等生产技术和经验的基础上，按照绿色食品生产资料使用准则要求，指导绿色食品生产者进行生产和加工活动。

绿色食品最终产品必须由定点的食品监测机构依据绿色食品产品标准检测合格。绿色食品产品标准是以国家标准为基础参照国际标准和国外先进技术制定的，其突出特点是产品的卫生指标高于国家现行标准。

绿色食品产品包装标准规定了产品包装必须遵循的原则、包装材料的选择、包装标识内容等要求，目的是防止产品遭受污染，资源过度浪费，并促进产品销售，保护广大消费者的利益，同时有利于树立绿色食品产品整体形象。

(2)全程质量控制措施

绿色食品生产实施“从土地到餐桌”全程质量控制，以保证产品的整体质量。也就是说绿色食品生产是通过产前环节的环境监测和原料检测；产中环节具体生产、加工操作规程的落实，以及产后环节产品质量、卫生指标、包装、保鲜、运输、储藏、销售控制，确保绿色食品的整体产品质量，并提高整个生产过程的技术含量。

(3)高效的组织网络系统

为了将分散的农户和企业组织发动起来进入绿色食品的管理和开发序列，中国绿色食品发展中心构建了 3 个组织管理系统，并形成了高效的网络：一是在全国各地委托了分支管理机构，协助和配合中国绿色食品发展中心开展绿色食品宣传、发动、指导、管理、服务工作；二是委托全国各地有省级计量认证资格的环境监测机构负责绿色食品产地环境监测与评价；三是委托区域性的食品质量监测机构负责绿色食品产品质量监测。绿色食品组织网络建设采取委托授权的方式，并使管理系统与监测系统分离，这样不仅保证了绿色食品监督工作的公正性，而且也增加了整个绿色食品开发管理体系的科学性。

(4)科学、规范的管理手段

中国绿色食品实行统一、规范的标志管理，即通过对合乎特定标准的产品发放特定的标志，用以证明产品的特定身份以及与一般同类产品的区别。从形式上看，绿色食品标志管理是一种质量认证行为，但绿色食品标志是在国家工商行政管理局注册的一个商标，受《中华人民共和国商标法》的严格保护，在具体运作上完全按商标性质处理。因此，绿色食品在认定的过程中是质量认证行为，在认定后是商标管理行为，也就是说，绿色食品标志管理实现了质量认证和商标管理的结合。实现这个结合即使绿色食品的认定具备产品质量认证的严格性和权威性，又具备商标使用的法律地位。实施绿色食品标志管理不仅可以有效地规范企业的生产和流通行为，而且有利于保护广大消费者的权益；不仅可以有效地促进企业争创名牌、开拓市场，而且有利于绿色食品产业化发展。从另一个角度来看，绿色食品标志的商标注册和规范使用，使绿色食品具有了可识别性。其经济学意义在于：一方面，可识别性使绿色食品再生产过程的内在价值得以体现；另一方面，可识别性使绿色食品再生产过程的内在特征外在化，从而为绿色食品逐步发展成为相对独立的产业创造了条件。

2. 绿色食品开发管理体系的基本特征

与常规现代农业和食品业生产体系相比，绿色食品开发管理体系具有以下的特征：

(1)在发展的目标上，绿色食品生产在追求高产量、高效益的同时，融进了环境和资源保护意识、质量控制意识、知识产权保护意识，不仅要实现高产、优质、高效的结合，而且要追求经济效益、生态效益和社会效益的统一。

(2)在技术路线上，强调谨慎地选择、组合传统技术和现代技术，尤其是我国传统农业的优秀农艺技术和当今高新技术，以适度的技术，配合一体化的管理，合理配置生产要素，获取综合效益。

(3)在生产方式上，通过制定标准，推广生产操作规程，配合技术措施，辅之以科学管理，将农业生产过程的诸环节紧密融为一体，实现了产加销、农工商的有机结合，提高了农业生产过程的技术含量和农业生态经济的高效率、高效益产出。

(4)在产品质量控制的方式上，首先强调"产品出自最佳生态环境"，并将环境和资源保护意识自觉融入了生产者的经济行为之中。另外，通过满足消费者对食品提出的高要求，促使生产者改变传统的生产方式和方法，最终形成对产品实行"从土地到餐桌"全程质量控制的观念和模式。

(5)在管理的方式上，通过对产品实行统一、规范的标志管理，实行了质量认证和商标管理的结合，从而使生产主体在市场经济环境下明确了自身的组织行为和生产行为规范。

(6)在组织方式上，通过绿色食品标志管理和推广全程质量控制技术措施，将分散的农户有组织地归入了绿色食品产业一体化发展的进程，将分散的产品有组织地推向了国内外市场，从而通过技术和管理相结合的一个无形中介组织构造出中国绿色食品产业的形象和体系。

**【你知道吗】**

绿色食品生产过程融入了农业科学、畜牧科学、食品营养和卫生及食品工艺科学、环境保护科学等多学科的成果，是多学科协同作用，绿色食品产品是原料生产、产品加工、产品检测、产品包装、产品存储、运输、销售等多环节为一体，横跨多行业、多领域、多部门、多学科，堪称一项宏大而复杂的系统工程，因此称为绿色食品工程。

## 【知识与技能】

### 二、绿色食品工程

1. 绿色食品工程的概念

所谓工程是指将自然科学原理应用到工农业生产部门中而形成的学科的总称。

绿色食品工程是指将农学、生态学、环境科学、营养学、卫生学等多学科的原理运用到食品的生产、加工、贮运、销售以及相关的教育、科研等环节，从而形成一个完整的无公害、无污染的优质食品的产供销管理系统。

绿色食品工程注重生产基地、环境和食品监测、市场运行、科研教育等子系统之间的结构和联系，通过标志管理等方法，宏观调控系统因子。各层次之间的平衡，使其达到一个完整的有机整体。以市场为先导；无污染的原料基地为基础；环境监测、食品检验为保证；教育培训、宣传为推广手段；依靠先进的科学技术，带动生产条件的优化、耕作技术的改进，推动农业现代化进程，逐步实现经济效益、社会效益、生态效益的良性循环，为我国的环境保护事业做出贡献。

2. 绿色食品工程系统结构

绿色食品作为一项系统工程，其生产方式、管理体系的显著特点是具有复杂性、综合性，需要充分利用社会各方面合力有组织、有步骤地系统实施，才能将绿色食品有效地推向社会，实现预定的规模效益。绿色食品工程的结构如下：

(1)绿色食品生产加工系统

包括绿色食品种植业生产、绿色食品畜牧业生产、绿色食品水产品生产、绿色食品食品加工。

(2)绿色食品质量保证系统

包括绿色食品环境监测和产品检测、绿色食品生产资料使用监测、绿色食品食品加工过程监测。

(3)绿色食品营销系统

包括绿色食品包装保鲜、绿色食品储藏运输、绿色食品市场定位、绿色食品流通渠道、绿色食品产品供给。

(4)绿色食品服务系统

包括绿色食品科技研究与推广、绿色食品生产资料供给、人才培训、信息服务、宣传咨询、国际交流与合作。

(5)绿色食品管理系统

包括组织管理、质量管理、标志管理。

3. 三绿工程

三绿工程是指提倡绿色消费、培育绿色市场、开辟绿色通道。

提倡绿色消费是指制定统一的消费政策和引导措施，通过降低绿色食品的经营成本和销售价格，使更多的消费者树立消费绿色食品时尚和增强环境保护意识，促进绿色食品消费数量的增长和产品结构的优化，确立科学的、有益人体健康和环境保护的食品消费模式。

培育绿色市场是指要建立从批发到零售的绿色食品、有机食品流通网络体系，促进绿色食品、有机食品的销售和城乡环境的保护。

开辟绿色通道是指开辟公路、铁路、航空及水上常年性食品运输通道，并按照经济合理的原则将其联结起来，发挥各类运输工具的优势，消除不必要、不合理的关卡和收费，在全国范围内构建高效率、无污染、低成本的绿色运输网络和联运系统。

三绿工程于1999年由国家经贸委会同财政部、铁道部、交通部、国家环保总局、国家工商总局、国家质检总局联合实施。先是在部分城市和地区试点，然后逐步在全国推开。其以提高食品质量、维护消费者利益、保障居民身体健康与生命安全为宗旨。

基本目标：在“十五”期间拟开通10条绿色通道；建设百家绿色批发市场；创出千种绿色食品、有机食品品牌；形成万家绿色零售门店，使城市居民绿色食品消费比例逐步提高。

## 【专业大事记】

### 绿色食品发展历程(二)

第二阶段，向全社会推进的加速发展阶段(1994—1996年)

这一阶段绿色食品发展呈现出5个特点：①产品数量连续2年高增长。1995年新增产品达到263个，超过1993年最高水平1.07倍；1996年继续保持快速增长势头，新增产品289个，增长9.9%。②农业种植规模迅速扩大。1995年绿色食品农业种植面积达到1 700万亩，比1994年扩大3.6倍，1996年扩大到3 200万亩，增长88.2%。③产量增长超过产品个数增长。1995年主要产品产量达到210万t，比上年增加203.8%，超过产品个数增长率4.9个百分点；1996年达到360万t，增长71.4%，超过产品个数增长率61.5个百分点，表明绿色食品企业规模在不断扩大。④产品结构趋向居民日常消费结构。与1995年相比，1996年粮油类产品比重上升53.3%，水产类产品上升35.3%，饮料类产品上升20.8%，畜禽蛋奶类产品上升12.4%。⑤县域开发逐步展开。全国许多县(市)依托本地资源，在全县范围内组织绿色食品开发和建立绿色食品生产基地，使绿色食品开发成为县域经济发展富有特色和活力的增长点。

## 【自我训练】

1. 什么是绿色食品？何谓“三绿”工程？
2. 绿色食品与普通食品相比有哪几个显著特征？
3. 绿色食品必须具备的条件有哪些？
4. 什么是有机食品？什么是无公害食品？
5. 绿色食品开发管理体系由哪几部分组成？
6. 绿色食品开发管理体系的基本特征有哪些？
7. 什么是绿色食品工程？
8. 调查绿色食品生产、管理体系。

# 单元三

# 安全农产品概况

**学习目标**

- 通过学习，明确有机食品、无公害农产品同绿色食品的关系及其各自特点，为从事有机食品和无公害农产品生产奠定基础。

**知识要点**

- 有机食品和无公害农产品的标志、含义、生产基本条件、认证管理机构和认证程序。

**技能要点**

- 能够按照有机食品和无公害农产品的生产标准申报其标志使用权。

# 项目一　有机食品

## 【你知道吗】

有机食品、绿色食品和无公害农产品是一组与食品安全和生态环境相关的概念。我国是幅员辽阔、经济发展不平衡的农业大国，在全面建设小康社会的新阶段，健全农产品质量安全管理体系，提高农产品质量安全水平，增加农产品国际竞争力，是农业和农村经济发展的一个中心任务。为此，农业部经国务院批准，全面启动了“无公害农产品行动计划”，并确立了“有机食品、绿色食品、无公害食品三位一体，整体推进”的发展战略。因此有机食品、绿色食品、无公害食品都是农产品质量安全工作的有机组成部分。有机食品以保持良好生态环境，人与自然的和谐共生为目标；绿色食品注重增强产品市场竞争力，提高生产水平和满足更高需求的发展定位；无公害农产品则是以规范农业生产，保障基本安全，满足大众消费、达到中国普通农产品质量水平要求为市场定位。

## 【知识与技能】

### 一、有机食品概念及有机农业的发展

1. 有机食品概念

有机食品指来自有机农业生产体系，根据有机农业生产要求和相应标准生产加工，并且通过合法的、独立的有机食品认证机构认证的农副产品及其加工品。根据美国农业部（USDA）的定义，有机农业是一种完全不用或基本不用人工合成的化肥、农药、生长调节剂和饲料添加剂的生产体系。有机农业在可行范围内尽量依靠作物轮作、秸秆、牲畜粪肥、豆科作物、绿肥、场外有机废料、含有矿物养分的矿石等维持养分平衡，利用生物、物理措施防治病虫害。有机食品一词是从英文 Organic Food 直译过来的，也有生态食品或生物食品之称。

2. 有机农业的发展

有机农业在第二次世界大战以前就开始在一些西方国家实施。起初只是由个别生产者针对局部市场的需求而自发地生产某种产品，以后逐步由这些生产者自发组合成区域性的社团组织或协会等民间团体，自行制定规则或标准指导生产和加工，并相应产生一些专业民间认证管理机构。由于它的产生是自发性的，在管理、检查、监督等方面不可能形成完善的体系，同时由于当时的有机农业过分强调传统农业，实行自我封闭式的生物循环生产模式，排斥现代农业科学技术，因此，未能得到政府与广大农民的支持，发展极为缓慢。到了 20 世纪 70 年代后，一些发达国家伴随着工业的高速发展，由污染导致的环境恶化也达到了前所未有的程度，尤其是美、欧、日一些国家和地区工业污染已直接危及人类的生命与健康。这些国家感到有必要共同行动，加强环境保护以拯救人类赖以生存的地球，确保人类生活质量和经济健康发展，从而掀起了以保护农业生态环境为主的各种替代农业思潮。20 世纪 90 年代后，特别是进入 21 世纪以来，实施可持续发展战略得到全球的共同响应，可持续农业的地位也得以确

立，有机农业作为可持续农业发展的一种实践模式和一支重要力量，进入了一个蓬勃发展的新时期，无论是在规模、速度，还是在水平上都有了质的飞跃。这一时期，全球有机农业即绿色食品生产发生了质的变化，即由单一、分散、自发的民间活动转向政府自觉倡导的全球性生产运动。

有关资料显示，全球有机食品消费量正以每年20%～30%的速度递增，国际上越来越多的外商想进口中国的有机大豆、稻米、花生、蔬菜、茶叶、药材、蜂蜜等，日本贸易官员还认为，有机食品是今后中国向日本出口最有前途、最有附加值的农副产品。

有机食品生产在我国属新兴产业，而日、韩等国早在20世纪70年代起，即开始发展有机农业，日本政府明确表示，有机农业是实施可持续发展战略的重要部分。

如美国，有机食品市场自1989年以来一直以20%的速度增长，成为全球最大的有机食品市场。欧洲、日本有机食品销售也一路攀升，市场前景持续看好。预计，今后几年许多国家的增长率将达20%～50%，到2006年，仅欧美市场就将超过1 000亿美元。可以预见，随着人们健康意识，环保意识的增强及有机食品贸易的迅速发展，有机食品将成为21世纪最有发展潜力和前景的产业之一。据国际贸易中心(ITC)2003年2月调查，目前全世界按有机管理的农业用地已达1 700万 $hm^2$，各大洲有机管理的面积分布大体是：大洋洲44.91%、欧洲24.79%、拉丁美洲21.67%、北美洲7.73%、亚洲0.55%、非洲0.35%。面积最多的10个国家依次是：澳大利亚(770万 $hm^2$)、阿根廷(280万 $hm^2$)、意大利(100万 $hm^2$)、美国(90万 $hm^2$)、巴西(80万 $hm^2$)、德国(54万 $hm^2$)、英国(52万 $hm^2$)、西班牙(38万 $hm^2$)、法国(37万 $hm^2$)、加拿大(34万 $hm^2$)。有机农业用地占农业用地面积比例最多的10个国家依次是：列支敦士登17.97%、瑞士9%、奥地利8.64%、意大利6.76%、芬兰6.73%、丹麦6.20%、瑞典5.20%、捷克共和国3.86%、冰岛3.4%、英国3.33%。有机食品生产是近几年世界农业中的亮点。全世界大约有130个国家进行认证有机食品的商业生产，主要集中在欧洲国家、美国和加拿大。随着经济的发展和社会生活水平的提高，人们对食品品质的要求越来越高，消费选择也从数量型向质量型转变。绿色食品、无公害食品和有机食品的兴起，加速了这一转变进程，引领食品消费进入一个新的发展阶段。

我国有机食品有着巨大的国际市场和潜在的国内市场。在北京、上海、广州和南京等国内市场已经有有机食品销售，而且有机食品的消费也呈迅速上升趋势。目前，我国有机食品的生产还远远不能满足国内外市场的需要。如果我们能抓住机遇，发挥自身优势，那么，经过几年努力，使我国的有机食品在国际市场所占的份额达1%～2%是完全可能的，这就意味着每年可出口创汇10多亿美元。

据介绍，在国内，有机农产品的价格比普通农产品要高30%，农民可以从较高的农产品价格和较低的现金投入两方面获得收益；再从国际需求市场看，有机食品目前已成为发达国家的消费主流，他们的有机食品基本靠进口，有机食品正成为发展中国家向发达国家出口的主要产品之一。另外，随着我国即将加入WTO，农产品进入国际贸易市场受关税和配额的调控作用将越来越小，许多国家因此提高了食品的安全卫生标准，设置非关税贸易壁垒——安全壁垒，控制普通食品进口，这为有机食品出口创造了机遇。

到2003年12月20日，经中绿华夏有机食品认证中心(COFCC)认证的企业总数达到102家(含2家获得SGS认证的企业)，产品总数达到231个，产品实物总量13.46万t。年销售量9.1亿元，出口额3 988万美元。根据对在国内开展认证工作机构的粗略统计，到2003年年底，中国约有1 100家企业(包括部分机构重复认证)、2 000个产品获得不同认证机构的有机食品认证，其中国外认证机构颁证企业500多个，国内认证机构颁证企业500多个。有机产品生产总值20.6亿元人民币（其中农作物17.4亿元人民币、野生采集产品1.2亿元人民币、畜产品0.8亿元人民币、水产品1.2亿元人民币），出口创汇1.5亿美元，出口率为36.4%。部分地方已形成有机食品相对集中的产区，以认证企业数计（产品数计），江西省占22%（产品数占14%）、江苏省占17%（产品数占12%）、内蒙古自治区占11%（产品数占17%）、吉林省占10%（产品数占13%）、黑龙江省占8%（产品数占5%）。认证面积共计61.8万$hm^2$，其中种植面积1.3万$hm^2$、放牧面积21.3万$hm^2$、水域面积2.5万$hm^2$、野生采集面积36.7万$hm^2$。从产品结构上看，种植业及其加工产品占68%、畜类产品占7%、水产类产品占8%、饮料类产品占8%、其他产品占9%。

## 二、有机食品生产标准

有机食品应符合以下条件：

第一，原料必须来自于已建立的或正在建立的有机农业生产体系，或采用有机方式采集的野生天然产品；

第二，产品在整个生产过程中严格遵循有机食品的加工、包装、贮藏、运输标准，禁止使用化学合成的农药、化肥、激素、抗生素、食品添加剂等，禁止使用基因工程技术及该技术的产物及其衍生物；

第三，生产者在有机食品生产和流通过程中，有完善的质量控制和跟踪审查体系，有完整的生产和销售记录档案；

第四，必须通过独立、合法的有机食品认证机构的认证。

## 三、有机食品的标志及其含义

有机食品标志采用人手和叶片为创意元素。我们可以感觉到两种景象：其一是一只手向上持着一片绿叶，寓意人类对自然和生命的渴望；其二是两只手一上一下握在一起，将绿叶拟人化为自然的手，寓意人类的生存离不开大自然的呵护，人与自然需要和谐美好的生存关系。有机食品概念的提出正是这种理念的实际应用。人类的食物从自然中获取，人类的活动应尊重自然规律，这样才能创造一个良好的可持续发展空间（图0-3-1）。

图0-3-1　有机食品标志

## 四、有机食品认证

1. 有机食品认证机构

(1)国际有机农业运动联盟

国际有机农业运动联盟（International Federation of Organic Agriculture Movements,

IFOAM)，于1972年11月5日在法国成立，成立初期只有英国、瑞典、南非、美国和法国5个国家的5个单位的代表。经过20多年的发展，目前，IFOAM组织已成为当今世界上最广泛、最庞大、最权威的一个拥有来自115个国家570多个集体会员的国际有机农业组织。

有机农业能够为人类提供一个生态优良的未来，国际有机农业运动联盟制订了有机农业的基本标准，描述了有机农业生产和有机加工的原则和理想。现在所使用的国际有机农业运动联盟(IFOAM)的基本标准反映了目前有机农业生产和加工方法的发展水平。基本标准应该作为在全世界范围内推动有机农业发展的一项工作。

IFOAM的基本标准不能直接用于认证，但它为世界范围内的认证计划提供了一个制定自己国家或地区标准的框架。这些国家或地区的认证标准要结合当地条件，可以比基本标准更为严格。

当标有有机农业标签的产品在市场上出售时，农民和加工者必须按照国家或地区体系所制定的标准操作，并得到国家或地区的认证，这就需要一个定期的检查和认证，这种认证体系将有助于确保有机产品的可信度以及建立消费者的信心。IFAOM的基本标准同时也构成了WOAM授权体系运作的基础，IFOAM授权体系根据IFOAM的授权标准和基本标准对各认证体系进行评估和授权。

(2)中国有机食品发展中心

国家环境保护总局有机食品发展中心(OFDC)、中绿华夏有机食品认证中心(COFCC)是我国专门从事有机食品检查、认证的机构，其主要职能是：

①受理有机(生态)食品的颁证申请；

②颁发有机(生态)食品证书；

③监督和管理有机(生态)食品标志的使用，包括从国外进口有机食品的管理；

④解释《有机产品认证标准》和有关的管理规定；

⑤开展有机(生态)食品认证的信息交流和国际合作。

OFDC设有颁证管理部、质量控制部、国际合作部，其中颁证管理部受理有机(生态)食品认证申请，负责与颁证和标志使用有关的日常管理工作；根据国家环境保护总局的授权和有机食品颁证委员会的决定，办理有机(生态)食品证书的颁发和标志准用手续；协助质量控制部做好有机食品的监测和审查工作。

2. 有机食品认证程序

(1)申请

申请者向中心(分中心)提出正式申请，填写申请表和交纳申请费。申请者填写有机食品认证申请书，领取检查合同、有机食品认证调查表、有机食品认证的基本要求、有机认证书面资料清单、申请者承诺书等文件。申请者按《有机食品认证技术准则》要求建立质量管理体系、生产过程控制体系、追踪体系。

(2)认证中心核定费用预算并制订初步的检查计划

认证中心根据申请者提供的项目情况，估算检查时间，一般需要两次检查：生产过程一次、加工一次，并据此估算认证费用和制定初步检查计划。

(3)签订认证检查合同

申请者与认证中心签订认证检查合同，一式三份；

交纳估算认证费用的50%；

填写有关情况调查表并准备相关材料；

指定内部检查员(生产、加工各1人)；

所有材料均使用文件、电子文档各一份，邮寄或E-mail给分中心。

(4)初审

分中心对申请者材料进行初审；

对申请者进行综合审查；

分中心将初审意见反馈认证中心；

分中心将申请者提交的电子文档E-mail至认证中心。

(5)实地检查评估

认证中心在确认申请者交纳颁证所需的各项费用；

派出经认证中心认可的检查员；

检查员从分中心取得申请者相关资料，依据《有机食品认证技术准则》，对申请者的质量管理体系、生产过程控制体系、追踪体系以及产地、生产、加工、仓储、运输、贸易等进行实地检查评估，必要时需对土壤、产品取样检测。

(6)编写检查报告

检查员完成检查后，按认证中心要求编写检查报告；

该报告在检查完成2周内将文档、电子文本交认证中心；

分中心将申请者文本资料交认证中心。

(7)综合审查评估意见

认证中心根据申请者提供的调查表、相关材料和检查员的检查报告进行综合审查评估，编制颁证评估表，提出评估意见，提交颁证委员会审议。

(8)颁证委员会决议

颁证委员会定期召开颁证委员会工作会议，对申请者的基本情况调查表、检查员的检查报告和认证中心的评估意见等材料进行全面审查，作出是否颁发有机证书的决定。

(9)颁发证书

根据颁证委员会决议，向符合条件的申请者颁发证书。申请者交纳认证费剩余部分，认证中心向获证申请者颁发证书；获有条件颁证申请者要按认证中心提出的意见进行改进做出书面承诺。

(10)有机食品标志的使用

根据有机食品证书和《有机食品标志管理章程》，办理有机标志的使用手续。

按照国际惯例，有机食品标志认证一次有效许可期限为一年。一年期满后可申请“保持认证”，通过检查、审核合格后方可继续使用有机食品标志。

## 【专业大事记】

### 绿色食品发展历程(三)

第三阶段，向社会化、市场化、国际化全面推进阶段(1997年至今)

绿色食品社会化进程加快主要表现在：中国许多地方的政府和部门进一步重视绿色食品的发展；广大消费者对绿色食品认知程度越来越高；新闻媒体主动宣传、报道绿色食品；理论界和学术界也日益重视对绿色食品的探讨。

绿色食品市场化进程加快主要表现在：随着一些大型企业宣传力度的加大，绿色食品市场环境越来越好，市场覆盖面越来越大，广大消费者对绿色食品的需求日益增长，而且通过市场的带动作用，产品开发的规模进一步扩大。绿色食品国际市场潜力逐步显示出来，一些地区绿色食品企业生产的产品陆续出口到日本、美国、欧洲等国家和地区，显示出了绿色食品在国际市场上的强大竞争力。

绿色食品国际化进程加快主要表现在：对外交流与合作深度和层次逐步提高，绿色食品与国际接轨工作也迅速启动。为了扩大绿色食品标志商标产权保护的领域和范围，绿色食品标志商标相继在日本和中国香港地区开展注册；为了扩大绿色食品出口创汇，中国绿色食品发展中心参照有机农业国际标准，结合中国国情，制订了 AA 级绿色食品标准，这套标准不仅直接与国际接轨，而且具有较强的科学性、权威性和可操作性。另外，通过各种形式的对外交流与合作，以及一大批绿色食品进入国际市场，中国绿色食品在国际社会引起了日益广泛的关注。

# 项目二　无公害农产品

## 【你知道吗】

无公害农产品是指产地环境符合无公害农产品的生态环境质量，生产过程必须符合规定的农产品质量标准和规范，有毒有害物质残留量控制在安全质量允许范围内，安全质量指标符合《无公害农产品（食品）标准》的农、牧、渔产品（食用类，不包括深加工的食品）经专门机构认定，许可使用无公害农产品标识的产品。广义的无公害农产品包括有机农产品、自然食品、生态食品、绿色食品、无污染食品等。这类产品生产过程中允许限量、限品种、限时间地使用人工合成的安全的化学农药、兽药、肥料、饲料添加剂等，它符合国家食品卫生标准，但比绿色食品标准要宽。无公害农产品是保证人们对食品质量安全最基本的需要，是最基本的市场准入条件，普通食品都应达到这一要求。

## 【知识与技能】

### 一、无公害农产品的概念

2004 年 4 月 29 日，中华人民共和国农业部和中华人民共和国国家监督检验检疫局分布《无公害农产品管理办法》，根据《无公害农产品管理办法》第二条的定义：无公害食品是指产地环境、生产过程和产品质量符合国家有关标准和规范的要求，经认证合格获得认证证书并允许使用无公害农产品标志的未经加工或初加工的食用农产品。无公害农产品应符合以下条件：

①产地环境符合无公害食品产地的标准要求；

②生产区域范围明确，具有一定的生产规模；

③无公害农产品生产过程符合无公害农产品生产技术的标准要求；

④有相应的专业技术和管理人员；

⑤有完善的质量控制措施，有完整的生产和记录档案；

⑥禁止使用国家禁用、淘汰的农业投入品。

## 二、无公害农产品发展

1. 无公害农产品行动计划

当前随着我国农业和农村经济发展进入新的阶段，农产品质量安全问题已成为农业发展的一个主要矛盾。农药、兽药、饲料添加剂、动植物激素等农资的使用，为农业生产和农产品数量的增长发挥了积极的作用，与此同时也给农产品质量安全带来了隐患，加之环境污染等方面的原因，我国农产品污染问题也日渐突出。农产品因农药残留、兽药残留和其他有毒有害物质超标造成的餐桌污染和引发的中毒事件时有发生。可以说，农产品安全问题的存在，不仅是我国农业和农村经济结构调整的严重障碍，也直接影响到我国农产品的出口和国际市场竞争力。

为了从根本上解决农产品污染和安全问题，农业部遵照国务院领导的指示精神和农业发展新阶段的需要，在大量调查研究的基础上，决定在全国范围内实施"无公害食品传动计划"，并成立了由范小建副部长任组长、市场与经济信息司刘振伟司长任副组长的农业部农产品质量安全工作领导小组，负责组织、协调和实施"无公害食品行动计划"。"无公害食品行动计划"将以全面提高农产品质量安全水平为核心，以"菜篮子"产品为突破口，以市场准入为切入点，从产地和市场两个环节入手，通过对农产品实行"从农田到餐桌"全过程质量安全控制，用8～10年的时间基本实现主要农产品生产和消费无公害。

为了保证"无公害食品行动计划"的顺利实施，农业部将着力加强4个方面的工作：一是加快农产品质量安全的立法，在对现有涉及农产品质量安全管理的相关法律法规进行认真清理的基础上，重点加快《农产品质量安全法》的制定工作，同时，加快农药、兽药、饲料、肥料、农用激素和动植物疫病防疫等方面的法律法规的修订工作，使修订后的法律法规能真正管住、管好农业生产资料的生产、经营和使用，彻底控制住动植物疫病发生；二是完善六大体系建设，即农产品质量安全体系、农产品质量安全监督检测体系、农产品质量安全认证体系、农产品技术推广体系、农产品质量安全执法体系和农产品市场信息体系的建设；三是加速制定有利于无公害食品发展的扶持政策，包括对无公害食品的生产、加工、流通等方面的政策扶持，重点扶持高效低残农资的推广、先进科学技术的运用以及质量标准和监测体系建设等；四是在已有工作基础的京、津、沪3个直辖市和深圳市开展无公害食品行动计划试点，四城市试点工作将以市场准入为切入点，从产地和市场两个环节入手，力求用2～3年的时间实现主要农产品"从农田到餐桌"全过程质量安全控制，用8～10年的时间，基本实现主要农产品"从农田到餐桌"全过程无公害管理；用1年左右的时间，解决四大城市下岗职工和低收入阶层吃上"放心菜(果、肉、蛋、奶、鱼)"。通过试点，推动"无公害食品行动计划"在全国范围的实施。

2. 无公害农产品发展

20世纪60年代以来，环境问题造成食品污染而危害人们健康的实例，在发达国家经常发生。环境的恶化对人类赖以生存的生态系统造成了威胁，并由此产生"不安全感"。1961年，美国密歇根州的东兰辛市为消灭榆树上的害虫，在全市榆树上喷洒杀虫剂DDT农药，虫吃了树叶后，DDT农药富集在体内，第2年春，布谷鸟飞来吃虫而遭中毒，这个城市的布谷鸟在1周之内几乎全部死亡，使东兰辛市的春天只有花香没有鸟语。为此，美国有一位生物学家莱切尔·卡逊女士，在《寂静的春天》里发人深省地提出："全世界广泛遭受治虫药物的污染，化学药物已浸入万物赖以生存的水中，渗入土壤，并且在植物表面构成一种有害的薄膜，已对人类造成严重的损害。除此之外，还有可怕的后遗祸患，可能几年亦无法查出，甚至于可能对遗传有影响，几个世代都无法觉察。"莱切尔·卡逊女士的论断引起美国总统和全世界的关注。1953—1968年，日本熊本县的水俣市发生的水俣病。1955—1972年，日本富山县神通川流域因镉米中毒而发生"痛痛病"事件等。环境污染及生态平衡的破坏所带来的环境问题日趋严重，而且从局部地区的区域性环境问题发展到全球性环境问题，引起了众多国家和民众的关注与不安，"只有一个地球"、"还我蓝天、还我净土"等呼声在世界各地此起彼伏。环境污染对食品安全性的威胁及对人类身体健康的危害日渐被人们所重视，发达国家民众的环境意识迅速增强，保护环境、提高食品的安全性、保障自身的健康已成顶天大事。

回归大自然、消费无公害食品已经成为人类的必需。因此，生产无农药、化肥污染，无工业"三废"污染的农畜产品及其加工品就应运而生。1972年，在瑞典首都斯德哥尔摩联合国"人类与环境"食品会议上，成立了有机农业运动国际联盟(IFOAM)。随后，在许多国家兴起了生态农业，提倡在食品原料生产、加工等各个环节中，树立"食品安全"的思想，生产没有公害、污染的食品，即无公害食品。由此，在全球引起了一场新的农业革命，发达国家相继研究、示范和推广无公害农业技术，许多国家先后生产开发营养安全的无公害食品。

我国环境问题的日趋严重和人们生活水平的提高，推动了无公害食品的产生和发展。1950年，我国开始使用有机氯农药。30多年来，共施用六六六400多万t、DDT 50多万t，受农药污染面积1 000多万$hm^2$。1978—1980年，对全国16个省市的1 914批粮食作了调查，其结果是六六六的超标率达16.5%，DDT超标率达2.8%，其他经济作物如茶叶、烟叶等也受到了不同程度的污染。1980年因农药污染的粮食达2 975万t，因污染而减产粮食1 165万t。1992年全国农药、化肥施用折纯量分别达22万t和2 930万t。随着工业的快速发展，工业"三废"的大量排放，我国遭受工业"三废"污染的农田面积达1 000多万$hm^2$，有2 400 km河段鱼虾绝迹，每年超过食品卫生标准的农畜产品总量达1 535万t。每年因农业环境污染造成农作物减产损失150亿元，农畜产品污染损失160亿元。除了环境污染之外，人口剧增、资源短缺也是我国面临的一个重大环境问题。新中国成立以来，我国的人口增加1倍多，每年仍以1 000万的速度增长，而耕地则每年减少50多万$hm^2$，人均占有耕地仅为0.08 $hm^2$，为世界人均水平的1/3；草场、森林、水资源的人均占有量远低于世界平均水平。此外，农业每年缺水5 000亿$m^3$，受旱面积2 000万$hm^2$，8 000万农村人口饮水困难。同时，农业生态环境破坏严重。长期以来，由于对农业资源的不合理开发利用，导致了农业生态环境不断恶化。目前全国水土流失面积已由新中国成立初期的150万$km^2$发展到367万$km^2$，每年泥沙流失量达到50亿t。耕地有机质和土壤肥力下降，土地沙化、沙漠化面积15 330万$hm^2$，草原严重退化面积7 300万$hm^2$。20世纪80年代与20世纪50年代相比，平均每年农业受灾面积增加68%，成灾面积增加91%。为了克服环境污染、人口剧增、资源短缺和生态失调等问题，我国从1984年开始，由农业部和国家环境保护局组织开展了生态农业的试点示范工作。1993年,由农业部、林业部、水利部、财政部、国家环保局、国家计委、国家科委七部委组织开展全国50个生态农业试点县的建设,到目前为止,全国已有县、乡、村不同规模的生态农业试点1 200多个,推广面积650万 $hm^2$。生态农业建设,不但有效地保护和改善了生态环境,培植了农业自然资源,促进了农业的可持续发展,而且生态农业技术的应用,有效地减轻了环境污染,为生产无公害的农产品提供了良好的环境条件和技术基础。我国在示范、推广生态农业技术的同时,开展了无公害农产品生产技术的研究、示范和推广工作。1989年,农业部在研究制订农业经济和社会发展"八五"规划和2000年设想时提出了发展绿色食品。1990年5月,农业部农垦系统率先在全国开发生产绿色食品。1992年11月5日,国家人事部批准农业部成立中国绿色食品发展中心,将有力地推动我国农产品安全生产的发展和无公害事业的进步。截至2004年4月7日,通过全国统一标志的无公害农产品认证的单位有2 838家,通过认证的产品有3 959个,其中种植业产品3 344个、渔业产品567个、畜牧业产品448个。

## 三、无公害农产品标志及含义

无公害农产品标志是指农产品安全质量符合前款要求并按照本办法取得的专用证明。

标志图案(图0-3-2)由麦穗、对勾和无公害农产品字样组成,麦穗代表农产品,对勾表示合格,金色寓意成熟和丰收,绿色象征环保和安全。生产、经销农产品的单位或个人均可自愿申请使用无公害农产品标志。

为了加强农产品质量安全管理,保障人民身体健康,维护生产者、经营者和消费者的合法权益,促进无公害农产品产业的健康发展,根据《中华人民共和国标准化法》及《中华人民共和国标准化法实施条例》的规定,制定《无公害农产品标志管理规定》。凡使用无公害农产品标志的生产、经销的单位或个人均应遵守本规定。

**图0-3-2　无公害农产品标志**

## 四、无公害农产品认证

1. 无公害农产品认证管理机构

无公害农产品标志实行统一管理、分级负责。国务院标准化行政主管部门统一管理全国无公害农产品标志的工作,省、自治区、直辖市标准化行政主管部门负责本行政区主管部门负责本行政区域内无公害农产品标志管理工作。

2. 无公害食品认证程序

无公害食品认证程序流程见图0-3-3。

申请使用无公害农产品标志的单位或个人,应向所在市级标准化行政主管部门提出申请。

(1)生产单位或个人应提供以下材料

①使用无公害农产品标志的申请报告,申请报告应包括:申请单位的基本情况、产品种类名称、作业区域、规模,以及产品执行无公害农产品标准的情况;

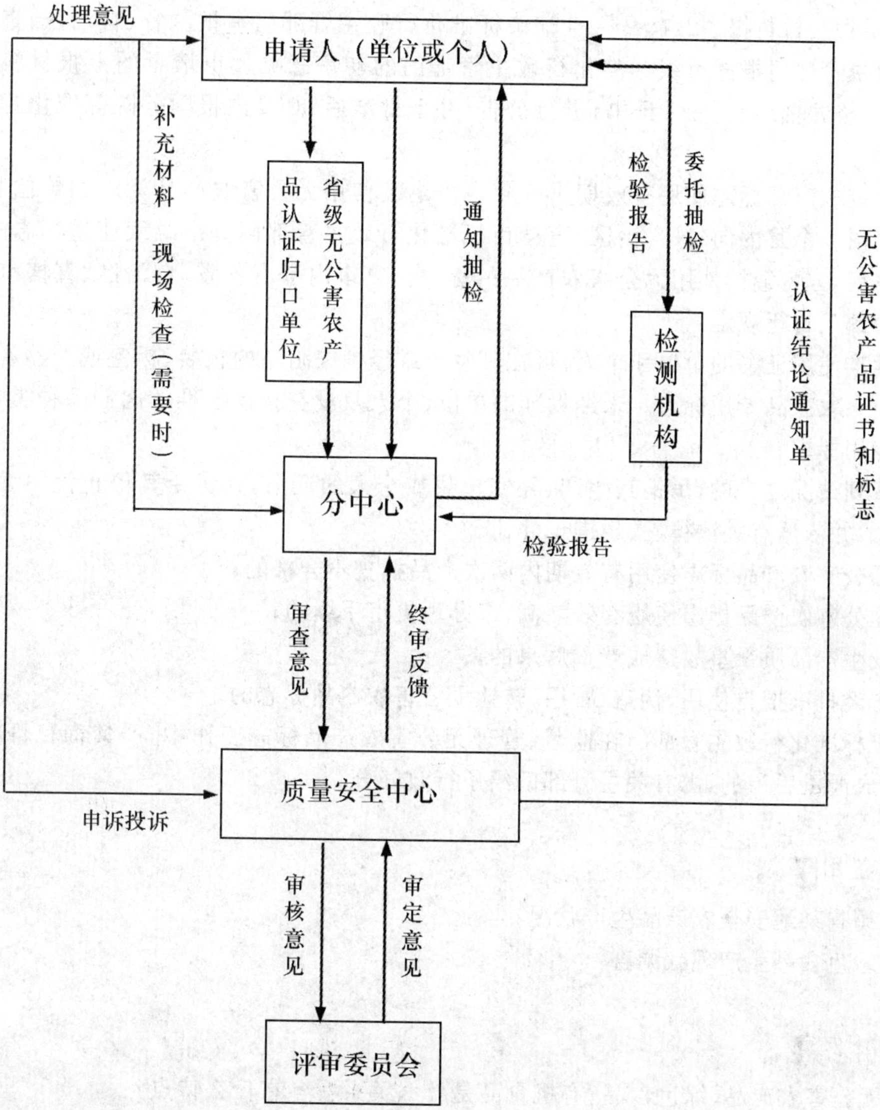


图 0-3-3　无公害食品认证程序流程

②生产技术规范；

③法定检验机构出具的产品基地环境测试报告和食品安全质量抽检报告。

(2)经销单位或个人应提供以下材料

①使用无公害农产品标志申请报告，申请报告应包括：申请单位的基本情况、经销规模、产品来源、产品种类及名称、产品执行无公害畜禽肉产品标准的情况；

②法定检验机构出具近半年之内的抽检报告；

③产品质量安全控制措施；

④工商营业执照。

市级标准化行政主管部门应对申请者的材料和现场进行初审，初审合格后，报省级标准化行政主管部门审批。已经取得证书的单位和个人新增加项目种类或项目种类发生变化时，应提供相关材料报省、自治区、直辖市标准化行政主管部门审批。省、自治区、直辖市标准化行政主管部门根据市级标准化行政主管部门的初审意见及申请者的上报材料进行审查，审查合格并批准后，颁发证书，进行公告，并于批准后30日内报国务院标准化行政主管部门备案。

无公害农产品标志使用有效期为3年。需继续使用无公害农产品标志的单位和个人，应在期满前6个月内向省、自治区、直辖市标准化行政主管部门提出继续使用标志的申请，复审合格后，方可继续使用无公害农产品的标志。复审内容由各省、自治区、直辖市标准化行政主管部门自行规定。

经批准使用证书的单位和个人，可在其生产或经销肉制品的包装、标签或产品说明书上使用无公害农产品专用标志。未经批准的单位、个人及没有获得批准的肉制品种类，不得擅自事业专用标志。

有下列情况之一的，吊销其生产、经销单位或个人的证书，并责令其停止使用无公害农产品标志，并依据有关法律、法规进行处罚。

①无公害农产品标志使用有效期内两次产品抽查不合格的；

②无公害农产品标志使用有效期满，未办理复审手续的；

③发生产品质量事故造成严重后果的；

④未经批准擅自使用、伪造、冒用、转让无公害农产品标志的。

各级标准化行政主管部门在监督、管理无公害农产品标志工作中，严禁徇私舞弊、滥用职权，造成严重后果的，由有关主管部门给予行政处分。

## 【实习实训】

一、调查某地安全农产品生产状况；

二、绿色食品生产现状调查。

## 【自我训练】

1. 无公害农产品、绿色食品、有机食品是什么关系？各有什么特点？
2. 什么是有机农业？什么是有机食品？
3. 有机食品标志的含义是什么？
4. 有机食品应具备哪些条件？
5. 什么是无公害农产品？无公害农产品标志的含义是什么？
6. 无公害农产品的认证工作是由哪个机构负责？
7. 无公害农产品认证的运作模式和市场定位是什么？
8. 无公害农产品认证的性质是什么？
9. 无公害农产品标志的作用及其意义是什么？

# 岗位一　绿色食品生产

单元一　绿色食品产地的选择与建设

单元二　绿色食品生产资料

单元三　绿色食品生产

单元四　绿色食品市场营销

# 单元一

# 绿色食品产地的选择与建设

**学习目标**

- 通过学习，了解产地环境中的主要污染物及危害，领会生态农业建设的技术工艺，熟悉产地调查与选择的主要内容，掌握绿色食品产地环境质量评价现状报告的编制，熟悉并注意产地环境污染的控制与治理。了解当地生态农业建设现状，明确绿色食品产地生态农业建设的目标。

**知识要点**

- 绿色食品产地的生态环境质量是影响绿色食品产品质量的基础因素，既要有严格的标准，又需要科学的监测方法，以保证绿色食品生产的质量要求，同时加强产地环境的生态建设，为农业的持续发展创造条件。

**技能要点**

- 绿色食品产地的优化选择、产地环境质量现状评价报告的编写和产地环境污染的综合治理。

绿色食品产业的兴起适应人们生活水平进一步提高的要求，适应国际市场对绿色食品日益旺盛的需求，是调整农村经济结构的重要选择，是我国21世纪农业实施可持续发展战略的一个重要内容。建设高标准的绿色食品生产基地，是为人们提供无污染的安全、优质、营养类绿色食品的前提。绿色食品生产基地的选择与建设是绿色食品生产全程管理的源头所在，是绿色食品产业化发展的基础。

绿色食品产地是初级产品或原料的生长地，通过对生产基地的选择，可以全面地了解产地环境质量状况；可以减少许多不必要的环境监测，减轻生产企业的经济负担；可以为改善产地生态环境提供资料；同时可以更有效地加快绿色食品产地的建设，为绿色食品规模化发展奠定基础。

# 项目一　绿色食品产地的环境调查与选择

## 【知识与技能】

### 一、产地的环境调查与选择的目的及意义

绿色食品产地是指绿色食品初级农产品或加工产品原料的生长地。产地的生态环境质量是影响绿色食品产品质量的基础因素之一。如果动、植物生活和生长的环境受到污染，就会直接对动、植物的生长造成影响，通过水体、土壤和大气等媒体转移或残留于动、植物体内，进而造成食品污染，最终危害人类。因此，合理地选择绿色食品产地，并通过环境监测和环境质量现状评价，科学地对环境质量的好坏做出判断，是绿色食品生产的前提和基础。

绿色食品产地的环境调查与选择的主要目的意义在于实现农业生产中清洁生产和实现创两高一优的目标，建立一个没有生态破坏、没有环境污染、生态良性循环的农业生产体系，改善农村环境，保证农业的可持续发展。具体来讲，它有4个方面意义：①有利于了解产地所存在的环境问题；②有利于提高绿色食品的品质；③有利于增进人体健康；④有利于维护国家和人民的利益。

### 二、产地的环境调查与选择的主要内容

1. 产地调查原则

调查产地环境质量现状、发展趋势及区域污染控制措施，兼顾产地自然环境、社会经济及工农业生产对产地环境质量的影响。

2. 产地调查方法

采用收集资料法和现场调查法。首先通过收集资料法获取有关资料，当有关资料不能满足要求时，再进行现场调查。

产地调查通常采用查、观、听、访4种方法进行。

查：查阅该区域水文、气象、地质、卫生、环保、农业等有关资料；

观：现场考察产地生态环境现状及外部污染情况；

听：通过现场座谈等形式，了解产地生产区域生态环境保护及农产品（或原料）的质量控制措施，以及生产单位有关产品生产、加工各环节的质量保证措施；

访：访问了解对区域目前环境状况的意见，以及生产基地的环境保护建议；

通过以上工作，达到对绿色食品产地生态环境概况的初步了解，为产地的选择提供基础材料。

3. 产地调查内容

(1)自然环境特征调查

自然环境特征调查包括自然地理、气候与气象（年均风速、主导风向、年均气温、年均相对湿度、年均降水量等）、水文状况（河流、水系、水文特征，地面、地下水源及利用等）、土壤状况（成土母质、土壤类型、环境背景值等）、植被及自然灾害等。

(2)社会环境概况调查

社会环境概况调查包括工业布局和农田水利，农、林、牧、渔业发展情况，农村能源结构情况等。

(3)工农业污染及其影响调查

工农业污染及其影响调查包括工矿污染源分布、"三废"排放情况及其影响，农业副产物（畜禽粪便等）处置与综合利用、农业投入品使用情况及对农业环境的影响和危害，地面水、地下水、农田土壤、大气质量现状等。

(4)农业生态环境保护措施调查

农业生态环境保护措施调查主要包括资源合理利用、清洁生产情况与污染防治措施等。

4. 产地环境选择的原则

产地必须符合绿色食品生态环境标准。绿色食品产地的生态环境主要包括大气、水、土壤等因子，绿色食品产地应选择空气清新、水质纯净、土壤未受污染的具有良好农业生态环境的地区。

5. 产地环境的优化选择

绿色食品产地的选择是指在绿色食品产品开发之初，通过对产地环境条件的调查研究和现场考察，并对产地环境质量现状做出合理判断的过程。

绿色食品生产基地应尽量避开繁华都市、工业区和交通要道。边远地区、农村农业生态环境相对较好，是绿色食品生产基地的首要选择；一部分城市郊区受城市污染较轻或未受污染，农业生态环境现状好，也是绿色食品产地选择的理想区域。同时绿色食品产地要建有一套保证措施，确保该区域在今后的生产过程中环境质量不下降。

(1)大气

对大气的要求是产地及产地周围不得有大气污染源，特别是产地上风头不得有污染源，如化工厂、水泥厂、钢铁厂、垃圾堆积场、工矿废渣场等，不得有有毒气体排放，也不得有烟尘和粉尘，避开交通繁华的要道。要求大气环境质量稳定，符合大气质量标准。

按绿色食品级别生产要求，AA级绿色食品要求1级清洁标准，A级则要求1～2级清洁标准。

(2)水质

对水质的要求是生产用水质量必须要有保证。产地应选择在地表水、地下水水质清洁、无污染的地区；水域上游没有对该产地构成污染威胁的污染源；要远离对水体容易造成污染的工矿企业，并符合绿色食品水质(农田灌溉水、渔业水、畜禽饮用水、加工用水)质量标准。

AA级绿色食品要求 $P\leqslant0.5$，A级绿色食品要求 $P=0.5\sim1.0$。

(3)土壤

对土壤质量的要求是产地位于土壤元素背景值的正常区域，产地及产地周围没有金属或非金属矿山，未受到人为污染，土壤中没有农药残留，特别是从来没有施用过DDT和六六六的地块，而且要求土壤具有较高的土壤肥力。对于土壤中某些有害物质元素自然本底值较高的地区，因土壤中的这些有害物质可转移、积累于植物体内，并通过食物链危害人类，因此，不宜作为绿色食品产地。

绿色食品皆按 $P\leqslant0.7$ 标准执行。

可见，绿色食品产地环境质量要求标准较高，中国绿色食品发展中心制定了《绿色食品产地环境质量标准》NY/T 391—2000，由农业部在2000年作为行业标准颁布。

此外，为保证绿色食品产地整体处于良好的生态环境之中，保证绿色食品生产能持续、稳定发展，还应考虑生物多样性、生态环境的基础建设等，如农田防护林、防洪、防尘、防风的建设等问题。

综上所述：绿色食品产地环境是绿色食品质量保证体系的基础条件，既要有严格的标准，又需要科学的监测方法，以保证绿色食品生产的质量要求。

# 项目二　绿色食品产地的环境监测与评价



环境质量是影响绿色食品产品质量基础的因素之一。只有取得代表环境质量的各种数据，才能判断环境质量，也就是各种污染因素在一定范围内的时空分布。环境监测是用科学方法监视和检测代表环境质量及其发展变化趋势的各种数据的全过程。环境监测是绿色食品产地选择的基础工作，其主要内容包括：大气环境监测、水环境监测、土壤环境监测、固体废弃物监测、环境生物监测、环境放射性监测等。

## 【知识与技能】

### 一、产地的环境监测

1. 大气监测

(1)布点原则

由于产地是经初步考察而确定的，一般均远离城镇及污染区，大气质量较好且相对稳定。大气监测布点原则：根据当地主导风向，确定以可能对产地大气造成污染的污染源下风向为监测重点，同时兼顾产地内有可能的污染处。

(2)布点方法

①监测点的设置。采样点位的设置数量与位置根据监测的目的与监测区域范围内的实际情况确定。其中应着重考虑区域内的地形、地貌、气象状况、人口分布、工农业概况与污染源分布特征。

采样环境的确定也是决定所采样品是否具有较高代表性的重要因素。采样点周围应开阔，不能有较大建筑物和大型树木等。要求采样点的周围有170°以上自由空间，采样口水平线与采样口至周围屏蔽物最高点连接线的夹角小于30°，一方面可防止所采污染物的吸附、屏蔽；另一方面有利于空气中污染自由扩散，使所采样品具有代表性。另外，在采样点周围20 m范围内不能有对所测污染物浓度造成影响的局部污染源，包括交通污染。

地势平坦区域，空气监测点设置在沿主导风走向45°～90°夹角内，各测点间距一般不超过5 km。山沟地貌区域，空气监测点设置在沿山沟走向45°～90°夹角内。

②可不测空气的区域。种植业产地周围5 km、主导风向20 km以内没有工矿企业污染源的区域可免测空气。

畜禽、水产养殖区可不测空气。

③布点数量。产地布局相对集中，面积较小，无工矿污染源的区域，布设1～3个采样点。

产地布局较为分散，面积较大，无工矿污染源的区域，布设3～4个采样点；对有工矿污染源的区域，应适当增加采样点数。

样点的设置数量可根据空气质量稳定性以及污染物的影响程度适当增减。

(3)采样时间

采样时间应选择在大气污染对产品生产影响较大的时间进行。每天监测3次，各次时间分别为07:00～08:00，14:00～15:00，18:00～19:00，连续采样3 d。遇异常天气（如雨、雪、冰雹等）应当顺延，待天气转好后重新安排采样。

(4)采样及监测分析方法

监测项目与采样分析方法见表1-1-1。

**表1-1-1　大气监测项目与分析方法**

| 项目 | 采样方法 | 采气量/L | 分析方法 | 备注 |
|---|---|---|---|---|
| 氮氧化物 | 盐酸萘乙二胺吸收法 | 12 | 盐酸萘乙二胺光度法 | 动力采样 |
| 二氧化硫 | 四氯汞钾吸收法 | 30 | 盐酸副玫瑰苯胺比色法 | 动力采样 |
| 氟化物 | 石灰滤纸法 | | 氟离子电极法 | 非动力采样（7 d采样） |

2. 水质监测

在绿色食品原产品的生产过程中，选择没有污染的水源，对于保证绿色食品的质量具有决定性的作用，这就要对水源的地理环境、水质进行全方位的监测。

产地环境的水质监测主要内容：

(1)布点原则

①对于水资源丰富、水质相对稳定的基地（如当地有关部门均有历年监测数据的地下水、大中型水库、大中河流、湖泊等），若为同一水源，点数一般不得少于3个，若不同水源则适当增加；

②水资源相对贫乏、水质稳定性较差的，则需根据实际情况适当增加点数；

③生产过程中对水质要求比较高或直接食用的产品（如蔬菜、水产品类），采样点数适当增加；

④对水质质量要求较低的粮油作物、禾本植物等，采样点数则适当减少，同一水源（系）一般布设1～2个采样点；

⑤对于以天然降雨为灌溉水的地区，可以不采灌溉水样；

⑥食用菌生产用水，每个水源（系）各布设1个采样点；

⑦深海渔业养殖用水可不设采样点；近海（滩涂）渔业养殖用水，布设1～3个采样点；淡水养殖用水、水源（系）单一的，一般布设1～3个采样点，水源（系）分散的，应适当增加采样点数；

⑧畜禽养殖用水，属圈养且相对集中的，一般每个水源（系）布设1个采样点；反之，应适当增加采样点数；

⑨加工用水，一般每个水源布设1个采样点。

(2)布点方法

①用地下水进行灌溉的，可直接在地下水取水处布点；

②用地表水进行灌溉的，根据不同情况采用不同方法。

a. 对利用干、支、斗、毛渠系灌溉的，应在干渠取水口和支渠起点处布点；

b. 直接引用大江大河进行灌溉的，应在产地附近的河流断面和灌溉渠道的渠道布点；

c. 以小型河流为灌溉水源的，应根据用水情况分段设置监测断面。

监测断面设置方法：对于常年宽度大于30 m、水深大于5 m的河流，应在所定断面上分左、中、右3处设置取样点，采样时应在水面下0.3～0.5 m处和距河底2 m处各采水样分别测定；对一般河流，可确定在采样断面的中点处，于水面下0.3～0.5 m处采1个样即可。

③养殖水面的布点方法，对于6.67 $hm^2$以下的小型水面，在水面中心处设置1个取样断面，于水面下0.3～0.5 m处取样即可；对于中、大型水面，可根据水面的功能，划分若干片按上述方法设点。

(3)样品的采集、运输与保存

①采样时间与频率。

a. 种植业用水，一般在农作物生长过程中的主要灌期采样一次；

b. 水产养殖业用水，一般在生长期采样一次；

c. 畜禽养殖业用水，可根据监测需要采集。

②采样注意事项。

a. 采样时不得搅动底部沉积物；

b. 采样时应保证采样点位置准确；

c. 洁净的容器在装入样前，应先用采样点的水冲洗3次，然后装入水样，再按有关规定加入相应的固定剂，填写好标签，水采样结束前，应仔细检查采样记录和水样，若有漏采或不符合规定者，应立即补采或重采。

③水样的保存及运输。

水样采完后，必须采取避免水样发生变化的相应措施，再按《农业环境监测技术规范》的有关规定，由专人送回实验室。

(4)监测项目和分析方法

水质监测项目共13项，监测项目和分析方法见表1-1-2。

表 1-1-2 水质监测项目与分析方法

| 项目 | 分析方法 |
|---|---|
| pH | 玻璃电极法 |
| 镉 | 原子吸收法 |
| 铅 | 原子吸收法 |
| 铜 | 原子吸收法 |
| 锌 | 原子吸收法 |
| 汞 | 冷原子吸收分光光度法 |
| 砷 | 二乙基二硫代氨基甲酸银法 |
| 六价铬 | 二苯碳酰二肼比色法 |
| 氰化物 | 异烟酸-吡唑啉铜比色法 |
| 氯化物 | 硝酸银滴定法 |
| 化学耗氧量 | 重铬酸钾法 |
| 溶解氧 | 碘量法 |
| 氧化物 | 离子选择电极法 |

3. 土壤监测

(1)布点原则

以生产区内相对污染和外部环境影响较大的地块为重点,兼顾监测区域内主要土类的原则。

(2)布点方法

①在环境条件分布较均一的监测区,采用网络布点法;

②在环境因素分布较复杂的监测区,采用随机布点法;

③在可能受污染源影响的监测区,可采用放射型布点法。

监测区域的样点数根据监测目的、土壤污染分布情况和产地面积大小,同时考虑数理统计,土壤环境质量评价的要求而定。可坚持最优监测原则,优先监测代表性强、有可能造成污染的最不利的方位地块和项目。

a. 蔬菜栽培区域,产地面积在 300 $hm^2$ 以内,一般布设 3～5 个采样点;面积在 300 $hm^2$ 以上,面积每增加 300 $hm^2$,增加 1～2 个采样点。如果栽培品种较多,管理措施和水平差异较大,应适当增加采样点数。其他作物产地,面积在 1 000 $hm^2$ 以内,布设 5～6 个采样点;面积在 1 000 $hm^2$ 以上,面积每增加 500 $hm^2$,增加 1～2 个采样点。如果种植区相对分散,则应适当增加采样点数。

b. 区域内各主要土类样点数一般不少于 3 个。

c. 畜禽、水产养殖,其底泥的样点数一般为 3～5 个。

d. 食用菌栽培,只测基质,每种基质采集 1 个混合样。

e. 野生产品生产区域,地形变化不大、土质均一、面积在 2 000 $hm^2$ 以内的产区,一般布设 3 个采样点;面积在 2 000 $hm^2$ 以上的,面积每增加 1 000 $hm^2$,增设 1～2 个采样点。土壤本底元素含量较高、土壤差异大、特殊地质的区域可适当增加采样点。

(3)样品的采集、处理与保存

①样品的采集。土壤样品是指在采样点周围采集的若干点的均匀混合样。组成混合样

的分点数要根据采样方法、采样面积、地形条件和土壤差异性大小而定，一般分点5～20个。混合样采集方法主要有以下几种：

a. 梅花点法：适宜面积较小，地势平坦，土壤比较均匀的田块，设分点5个左右；

b. 棋盘式法：适宜中等面积，地势平坦，土壤不够均匀的田块，设分点10个左右；

c. 蛇形法：适宜面积较大，土壤不够均匀且地势不平坦的田块，设分点15个左右。

②采样时间与层次。采集时间：一般在收获期与生物样品同步采集。

采集层次：一年生植物0～20 cm；多年生植物0～40 cm；水产养殖0～40 cm底泥。

③样品处理与保存。为保证土样的代表性，样品的风干、研磨、过筛、装瓶等工序都必须严格执行有关规定。标签填写必须完整、准确，便于保存和取用。

(4)监测项目与分析方法

土壤监测项目共7个，分析方法见表1-1-3。

**表1-1-3 监测项目与分析方法**

| 项目 | 分析方法 |
|---|---|
| 镉 | 原子吸收法 |
| 铅 | 原子吸收法 |
| 砷 | 二乙基二硫代氨基甲酸银比色法 |
| 汞 | 原子吸收法 |
| 铬 | 二苯碳酰二肼比色法 |
| 六六六 | 气象色谱 |
| DDT | 气象色谱 |

## 二、产地的环境质量评价

1. 评价要素和因子的选择

(1)评价要素的选择

绿色食品产地环境要素主要是指与生产符合绿色食品密切相关的外界条件，其重点是产地内直接和间接影响农产品数量和质量的各类物质及元素的水平、比例和分布。农作物栽培生产过程中农药、肥料的施用以及农业废弃物的排放（畜禽粪便、秸秆、废水及其他初加工废弃物等），生产性污染源和污染物对产地本身及其周围环境会产生直接或间接影响，在进行产地环境质量调查及评价时需作为污染源进行调查。

大气中的有害气体与农作物接触后，可影响作物的产量，改变农产品的品质，大气中的颗粒物质除了沉积于土壤表层外，还可沉淀于植株体上或被作物吸收，造成粮食、蔬菜、瓜果等农作物减产或品质下降。

灌溉水被污染时，进入农田与作物接触或被吸收，对作物造成影响；污染物进入土壤中又会影响土壤的理化性质，进而影响农作物。

无论灌溉水、大气或是肥料、农药使用过程中带来的大部分污染物最后都要进入土壤，不断积累，导致土壤污染。土壤污染后，不仅要影响农作物生长，污染农产品，而且土壤中的污染物随水流失后，还会给地面水和地下水带来污染。因此，绿色食品产地环境参评要素以土壤、水质和大气为主。

(2)评价因子的选择原则

评价因子是指进行评价时所采用的对环境有主要影响的,能反映评价对象质量的因素,包括物理的、化学的、生物学的等。在选择评价因子时首先考虑评价目的和要求,同时也要考虑到可操作性。绿色食品产地环境质量评价因子的选取按照以下原则进行:

①针对性。评价因子是反映评价对象质量所必需的因素,其评价指标的意义应与绿色食品的生产目标相一致。

②全面性。根据评价目的,选定的评价因子及其指标,基本能较全面反映评价对象的实际情况。

③独立性。评价因子指标之间没有包含、交叉关系。

④可行性。评价指标的量值可以测定或确定,在技术和经济上可被现有水平接受。

(3)评价因子的确定

绿色食品原料产地环境质量评价工作主要选择那些毒性大、动植物易积累的物质作为评价因子,具体为:

①大气评价因子。二氧化硫、氮氧化物、总悬浮微粒、氟化物。

②水评价因子。汞、镉、铅、砷、铬、溶解氧、pH、生化需氧量($BOD_5$)、有机氯、氟化物、氰化物、细菌、大肠杆菌。

③土壤评价因子。土壤肥力指标、重金属及类重金属(汞、镉、铅、砷、铬等)、有机污染物、六六六、DDT。

绿色食品产地环境质量监测的主要对象包括大气、土壤和水 3 个部分;监测时间原则上要求安排在生物生长期进行,黑龙江省一般安排在每年的 4～10 月。

2. 评价标准

评价标准是参评因子中某项物质的最高允许限度或不应超过的水平,是衡量绿色食品产地生态环境质量是否合格的尺度,必须予以科学制订。若评价标准制订与选取过宽或过严,必然会导致绿色食品产地生态环境质量评价结论脱离实际或失误。

(1)大气标准

大气质量评价标准采用国家环境空气质量标准 GB 3095—1996 中的一级标准。绿色食品产地空气中各项污染物含量不应超过表 1-1-4 所列的浓度值。

**表 1-1-4　空气中各项污染物的浓度限值(NY/T 391—2000)**　$mg/m^3$(标准状态)

| 项目 | 浓度限值 | |
|---|---|---|
| | 日平均① | 1 h 平均② |
| 总悬浮微粒物(TSP) | 0.30 | — |
| 二氧化硫($SO_2$) | 0.15 | 0.50 |
| 氮氧化物($NO_x$) | 0.10 | 0.15 |
| 氟化物③ | 70 $\mu g/m^3$<br>1.8 $\mu g/(dm^2 \cdot d)$(挂片法) | 20 $\mu g/m^3$ |

注:①日平均指任何一日的平均浓度;1 h 平均指任何 1 h 的平均浓度;②连续采样 3 d,一日 3 次,晨、中和夕各一次;③氟化物采样可用动力采样滤膜法或用白灰滤纸挂片法,分别按各自规定的浓度限值执行,石灰滤纸挂片法挂置 7 d。

(2)水质标准

①农田灌溉水质标准。农田灌溉用水评价采用国家农田灌溉水质标准 GB 5084—92。绿色食品产地农田灌溉水中各项污染物含量不应超过表 1-1-5 所列的浓度值。

**表 1-1-5　农田灌溉水中各项污染物的浓度限值(NY/T 391—2000)**　mg/L

| 项目 | 浓度限值 |
|---|---|
| pH | 5.5～8.5 |
| 总汞 | 0.001 |
| 总镉 | 0.005 |
| 总砷 | 0.05 |
| 总铅 | 0.1 |
| 六价铬 | 0.1 |
| 氟化物 | 2.0 |
| 粪大肠菌群*/(个/L) | 10 000 |

注:灌溉菜园用的地表水需测粪大肠菌群,其他情况下不测粪大肠菌群。

②养殖用水标准。养殖用水评价采用国家渔业水质标准 GB 11607—89。绿色食品产地养殖用水中各项污染物含量不应超过表 1-1-6 所列的浓度值。

**表 1-1-6　养殖用水中各项污染物的浓度限值(NY/T 391—2000)**　mg/L

| 项目 | 浓度限制 |
|---|---|
| 色、臭、味 | 不得使水产品异色、异臭和异味 |
| 漂浮物质 | 水面不得出现油膜或浮沫 |
| 悬浮物 | 人为增加的量不得超过 10 |
| pH | 淡水 6.5～8.5,海水 7.0～8.5 |
| 溶解氧 | >5 |
| 生化需氧量 | 5 |
| 总大肠菌群/(个/L) | 5 000(贝类 500) |
| 总汞 | 0.000 5 |
| 总镉 | 0.005 |
| 总铅 | 0.05 |
| 总铜 | 0.01 |
| 总砷 | 0.05 |
| 六价铬 | 0.100 |
| 挥发酚 | 0.005 |
| 石油类 | 0.05 |

③畜禽养殖用水标准。畜禽养殖用水评价采用国家地面水质标准 GB 3838—88 中所列 3 类标准。绿色食品产地畜禽养殖用水中各项污染物不应超过表 1-1-7 所列的浓度值。

表 1-1-7　畜禽养殖用水各项污染物的浓度限值(NY/T 391—2000)　mg/L

| 项目 | 标准值 |
|---|---|
| 色度 | 15度,并不得呈现其他异色 |
| 混浊度 | 3度 |
| 臭和味 | 不得有异臭、异色 |
| 肉眼可见物 | 不得含有 |
| pH | 6.5～8.5 |
| 氟化物 | 1.0 |
| 氰化物 | 0.05 |
| 总砷 | 0.05 |
| 总汞 | 0.001 |
| 总镉 | 0.01 |
| 六价铬 | 0.05 |
| 总铅 | 0.05 |
| 细菌总数/(个/mL) | 100 |
| 总大肠菌群/(个/L) | 3 |

④加工用水质量标准。加工用水评价采用国家生活饮用水标准 GB 5749—85。绿色食品产地加工用水中各项污染物不应超过表 1-1-8 所列的浓度值。

表 1-1-8　加工用水各项污染物的浓度限值(NY/T 391—2000)　mg/L

| 项目 | 标准值 |
|---|---|
| pH | 6.5～8.5 |
| 氟化物 | 1.0 |
| 氰化物 | 0.05 |
| 总砷 | 0.01 |
| 总汞 | 0.001 |
| 总镉 | 0.01 |
| 六价铬 | 0.05 |
| 总铅 | 0.05 |
| 细菌总数/(个/mL) | 100 |
| 总大肠菌群/(个/L) | 3 |

(3)土壤环境质量标准

土壤环境质量评价采用国家土壤环境质量标准 GB 15618—1995。本标准将土壤按耕作方式的不同分为旱田和水田两大类,每类又根据土壤 pH 的高低分为 3 种情况,即 pH＜6.5;pH＝6.5～7.5;pH＞7.5。绿色食品产地不同土壤中的各项污染物含量不应超过表 1-1-9 所列的限值。

表 1-1-9　土壤中各项污染物的含量限值(NY/T 391—2000)　mg/kg

| 耕作条件 | 旱田 | | | 水田 | | |
|---|---|---|---|---|---|---|
| pH | <6.5 | 6.5～7.5 | >7.5 | <6.5 | 6.5～7.5 | >7.5 |
| 镉 | 0.30 | 0.30 | 0.40 | 0.30 | 0.30 | 0.40 |
| 汞 | 0.25 | 0.30 | 0.35 | 0.30 | 0.40 | 0.40 |
| 砷 | 25 | 20 | 20 | 20 | 20 | 15 |
| 铅 | 50 | 50 | 50 | 50 | 50 | 50 |
| 铬 | 120 | 120 | 120 | 120 | 120 | 120 |
| * 铜 | 50 | 60 | 60 | 50 | 60 | 60 |
| 六六六 | 0.01 | 0.01 | 0.01 | 0.01 | 0.01 | 0.01 |
| DDT | 0.01 | 0.01 | 0.01 | 0.01 | 0.01 | 0.01 |

注:①果园土壤中的铜限量为旱田中的铜限量的 1 倍;②水旱轮作用的标准值取严不取宽。

3. 评价原则

绿色食品产地环境质量现状是绿色农产品开发的一项基础性工作,在进行该项工作时应遵循以下原则:

①评价应在区域性环境初步优化的基础上进行,同时考虑农业生产过程中的自身污染。

②评价标准是衡量绿色农产品产地环境质量的尺度,要适度掌握,过松或过严都不宜或不利于绿色农产品的生产。

③在全面反映产地环境质量现状的前提下,要突出对产品生产危害较大的环境因素和高浓度污染物对环境质量的影响。

4. 评价方法

(1)指标分类

根据污染因子的毒理学特征和生物吸收、富集能力,将绿色食品产地环境条件标准(不包括淡水养殖用水、海水养殖用水、畜禽产品加工用水,其结果判定按标准的规定执行)中的项目分为严格控制指标和一般控制指标两类,表 1-1-10 所列项目为严格控制指标,其他项目为一般控制指标。

表 1-1-10　严格控制指标

| 类别 | 指标 |
|---|---|
| 农田灌溉水 | 铅(Pb)、镉(Cd)、汞(Hg)、砷(As)、氰化物($CN^-$)、六价铬($Cr^{6+}$) |
| 畜禽饮用水 | 铅(Pb)、镉(Cd)、汞(Hg)、砷(As)、六价铬($Cr^{6+}$)、氰化物($CN^-$)、硝酸盐 |
| 土壤 | 铅(Pb)、镉(Cd)、汞(Hg)、砷(As)、铬(Cr) |
| 空气 | 二氧化硫($SO_2$)、二氧化氮($NO_2$) |

(2)评价步骤

评价采用单项污染指数与综合污染指数相结合的方法,分 3 步进行。

①严格控制指标评价。严格控制指标的评价采用单项污染指数法,按式(Ⅰ)计算。

$$P_i = C_i / S_i \qquad (Ⅰ)$$

式中：$P_i$—环境中污染物i的单项污染指数；

$C_i$—环境中污染物i的实测值；

$S_i$—污染物i的评价标准；

$P_i>1$，严格控制指标有超标，判定为不合格，不再进行一般控制指标评价；

$P_i \leqslant 1$，严格控制指标未超标，继续进行一般控制指标评价。

②一般控制指标评价。一般控制指标评价采用单项污染指数法，按式（Ⅰ）计算。

$P_i \leqslant 1$，一般控制指标未超标，判定为合格，不再进行综合污染指数法评价；

$P_i>1$，一般控制指标有超标，则需进行综合污染指数法评价。

③综合污染指数法评价

a. 大气：采用上海大气环境质量几何均数指数法，其大气质量指数按式（Ⅱ）计算（表1-1-11）。

$$I_i=\sqrt{({}_{\max}C_1/S_1, C_2/S_1, C_i/S_2, \cdots\cdots C_k/S_k)\sum_{i=1}^{k}C_i/S_i} \qquad (\text{Ⅱ})$$

式中：$I_i$—大气质量指数；

$C_i$—实测值；

$k$—污染物指数；

$C_i/S_i$—分指数；

$S_i$——标准值。

**表1-1-11 大气质量分级标准**

| 等级 | 1* | 2* | 3 | 4 | 5 |
|---|---|---|---|---|---|
| 分级 | 清洁 | 尚清洁 | 中污染 | 重污染 | 极重污染 |
| $I_i$ | 0.6 | 0.6～1.0 | 1.0～1.9 | 1.9～2.9 | 2.8 |
| 污染水平 | 清洁 | 大气质量标准 | 警戒水平 | 警报水平 | 紧急水平 |

注：1、2级适宜发展绿色食品。

b. 水质：在水质评价中，尽管某种污染物超标会造成危害，而平均状况却不超标，考虑这一效应，故采用污染物分指数平均值和最大结合的内梅罗（Nemerow）水质指数法进行评价（表1-1-12）。

综合指数为：

$$P_{综}=\sqrt{\left(\frac{C_i}{S_i}\right)_{\max}^2+\left(\frac{C_i}{S_i}\right)_{\text{ave}}^2}$$

式中：$C_i$—实测值；

$(C_i/S_i)_{\max}$—水污染物中污染指数最大值；

$S_i$—标准值；

$(C_i/S_i)_{\text{ave}}$— 水污染指数的平均值。

表 1-1-12　水污染指数分级

| 等级 | 污染指数(P 总) | 污染程度 | 污染水平 |
|---|---|---|---|
| 1* | ≤0.5 | 清洁 | 清洁 |
| 2* | 0.5～1.0 | 尚清洁 | 标准限量内 |
| 3 | ≥1.0 | 污染 | 超出警戒水平 |

注:1、2 级适宜发展绿色食品。

c. 土壤:为全面反映各污染物对土壤的不同作用,突出高浓度污染物对土壤环境质量的影响,采用内梅罗污染指数法(公式同水质评价法)(表 1-1-13)。

表 1-1-13　土壤污染指数分级等级

| 等级 | P 总 | 污染程度 | 污染水平 |
|---|---|---|---|
| 1* | ≤0.7 | 安全 | 清洁 |
| 2* | 0.7～1.0 | 警戒级 | 尚清洁 |
| 3 | 1.0～2.0 | 轻污染 | 超过背景值视污染 |
| 4 | 2.0～3.0 | 中污染 | 作物受到中度污染 |
| 5 | ≥3.0 | 重污染 | 污染已相当严重 |

注:1、2 级适宜发展绿色食品。

5. 产地环境质量评价现状报告的基本内容

评价报告应全面、概括地反映环境质量评价的全部工作,文字应简洁、准确,并尽量采用图表。原始数据、全部计算过程等不必在报告书中列出,必要时可编入附录。所参考的主要文献应按其发表的时间次序由近至远列出目录。

产地环境质量现状评价报告是绿色食品基地申报材料中十分重要的基础材料之一。评价单位应按《绿色食品生产环境质量现状评价纲要》的有关要求及格式认真编写。编写内容及格式如下。

(1)前言

①评价任务的来源:包括省(市)绿色食品委托管理机构下发的环境监测委托书;

②绿色食品产地及企业基本情况:产地的特点,原料的生产规模及发展规划,企业基本情况简介。

(2)现状调查

①产地自然环境状况:基地地理位置、区域范围(应附平面图)、地形、地貌、土壤类型、质地及气候条件、生物多样性及水系分布,主要工业污染源;

②生产过程中质量控制措施:生产过程主要包括农药、肥料的使用(使用品种、使用量、使用次数、使用时间),品种的选择及田间管理措施等;

③产地环境现状初步分析:根据调查情况及有关资料对产地生态环境保护状况进行初步评价和分析。

(3)产地环境质量监测

①布点的原则和方法:水质、土壤及大气的布点原则和方法。布点图是环境监测布点的真实反映,评价报告中要附采样布点图。布点图应反映布点的代表性和合理性,应标明村

庄、公路、工矿等可能造成污染的场所所在地点，并标明主要方向。布点图应采用当地最新的行政区规划图为底图，并根据产地面积及地形复杂程度采用合适的比例。

②采样方法。

③样品处理原则和方法。

④分析检测结果：包括水质、土壤及大气分析项目和分析方法，并要求以表格的形式编写。

(4)产地环境质量现状评价

①水质现状评价：评价所采用的模式及评价标准、评价结果与分析；

②土壤质量现状评价：评价所采用的模式及评价标准、评价结果与分析；

③大气质量现状评价：评价所采用的模式及评价标准、评价结果与分析；

④产地环境质量综合评价。

(5)评价结论

做出能否开发绿色食品的结论。

(6)综合防治对策及建议

# 项目三　绿色食品产地的生态建设

## 【知识与技能】

### 一、产地的环境污染

1. 产地环境中的主要污染物与危害

(1)无机污染物

无机污染物有重金属中的汞、镉、铅、铬、镍等，类金属砷与非金属化合物中的二氧化硫、氮氧化物、氨类、亚硝酸盐类、无机氰化物、氟和氯等。

①重金属。农业生产基地环境常因工矿企业和乡镇企业的“三废”物质进入，而导致重金属汞、镉、铅等的污染，这些污染物也随灌溉水和化肥及农药的施用进入农田，污染土壤，进而通过水—土—食物链(粮食、蔬果、水产、饮料等)或通过食品添加剂进入人体，致病、致癌。

重金属对环境危害：其一是它在环境中不能降解，只能位移，一旦污染了水、土壤等资源，就很难排除，影响资源利用的可持续性；其二是重金属毒性大，具有很强的生物富集性，低剂量就对人和生物产生毒害；第三是重金属尤其是汞能明显地导致人和生物的生殖系统疾病，并已被认定是环境激素之一。这就是重金属含量作为绿色食品产地环境质量重要指标的主要原因。

②类金属砷。砷的主要化合物是三氧化二砷($A_SO_3$)，俗称砒霜，还有砷化氢、三硫化二砷、五氧化二砷等。

砷的氧化物、盐类及有机物均有毒，三价砷化物较五价砷化物毒性大。长期吸入含砷化合物气体，饮用低浓度含砷的水，可以引起慢性中毒，除一般有神经衰弱症状外，主要表现皮肤黏膜病变及多发性神经炎、咽干燥等，少数人鼻中隔穿孔，引起结膜炎、喉炎、支气管炎、腹痛、腹泻、肝肿大，严重者引起肝硬变。皮肤长期接触可引起皮癌。人口服 5 mg 以上就可引起急性中毒，产生持续呕吐、剧烈头痛、四肢痉挛、心力衰竭而死。

③二氧化硫。二氧化硫污染的主要来源是燃烧含硫的煤和石油，以及含硫矿物冶炼。二氧化硫是主要的大气污染物之一。二氧化硫经呼吸道吸入后，在呼吸道与水生成亚硫酸，直接产生刺激作用。吸入高浓度二氧化硫，可致急性支气管炎、肺炎、肺水肿。严重者窒息死亡。长期接触可引起慢性中毒，引起结膜炎、鼻炎、咽炎、慢性支气管炎等症状。

④氮氧化物。氮氧化物以二氧化氮较稳定，常温下为红棕色气体，工业生产中，制造硝酸或用硝酸浸洗金属、苯胺染料的重氮化、塑料生产以及汽车尾气均可产生氮氧化物的污染。氮氧化物主要通过呼吸道进入体内。中毒症状轻者表现为咳嗽、胸闷、呼吸道不适，重者发展为水肿、血压下降、休克、呼吸衰竭及昏迷，长期接触者，可出现慢性支气管炎、神经衰弱等症状，吸入高浓度氮氧化物可迅速出现窒息、痉挛现象而很快死亡。

⑤氨类。氨是一种无色气体，有强烈的刺激性气味，氨在自然界水中可以转化为亚硝酸盐，亚硝酸盐还可以转化为硝酸盐，这一转化是生物化学进程。前一阶段转化约需 5 d，后一阶段约需 100 d 才能完成。氨是植物的营养成分，但是水中过量氮的存在却可以造成水体藻类和微生物大量繁殖的现象——富营养化现象，造成一定的环境污染。

⑥亚硝酸盐类。亚硝酸盐是一种可引起人类致癌作用的物质，在食品发酵过程中会产生一定量的亚硝酸盐，在大量施用化肥的作物中可造成亚硝酸盐的积累，所以现代观点认为不宜对作物大量施用化肥，而应以有机肥料代之。温血动物一次摄入亚硝酸盐的最小致死剂量为 20 mg/kg 体重。饮用水中亚硝酸盐的最高允许浓度为 1 mg/L。

⑦无机氰化物。氰化物种类很多，常用的有无机氰化物、有机氰化氢、氰化钠、氰化钾、氰化铵等。在炼焦、煤气发生站、电镀、热处理、化工生产、金属选矿、有机玻璃等行业都可能产生氰化物的排放。

氰化物可通过呼吸道、食道及皮肤侵入人体，引起中毒，大量吸入氰化物可引起急性中毒，抑制细胞呼吸，组织缺氧、血压下降，可迅速发生呼吸障碍而死亡。口服 150～250 mg 就可致死。慢性中毒造成头痛、眩晕、乏力、胸部及上腹部有压迫感、恶心、呕吐、心惊、血压上升、气喘等。

⑧氟。氟是黄绿色气体，在空气中很快变成氟化氢气体。氟及其化合物在工农业生产中应用非常广泛，在氟塑料、冷冻剂、农药、玻璃雕刻以及火箭燃料中均有应用。

氟和氟化氢属剧毒类，有很强的刺激作用和腐蚀作用。吸入高浓度含氟气体可引起鼻、喉、胸骨灼烧痛、咳嗽、呼吸困难、血压下降、昏迷直至呼吸、循环衰竭。慢性中毒引起鼻黏膜溃疡、慢性支气管炎、肺气肿及肺硬化。氟化物经消化道、呼吸道吸收，储存于骨、软骨及牙齿中，小部分蓄积在肾脾内。主要使人骨骼受害，引起氟骨症，患者四肢麻木，腰背疼痛，关节活动受限、氟斑牙，严重者造成骨质硬化症或骨质疏松症，骨质增殖变形，易产生自发性骨折，人体常因缺氟而引起抽搐、痉挛、呼吸麻痹而死亡。

地面水中氟的最高允许浓度为 1.0 mg/L，生活饮用水氟化物适宜浓度 0.5～1.0 mg/L。

⑨氯。氯气是黄绿色、具有强烈刺激性气味的气体，制造和使用氯气的工业有电解食盐、漂白粉、光气、造纸、印染、纺织、鞣革、颜料、制药、橡胶及有机氯杀虫剂、塑料、合成纤维等。

氯气主要通过呼吸道和皮肤黏膜对人发生中毒作用，轻微中毒引起上呼吸道黏膜肿胀、胸部痛、干咳、呼吸困难、眼刺痛和流泪，严重中毒可引起呼吸道损伤、支气管炎、肺水肿。吸入高浓度的氯，数小时即可窒息死亡。长期吸入低浓度的氯气，可引起鼻炎、慢性支气管炎、肺气肿、肝硬化。

(2)有机污染物

有机污染物有 N-亚硝基化合物、3,4-苯并芘、有机氰化物、苯系物、酚类、人工添加剂与色素和化学合成的农药等。

①N-亚硝化合物。按其化学结构分为两大类,即亚硝胺和 N-亚硝酰胺,亚硝胺比亚硝酰胺稳定,不易分解破坏。两者都是强致癌物,并有致畸作用和胚胎毒性。

亚硝基化合物的前体物包括胺类、硝酸盐和亚硝酸盐等可促进亚硝基化的物质。在微生物的作用下,尤其是黑曲霉、串珠镰刀菌等生长繁殖,可使仲胺和亚硝酸盐含量增高,条件合适时,即可形成亚硝胺,人体胃内的酸性环境也有利于亚硝胺的合成。因此,目前认为内源性合成亚硝胺是重要的来源。

亚硝胺与亚硝酰胺在致癌机制上是不同的。亚硝酰胺由于其活泼不需经任何代谢激活即可在接触部位诱发肿瘤,对胃癌的研究有重要意义。而亚硝胺则需在体内经激活后在组织内代谢产生重氮烷,致使细胞和蛋白质甲基化引起遗传因子突变作用而致癌。

②3,4-苯并芘。3,4-苯并芘为黄色针状晶体,是一种多环芳烃。它主要来源于煤、石油等燃烧所产生的烟尘及汽车尾气中,在橡胶加工、熏制食品、沥青燃烧过程中均有 3,4-苯并芘产生。

3,4-苯并芘是公认的致癌物,主要是受污染的大气通过呼吸道进入人体,引起呼吸系统的癌症。

③苯系物。苯是一种芳香族碳氢化合物,它的衍生物有甲苯、乙苯、苯乙烯、氯苯、二氯苯、三氯苯、硝基苯、三硝基甲苯等。

苯及苯系物可经呼吸道侵入人体,刺激人的呼吸系统及中枢神经系统。慢性中毒以抑制造血机能为主,引起记忆力减退,白细胞、红细胞减少,血小板降低,食欲不佳等,重则昏睡、昏迷,甚至死亡。

④酚类。酚类大多数是无色晶体,难溶于水。最简单的是苯酚。酚污染主要来源于炼焦、炼油、煤气发生站、苯酚生产、合成树脂、制药、木材、防腐、合成塑料、合成纤维等工业生产部门。

酚属高毒类,为细胞原浆毒物,对皮肤和黏膜有强烈腐蚀作用。酚的水溶液易经无损皮肤吸收,酚蒸汽由呼吸道吸入人体,引起中毒,吸收后的毒性与口眼中毒相同,能刺激中枢神经,高浓度酚能使蛋白质凝固,引起中毒,甚至昏迷致死;低浓度酚积累可引起慢性中毒,出现头痛、失眠、呕吐、高铁血红蛋白症等。

⑤人工添加剂。人工添加剂能使食品外形美观、香气扑鼻、口味宜人,且能长久保存,但人工添加剂是人类健康的隐性杀手。

食品生产加工过程中不按照人工添加剂使用卫生标准使用,超使用范围或使用量添加,造成污染,更有甚者,使用非食品用化工产品作添加剂,由于砷、铅等含量高,污染食品后易引起中毒。

⑥色素。色素分两大类:一类为天然色素;一类为合成色素。天然色素主要有红曲、虫胶色素、叶绿素、胡萝卜素、姜黄、胭脂红等,这类色素虽然少毒或无毒,但色彩淡、用量大、价格贵;而人工色素着色力强,色泽鲜艳、色调丰富多彩、成本低廉,故应用广泛,品种多达 700 种。由于人工色素的安全性普遍存在问题,世界各国许可使用的仅限于 60 多种,我国允许使用的仅有胭脂红(合成品)、柠檬黄、靛蓝、苋菜红 4 种,并规定剂量不超过 0.5‰~1.0‰,

对使用范围也有限制。

⑦化学合成的农药。农药虽能够防治农业病虫害，调节植物生长，抑制杂草繁殖，但施用不当会造成产地环境污染。农药对植物会发生直接的药害，还会影响生态系统平衡，影响植物的生长；会导致病虫抗药性增强；天敌数量剧减，导致盲目增加用药量。据专家调查证实：20 世纪 90 年代以来，我国的农药使用量已高达 100 万 t/年，农药真正到达目的物上的只有 10%～20%，最多可达 30%，落到地面的为 40%～60%，飘浮于大气中的为 5%～30%。也就是说进入环境中的化学农药高达 70%以上。进入环境中的化学农药会随着气流和水流在各处环流，污染水体、大气等环境资源。一些难降解的化学农药、除草剂、杀虫剂等几乎得不到任何分解而在环境中蓄积循环，破坏生态平衡，通过食物、饮用水进入人体和生物体，其影响范围极大。据资料报道，从南极的企鹅、海豹到北极的爱斯基摩人的体内都可检出农药 DDT 的含量，因为它具有在脂内蓄积的特点，以致禁用 10 年后 DDT 农药仍可检出其存量。因此，过量施用化学农药严重地威胁着生态平衡、生物多样性和人类的健康。化学农药也是绿色食品最敏感的外源物化学物质，控制极严，如特难降解的 DDT、六六六不仅禁用，就连施用过的土壤也不能作为绿色食品生产用地，AA 级绿色食品禁用化学农药，A 级绿色食品也严格控制品种和数量，要求以生物农药代之。

(3)环境激素

环境激素(即环境荷尔蒙)是指由于人类活动而释放在环境中的化学物质和放射性物质。它们在动物体内发挥着类似雌性激素的作用，它们干扰体内激素，使生殖机能失常，故又称为扰乱体内分泌化学物质。最具代表性的是有机氯类物质，如二噁英、DDT、多氯联苯(PCB)；塑料制品类如苯乙烯、氯乙烯、联苯酚 A、邻苯二甲酸酯；还有一些生长刺激素。

除农药 DDT、六六六和生长激素直接喷洒外，二噁英类物质既可随有机氯除草剂也可随垃圾焚烧的废气和垃圾填埋的渗漏水进入农田环境，恶化水、土资源，最后被植物吸收。塑料制品中所含邻苯二甲酸酯和联苯酚 A，则常因塑料大棚、农田中的废弃塑料薄膜经日晒雨淋、高温高湿或其他条件溶解出来，而重金属类的环境激素物质常常随工业三废物质、化学肥料、农药及所有激素物质通过食物链逐级生物浓缩，即使在环境中极微量的有害成分也会通过这种恶性富集最终达到极高的浓度，对环境、人类产生极大的破坏性。这些环境激素是绿色食品生产的大忌，不要因为其量极微而轻视，食物链的生物浓缩或称恶性富集机制，会毁掉绿色食品的品质和价值。

(4)过氧化脂质——脂褐素

它是由自由基与血液中或细胞膜内的脂类结合发生自动氧化，从而产生的脂酸环氧化物。自由基(又称为游离基)，是人体内新陈代谢的产物，但随着过多的氧、臭氧基、金属污染物质等进入人体，就会加速其在体内的形成。自由基是细胞内电子无法配对的原子或分子，其性质极不稳定，反应性极强。它在体内会从其他原子和分子中夺取电子以稳定自身性质，被夺走电子的物质又会夺取其他原子或分子的电子，而产生连锁反应，使细胞组织受损，从而致病、致癌。

2. 产地环境污染对绿色食品生产的影响

(1)大气污染对绿色食品生产的影响

如果大气环境受到污染，就会对农业和绿色食品产生影响和危害。植物受大气污染影响后，植物的细胞和组织器官会受到伤害，生理机能和生长发育受阻，产量下降，产品品质变坏。如水果蔬菜失去固有的色泽，口感变劣，营养价值降低。有害重金属积累过多，如饲料牧草的含氟量过高，不仅对畜禽造成危害，还导致土壤污染。大气污染会使绿色食品的品质、安全和营养降低，乃至失去绿色食品的本质属性和价值。

大气污染物种类繁多。在我国的大气环境中，对环境质量影响较多的污染物有总悬浮微粒(TSP)、二氧化硫($SO_2$)、氮氧化物($NO_x$)、氟化物、一氧化碳(CO)和光化学氧化剂($O_3$)等。

二氧化硫($SO_2$)在干燥的空气中较稳定，但在湿度较大的空气中即被氧化成三氧化硫。三氧化硫再经过一系列反应，形成硫酸雾和酸雨，造成更大的危害。我国酸雨多发区面积极大，危害严重，绿色食品生产应避开这类生产地。

大气氟污染物主要为氟化氢(HF)。它对植物的毒性很强，植物受害的典型症状是叶尖和叶缘坏死，主要在嫩叶、幼芽上首先发生。试验表明，氟化物对花粉粒发芽和花粉管伸长有抑制作用。氟化氢还是一种积累性毒物，即使在大气中浓度不高，也可通过植物吸收而富集，然后通过食物链影响动物和人体健康。

大气中的微粒物质除了沉淀于土壤外，还可沉淀于植株体上或被作物吸收，造成粮食、蔬菜污染、减产和品质下降。大气氟污染和颗粒物污染必须在绿色食品生产前监测，要求达标生产。

(2)土壤污染对绿色食品生产的影响

土壤是绿色植物的基体。土壤受到污染，就会对绿色植物的生长繁殖带来影响，影响农作物的产量和质量；通过食物链，还会影响到养殖业和畜牧业，危及人类的身体健康。

土壤污染主要有化学污染、生物污染、物理污染 3 个方面。

①土壤化学污染。化学肥料对土壤污染主要是磷肥和氮肥等。磷肥的原料磷矿石，含有其他无机元素如砷、镉、铬、氟、钯等，主要是镉和氟，含量因矿源而异。无论含量大小，镉均会随磷肥一起施入到土壤中，长期积累的效应不容忽视。

氮的化学污染主要是硝酸盐肥料，如硝酸铵和尿素等化学肥料，产生硝酸根和亚硝酸根离子，污染作物和地下水，而致病、致畸和致癌。

土壤的化学污染是垃圾、污泥、污水。大型畜禽加工厂、制纸、制革厂的废水均含有某些污染化学成分，过量集中输入农田，也会导致有毒物质积累和重金属超标，导致人畜致病。其他的重金属如镉、汞、铬、铅等，在电池、电器、油漆、颜料中都存在着。有机污染物的多氯联苯(PCB)、多元酚类多存在于洗涤剂、油墨、塑料添加剂中。这些物质一旦进入土壤，会严重地威胁整个食物链。绿色食品生产前必须进行土壤环境监测。

②土壤生物污染。关于生物污染方面，主要是城市垃圾，特别是人畜粪、医疗单位的废弃物中，含有大量病原体，它们若不经过无害化处理，必然会导致对土壤严重污染。据有关资料表明，有些病源菌在土壤中能存活相当长的时间，对蔬菜的危害最大。如痢疾杆菌可存活 22～142 d，沙门氏菌生存 35～70 d，结核杆菌在 1 年左右，蛔虫卵为 315～420 d。国内外因之而暴发的流行病年年皆有发生。

③土壤物理污染。主要是施入土壤中的有机物料，如未经过清理的碎玻璃、旧金属片、煤渣等，这些物料大量使用会使土壤砂砾化，降低土壤的保水、保肥能力。近年来城市垃圾中聚乙烯薄膜袋、破碎塑料等数量日益增加，在连续使用农药薄膜的地区，土壤中大量残留的塑料碎片，使土壤水分运动受阻，作物根系生长不良，这一土壤物理污染现象，也是值得重视和需要研究解决的问题。

(3)水质污染对绿色食品生产的影响

农业生产离不开水，水质的好坏对种植业、养殖业以及食品加工业都会产生重要影响。

水质污染对农作物会产生直接影响，使作物减产，品质降低，还会通过土壤间接影响农作物生长。主要表现在以下3方面：①作物叶片或其他器官受害，导致生长发育障碍，产量降低；②产品中有毒物质积累使品质下降，不能食用；③农产品质劣价低，没有竞争力。

对养殖业主要表现在以下3方面：①水中大量的溶解性有机物分解时消耗溶解氧，由于富营养化造成水中溶解氧不足，使水生生物和鱼类缺氧死亡；②重金属直接危害水生生物或通过富集作用使水生生物体内重金属含量倍增，超标几十倍甚至几百倍；③农药和其他有毒化产品使鱼类中毒。

## 二、产地环境污染的控制与治理

1. 大气污染对农业危害的控制与治理

大气污染物对作物的影响程度除了与有害气体的种类、浓度、作用时间有关外，还受作物的种类、作物的发育时期、当时的气象条件及土壤、地形条件等因素的影响。另外，多种气体的复合污染与单一气体污染产生的效应也不同。

根据大气污染的特点，可采取以下控制与治理措施。

(1)根治污染源

这是控制农田大气污染的关键，如果根除了污染源，问题也就解决了。所以对于生产过程中排放的大气污染物，进行有效的治理措施，如改革生产工艺，少排或不排废气，严格操作，加强设备维修管理，防止跑、冒、漏气等显得十分必要。对于必排废气，也要进行必要的回收净化。但鉴于目前的技术水平，对各种污染物还不能达到零排放的要求。因此就必须加强工厂管理，控制排气时间。根据作物对大气污染物有一定的敏感期这一特点，在工厂检修机器、排空废气时，既要避开附近作物的敏感期，还要避开高温、高湿和无风等不利于毒物扩散的气象条件，这样就可以减轻对植物的毒害作用。

(2)工厂合理布局

在农业区和牧区内及其上风向位置，不宜兴建大气污染严重的工厂，特别是小型的乡镇企业（工艺落后，处理设施不完善的企业）。在选址建设工厂时，必须先做好环境质量影响评价，评价内容主要说明该项目建成投产后可能对周围环境造成的污染程度，即污染物可能对附近农作物造成的影响进行预测。环境管理部门根据影响程度和范围，决定是否可以建厂，要集中建设，严防遍地开花（特别是乡镇工业）。

(3)制订农田大气质量标准，加强大气污染监测

农田环境质量标准是指农田环境污染物的最高容许限度或最高容许浓度，它可以保证对作物生长及农产品质量不产生有害影响，对农业生态平衡不造成破坏，是衡量农田环境是否受到污染的尺度。按环境要素可分为：农田灌溉水质标准，农田大气质量标准和农田土壤质量标准。

农田大气质量标准，系指以保证对各种作物不产生有害影响为目标，而确定的各种污染物在大气中的允许含量。制定此标准，可以为评价农田大气质量以及为环境管理部门对大

气进行监督提供依据。加强大气污染监测，可以及时发现污染问题，以便采取措施，把危害减至最低限度，特别是对慢性危害和不可见危害更有意义。

(4)造林绿化，净化空气

许多树种对大气污染物具有吸收、净化作用，在大气污染区的农田周围大量种植抗毒、吸毒树木，建防污林带，可以大大改善农田大气环境质量。

(5)搞好污染区的作物种植区划，筛选耐性、抗性作物品种

例如，果树因品种不同，对氨气毒害的抗性大小顺序为：中国梨、桃、苹果、西洋梨；在桃树中，南方品种大于北方品种；在苹果中顺序为：小国光、拿冠、青香蕉、红香蕉、红玉。了解到这一特点，在有氨气污染的地方（氨气厂、化肥厂），选择抗氨气毒害的品种，以减少因氮气危害受到的损失。

再如，葱、蒜等百合科的蔬菜，对氟化物比较敏感，一旦受到污染后，表现的主要症状是叶尖或叶缘枯黄，受害变色部位的含氟量也明显高于叶片的绿色部位，进入叶肉的氟化物可随着水分的蒸腾作用而被转移和积累到叶尖和叶缘。青菜叶片含氟量与大气含氟量呈极显著相关，菜叶中的氟主要来自大气。为了保证人体健康和安全，对于氟污染区应不种或少种蔬菜等食用作物，多种植棉、麻和观赏植物，以防氟化物通过食物链过多地进入人体。

2. 农田水污染的控制与治理

受污染的水体通过灌溉对土壤造成污染，污染物通过根系的吸收、转化、积累等进入植株的茎、叶、果实，再经食物链对人体健康产生危害。所以控制和解决因农田用水造成的污染危害应从以下几个方面考虑。

(1)减少污水灌溉面积，少用和不用有污染的水灌溉农田

农田一经灌溉造成污染，尤其是对土壤造成污染，就很难消除。而有的危害不是马上就可以显示出来，要经过10年、20年，甚至更长的时间。如土壤镉污染通常是由含镉工业废水污染灌溉以及施用含镉污泥引起的。举世瞩目的“骨痛病”则是由镉的慢性中毒而引起的。这种病潜伏时间很长，短则10年，长则20～30年，主要病因是人们食用含镉食物后，镉进入人体后在肾脏和骨骼中积累，抑制再吸收机能，造成失钙，从而使骨骼软化、萎缩，严重者自然骨折，疼痛至死。再如，用含有汞及甲基汞的污水灌溉农田，植株从被污染的土壤中通过吸收、转化、积累汞，汞及其化合物被人长期食用后，能引起最为严重的公害病——水俣病。为减少对农田的污染，应不用或少用已受污染的水体灌溉农田。

(2)改良土壤

改良土壤的措施，主要有增施有机肥、施用腐殖肥料、用客土改良等。具体应用时必须根据当地的土壤性质加以实施。如酸性土壤施用碱性物质，碱性土壤施用酸性物质。由于改良土壤消耗的人力、财力都相当大，除特殊情况外，一般不宜采用此法。

(3)重新规划用地

对已受到严重污染的地块，应重新规划，用作扩建厂房、建造住宅等。还可种植净化能力强的花、草、苗木等，待达到一定净化程度时再用作农田用地。

(4)合理种植

种植吸收某种污染物低的作物，以防止可食部位污染；种植吸收力强的植物，尽快消除污染。从农业上说，合理种植是最有意义的。例如，不同的蔬菜种类，对金属镉的吸收就有

很大差异，菠菜、茄子、土豆中平均含镉最高；青菜、辣椒、莴苣次之；卷心菜、黄瓜含镉量最低。在生产中则可按当地蔬菜生产特点，通过轮作试验，选择若干组对镉富集较弱的蔬菜，以显著降低蔬菜中的含镉量。以土壤含镉在 $3\times10^{-6}$ mg/kg（重污染）情况下，以下几组轮作可供参考：

卷心菜——冬瓜——青菜

花菜——卷心菜——黄瓜或冬瓜——春茄——豇豆

上述两种轮作中，除青菜叶中含镉稍高外（仍低于 $0.1\times10^{-6}$ mg/kg 的标准），其余均低于这一标准，符合食用卫生标准，人们食用这些蔬菜后不会产生有害影响。

3. 化学农药对农产品污染的控制与治理

防治病虫、草害，取得农业大丰收，农药在其中起着重要的作用，是一项技术措施。但如果方法不当，就会造成不良的后果，如伤害农作物、残留量升高引起人、畜中毒等，因此，必须科学合理地使用农药。

(1)预防为主、综合防治

①预防为主。所谓预防为主，就是做好病虫害的预测预报工作，准确掌握虫情，合理安排用药次数和用药量，并通过农业技术措施，控制病虫害滋生和繁殖的条件，培育和使用抵抗病虫害能力强的品种，防止病虫害的侵入和蔓延。总之，一切防治措施必须在病虫害发生前实施，并用其来控制病虫害的发生和发展。例如防治水稻螟虫，必须抓住螟虫卵盛孵期和蚁螟未钻进稻茎中这一有利时机，用杀虫脒或苏化 203 泼浇，对蚁螟杀伤率可达 95%以上。

②综合防治。从农业生产的总体规划和保护农业生态系统出发，有组织、协调地运用农业、生物、化学、物理等多种防治措施就是综合防治。采用综合防治可控制在经济危害容许水平以下，同时也把有可能产生的有害副作用减少到最低限度。如利用瓢虫、蜘蛛来捕食蚜虫；利用姬蜂、草蛉虫来防治棉铃虫；利用金小蜂防治越冬棉花红铃虫；利用赤眼蜂防治水稻纵卷叶螟、玉米螟、甘蔗螟等。

(2)了解农作物种类和生长情况，合理选用农药和施药浓度

根据作物的种类和使用性质，在防治病虫害时需要选择不同类型的农药。防治经济类作物如棉花等耐药性较强的作物上的病虫害，选用农药种类可适当放宽些，但防治瓜果、蔬菜上的病虫害就要特别慎重选用农药，严禁使用剧毒、高残毒和有刺激性气味的农药。如在茶叶、瓜果、蔬菜、烟叶、中草药等作物上应严禁使用有机磷、有机汞剧毒农药和 DDT、六六六等高残毒农药。因这些农药喷洒后，易被蔬菜、瓜果等作物吸收，需要经过较长时间才能消失，而蔬菜、瓜果等生长期较短，随时可以采食，往往等不到这类农药完全消失就进行收获，食用后就可能引起中毒。又因这几种农药属乳油剂型，更容易渗透到蔬菜叶子和果实表皮里去，具有耐雨水冲刷的性能，不易消失和破坏。而且还具有耐热、耐高温的性能，烹调后不易破坏。所以应严禁在蔬菜、瓜果、茶叶等作物上施用。瓜果、蔬菜等作物上的害虫，可选用敌百虫、乐果、拟除虫菊酯等毒性低和易于分解的农药来防治。

(3)根据季节，合理使用农药

作物生长前期对农药的选择可以适当放宽些，而到了收获期就必须选择毒性低和半衰期短的农药。

(4)控制用药浓度，控制用药量，注意施药方法

在防治病虫害时，应严格按照使用说明配药和施用，不能任意加大农药使用浓度和用药

量，以避免农作物产生药害、害虫产生抗药性和引起人畜中毒。

(5)严格遵守农药的安全等待期

农药安全等待期，即最后一次施药与作物收获期的间隔天数。严格按照规定药量和浓度施药，遵守安全等待期后采摘，可以使作物中农药的残留量不超过一般规定的容许残留标准。几种农药的安全等待期见表1-1-14。

**表1-1-14　几种农药施用的安全等待期**

| 农药名称 | 安全等待期/d |
|---|---|
| 马拉松 | 7 |
| 敌敌畏 | 5～7 |
| 敌百虫 | 7～10 |
| 乐果 | 7～10 |
| 杀螟松 | 10～15 |
| 甲基1605 | 15 |
| 磷胺 | 21 |
| DDT | 水果，30；蔬菜禁用 |
| 六六六 | 30 |
| 毒杀芬 | 20～30 |
| 退菌特 | 20～30 |
| 氟乙酰胺 | 40 |
| 砷酸铅 | 40～60 |

目前，我国农药生产品种已逐步转向高效、低毒、无污染和残留期短的方向发展，杀灭菊酯、辛硫磷、乙酰甲胺磷、三氯杀螨醇等农药都属于低毒低残留农药，可以用于蔬菜、水果等作物上，对于高残留的六六六、DDT严禁使用。另外昆虫变态激素已成为继化学农药和生物农药之后的第3代杀虫剂。

4. 施肥对农产品污染的控制与治理

化肥的施用是提高作物产量的重要措施，随着化肥工业的发展和农业生产水平的提高，化学肥料特别是氮肥施用量不断增加。而化学氮肥的利用率比较低，一般为30%～50%，氮肥的损失不仅是个经济效益问题，更为严重的是会引起土壤、水体、大气、生物、植物的营养富集而造成污染，其最终结果是对人体健康产生危害。

为了达到减少用量，增加肥效，防止污染的目的，在农业生产上，施用铵盐氮肥后，应立即耙田和松土，把肥料耕入还原层中。或者采用深施和使用硝化抑制剂，可收到减少氮肥的硝化，提高氮肥的肥效，降低土壤中硝酸盐含量的效果。

在通常情况下，硝态氮肥不应与新鲜厩肥等碳氮比大的有机物同时施用，以防止反硝化作用的产生。对于旱田，还应采用土壤耕作措施，调节土壤中的空气、水分，使其保持良好的通气性能。

在防止硝态氮肥的污染时，对磷肥的施用量也不宜过多，因为磷肥中含有数十倍至数百倍土壤自然含量的镉，土壤中镉的含量增加，再被蔬菜等农作物吸收后，对人体健康产生危害。

5. 畜禽产品污染的控制与治理

畜牧业是依赖于植物生产的第二性生产，它总是依靠第一性生产来提供资源，如能量、蛋白质和维生素等。通过畜禽有机体的新陈代谢，积累转化成各种形式的畜产品，然后经运输、加工、贮藏及市场销售，为消费者提供生活资料。

畜禽的污染与环境质量状况有密切的关系。尽管有的畜禽在饲养过程中不直接接触农药等有害物质，但农田中使用的农药、化肥和工业生产排放的有害物质都会通过作物和饲料，以及昆虫、鱼贝类等的残留间接地对畜禽产生危害。

为了防止畜禽产品污染，必须注意做好以下几点。

(1)贯彻“预防为主”的方针

有计划地调查环境污染物对畜禽的危害，在调查研究的基础上，因地制宜地制定全面规划，控制环境污染。

(2)建立畜牧环境保护监测机构，做好环境检测

定期对大气，水体、饲料及土壤中的有害物质进行监测，监测畜产品中的残留毒物并做到及时查清污染源和污染物质；做到防患于未然，但关键还是控制污染源。

(3)加强畜禽管理

畜禽进入农药、化肥、工业“三废”等污染过的田块吃草、吃虫或饮水时，就有可能引起中毒，所以必须严加管理，特别是家庭饲养更应该注意这一点。

(4)注意饲料的卫生管理

饲料不要和农药等有毒物质混合装运，严禁用装过有毒物质的容器存放饲料。此外，还应管理存放好农药和灭虫、毒鼠的食饵，以防畜禽舔食、啄食。

## 三、产地环境的生态建设

1. 生态农业及其特点

(1)生态农业的概念

生态农业是从系统理论出发，按照生态学、经济学和生态经济学原理运用现代科学技术成果和现代管理手段及传统农业的有效经验建立起来，以期获得较高的经济效益、生态效益和社会效益的现代化的农业发展模式。简单地说，是遵循生态经济学规律进行经营和管理的集约化农业体系。生态农业要求宏观协调生态经济系统结构，协调生态—经济—技术的关系，促进生态经济系统的稳定、有序、协调发展，建立宏观的生态经济动态平衡，在微观上做到多层次物质循环和综合利用，提高能量转换与物质循环效率，建立微观的生态经济平衡，一方面，要以较少的投入为社会提供数量大、品种多、质量好的农副产品；另一方面，又能保护资源，不断增加可再生资源量，提高环境质量，为人类提供良好的生活环境，为农业的持续发展创造条件。生态农业必须维护和提高其整个系统的生态平衡，这种生态平衡是扩大意义上的生态平衡。它既包含个体生态平衡或微观生态平衡，又包含总体生态平衡或宏观生态平衡。

(2)生态农业的特点

我国生态农业理论是建立在适合中国的国情，总结我国传统农业和现代农业实践经验的基础上，运用生态学理论和社会主义经济学理论，通过多学科综合，用系统的观点建立起

来的一整套理论，生态农业理论较之单一学科提出的农业发展理论具有独特之处。

①生态农业理论强调农业生产必须因地制宜。无论是自然资源、自然条件和社会经济条件都存在地域和地区差别，对条件不同的地区不能强求生态农业建设内容的同一。只有对一个地区的各种条件进行全面调查和分析后，才能最佳地进行该地区生态农业发展决策，切实做到因地制宜。

②生态农业理论强调农业是一个开放系统，并且是非常平衡的系统。必须打破传统的农业观念，从封闭式的自给自足的小农经济中解放出来，由温饱型农业逐步发展到商品农业。

③生态农业理论强调要对农业实行集约经营。长期以来黑龙江省农业走的是一条粗放经营的道路，实行广种薄收。到目前为止还有不少地区在采用刀耕火种、轮垦耕作、陡坡开荒，违反生态的生产方式，造成水土流失、土壤盐碱化、草原沙化、土壤沙化，农业资源衰竭，自然灾害连年发生，农业生态环境严重恶化。

④生态农业理论强调农业的商品化生产。黑龙江省农业基本上是自给自足的小农经济，农业系统处于半封闭状态，从事自给性生产，农产品商品率很低，农业系统处于低水平生产状态，农业结构的功能效率很低。生态农业理论要求从事农业生产必须充分考虑农业系统内外环境的生态条件和经济条件，通过农业系统结构的设计和调控，增加物质和能量投入，实行集约经营，改善农业生态环境，形成一个有利于农业生产的稳定的生态基础和资源基础，使农业系统和外部环境取得最佳统一。

⑤生态农业理论强调农业生态环境质量的保持和提高，创造无污染农业。

⑥生态农业理论强调农业经营的综合性特征。这里所说的综合性具有4层含义：a. 农业是一个多因子、多层次的综合性事物，其结构和功能都十分复杂，因此必须把生态农业建设当作一个整体来看，综合分析各种因素，全面考虑，采取一系列有关措施；b. 生产措施、建设措施的采取，也必须综合；c. 在生产发展和生态状况的改善问题上，也要综合考虑，生产的发展绝不能建立在对自然资源的过度利用、破坏生态平衡的基础上，不能单纯为了追求经济效益而忽视了生态效益；d. 生态农业的建设，决不能只从农业一个部门来考虑，而必须综合考虑加工工业、交通运输、市场流通等农、工、商几个方面的问题。

2. 生态农业建设的模式

生态农业建设模式的类型很多，主要有以下3个类型：

(1)时空结构型

这是一种根据生物种群的生物学、生态学特征和生物之间的互利共生关系合理组建的农业生态系统，使处于不同生态位置的生物种群在系统中各得其所，相得益彰，更加充分地利用太阳能、水分和矿物质营养元素，是在时间上多序列、空间上多层次的三维结构，其经济效益和生态效益均佳。具体有果林地立体间套模式、农田立体间套模式、水域立体养殖模式、农户庭院立体种养模式等。

(2)食物链型

这是按照农业生态系统的能量流动和物质循环规律而设计的一种良性循环的农业生态系统。系统中一个生产环节的产出是另一个生产环节的投入，使得系统中的废弃物多次循环利用，从而提高能量的转换率和资源利用率，获得较大的经济效益，并有效防止了农业废弃物对生态环境的污染。具体有种植业内部物质循环利用模式、养殖业内部物质循环利用模式、种养加三结合的物质循环利用模式等。

(3)时空食物链综合型

这是时空结构型和食物链型的有机结合，使系统中的物质得以高效生产和多次利用，是一种适度投入、高产出、少废物、无污染、高效益的模式类型。

农业部科技司2002年向全国征集到370种生态农业模式或技术体系，通过专家反复研讨，遴选出经过一定实践运行检验，具有代表性的十大类型生态农业模式，并正式将此十大模式作为今后一段时间农业部的重点任务加以推广。

这十大典型模式和配套技术是：北方"四位一体"生态模式及配套技术；南方"猪—沼—果"生态模式及配套技术；平原农林牧复合生态模式及配套技术；草地生态恢复与持续利用生态模式及配套技术；生态种植模式及配套技术；生态畜牧业生产模式及配套技术；生态渔业模式及配套技术；丘陵山区小流域综合治理模式及配套技术；设施生态农业模式及配套技术；观光生态农业模式及配套技术。

3. 生态农业建设的技术原理和内容

(1)原理

生态农业中经济与生态的良性循环主要体现在3个方面：首先，通过生态环境的治理及农村能源综合建设，使生态环境从恶性循环向良性循环转变，绿色覆盖率、土壤理化性能及有机质含量得以提高，进一步增强生态经济系统的生产能力；其次，以农业废弃物资源化为中心的物质多层次循环利用，提高资源利用率，并保护环境；第三，采取农牧结合或农林复合系统的形式，提高系统自我维持能力及生态稳定性。

(2)内容

我国生态农业技术的主要内容是：

①生态—经济—社会复合系统中，实现种植业、养殖业及工商业之间生产、流通与生态良性循环的综合技术；

②系统内各生产组分，子系统内各种组分的优化组合技术；

③农副产品废弃物资源化技术；

④以提高农业生态系统生产力及系统稳定性为目的的生物种群调整、引进与重组技术；

⑤农林能源综合建设技术；

⑥以系统内生物种群、时空有序性及景观生态系统为中心的立体种养技术，或称农业生态结构工程；

⑦环境生态工程技术；

⑧生态农业系统的调控技术。

4. 产地环境生态建设的意义

由于生态农业的基本理论和特点顺应了农业持续稳定协调发展战略的要求，全国各地生态农业试点单位，不论规模大小，都取得了明显的经济效益、生态效益及社会效益。因此产地环境生态建设具有深远意义，主要体现在：

①促进了绿色食品生产和农村经济的发展，人民生活水平显著提高；

②有利于农业持续稳定协调发展；

③农村能源、环境得到改善；

④抗自然灾害能力显著提高；

⑤生态农业是实现我国农业持续高效发展的有效途径。

生态农业是解决我国当前存在的人口、粮食、资源、能源不相协调的诸多矛盾的战略措施，是实现农业持续高效发展的一种有效途径。

当前我国农业的主要矛盾是如何实现持续发展问题，随着人口的不断增加和人民对农、副产品的需求不断提高，要求农业生产必须持续发展。我国拥有的资源、财力条件以及生态环境又严重地制约着农业，农业难以持续增长和发展。解决这个矛盾的方法，从目前研究和实践的情况来看，比较可行的方案是走生态农业之路。因为生态农业所要解决的中心问题，就是农业持续发展，而它解决这个问题的办法又不是单纯地依赖于物质、资金及技术的高投入，而是在合理投入的前提下，首先，通过农、林、牧产业的有机结合，食物链的合理配置，物质和能量的多级传递，物质的多层次循环利用，实现生态良性循环与协调发展；其次，通过治理与改善生态环境，发挥自然生态系统的自我维持能力，提高系统的稳定性；再次，通过种植业、养殖业及加工业的综合发展，实现产品增殖与高效的良性循环。所以说实施生态农业，既是实现我国农业持续发展战略目标的需要，又是行之有效的途径。

此外，生态农业建设还有3个方面的功效：一是减轻了化肥、农药、有机粪便对产品和水体、大气的污染；二是实现了秸秆及有机粪便饲(饵)料化、肥料化，缓解了丘陵山地、草场地力的过度消耗及粪便的不合理使用，使系统向低污染、残余物合理利用与良性循环的方向发展；三是由于进行了粪便饲料化、肥料化、沼气池料化及沼渣综合利用和发展无公害蔬菜等技术措施，使生活环境有较大改善，保障了人体健康。

5. 生态农业建设的技术工艺

(1)立体种养业网络技术

生态农业是农业经济系统、技术系统和生态系统交织而成的立体网络系统，其中生态系统是骨架。农业生态系统具有明显的层次结构特征：第一层由农、林、牧、副、渔等产业构成，即生产布局结构；第二层由农、林、牧、副、渔各业自身的内部构成；第三层由同一田块中的多种群构成或单个种群的结构。

生态农业建设的目的就是把上述3个层次理顺，使其总体结构合理，整体功能协调有序，实现经济良性循环。

①生产布局。农业生产的合理结构，从总体上讲就是要解决农、林、牧、副、渔、工、商、建、运、服十方面的产业的全面发展问题。在农业布局上，主要表现为农、林、牧、副、渔等的土地利用和农业生物占地面积的比重结构。农业生产结构，一般表现为十方面的产值构成、劳动时间、分配构成、农业劳动力分工构成等。

布局和结构要结合当地自然条件和社会经济文化条件，进行因地制宜的资源配置。

②各产业内部构成。各产业内部结构是生产布局的基础，也存在生产合理结构的问题，如种植业、粮食作物、经济作物、绿肥、饲料作物、瓜菜等之间也应有个合理的比例关系。

③同一田块内的种群或群落结构。种群结构是指各种生物种群在系统内从空间到时间上的分布规律。要处理好平面结构工程、垂直结构工程和时间结构工程。

a. 平面结构工程。要实现种植业平面结构优化，必须打破单一种粮食作物的小农观念，要从生产结构上进行全面合理的土地利用。在某些地区还要适当退耕还林还草，或粮草间作，实现“草、畜、肥、粮”的良性循环。

发展林业与种植业结构结合起来进行安排。如在平原地区、针对风、沙、旱、涝、盐碱等限制农业生产力的环境条件，要营造以农田防护林为主体的农田林网，在荒地、坡地要营造水土保护林，要多林种搭配，乔、灌、草结合，实行点、带、片间多种形式结合。

b. 垂直结构工程。种植业的垂直结构，是指农田中各作物种群在立体上的组合分布状况，即立体种植。

c. 时间结构工程。它是指在生态区域内各种群生长发育，与当地季节、昼夜等自然节律即与当地自然资源的协调吻合状况。

时间结构设计主要包括两个方面：一是建立合理的轮作套种制度，在时间、空间上合理配置绿色植物，延长光、热、水资源的利用时间；二是通过技术措施改变某些限制因子，提高系统的输出。如温室育苗、温室栽培瓜菜、覆膜栽培技术，在接茬演替的时间结构设计中是常用的配套技术。它们不仅能直接防止地面蒸发造成水分损失，而且能使土壤中的水、肥、气、热诸因素互相协调，较好地解决了作物生长发育与环境条件的某些矛盾。对于早春低温、有效积温少或高寒的干旱半干旱地区，能在一定程度上弥补水、热资源的不足。

(2)生物物质的多层次利用技术

①生物物质多层次利用的主要形式。生物物质多层次利用是建立在生态学食物链原理的基础上。生态农业建设中通过巧接食物链，将各营养及生物因食物选择所废弃的或排泄的生物物质作为其他生物的食物加以利用和转化，进而提高生物能的转化率及资源的利用率，这是生物多层次利用的主要方式之一。沼气发酵技术不仅能改善农村生态环境，开发出农村新能源，还能使农、林、牧、副、渔有机地连接起来，实现生态农业系统良性循环，成为物质和能量的多层次利用的重要实用技术。

②畜禽粪便的综合利用方式。有的畜、禽采食后并不能很好的消化和吸收饲料中的营养物质，有相当部分又以粪便形式排出体外（如鸡粪)，因此这些粪便就可以作为其他种类畜禽的饲料来利用。新鲜鸡粪要直接拌入猪饲料内喂猪，也可脱水干燥后加工为饲料；或半干贮存发酵后作饲料。发酵牛粪也可喂猪，兔粪晒干可作肉用仔鸡饲料。此外，蚕沙等也是很好的饲料应加以利用。

③秸秆资源的多途径综合利用。玉米秸秆和麦秸氨化后喂牛效果很好，既节省了部分精饲料又有利于牛的生长发育。利用秸秆、棉籽壳可栽培食用菌。促进了秸秆的多层次循环利用。如农作物秸秆及其他农业废物养菇，菇还可出口销售，菌糖加入配合饲料喂畜禽，畜禽粪便在沼气池发酵，沼气做农家生活能源，沼水养鱼，沼渣还田，如此循环下去，可使同一产品增值几倍或几十倍。

(3)相互促进物种共生系统在生态农业中的应用

根据生态环境条件，选择多种个体大小和取食习性等方面不相同的畜、禽混养，在与之相配合的多种结构的综合群体中，可使这些生长在混杂群体中的动、植物都能持续地获得最大限度的生物产量。

①牛羊混牧。牛吃高草，羊吃低草，可提高草场利用率和载畜量。

②鱼鸭混养。鸭在水中活动，能促进空气氧对水体的复氧过程，且将表层饱和溶氧水搅

入下层，利于改善鱼塘环境；鸭粪也是鱼的好饵料。

③鱼鳖混养。鳖是用肺呼吸的爬行动物，常由水底到水面交换气体，其上下往返运动，使水体不同深处的溶氧得以交流，利于鱼生长和浮游生物及水生植物繁殖。鳖在池底活动，能促进塘底腐殖质分解还原，加速物质的循环及能量多级利用。鱼、鳖混养，投饵量的重点对象是鳖，其次是草鱼，鳖和草鱼排泄的粪可培肥水质，繁殖较多的浮游生物供鲶鱼、莲鱼等食用，饵料的利用比较经济。鳖还能吃掉行动迟缓的病鱼及死鱼，起到防止病原体传播减少鱼病的作用。

④藕鱼萍共生。藕池养萍，萍富集水体中的氮、磷等营养物质，防止了水体的富营养化，改善了水质，同时还给鱼类提供新鲜饵料。鱼吃幼虫，减轻藕的病虫危害。莲叶拔水婷立，为鱼遮阴，既直接改善了水温状况，又间接增高了水质溶氧量，均利于鱼类生息。

⑤稻田养鱼。大体近似藕、鱼、萍共生系统。不同点在于要在田头一隅挖一稍深坑池，为稻晒田时及夜里供鱼栖身。

⑥菌菜共生。把食用菌引入大田和温室与作物或蔬菜共生，以作物或蔬菜行间的生态条件替代食用菌所需的人工设施，显著改善了田间或温室小气候，创建了菌菜共生系统和新的生态平衡，大幅度提高了系统生产力。菌菜共生增产原理：菌类呼吸放出的二氧化碳促进了蔬菜的光合作用，如香菇、黄瓜共生，使净光合产物增加。在早春夜间低温和夏季高温时灌水可使土温激变，进而影响黄瓜根系及地上部的生长，而菇床能稳定土温，大大缓解温差对黄瓜的伤害。菌丝体分泌物促进黄瓜根系发育，增强了对营养的吸收能力。同时，菌菜共生能降低黄瓜发病率20%左右。

(4)生态优化的病虫害综合防治技术

常规农业生产，由于过分依赖化学农药防治病、虫、草害，给农业生态系统带来一系列严重影响，如：对农药产生抗性的害虫、病菌及杂草日益增加；增施农药造成天敌的大量死亡；土壤、大气、水体被污染，进而导致有毒物质在农作物中残留量上升，危及动物和人类的健康等。

为减少对农药的依赖，生产出更多更清洁的食品，必须改变常规农业生产方式，采用生态优化的植保技术等。

①生态优化的植保技术要点。防治病虫害的生态优化植保技术，包括种植作物的种类和时间变化，增加天敌、耕作方式变化等多方面。

a. 通过作物种植的时间及空间上的变化，来防治或减少病虫的危害；

b. 利用轮作、间作与种植方式的改变来限制病虫危害作物的能力；

c. 利用农田周围的各种野生植被增加天敌的丰度及扑杀害虫的能力；

d. 种植诱集植物；

e. 利用耕作方式及其他栽培技术影响农业生态系统内部及周围的茬间存活病虫。

②害虫的生物防治。生物防治是生物种群间相互制约关系在农业生产上的应用。生物防治可达到少用农药、减少污染、保护好农业生态环境的效果，主要措施为：

a. 调查了解当地主要害虫的关键天敌；

b. 准确测报，合理使用农药，协调化学防治和生物防治的矛盾；

c. 推广综合防治，合理调整防治指标；

d. 创造适宜天敌生活的生态条件。

【行业标准】

## 绿色食品产地环境质量标准

### 中华人民共和国农业行业标准

NY/T 391—2000

绿色食品产地环境质量标准

Environmental technical terms for green food production area

**1　范围**

本标准规定了绿色食品产地的环境空气质量、农田灌溉水质、渔业水质、畜禽养殖水质和土壤环境质量的各项指标及浓度限值,监测和评价方法。适用于绿色食品(AA级和A级)生产的农田、蔬菜地、果园、茶园、饲养场、放牧场和水产养殖场。

本标准还提出了绿色食品产地土壤肥力分级,供评价和改进土壤肥力状况时参考,适用于栽培作物土壤,不适于野生植物土壤。

**2　引用标准**

下列标准所包括的条文,通过在本标准中引用而构成为本标准的条文。本标准出版时,所示版本均为有效。所有标准都会被修订,使用本标准的各方应探讨、使用下列标准最新版本的可能性。

GB 3095—1996　环境空气质量标准

GB 5084—92　农田灌溉水质标准

GB 11607—89　渔业水质标准

GB 5749—85　生活饮用水质标准

GB 15618—1995　土壤环境质量标准

GB 9137—88　保护农作物的大气污染物最高允许浓度

GB 7173—87　土壤全氮测定法

GB 7845—87　森林土壤颗粒组成(机械组成)的测定

GB 7853—87　森林土壤有效磷的测定

GB 7856—87　森林土壤速效钾的测定

GB 7863—87　森林土壤阳离子交换量的测定

**3　定义**

本标准采用下列定义。

3.1　绿色食品

系指遵守可持续发展原则,按照特定生产方式生产,经专门机构认定,许可使用绿色食品标志的,无污染的安全、优质、营养类食品。

3.2　AA级绿色食品

系指生产地的环境质量符合NY/T 391要求,生产过程中不使用化学合成的肥料、农药、兽药、饲料添加剂、食品添加剂和其他有害于环境和身体健康的物质,按有机生产方式生产,产品质量符合绿色食品产品标准,经专门机构认定,许可使用AA级绿色食品标志的产品。

3.3　A级绿色食品

系指生产地的环境质量符合NY/T 391的要求，生产过程中严格按照绿色食品生产资料使用准则和生产操作规程要求，限量使用限定的化学合成生产资料，产品质量符合绿色食品产品标准经专门机构认定，许可使用A级绿色食品标志的产品。

3.4　绿色食品产地环境质量

绿色食品植物生长地和动物养殖地的空气环境、水环境和土壤环境质量。

**4　环境质量要求**

绿色食品生产基地应选择在无污染和生态条件良好的地区。基地选点应远离工矿区和公路铁路干线，避开工业和城市污染源的影响，同时绿色食品生产基地应具有可持续的生产能力。

4.1　空气环境质量要求

绿色食品产地空气中各项污染物含量不应超过表1-1-15所列的浓度值。

**表1-1-15　空气中各项污染物的浓度限值**

$mg/m^3$

| 项目 | 浓度限值 | |
|---|---|---|
| | 日平均 | 1 h平均 |
| 总悬浮颗粒物(T.S.P) | 0.30 | — |
| 二氧化硫($SO_2$) | 0.15 | 0.50 |
| 氮氧化物($NO_x$) | 0.10 | 0.15 |
| 氟化物(F)/($\mu g/m^3$) | 7 | 20 |

注：①日平均指任何一天的平均浓度；②1 h平均指任何1 h的平均浓度；③连续采样3 d，每天晨、午和夕各一次。

4.2　农田灌溉水质要求

绿色食品产地农田灌溉水中各项污染物含量不应超过表1-1-16所列的浓度值。

**表1-1-16　农田灌溉水中各项污染物的浓度限值**

mg/L

| 项目 | 浓度限值 |
|---|---|
| pH | 5.5～8.5 |
| 总汞 | 0.001 |
| 总镉 | 0.005 |
| 总砷 | 0.05 |
| 总铅 | 0.1 |
| 六价铬 | 0.1 |
| 氟化物 | 2.0 |
| 粪大肠菌群/(个/L) | 10 000 |

注：灌溉菜园用的地表水需测粪大肠菌群，其他情况下不测粪大肠菌群。

4.3　渔业水质要求

绿色食品产地渔业用水中各项污染物含量不应超过表1-1-17所列的浓度值。

表 1-1-17　渔业用水中各项污染物的浓度限值　mg/L

| 项目 | 浓度限值 |
| --- | --- |
| 色、臭、味 | 不得使水产品带异色、异臭和异味 |
| 漂浮物质 | 水面不得出现油膜或浮沫 |
| 悬浮物 | 人为增加的量不得超过10 |
| pH | 淡水6.5～8.5,海水7.0～8.5 |
| 溶解氧 | >5 |
| 生化需氧量 | 5 |
| 总大肠菌群 | 5 000个/L(贝类500个/L) |
| 总汞 | 0.000 5 |
| 总镉 | 0.005 |
| 总铅 | 0.05 |
| 总铜 | 0.01 |
| 总砷 | 0.05 |
| 六价铬 | 0.1 |
| 挥发酚 | 0.005 |
| 石油类 | 0.05 |

4.4　畜禽养殖用水要求

绿色食品产地畜禽养殖用水中各项污染物不应超过表1-1-18所列的浓度值。

表 1-1-18　畜禽养殖用水各项污染物的浓度限值　mg/kg

| 项目 | 标准值 |
| --- | --- |
| 色度 | 15度,并不得呈现其他异色 |
| 混浊度 | 3度 |
| 臭和味 | 不得有异臭、异味 |
| 肉眼可见物 | 不得含有 |
| pH | 6.5～8.5 |
| 氟化物 | 1.0 |
| 氰化物 | 0.05 |
| 总砷 | 0.05 |
| 总汞 | 0.001 |
| 总镉 | 0.01 |
| 六价铬 | 0.05 |
| 总铅 | 0.05 |
| 细菌总数/(个/mL) | 100 |
| 总大肠菌群/(个/L) | 3 |

4.5　土壤环境质量要求

本标准将土壤按耕作方式的不同分为旱田和水田两大类,每类又根据土壤pH的高低分为3种情况,即pH<6.5,pH=6.5～7.5,pH>7.5。绿色食品产地各种不同土壤中的各项污染物含量不应超过表1-1-19所列的限值。

表 1-1-19 土壤中各项污染物的含量限值 mg/kg

| 耕作条件 | 旱田 | | | 水田 | | |
|---|---|---|---|---|---|---|
| pH | <6.5 | 6.5～7.5 | >7.5 | <6.5 | 6.5～7.5 | >7.5 |
| 镉 | 0.30 | 0.30 | 0.40 | 0.30 | 0.30 | 0.40 |
| 汞 | 0.25 | 0.30 | 0.35 | 0.30 | 0.40 | 0.40 |
| 砷 | 25 | 20 | 20 | 20 | 20 | 15 |
| 铅 | 50 | 50 | 50 | 50 | 50 | 50 |
| 铬 | 120 | 120 | 120 | 120 | 120 | 120 |
| 铜 | 50 | 60 | 60 | 50 | 60 | 60 |

注:①果园土壤中的铜限量为旱田中的铜限量的1倍;②水旱轮作用的标准值取严不取宽。

4.6 土壤肥力要求

为了促进生产者增施有机肥,提高土壤肥力,生产AA级绿色食品时,转化后的耕地土壤肥力要达到土壤肥力分级Ⅰ级、Ⅱ级指标(表1-1-20)。生产A级绿色食品时,土壤肥力作为参考指标。

表 1-1-20 土壤肥力分级参考指标

| 项目 | 级别 | 旱地 | 水田 | 菜地 | 园地 | 牧地 |
|---|---|---|---|---|---|---|
| 有机质/(g/kg) | Ⅰ | >15 | >25 | >30 | >20 | >20 |
| | Ⅱ | 10～15 | 20～25 | 20～30 | 15～20 | 15～20 |
| | Ⅲ | <10 | <20 | <20 | <15 | <15 |
| 全氮/(g/kg) | Ⅰ | >1.0 | >1.2 | >1.2 | >1.0 | — |
| | Ⅱ | 0.8～1.0 | 1.0～1.2 | 1.0～1.2 | 0.8～1.0 | — |
| | Ⅲ | <0.8 | <1.0 | <1.0 | <0.8 | — |
| 有效磷/(mg/kg) | Ⅰ | >10 | >15 | >40 | >10 | >10 |
| | Ⅱ | 5～10 | 10～15 | 20～40 | 5～10 | 5～10 |
| | Ⅲ | <5 | <10 | <20 | <5 | <5 |
| 有效钾/(mg/kg) | Ⅰ | >120 | >100 | >150 | >100 | — |
| | Ⅱ | 80～120 | 50～100 | 100～150 | 50～100 | — |
| | Ⅲ | <80 | <50 | <100 | <50 | — |
| 阳离子交换量/(cmol/kg) | Ⅰ | >20 | >20 | >20 | >15 | — |
| | Ⅱ | 15～20 | 15～20 | 15～20 | 15～20 | — |
| | Ⅲ | <15 | <15 | <15 | <15 | — |
| 质地 | Ⅰ | 轻壤、中壤 | 中壤、重壤 | 轻壤 | 轻壤 | 沙壤、中壤 |
| | Ⅱ | 沙壤、重沙 | 沙壤、轻黏土 | 沙壤、中壤 | 沙壤、中壤 | 重壤 |
| | Ⅲ | 沙土、黏土 | 沙土、黏土 | 沙土、黏土 | 沙土、黏土 | 沙土、黏土 |

注:①土壤肥力的各个指标,Ⅰ级为优良、Ⅱ级为尚可、Ⅲ级为较差,供评价者和生产者在评价和生产时参考,生产者应增施有机肥,使土壤肥力逐年提高;②土壤肥力测定方法见GB 7173、GB 7845、GB 7853、GB 7856、GB 7863

5　**监测方法**

采样方法除本标准有特殊规定外，其他的采样方法和所有分析方法按本标准引用的相关国家标准执行。

空气环境质量的采样和分析方法根据 GB 3095 的 6.1、6.2.7 和 GB 9137 的 5.1、5.2 规定执行。

农田灌溉水质的采样和分析方法根据 GB 5084 的 6.2、6.3 规定执行。

渔业水质的采样和分析方法根据 GB 11607 的 6.1 规定执行。

畜禽养殖水质的采样和分析方法根据 GB 5749 规定执行。

土壤环境质量的采样和分析方法根据 GB 15618 的 5.1、5.2 的规定执行。

## 【实习实训】

### 绿色食品生产基地参观访问

**实训目标**：通过参观访问使学生了解绿色食品生产现状、生产要求、发展趋势、存在的主要问题等。

**实训场所**：校内或校外种植业生产基地、农村或农场。

**实训要求**：1. 网络查询绿色食品生产现状；

2. 调查绿色食品生产在当地的主要种类、生产规模；

3. 实地走访绿色食品基地，调查了解生产基本情况，总结存在问题、发展趋势。

**实训考核**：撰写实习报告。

## 【自我训练】

1. 简述绿色食品产地环境的优化选择。
2. 简述绿色食品产地环境质量评价因子的选择原则。
3. 绿色食品产地环境质量评价因子有哪些？
4. 绿色食品产地环境质量评价现状报告的基本内容是什么？
5. 产地环境污染对绿色食品生产有哪些影响？
6. 叙述大气污染、农田水污染和化学农药污染的控制与治理措施。
7. 简述生态农业的概念及特点。
8. 生态农业建设的模式有哪些？
9. 简述生态优化的病虫害综合防治技术。
10. 设想你家乡的生态农业建设。

# 单元二

# 绿色食品生产资料

**学习目标**

- 通过学习本章内容，了解绿色食品生产资料的有关概念，掌握绿色食品生产资料在绿色食品生产的地位和作用。

**知识要点**

- 绿色食品生产资料的概念、作用，绿色食品生产资料开发的意义。绿色食品肥料、农药、饲料及添加剂等的特点。

**技能要点**

- 绿色食品生产资料的各项使用准则及使用要点。

# 项目一　绿色食品生产资料概述

## 【知识与技能】

### 一、绿色食品生产资料的概念

1.绿色食品生产资料的内涵

绿色食品生产资料,是指符合绿色食品生产标准要求,经专门机构认可,允许使用绿色食品标志并使用在绿色生产过程中的投入品。在一般意义上而言,生产资料包含的范围较广,如土壤、生产工具以及生产活动所需的一切物质都统称为生产资料。在这里,绿色食品生产资料所包含的范围主要指经专门机构认证的,用于绿色食品生产所使用的种子、肥料、农药、兽药、食品添加剂、饲料添加剂、包装物及其他一些相关的投入品。绿色食品生产资料的申请、认定工作必须遵照国家《绿色食品生产资料认定推荐管理办法》及有关《实施细则》的要求,按照《绿色食品专用生产资料推荐管理办法》规定进行;而在绿色食品生产中绿色食品生产资料的使用必须通过严格执行绿色食品生产资料使用准则。

2.绿色食品生产资料应具备的条件及分类

绿色食品的生产是一个“从土地到餐桌”全程质量控制的过程,绿色食品生产过程是绿色食品质量控制的关键,而绿色食品生产过程包括两个重要组成部分:绿色食品生产资料的使用和绿色食品生产技术规程的正确实施。因此,绿色食品生产资料的正确选择与使用,就成为决定着绿色食品能否达标的关键因素之一。所以,绿色食品生产资料本身的安全对绿色食品来说是至关重要的。在绿色食品生产中,绿色食品生产资料必须具备下列条件:第一,要保护和促进使用对象的生长或有利于提高产品品质;第二,不能造成使用对象产生和积累有害物质,不影响人体健康;第三,要对生态环境无不良影响。只有具备上述条件的生产资料才能被安全地应用到绿色食品生产中来。

绿色食品根据生产过程和产品的质量标准分为AA级的A级,绿色食品生产资料按其允许应用的范围也同样分为AA级和A级。AA级绿色食品生产资料是可以使用在所有绿色食品产品生产中的投入品,即AA级绿色食品生产资料适用于包括A级绿色食品生产在内的所有绿色食品的生产,生产资料的品质越高,越有助于生产出高质量的产品;而A级绿色食品生产资料则是只允许使用在A级绿色食品生产中的投入品,而不能被使用在AA级绿色食品之中。

3.绿色食品生产资料标志许可的基本条件

主要包括:一是申请产品经国家法定部门检验、登记,产品质量符合相关技术标准的同时,还须符合绿色生资使用准则要求;二是利于保护和促进使用对象的生长,提高使用对象的品质,不造成使用对象产生和积累有害物质,不影响人体健康;三是生产符合环保要求,对生态环境无不良影响;四是禁止使用转基因和以转基因原料加工的产品,申请产品符合上述条件后,通过初审、复审、评审及终审等审核程序,对审核合格的申请产品颁发《绿色生资标志使用证》,可优先向绿色食品企业、绿色食品原料标准化生产基地推广使用。

## 二、绿色食品生产资料在生产中的地位和作用

生产资料是一切生产、加工、销售必不可少的前提条件，任何生产活动缺少必要的生产资料都是无法完成的，因此，生产资料在生产中具有十分重要的基础地位。这里我们把生产资料界定到绿色食品生产的全过程中来认识它的地位和作用，就显得更为重要。由于绿色食品生产的特点和标准，因此所用生产资料与普通意义上的生产资料相比具有更高的要求。在认证推荐绿色食品生产资料（详见附件5-6黑龙江省绿色食品生产资料推荐管理办法）中考虑的核心问题是它对产品的安全、质量和环境的影响，由此看出，绿色食品生产资料直接作用于绿色食品生产的全过程。符合生产绿色食品标准要求的生产资料在绿色食品生产中具有重要的作用，具体表现在以下两个方面。

1.保证绿色食品安全

安全是绿色食品的突出特点。影响绿色食品安全的因素除了生产加工过程中的诸多要素外，更重要的是生产资料的使用。绿色食品的安全性是通过严格执行《绿色食品肥料使用准则》《绿色食品农药使用准则》《绿色食品添加剂使用准则》《绿色食品饲料和饲料添加剂使用准则》《绿色食品兽药使用准则》等绿色食品生产资料使用准则来实现的。凡是经过认证推荐的绿色食品生产资料和允许使用的生产资料的基本特点是低毒、低残留、无三致，所以从源头上保证了绿色食品对安全的承诺。

2.提高绿色食品品质

优质、营养是绿色食品的又一个突出特点。这是人们在食物基础效用得到满足后对食物效用提出的更高的要求，这也是绿色食品及同类产品得以发展的背景所在。绿色食品优质、营养品质的实现及不断提高，生产资料是重要的决定因素之一。食品质量的高低由食品质量特征指标和构成因素决定：一是营养价值，也称营养生理质量，包括能量、脂肪、碳水化合物、蛋白质、维生素、矿物质等；二是健康价值，也称卫生质量，主要考核食品有害物质和外来杂质的含量；三是实用性和可用性，也称为技术与物质质量，包括可贮藏性、可加工性、可加工出品率等；四是享受价值，也称情感质量，包括形态、颜色、气味、口味、享受成分浓度；五是心理价值，也称适感的、生态和社会的质量，主要是要求生产方式与生产过程有益于生态环境的改善与保持，有益于生产者的收入与健康。而生产资料的使用直接影响上述指标和因素，从这一意义上看，绿色食品的优质营养品质，必须要有符合绿色食品生产标准要求的生产资料作保证。

## 三、绿色食品生产资料的开发

开发绿色食品生产资料的必要性很大：

（1）农业环境问题给人类健康带来的危害，迫切要求绿色食品生产资料的开发和使用

在农业生产过程中本身所造成的污染是农业环境污染中比较突出的问题。化学肥料、化学农药等现代商品投入物对环境、资源、食品以及人体健康产生的种种危害具有隐蔽性、累积性和长期性的特点。

目前我国农业生产中肥料尤其是化学肥料的施用量比较大，而化肥利用率一般只有

30%左右，即70%进入了环境，污染了大气、土壤、水源，既是资源的浪费，又成为污染生态环境的主要因素之一。从污染对象来分析，肥料尤其是化学肥料的施用对大气、水源和土壤都会产生污染。对大气的污染：污染大气的污染成分主要是化学氮肥，由于施肥不当，造成氨的挥发，反硝化作用、反硫化作用中产生氮氧化物($NO_x$)、沼气、硫化氢等物质可影响大气环境，污染空气。对水质的污染：土壤及施肥中的营养物质随水下渗、淋溶，进入地下水或农区水域，造成水质污染，特别是其中的硝态氮极易随水进入地下水，以及经过反硝化作用生成的亚硝酸离子和亚硝酸胺都是可致癌物质。同时，施肥中过量的氮和磷还会加速农区水库等水体的富营养化，造成水质变劣，藻类大量繁殖，使水体透明度和溶解度降低，不仅破坏生态平衡，而且还会破坏水产养殖以及农业供水。对土壤的污染：化肥的污染主要来自于肥料中含有的重金属及其他毒性离子。煅烧矿物而生产的肥料往往含有砷、镉、铬、氟等有害元素。而垃圾、污泥、污水中混入的一些物质如废电池中含有的汞、锌、锰金属有害元素；洗涤剂、塑料中含有多氯联苯、多元酚等有机污染成分。同时一些生活垃圾、粪便或植物的残体中含有对人体有害的病原体。以上这些物质一旦进入土壤，都会对土壤产生污染，进而对人类的健康与生存产生危害。

自从20世纪40年代以来，随着现代化学工业的发展，农业上大量使用各种化学合成物质及农药，我国自20世纪90年代以来，农药的使用量每年高达100万t，它一方面提高了农业生产率的土地利用率，另一方面也造成了大面积的环境污染。农药施用于农田后，其归宿有二：一是分解为无毒、无害的化合物；二是残存于环境之中。而我国现使用的农药，尤其是杀虫剂、杀鼠剂、除草剂等化学合成物质残效期一般都较长，都会长期存在于环境之中。据研究，施于农田的农药能被吸收利用的最多只有30%，有的甚至只有10%～20%，落到地面的非靶区的为40%～60%，飘浮于大气中的为5%～30%，也就是说进入环境中的农药高达70%。进入环境的农药会随着气流和水流在各处环流，污染大气和水体，而土壤是其最终归宿，落到土中而污染土壤，破坏生态环境，通过食物、饮用水进入生物和人体，从而对生物及人类的健康与生存产生危害。而不科学合理地使用各种化学合成有机农药，一方面会使一些病虫草害等对农药产生抗药性，为了有效防治，势必要加大药量或使用剧毒农药，这样步入一个恶性循环之中；另一方面会加剧在农产品中农药的残留及环境污染，危害人类的健康。

综上所述，开发适用于绿色食品生产的生产资料，已经成为开发安全食品所必须采取的手段。

(2)绿色食品产业的开发，为开发绿色食品生产资料提供了广阔的空间

随着人们对安全食品认识的不断提高和需求的不断增大，绿色食品产业作为一个新兴的产业具有广阔的发展空间和极大的发展潜力。没有相应数量的绿色食品生产资料，就不可能生产出符合绿色食品质量要求和标准的绿色产品，要保证绿色食品产品的质量，推动绿色食品产业的健康发展，就必须解决好绿色食品生产资料的开发。

据《2011年绿色食品统计年报》报告：全国绿色食品继续保持平稳健康发展，总量规模稳步扩大。全年共认证绿色食品企业2 683家，产品6 538个，同口径分别比上年增长19.4%和21.7%。全国累计有效使用绿色食品标志的企业总数为6 622家，产品总数为16 825个，同口径分别比上年增长8.3%和7.3%。全国已有368个单位创建绿色食品原料生产标准化基地536个，总面积1.26亿亩，带动农户1 603.2万个，对接龙头企业1 369家，每年直接增加农民收入在9亿元。获得绿色食品认证的国家级农业产业化龙头企业达到

270家，占国家级龙头企业总数的30.2%，省级农业产业化龙头企业达到1194家，占省级龙头企业总数的13.1%。此外，全国已有983个农民专业合作社通过1 932个绿色食品认证，分别占绿色食品企业和产品总数的14.8%和11.5%，成为绿色食品新兴的发展主体。绿色食品生产资料企业已发展到64家，产品200个，涉及肥料、农药、饲料、兽药、食品添加剂5大类。因此，开发绿色食品生产资料有着巨大的发展空间。

【行业标准】

## 绿色食品生产资料认定推荐管理办法

第一条 “绿色食品”是遵循可持续发展原则。按照特定的生产方式生产，经专门机构认定，许可使用绿色食品标志的无污染的安全、优质、营养食品。

为了确保生产绿色食品所用生产资料的有效性、安全性，保障绿色食品的质量，特制定本办法。

第二条 “绿色食品生产资料”是指经中国绿色食品发展中心(简称“中心”)认定，符合绿色食品生产要求及相关标准的，被正式推荐用于绿色食品生产的生产资料，绿色食品生产资料分为AA级绿色食品生产资料和A级绿色食品生产资料。AA级绿色食品生产资料推荐用于所有绿色食品生产，A级绿色食品生产资料仅推荐用于A级绿色食品生产。

第三条 绿色食品生产资料涵盖农药、肥料、食品添加剂、饲料添加剂(或预混料)、兽药、包装材料、其他相关生产资料。

### 第二章 绿色食品生产资料的申请

第四条 凡具有法人资格生产第三条所述产品的企业，均可作为申请企业。

第五条 凡申请的生产资料必须同时具备下列条件：

一、经国家有关部门检验登记，允许生产、销售的产品；

二、保护或促进使用对象的生产，或有利于保护或提高产品的品质；

三、不造成使用对象产生和积累有害物质，不影响人体健康；

四、对生态环境无不良影响。

第六条 申请程序

一、申请企业向所在省(市、自治区)绿色食品委托管理机构(以下简称“绿办”)或直接向中心提出申请，填写《绿色食品生产资料认定推荐申请书》(一式两份)，并提交有关资料；

二、绿办对申报材料进行初审，初审合格者，将申报材料报送中心；

三、中心收到申报材料后，组织专家审查，审查合格者，中心派人或委托绿办派人对申请企业进行考察和抽样，并将样品寄送中心指定的监测机构检测；

四、中心对考察和检测结果进行审核，合格者，由中心与其签订协议，颁发推荐证书，并发布公告，不合格者，在其不合格部分作出相应改进前，不再受理其申请。

第七条 绿色食品生产资料实行统一编号，编号形式为：

| LSSZ | XX | XX | XX | XX | XX | XX |
|---|---|---|---|---|---|---|
| 绿色食品生产资料 | 产品分类 | 批准年份 | 国家代号 | 地区代号 | 产品序号 | 产品分级 |

## 第三章 被推荐的绿色食品生产资料的管理

第八条 在绿色食品生产资料产品的包装标签的左上方，必须标明“X(A或AA)级绿色食品生产资料”、“中国绿色食品发展中心认定推荐使用”字样及统一编号，并加贴中心统一的防伪标签。

第九条 绿色食品生产资料的申报单位须履行与中心签订的协议，不得将推荐证书用于被推荐产品以外的产品，亦不得以任何方式许可联营、合营企业产品或他人产品享用该证书及推荐资格，并按时交纳有关费用。

第十条 凡外包装、名称、商标发生变更的产品，须提前将变更情况报中心备案。

第十一条 绿色食品生产资料自批准之日起，3年有效，并实行年审制。要求第3年到期后继续推荐其产品的企业，须在有效期满前90日内重新提出申请，未重新申请者，视为自动放弃被推荐的资格，原推荐证书过期作废，企业不得再在原被推荐产品上继续使用原包装标签。

第十二条 未经中心认定推荐或认定推荐有效期已过或未通过年审的产品，任何单位或个人不得在其包装标签上或广告宣传中使用“绿色食品生产资料”、“中国绿色食品发展中心认定推荐”等字样或词语，擅自使用者，将追究其法律责任。

第十三条 取得推荐产品资格的生产企业在推荐有效期内，应接受中心指定的检测单位对其被推荐的产品进行质量抽检。

## 第四章 附 则

第十四条 绿色食品生产资料认定推荐工作由中心统一进行，任何单位、组织均不得以任何形式直接或变相进行绿色食品生产资料的认定、推荐活动。

第十五条 《绿色食品生产资料认定推荐申请书》由中心统一印刷。

第十六条 本办法由中心负责解释。

第十七条 本办法自颁布之日起实行，原《绿色食品推荐生产资料暂行办法》及有关实施细则同时废止。

中国绿色食品发展中心

一九九九年十月十日

# 黑龙江省绿色食品专用生产资料推荐管理办法

第一条 为从源头上保证绿色食品产品的质量，全面实施绿色食品“从土地到餐桌”的全程质量控制。根据《黑龙江省绿色食品管理条例》、国家《绿色食品生产资料认定推荐管理办法》及有关实施细则和中绿字(2001)第57号授予黑龙江省绿色食品发展中心负责全省商业、餐饮业使用绿色食品标志审批权等法律规章，从2001年起对绿色食品专用生产资料实行推荐公示。

第二条 对绿色食品专用生产资料实行推荐公示，目的是充分调动生产资料企业从事绿色食品产业开发的积极性，满足绿色食品生产基地对优质、高产、抗病品种及绿色食品专用肥料、农药等专用生产资料的需要，提高绿色食品的产品质量，加速绿色食品大省强省建设，促进农民增收、企业增效。

第三条　根据我省绿色食品生产要求，绿色食品专用生产资料的推荐公示，以种子、肥料、农药为主，兼顾其他种类专用生产资料。

第四条　推荐用于绿色食品生产的种子，必须经省级以上品种鉴定委员会鉴定，适用于绿色食品生产的优质品种及行业主管部门认定的优质专用品种。

第五条　用于绿色食品基地生产的肥料，主要推荐已取得及被受理中办绿色食品专用生产资料使用标志的产品。拟推荐的商品肥料品种有：有机肥、腐殖酸肥、微生物肥、有机复合肥、有机无机复混肥。

(一)商品有机肥料

以大量动物残体、排泄物及其他生物废物为原料，加工制成的商品肥料。

(二) 腐殖酸类肥料

以含有腐殖酸类物质的泥炭(草炭)、褐煤、风化煤等经过加工制成含有植物营养成分的肥料。

(三) 微生物肥料

以特定微生物菌种培养生产的含活的微生物制剂。根据微生物肥料对改善植物营养元素的不同，可分成5类：根瘤菌肥料、固氮菌肥料、磷细菌肥料、硅酸盐细菌肥料、复合微生物肥料。

(四) 有机复合肥

经无公害处理后的畜禽粪便及其他生物废物加入适量的微量营养元素制成的肥料。

(五)无机(矿质)肥料

矿物经物理或化学工业方式制成，养分呈无机盐形式的肥料。包括矿物钾肥和硫酸钾、矿物磷肥(磷矿粉)、煅烧磷酸盐(钙镁磷肥、脱氟磷肥)、石灰、石膏、硫黄等。

(六)有机无机肥(半有机肥)

有机肥料与无机肥料通过机械混合或化学反应而成的肥料。

(七)复混肥料

指氮、磷、钾3种养分中，至少有2种养分标明量的肥料，由化学方法或物理方法加工制成。

(八)其他肥料

指不含有毒物质的食品、纺织工业的有机副产品以及骨粉、骨胶废渣、氨基酸残渣、家禽家畜加工废料、糖厂废料等有机物料形成的肥料。

第六条　农药以低毒、低残留、无“三致”的微生物源农药、动物源农药、植物源农药为主。

第七条　被推荐产品，在确保产品质量的前提下，要具有一定的生产规模。

第八条　绿色食品专用生产资料，由省绿色食品发展中心负责审核，以省农业委员会名义公示。

第九条　绿色食品专用生产资料推荐公示名单采取生产资料企业自荐和推荐部门按标准审批、选择相结合方法确定。

第十条　用于绿色食品基地生产的种子，按省品种鉴定委员会公布的品种推荐。

第十一条　自荐企业要向绿色食品发展中心提供必备的合法证件及产品的详细说明，品种试验示范效果证明。已获绿色食品标志使用权的企业要提供标志使用证书。

第十二条　负责审批、推荐部门，对未考察、审核过的生产资料企业的产品，要严格检测审核其质量及相关证明材料，并征求有关部门和专家意见，再行推荐公示。

第十三条　自愿申请推荐公示产品的企业，于当年11月10日前，要将申请报告、企业必备的合法证照复印件、产品详细说明、产品检验报告单及试验示范报告等送交省绿色食品发展中心、逾期本年度不再受理。

第十四条　确定为被推荐产品的企业，要负责对绿色食品生产基地、农户进行产品使用的技术培训和业务指导，保证种子、肥料、农药的合理使用。

第十五条　被推荐产品的企业，要主动接受省绿色食品发展中心对产品的抽检，同时要保证产品质量与产品标签、说明的一致，如发生产品质量事故，由企业负责并承担经济赔偿。

第十六条　绿色食品专用生产资料企业要直接与各地绿色食品办公室、绿色食品原料基地对接，减少销售环节，让利于农民。未经省绿色食品发展中心授权，任何单位与个人不得专营、专销绿色食品专用生产资料。

第十七条　各级绿色食品办公室，在绿色食品专用生产资料推荐名单公示后，要积极组织推广、使用已推荐的生产资料，对未被推荐的生产资料不得用于绿色食品生产。在推荐的生产资料品种范围内，企业或农户自主选用，不许任何单位与个人借机强制使用某一品种。同时做好当地用于绿色食品生产的生产资料的购销统计工作，并及时逐级汇总上报省绿色食品发展中心。

第十八条　全省各级绿色食品办公室，要严格按照《黑龙江省绿色食品管理条例》及有关规定，切实做好绿色食品专用生产资料的管理工作，指定专人负责，协调有关部门，做好市场监管工作。

# 项目二　绿色食品肥料

## 【知识与技能】

### 一、绿色食品肥料的概念

肥料是植物的粮食，是指以提供养分为其主要功效的物质，其作用不仅是供给作物以养分，提高作物产量，改善产品品质，还可以改良土壤性状、培肥地力，它是农业生产的物质基础。而绿色食品肥料是肥料大家族中随着绿色食品产业的兴起而形成的一类肥料类型。它是指经专门机构认定，符合绿色食品生产要求，并正式推荐用于绿色食品生产的肥料。

绿色食品肥料除应具有一般肥料的作用外，还应具有保证产品安全与产品品质，保护生态环境的作用。绿色食品肥料的使用必须满足作物对营养元素的需要，使足够数量的有机物质返回土壤，以保持或增加土壤肥力及土壤生物活性；所有有机或无机（矿质）肥料，尤其是富含氮的肥料，应对环境和作物（营养、味道、品质和植物抗性）不产生不良后果，方可使用。

### 二、绿色食品肥料的种类

我国是一个传统的农业国家，肥料的使用有几千年的历史，尤其是近代化肥工业的发展，形成了种类齐全的肥料品种体系。绿色食品肥料经过十几年的发展，形成了三大类的绿色食品肥料体系。

1.农家肥料

农家肥料指农民就地取材、就地积制、就地使用的各种有机肥料。它由含有大量生物物质、动植物残体、排泄物、生物废物等积制而成，包括堆肥、沤肥、厩肥、沼气肥、绿肥、作物秸秆肥、泥肥、饼肥等。

(1)堆肥

堆肥是利用作物的秸秆、落叶、杂草、生活垃圾及人粪尿、家畜粪尿等各种有机物加入适量的泥土混合堆积，经好气型微生物作用腐熟发酵而成的一类有机肥料。堆肥材料来源广、养分齐全、肥效较为持久，是我国农村普遍积制、施用的一类有机肥料。

(2)沤肥

沤肥是以作物秸秆、绿肥、青草、草皮、树叶等植物残体为主要原料，混以一定量的垃圾、人畜粪尿、泥土等，在常温、淹水的条件下沤制而成的一类有机肥料。沤肥中有机质在嫌气条件下分解，养分不易挥发损失，且产生的速效养分多被泥土吸附，不易流失，肥效长而稳。沤肥是一种比较好的有机肥料。

(3)厩肥

厩肥是以家畜粪尿为主与各种垫圈材料堆积腐解而成的一类有机肥料。通常北方农村称其为“圈肥”，南方农村称其为“栏粪”。另一方面，因垫圈材料的差异，以土为主要垫圈材料的称为“土粪”，以秸秆或青草为主要垫圈材料的称为“草粪”，一般说来，土粪的肥分低于草粪。

(4)沼气肥

沼气肥是指在沼气池中加入以植物秸秆为主和一定比例的人畜粪尿，在严格的密闭条件下，经嫌气发酵制取沼气后而剩余的副产品。主要由沼气肥水和沼气渣肥两部分组成。

(5)绿肥

凡是以植物的绿色部分耕翻入土当作肥料均称为绿肥，作为肥料而栽培的作物就叫绿肥作物。绿肥作物分为豆科绿肥作物和非豆科绿肥作物。我国是利用绿肥最早的国家，经研究表明，长期施用绿肥不仅能为作物提供所需的养分，而且还能改良土壤，在改善农田生态环境和防止土壤侵蚀及污染等方面具有良好的作用。我国绿肥资源丰富，有10科42个属60多个种，共1 000多个品种，生产中应用比较普遍的品种有500多个。

(6)作物秸秆肥

以农作物的秸秆直接还田而作为肥料施用的称为作物秸秆肥。秸秆是农作物的副产品，其中含有相当数量的营养元素，当作物收获后将秸秆直接归还土壤，有改善土壤物理、化学和生物学性状，提高土壤肥力、增加作物产量的作用。秸秆来源广泛、数量巨大，是一类有发展前途的有机肥料。

(7)泥肥

泥肥是指地表的细土、无机盐、有机物等沉积于未污染的沟、湖、河、塘、海底部，与水生动植物及其排泄物一起经腐烂分解融合而形成的肥沃淤泥。泥肥分解程度差，多属缓效性肥料。因其形成条件、时间、场所的不同，养分差异很大。

(8)饼肥

饼肥是油料作物的籽实经榨去油后剩余的残渣，也叫油枯，是我国传统的优质农家肥，部分也是牲畜的优质饲料。饼肥的种类很多，主要品种有大豆饼、油菜籽饼、芝麻饼、花生饼、棉籽饼、葵花饼等，其次还有蓖麻饼、胡麻饼、桐籽饼、茶籽饼等。各种饼肥中一般富含有机质、氮素和相当数量的磷、钾与中、微量元素，其中钾素可被作物直接吸收利用。虽然饼肥中的氮和磷不能直接被作物吸收利用，但由于饼肥的碳氮比小，易分解，肥效反较其他有机肥易发挥。

2. 商品肥料

商品肥料是按国家法规规定，受国家肥料部门管理，以商品的形式出售的肥料，包括商品有机肥、腐殖酸类肥、微生物肥、有机复合肥、无机(矿质)肥、叶面肥等。

(1)商品有机肥

商品有机肥是以大量动植物残体、排泄物及其他生物废物为原料，加工而成的商品肥料。施用有机肥料不仅能为农作物提供全面的营养，而且肥效期长，可增加或更新土壤有机质，促进微生物繁殖，改善土壤的理化性质和生物学活性，是绿色食品生产中主要的肥料。

(2)腐殖酸类肥料

腐殖酸类肥料是指以泥炭、褐煤、风化煤等为主要原料，经不同化学处理再掺入无机肥料而制成的多功能的有机无机复合肥料。它具有刺激与促进作物生长发育、提早成熟、增加产量、改善产品品质、改良土壤等多重作用。常见的品种有腐殖酸铵、腐殖酸钠、黄腐酸、腐殖酸混合肥等。

(3)微生物肥料

它是指用特定微生物菌种培养生产的具有活性微生物的制剂。它无毒、无污染，通过特定微生物的生命活动能增加植物的营养和植物生长激素，促进植物生长。微生物肥料的种类很多，根据其作用机理可分为如下类别：

①根瘤菌肥料。它是指用于豆科作物接种，使豆科作物结瘤、固氮的接种剂。种类有大豆、绿豆、花生等根瘤菌剂。它对于改善豆科作物的氮素营养有很大的作用。

②固氮菌肥料。它是以能够自由生活的固氮微生物肥料为菌种生产出来的固氮菌肥料。它能在土壤中在许多作物的根际固定空气中的氮，为作物提供氮素营养，还能分泌激素刺激作物生长。按菌种分为：自生固氮菌肥料、根际联合固氮菌肥料、复合固氮菌肥料。

③磷细菌肥料。它是既能把土壤中的难溶性磷转化为作物可以吸收利用的有效磷，又能分泌激素刺激作物生长的活体微生物制品。种类很多，按菌种及肥料作用特性分为：有机磷细菌肥料、无机磷细菌肥料。

④硅酸盐细菌肥料。是指在土壤中通过硅酸盐细菌的生命活动，增加植物营养元素的供应量，刺激作物生长，抑制有害微生物活动，对作物有一定增产效果的微生物制剂。能对土壤中的云母、长石等含钾硅酸盐矿物及磷灰石进行分解，释放出钾、磷等营养，改善植物的营养条件；能产生一些激素刺激作物生长，还能在作物生长过程中硅酸盐细菌能抑制病虫害，提高作物的抗病性。种类有：硅酸盐细菌、解钾微生物等。

⑤复合菌肥料。是指为了提高接种效果或显示接种效果，将两种或两种以上的有益微生物或一种微生物与其他营养物质复配而成的具有生理活性的生物制剂。要求选用的微生物之间互不抵抗且能提高作物的一种或几种营养元素的供应水平。复合菌肥料有两类：一是两种或两种以上的微生物的复合；二是一种微生物与其他营养物质的复配。

(4)有机复合肥

有机复合肥是指经无害化处理后的畜禽粪便及其他生物废物加入适量的微量元素而制

成的肥料。它是一种无污染的、多养分的有机肥料。

(5)无机(矿质)肥料

无机(矿质)肥料指矿物经物理或化学工业方式处理制成,养分呈无机盐形式的肥料。包括矿物钾肥和硫酸钾、矿物磷肥(磷矿粉)、煅烧磷酸盐(钙镁磷肥、脱氟磷肥)、石灰、石膏、硫黄等。

(6)叶面肥料

叶面肥料指喷施于植物叶片并能被其吸收利用的肥料。它可含有少量的、天然的植物生长调节剂,但不得含有化学合成的植物生长调节剂。叶面肥料包括微量元素的叶面肥和含有植物生长辅助物质的叶面肥等,后者是由微生物配加腐殖酸、藻酸、氨基酸、维生素、糖及其他元素制成。

(7)有机无机肥料(半有机肥)

有机无机肥料指由有机物和无机物混合或化合制成的有机无机复合肥料。

(8)掺合肥料

在有机肥、微生物肥、无机(矿质)肥、腐殖酸肥中按一定比例掺入化肥(硝态氮肥除外),并通过机械混合而成的肥料。

3.其他肥料

其他肥料指不含合成添加剂的食品、纺织工业的有机副产品以及锯末刨花、木材废弃物等组成的肥料、不含防腐剂的鱼渣、牛羊毛废料、骨粉、氨基酸残渣、家禽家畜加工废料、糖厂废料等有机物料制成的肥料。

## 三、绿色食品肥料的开发

绿色食品是一种无污染的安全、优质、营养类食品,无论是A级绿色食品还是AA级绿色食品的生产,都应注重绿色食品的这个特点。因此,绿色食品肥料的开发重点应放在无害化处理的有机肥、生物有机肥上,并以生物菌肥、腐殖酸类、氨基酸类叶面肥等作为开发的必要补充。

(1)有机肥料

有机肥料不仅含有植物需要的大量的营养元素,而且还有多种微量元素、氨基酸等,它是一种完全肥料。长期施用有机肥料,可增加土壤微生物的数量,提高土壤有机质的含量,改善土壤的物理、化学和生物学特征,增强土壤保水、保肥和通透性能,是改良土壤、培肥地力不可缺少的物质。因此,绿色食品生产应以有机肥为主,可以采用开发利用城市有机肥源、发展绿色、推行秸秆还田等措施,扩大有机肥源;开发绿色食品专用肥料,主要强调农家肥的无害化处理的开发与利用上。对绿色食品生产上使用的农家肥,必须要经过高温发酵、灭菌处理后方可使用,如果没有经过这样处理就施用,则比施用其他肥料对产品的损害更为严重。因此,为保证绿色食品的品质,提倡大力开发使用工厂化生产的商品有机肥。

(2)绿肥

绿肥是专门种植作肥料的一些作物,它们是一些生长迅速、容易分解的腐烂的绿色植物,具有完全肥料的特点。我国土壤总体上养分含量较低,有机肥料使用量严重不足,绿肥作为有机肥料的补充显得更加重要。绿肥除了直接翻压作为肥料外,大部分豆科绿肥还是很好的饲草，因此，发展绿肥既有利于培肥地力，还可以促进畜牧业的发展，同时通过过腹还田技术逐步实现了绿肥生产中的封闭或半封闭的物质循环，提高可持续农业发展的水平。所以，在绿色食品生产中大力开发绿肥、使用绿肥，是生态农业发展的必然。

(3)叶面肥

叶面肥具有利用率高、用量少、见效快、施肥成本高的特点，是绿色食品生产中肥源的补充形式。在作物生长初期与后期根部吸收养分能力较弱或遇不利的气候条件时，对作物喷施叶面肥，可以及时地补充植物营养，提高作物的抗逆性，还可以增加作物产量，改善产品品质。因此，叶面肥作为应急补充的一类肥源，对绿色食品的生产有着独特的作用。而在绿色食品生产实践中，叶面肥的品种不论是在功能上，还是在含有的养分种类上，都比较少，比较单一，不能完全适应绿色食品生产的要求，还有待于进一步的开发。

(4)复混肥

复混肥包含复合肥料和混合肥料两大类，是指在氮、磷、钾 3 种养分中至少含有 2 种养分，并标明含量的由化学方法或掺混方法制成的肥料。它包括复合肥料、掺合肥料和有机无机复混肥料等商品肥料。这类肥料具有含有的养分种类多、功用强，既可同时满足作物对营养的多重需要，又能对作物的生长发育有多种促进作用的功效，同时，在这一类肥料的生产中也有特殊的要求，规定在其是不能使用硝态氮肥，并要求肥料中有机氮与无机氮之比不能超过 1∶1，外观及营养成分含量方面都要达到《绿色食品肥料使用准则》上的标准。

目前，随着生物肥料的迅猛发展，生物有机复混肥在绿色食品生产中使用的较多。它具有减少化肥用量、提高化肥利用率、改善作物品质、降低生产成本和保护生态环境的作用。其特点是化肥、生物肥和有机肥三者的结合，同时具有有机肥的长效性、化肥的速效性和生物肥的增效性等特点，是一类具有巨大发展前途的绿色食品肥料。

(5)微生物肥料

微生物肥料具有无毒、无害、不污染环境的特点，并可通过自身的作用为作物提供一定的营养，从而减少化肥的施用量，调节植物生长，减轻病虫害，增强抗逆性，改善作物品质，改良土壤，保护生态环境，有利于可持续发展。但从目前微生物肥料的开发和使用的情况来看，微生物肥料不论从品种，还是从应用上看，都没有达到绿色农业生产的要求。从发展可持续农业、有机农业、生态农业的角度出发，从减少化肥和农药的使用，减少和降低环境污染着想，随着生物技术和高新技术的发展，微生物肥料必有良好的生产、开发、应用前景。

## 四、绿色食品肥料使用

绿色食品生产是一个特殊的农业生产过程，对肥料的使用有着特殊的技术要求。总的原则是：所使用的肥料必须限制在不对环境和作物生长产生不良后果；不使农产品中有害物质残留达到影响人体健康的限度内，并使足够数量的有机物返回土壤，增加自然体系中的生物活性，从而达到减少污染，保护环境，提高地力，形成一个良性的生态循环。因此。在绿色食品生产中，根据生产产品的等级，按照《绿色食品肥料使用准则》(见附件 5-3)的要求，选择合适的绿色食品肥料，并注重绿色食品肥料使用技术。

1. 生产 AA 级绿色食品的肥料使用原则及技术要求

①必须选用《绿色食品肥料使用准则》中 4.1 标明的肥料种类，禁止使用任何化学合成

肥料。

②禁止使用城市垃圾和污泥、医院的粪便垃圾和含有有害物质(如毒气、病原微生物、重金属等)的产业垃圾。

③各地可因地制宜地采用秸秆还田、过腹还田、直接翻压还田、覆盖还田等形式进行施肥。

④利用覆盖、翻压、堆沤等方式合理利用绿肥。绿肥应在盛花期翻压,翻埋深度在15 cm左右,盖土要严,翻后耙匀。压青后 15～20 d 后才能进行播种或移苗。

⑤腐熟的沼气液、残渣及人畜粪尿可作追肥。严禁施用未腐熟的人粪尿。

⑥饼肥优先用于水果、蔬菜等,禁止施用未腐熟的饼肥。

⑦叶面肥质量应符合 GB/T 17419 或 GB/T 17420。按使用说明在作物生长期内喷施2～3 次。

⑧微生物肥料可用于拌种,也可用于基肥和种肥施用。使用时应严格按照使用说明书要求操作。微生物肥料中有效活菌数量应符合 NY 227—1994(微生物肥料)中的技术指标。

⑨选用无机(矿质)肥料中的煅烧磷酸盐、硫酸盐,质量应分别达到《绿色食品肥料使用准则》附录 B 中的 $B_1$ 和 $B_2$ 的技术要求。

*2. 生产 A 级绿色食品的肥料使用原则及技术要求*

①必须选用《绿色食品肥料使用准则》中 4.2 中标明的肥料。如此项标明的肥料种类不够满足生产的需要,允许按以下两条(2)和(3)的要求使用化学肥料(氮、磷、钾肥)。但禁止使用硝态氮肥。

②化肥必须与有机肥配合施用,有机氮与无机氮之比不准超过 1∶1。如施优质厩肥1 000 kg 加尿素(厩肥作基肥,尿素可作基肥、追肥施用)。对叶菜类最后一次追肥必须距收获 30 d 以上进行。

③化肥也可与有机肥、复合生物肥配合施用。如厩肥 1 000 kg 加尿素 5～10 kg 或磷酸二铵 20 kg、复合微生物肥 60 kg(厩肥作基肥,尿素或磷酸二铵和微生物肥作基肥和追肥施用)。最后一次追肥必须距收获 30 d 以上进行。

④城市生活垃圾一定要经过无害化处理,质量达到 GB 8172—1987(城镇垃圾农用控制标准)中的技术要求才能使用,每年每亩农田要限制用量,黏性土壤不超过 3 000 kg,沙性土壤不超过 2 000 kg。

⑤秸秆还田技术要求同生产 AA 级绿色食品要求,同时允许用少量氮素化肥来调节C/N比。

⑥其他施肥技术要求与生产 AA 级绿色食品的肥料要求相同。

*3. 其他技术要求*

①生产绿色食品使用的农家肥无论采用何种原料(包括人畜禽粪尿、秸秆、杂草、泥炭等)制作堆肥,必须经过高温发酵,以杀灭各种寄生虫卵和病原菌、杂草种子,使之达到无害化的卫生标准要求。农家肥原则上就地生产就地使用,但不能混进电池、塑料等有害、有毒物质。外来农家肥料应该在确认符合标准要求后才能使用。商品肥料及新型肥料必须通过国家有关部门的登记认证及生产许可,质量指标达到国家有关标准要求方可使用。

②因施肥造成土壤污染、水源污染或影响农作物生长、农产品达不到卫生标准时,要停止施用该肥料,并向有关专门机构报告,用其生产的食品也不能继续使用绿色食品标志。

## 【行业标准】

### 绿色食品生产资料认定推荐管理办法实施细则(肥料部分)

第一条　根据《绿色食品生产资料认定推荐管理办法》(以下简称《办法》)制定本细则。

第二条　凡申请作为绿色食品生产资料的肥料,必须在农业部授权的有关单位办理检验登记手续,未经批准登记的产品不得申请。

第三条　凡申请作为AA级绿色食品生产资料的肥料必须是《生产绿色食品的肥料使用准则》—3.5.1至3.5.7所述的肥料;申请作为A级绿色食品生产资料的肥料必须是《生产绿色食品的肥料使用准则》—3.5.8所述的肥料。

第四条　申请企业须填写《绿色食品生产资料认定推荐申请书》,并提交下列材料供审者:

1.相关管理部门颁发的肥料登记许可证(临时或正式)复印件;

2.产品质量检测报告(由省级以下上质量监测部门出具的1年之内的质量检测报告);

3.商标注册证复印件;

4.营业执照复印件;

5.环保合格证明(由环保部门出具);

6.产品标签及使用说明书;

7.产品企业执行标准;

8.企业质量管理手册。

同时,须提供下列材料备案:

1.田间肥效试验报告。我国2个以上自然条件不同的地区、2年以上的田间肥效试验,由县级(含县级)以上的农业科研、教学、技术推广单位的农艺师或同级职称以上技术人员签字、并加盖公章(红印章)的报告。

2.毒性试验报告。有机肥及叶面肥应提供急性毒性试验报告(报告要由省级以上药品、卫生检验机构出具);土壤调理剂应提供急性试验、Ames试验、微核试验(或染色体试验)及致畸试验报告(报告要由省级以上药品、卫生检验机构出具);微生物肥料则应按菌种安全管理的规定,提供使用菌种相应的免检、毒力试验或非病原鉴定报告(报告要由农业部认可的检测单位出具)。

第五条　绿办收到第四条所述全部材料后,15天内完成材料初审工作,并报送中心。

第六条　中心收到申报材料后,15天内完成材料审查工作。审查合格者,15天内中心派人或委托绿办派人,按照《绿色食品生产资料企业核查表》对申请企业进行考察和抽样,并将样品寄送中心指定的监测机构检测。

第七条　中心收到《核查表》和产品质量检测报告后,1周内完成审核。合格者,由中心与其签订协议,颁发推荐证书,并发布公告。不合格者,在其不合格部分作了出相应改进前,不再受理其申请。

第八条　绿色食品生产资料的推荐期为2年。中心每年对推荐产品的质量及协议履行情况进行年审。年审内容:

1.企业对《绿色食品生产资料认定推荐协议》的执行情况;

2.委托有关检测单位对推荐产品进行质量抽检,并审查抽检结果;

3.产品销售和售后情况。

年审时间为颁证周年日前30天内。

年审合格者，予以更换证书，继续保留其被推荐资料；年审不合格者，不予更换证书，其被推荐资料随之取消。

第九条　申请企业必须缴纳以下费用：

1.申请费(500元)用于印刷申请资料、制作证书、对企业的咨询服务；

2.检验费(按国家规定收费标准缴检测单位)；

3.审查许可费(8 000元)：用于聘请专家、对企业实地检查、审查材料；

4.公告费(1 000元)：用于在报纸上发布颁证企业及产品名单；

5.标志使用费(推荐产品销售额的0.5%)；

6.年审费(1 000元)：用于对产品抽检和企业检查。

申请企业增报的产品，每个品种缴纳申请费200元，审查许可费2 000元，其他费用同上。申请费随申请材料缴纳，审查许可费在领取证书时缴纳，公告费在发布公告1个月内缴纳，第一年的标志使用费领证时缴纳，第二、三年的标志使用费和年审费于每年年审时缴纳。

第十条　中心除例行年审(含抽检)外，若发现推荐产品存在质量问题或接到用户对推荐产品安全性或有效性的投诉，将指定检测单位对其进行复核检验，确认该产品对环境、人、畜、作物有害或效果不明显时，撤销其被推荐资格，收回推荐证书，并予以公告。

因各种原因肥料登记被取消者，被推荐资料也随之取消。

# 项目三　绿色食品农药

## 【知识与技能】

### 一、绿色食品农药的概念

农药是指用于防治农林及其产品的害虫、害螨、病菌、杂草、线虫及害兽等的危害和调节昆虫、植物生长的药剂、增效剂等。绿色食品农药是指在绿色食品农药使用准则(附录1)中规定的在绿色食品生产过程中可以使用的农药。农药一般由原药和助剂两部分组成。原药是未经加工的农药原产物，在常温下是固体的称为原粉，是液体的称为原油。原药应保证一定的有效含量(即纯度)，限制杂质含量。凡与农药原药混合后，能改善制剂理化性质，增加药效和扩大使用范围的物质称农药助剂。农药助剂本身无生物活性，但对改善原药及制剂的性能影响很大，如用不同乳化剂配制的50%对硫磷乳油，杀虫效果相差数倍。农药助剂的种类有：①溶剂(如苯、甲苯等)；②填料(如黏土、滑石粉、硅藻土等)；③湿润剂(如茶枯、纸浆废液及洗衣粉等)；④乳化剂[如双甘油月桂酸钠、蓖麻油聚氧乙基醚、烷基苯基聚氧乙基醚(浓乳100号)、烷基苯磺酸钙(农乳500号等)]；⑤黏着剂(如明胶、乳酪等)。

农药原药必须通过加工成为具有一定成分和规格的加工形态方能施用，这种加工形态称为剂型。根据用途不同一种农药可以加工成多种剂型。常见的农药剂型有：

1. 粉剂

原粉与填充物机械混合、粉碎、过筛而成。细度为95%能通过200目筛。有效成分含量依药剂毒性而定，一般含0.5%～10%。粉剂加工容易，缺水地方使用方便，喷粉快。

2. 可湿性粉剂

农药原粉、填充物和湿润剂经过粉碎加工而成。细度为95.5%能通过200目筛。一般有效成分含量高。

3. 乳油

又称乳剂，由农药原油、溶剂和乳化剂相互溶解而成透明油状液体。

4. 液剂

有些农药溶于水，不需加助剂，以水稀释即用。

5. 颗粒剂

原药加入煤渣或土粒助剂，加工制成大小在30～60目筛的颗粒，有效成分含量1%～10%。

6. 熏蒸剂

常温下，有效成分能气化熏杀害虫或螨类的药剂。

7. 混合制剂

为更好地发挥农药作用，提高防治效果，将不同性质和效果的两种以上农药配成混合制剂。

目前，我国农药的命名方式有通用名(中文通用名、英文通用名)、商品名、化学名、缩写名和试验代号等多种，因此，一物多名和同物异名的情况比较普遍。

我国农药使用准则中规定的项目主要有品种、剂型、常用药量、最高用药量、施药方法、最多使用次数、最后一次施药与收获的间隔天数、实施说明和最高残留限量。农药有效成分不同，其应用范围、使用方法都不同。同一有效成分的不同剂型，其适用范围和环境行为常用量和最高用量是非常重要的指数，随意降低用量可能会影响药效；随意加大用量，则可能造成农副产品的污染。施药次数对农副产品的农药残留有较大影响，绿色食品生产中把施用次数降至最少。遵守安全间隔期，是保证产品中农药残留量最低的重要措施。最大允许残留量，是对农副产品中农药残留水平的限制。它是根据农药对动物的毒理学试验和人群食物结构制定的。

## 二、绿色食品农药的种类

农药的种类和品种繁多，国内生产的品种达百余种，剂型更多。为了做好农药商品的技术服务、经营管理和使用上的方便，对农药加以科学分类。农药商品分类的方法很多，常根据防治对象、作用方式、化学组成及来源等分类。

按化合物类型可分为无机、有机、抗生素和生物农药等类。绿色食品农药按其来源主要分3大类，即生物源农药、矿物源农药、有机合成农药。

1. 生物源农药

狭义地讲，生物源农药是指直接利用生物产生的天然活性物质或活体作为农药。广义的概念还应包括按天然化合物的结构或类似衍生结构人工合成的农药(亦称仿生农药)。

《绿色食品农药使用准则》中所指的生物源农药系狭义定义。生物源农药是一个很笼统的概念，这里按其来源和性质分类介绍如下：

(1)微生物农药

①农用抗生素。防治真菌病害的有灭瘟素、春雷霉素、多抗霉素、井冈霉素、农抗120、中生菌素等。防治螨类的有浏阳霉素、华光霉素。

②活体微生物农药。有以下几种：

真菌剂，主要指蠵蚧轮枝菌等；

细菌剂，主要指苏云金杆菌、蜡质芽孢杆菌等；

拮抗菌剂；

昆虫病原线虫；

核多角体病毒。

(2)植物源农药

杀虫剂，有除虫菌素、鱼藤酮、烟碱、植物油乳剂等；

杀菌剂，有大蒜素；

拒避剂，有印楝素、苦楝、川楝等；

增效剂，有芝麻素。

(3)动物源农药

昆虫信息素(或昆虫外激素)，如性信息素。

活体制剂，有寄生性、捕食性天敌动物。

2.矿物源农药(无机农药)

有效成分起源于矿物的无机化合物和石油的农药的总称。目前这类农药中有些化合物已被禁用，目前只有硫制剂、铜制剂、磷化物仍在使用。石油乳剂作为石油产品，也可用做农药使用。

(1)无机杀螨杀菌剂

有以下几种：

硫制剂，有硫悬浮剂、可湿性硫、石硫合剂等；

铜制剂，有硫酸铜、王铜、氢氧化铜、波尔多液等。

(2)矿物油乳剂

3.有机合成农药(中等毒性或低毒类)

有机合成农药是由人工研制合成并由有机化工企业生产的一类农药，其中有些农药是以天然产品中的活性物质作为母体，进行仿制、结构改造、创新而成的，叫仿生合成农药。有机合成化合物按化学结构分有数十种之多；按防除对象分有杀虫剂、杀螨剂、杀菌剂、杀线虫剂、杀软体动物剂、杀鼠剂、除草剂、植物生长调节剂等；按作用方式分有杀生性农药和非杀生性农药两类，前者包括胃毒、触杀、内吸、熏蒸等类，后者包括特异性杀虫剂(如引诱、驱避、拒食、昆虫生长调节剂等)、植物生长调节剂等。在绿色食品生产中，有机合成的植物生长调节剂是禁止使用的；使用除草剂、杀虫剂、杀菌剂等，都要严格执行NY/T 393—2000《绿色食品农药使用准则》的规定。

按防治对象不同可分为：

(1)杀虫剂

杀虫剂的种类，有有机磷杀虫剂、有机氯杀虫剂、氨基甲酸酯类杀虫剂、拟除虫菊醋类杀虫剂、沙蚕毒素类杀虫剂、几丁质合成抑制剂、生物源制剂、矿物源制剂等。

(2)杀菌剂

杀菌剂的种类，有有机硫杀菌剂、有机磷杀菌剂、取代苯类杀菌剂、杂环类杀菌剂、生物源杀菌剂、矿物源杀菌剂等。

(3)除草剂

除草剂的种类，有苯氧羧酸类除草剂、二苯醚类除草剂、酰胺类除草剂、氨基甲酸酯类除草剂、三氮苯类除草剂、磺酰脲类除草剂、二硝基苯胺类除草剂、咪唑啉酮类除草剂等。

## 三、绿色食品农药的开发

1. 开发绿色食品农药遵循的原则

①环境相容性好。对非靶标生物(如天敌)的毒性低，影响小，在大气、土壤、水体、作物中易分解，无残留影响。生物源农药、植物源农药就属这类。

②活性高。用量少，对环境污染少。昆虫特异性生长调节剂属于此类。

③安全性好。对人类、畜禽毒性低的化合物。

④市场潜力大。主要侧重开发用于种植面积大的作物或种植面积不大但经济价值高的农作物的主要有害生物防治的农药。

2. 开发绿色食品农药的基础

天然生物活性物质的开发是绿色食品农药开发的基础，天然生物活性物质是各种生物在生命活动过程中产生的化学物质，其中有的对生物本身有重要生理功能，有的则是生理生化过程中产生的次生代谢产物，可能对别种生物引起生理活性，如毒性作用、生理调节作用等。

利用天然活性物质开发农药，可以提供多种新颖的化学结构，可提供多种类型的作用方式，比较容易降解消失，易于开发高安全度的农药。对天然活性物质的开发可以直接利用，也可以与人工合成途径相结合。直接利用就是在确定药效之后，对产生该物质的生物进行培育、繁殖，提取有效成分并加工成制剂。这种开发方式比较适用于微生物，通过发酵大量生产。苏云金杆菌、科生霉素、井冈霉素、春雷霉素和灭瘟素等已大量开发，品种渐多。与人工合成途径相结合就是在确定药效之后，将其化学结构作为先导化合物模型，用合成方法进行结构优化研究，以期开发出性能比天然物质更好的新农药。

3. 开发绿色食品农药的来源

生物源农药是绿色食品生产的首选农药，生物源农药来自于自然界，所以与自然环境有较好的相容性，比化学农药安全，比较适合绿色食品生产。

(1)植物源农药及其开发利用

我国现有高等植物3万多种，其中有毒植物约1万种。这些有毒植物大多具有杀虫、杀菌效果，一些种类长期以来一直被作为防治病虫害的农药应用于农业生产。目前，在我国登记并商品化生产的植物源农药有腐必清、茴蒿素、毙蚜丁、硫酸烟碱、川楝素(蔬果净)、苦参碱醇溶液、虫敌、乙蒜素等几十个品种，植物农药在整个农药中将占一定地位。一些植物农药专家认为楝科楝属的一些种，芸香科柑橘属、胜红蓟属、番荔枝属，唇形科的毛罗勒、透骨草属等植物农药的开发有着广阔前景。

(2)微生物源农药及其开发利用

微生物农药只对特定的靶标生物起作用，安全性很高，它是由微生物本身或其产生的毒素所构成。实际应用中，主要有微生物杀虫剂、微生物杀菌剂和微生物除草剂等。目前已经了解到自然界中有1 500种微生物或微生物代谢物具有杀虫或杀菌活性，而且这些微生物正在增加新型产毒菌株(遗传工程菌)。用于防治农林虫害、病害的微生物类群很多，主要有真菌、放线菌、细菌、病毒，立克次氏体、原生动物和线虫。

## 四、绿色食品生产常用的农药

1. 杀虫剂、杀螨剂

(1)生物制剂和天然物质

苏云金杆菌、甜菜夜蛾核多角体病毒、银纹夜蛾核多角体病毒、小菜蛾颗粒体病毒、茶尺蠖核多角体病毒、棉铃虫核多角体病毒、苦参碱、印楝素、烟碱、鱼藤酮、苦皮藤素、阿维菌素、多杀霉素、浏阳霉素、白僵菌、除虫菊素、硫黄。

(2)合成制剂

①菊酯类：氟氧菊酯、氟氯氧菊酯、氯氟氰菊酯、氯氯菊酯、联苯菊酯、氰戊菊酯*、甲氰菊酯*、氟丙菊酯；

②氨基甲酸酶类：硫双威、丁硫克百威、抗蚜威、异丙威、速灭威；

③有机磷类：辛硫磷、毒死蜱、敌百虫、敌敌畏、马拉硫磷、乙酰甲胺磷*、乐果、三唑磷、杀螟硫磷、倍硫磷、丙溴磷、二嗪磷、亚胺硫磷；

④昆虫生长调节剂：灭幼脲、氟啶脲、氟铃脲、氟虫脲、除虫脲、噻嗪酮*、抑食肼、虫酰肼；

⑤专用杀螨剂：哒螨灵*、四螨嗪、唑螨酯、三唑锡、炔螨特、噻螨酮、苯丁锡、单甲脒、双甲脒；

⑥其他：杀虫单、杀虫双、杀螟丹、甲胺基阿维菌素、啶虫脒、吡虫啉、灭蝇胺、氟虫腈、溴虫腈、丁醚脲。

2. 杀菌剂

(1)无机杀菌剂

碱式硫酸铜、王铜、氢氧化铜、氧化亚铜、石硫合剂。

(2)合成杀菌剂

代森锌、代森锰锌、福美双、乙磷铝、多菌灵、甲基硫菌灵、噻菌灵、百菌清、三唑酮、三唑醇、烯唑醇、戊唑醇、己唑醇、腈菌唑、乙霉威·硫菌灵、腐霉利、异菌脲、霜霉威、烯酰吗琳·锰锌、霜脲氰·锰锌、邻烯丙基苯酚、嘧霉胺、氟吗啉、盐酸吗啉胍、恶霉灵、噻菌铜、咪鲜胺、咪鲜胺锰盐、抑霉唑、氨基寡糖素、甲霜灵·锰锌、亚胺唑、春·王铜、噁唑烷酮·锰锌、脂肪酸铜、松脂酸铜、腈嘧菌酯。

(3)生物制剂

井冈霉素、农抗120、菇类蛋白多糖、春雷霉素、多抗霉素、宁南霉素、木霉菌、农用链霉素。

(注：带*者茶叶上不能使用)

## 【行业标准】

### 绿色食品生产资料认定推荐管理办法实施细则(农药部分)

第一条　根据《绿色食品生产资料认定推荐管理办法》(以下简称《办法》)制定本细则。

第二条　凡申请作为绿色食品生产资料的农药,必须在农业部药检所办理检验登记手续。未经批准登记的产品不得申请。

第三条　凡申请作为AA级绿色食品生产资料的农药必须符合《生产绿色食品的农药使用准则》—5.1.2的要求;申请作为A级绿色食品生产资料的农药须符合《生产绿色食品的农药使用准则》—5.2.2的要求。

第四条　申请企业须填写《绿色食品生产资料认定推荐申请书》,并提交下列材料供审查:

1.农业部颁发的《农药登记证》或《农药临时登记证》复印件;

2.产品质量检测报告(由省级以上质量监测部门出具的1年之内的质量检测报告);

3.商标注册证复印件;

4.生产许可证(包括环保合格证明)及营业执照复印件;

5.环保合格证明(由环保部门出具);

6.产品标签及使用说明书;

7.产品企业执行标准;

8.企业质量管理手册。

同时,须提供下列材料备案:

1.田间药效试验报告(由取得农业部认证资料的农药登记药效试验单位出具);

2.毒性试验报告,必须具备急性毒性试验报告(报告要由通过农业部认证的单位出具);

3.已正式登记的农药产品,须提供残留试验及对生态环境影响报告(省级以上单位提供的我国两年两地的残留试验报告)。

第五条　绿办收到第四条所述全部材料后,15天内完成材料初审工作,并报送中心。

第六条　中心收到申报材料后,15天内完成材料审查工作。审查合格者,15天内中心派人或委托绿办派人,按照《绿色食品生产资料企业核查表》对申请企业进行考察和抽样,并将样品寄送中心指定的监测机构检测。

第七条　中心收到《核查表》和产品质量检测报告后,1周内完成审核。合格者,由中心与其签订协议,颁发推荐证书,并发布公告。不合格者,在其不合格部分作出相应改进前,不再受理其申请。

第八条　绿色食品生产资料的推荐期为3年,中心每年对推荐产品的质量及协议履行情况进行年审。年审内容:

1.对《绿色食品生产资料认定推荐协议》的履行情况;

2.委托有关检测单位对推荐产品进行质量抽检,并审查抽检结果;

3.产品销售和售后服务情况。年审时间为颁证周年日前30天内。

4.年审合格者,予以更换证书,继续保留其被推荐资格;年审不合格者,不予更换证书,其被推荐资格随之取消。

第九条　申请企业必须缴纳以下费用:

1. 申请费(500 元):用于印刷申请资料、制作证书、对企业的咨询服务;

2. 检验费(按国家规定收费标准缴检测单位);

3. 审查许可费(8 000 元):用于聘请专家、对企业实地检查、审查材料;

4. 公告费(1 000 元):用于在报纸上发布颁证企业及产品名单;

5. 标志使用费(推荐产品销售额的 0.5%);

6. 年审费(1 000 元):用于对产品抽检和企业检查。

申请企业增报的产品,每个品种缴纳申请费 200 元,审查许可费 2 000 元,其他费用同上。申请费随申请材料缴纳,审查许可费领取证书时缴纳,公告费在发布公告 1 个月内缴纳,第一年的标志使用费领证时缴纳,第二、三年的标志使用费和年审费于每年年审时缴纳。

第十条　中心除例行年审(含抽检)外,若发现推荐产品存在质量问题或接到用户对推荐产品安全性或有效性的投诉,将指定检测单位对其进行复核检验,确认该产品对环境、人、畜、作物有害或效果不明显时,撤销其被推荐资格,收回推荐证书,并予以公告。因各种原因《农药登记证》或《农药临时登记证》被取消者,被推荐资格也随之取消。

# 项目四　绿色食品饲料和饲料添加剂

## 【知识与技能】

### 一、基本概念

饲料,是指能提供动物所需养分,保证健康,促进生产和生长,在合理使用下不发生有害作用的可饲物质。

饲料添加剂,在饲料加工、制作、使用过程中添加的少量或者微量物质,包括营养性饲料添加剂、一般性饲料添加剂。

营养性饲料添加剂,用于补充饲料营养不足的添加剂。

一般性饲料添加剂,为了保证或者改善饲料品质,促进饲养动物生产,保障饲养动物健康,提高饲料利用率,而掺入饲料的少量或者微量物质。

药物饲料添加剂,为了预防动物疾病或影响动物某种生理、生化功能,而添加到饲料中的一种或几种药物,与载体或稀释剂按规定比例配制而成的均匀混合物。

### 二、绿色食品饲料

绿色食品畜禽产品的生产,至少有 90%的饲料来源于已认定的绿色食品产品及其副产品,其他饲料原料可以是达到绿色食品标准的产品。

绿色食品畜禽饲养,要根据不同饲养对象及同一饲养对象不同生长时期的营养需要,按照饲养标准科学合理地配制饲料,做到营养全面,各营养元素间相互平衡。饲养过程中,首先是维持本身的健康和必要生命活动的需要,再就是生产各种畜产品的营养需要。只有满足了所需要的条件,才能保证畜产品的数量和质量。为了满足畜禽的营养需要,不仅要考虑营养物质的种类和数量，还要注意各种营养物质的比例。配合饲料时，首先，应满足畜禽对能量、蛋白质、钙、磷、钠、氯和维生素A、维生素B、维生素C、维生素D、维生素E的需要，其余各项营养指标可根据条件加以考虑。

绿色食品畜禽饲养所使用的饲料，必须符合《饲料卫生标准》、《饲料标签标准》和各种饲料原料标准、饲料产品标准及饲料添加剂标准的有关规定。禁止使用转基因方法生产的饲料原料。禁止使用化学合成促生长剂、镇静剂、兴奋剂、驱虫保健剂；禁止使用以哺乳类动物为原料的动物性饲料产品（不包括乳及乳制品）饲喂反刍动物。禁止使用工业合成的油脂。禁止使用畜禽粪便。

## 三、绿色食品饲料添加剂

根据我国绿色食品的有关规定和饲料安全一食品安全的内涵，绿色饲料添加剂是指凡是能够提高动物对饲料的适口性、消化吸收利用率，提高动物性食品的产量和品质；抑制胃肠道有害菌感染，增强、提高机体的抗病力和免疫力；无论使用时间长短，都不会产生毒副作用及有害物质在动物体内和动物产品中残留，对消费者的健康有益无害；不浪费资源，不污染环境，有利于养殖业持续发展的一类饲料添加剂的总称。

按照各种畜禽、水产动物的营养需要（饲养标准），可将饲料添加剂分为两大类：一为营养性添加剂，如氨基酸、维生素、矿物质宏量元素和微量元素，因为这些都是动物生长发育和生产动物性食品必需的营养物质（营养素）；二为非营养性添加剂，如药物添加剂、微生态添加剂、功能性低聚糖添加剂、酶制剂等。营养性添加剂应该是绿色饲料添加剂，但有些本身既是营养物质，又是药物或毒物。这主要决定于其用量，如铜、锰、锌、钠等这些矿物质元素，都是动物营养的必需元素，它们在饲养标准量内为营养物质；但它们还是药物，在治疗剂量内又可作为药物防治相应的缺乏病和其他疾病；然而，它们在饲料中的添加量过大，或在临床用药超过其最大剂量时，则可对动物体产生毒害作用而成了毒物，如铜中毒、食盐中毒等。还有维生素，特别是脂溶性的维生素A、维生素D等，当其用量过大时同样适得其反。这就是由量变引起的质变，也是人们常说的“用药过量等于服毒”的道理。因此，任何好东西，包括本书要论述的绿色饲料添加剂都不能滥用，都要讲究科学和恰当用量。

## 四、允许使用的饲料添加剂

绿色食品畜禽饲养中饲料添加剂的使用，是畜禽产品能否符合绿色食品标准的一个关键。所用饲料添加剂和添加剂预混合饲料，必须来自于有生产许可证的企业，并且有企业、行业或国家标准，产品批准文号，进口饲料和饲料添加剂产品登记证及配套质量检验手段。

中华人民共和国农业部公告第105号《允许使用的饲料添加剂品种目录》中规定的饲料添加剂品种，有7种饲料级氨基酸；26种饲料级维生素；43种饲料级矿物质、微量元素；12类饲料级酶制剂；12种饲料级微生物添加剂；9种饲料级非蛋白氮；4种抗氧剂；25种防腐剂、电解质平衡剂；6种着色剂；6种（类）调味剂、香料；13种（类）黏结剂；以及糖萜素、大蒜素等其他10种物质。

《绿色食品饲料添加剂使用准则》中规定优先使用绿色食品推荐生产资料饲料添加剂类

产品。营养性饲料添加剂的使用量应符合所规定的营养需要量及营养安全幅度。禁止使用任何药物性饲料添加剂。禁止使用激素类、安眠镇静类药品。在《允许使用的饲料添加剂品种目录》中规定的饲料添加剂和允许进口的饲料添加剂品种中，禁用的饲料添加剂见《绿色食品饲料及饲料添加剂使用准则》。

## 【行业标准】

农业部发布第105号公告，公布了《允许使用的饲料添加剂品种目录》：

**一、饲料级氨基酸7种**

分别是*L*-赖氨酸盐酸盐、*DL*-蛋氨酸、*DL*-羟基蛋氨酸、*DL*-羟基蛋氨酸钙、*N*-羟甲基蛋氨酸、*L*-色氨酸、*L*-苏氨酸。

**二、饲料级维生素26种**

分别是$\beta$-胡萝卜素、维生素A、维生素A乙酸酯、维生素A棕榈酸酯、维生素$D_3$、维生素E、维生素E乙酸酯、维生素$K_3$（亚硫酸氢钠甲萘醌）、二甲基嘧啶醇亚硫酸甲萘醌、维生素$B_1$（盐酸硫胺）、维生素$B_1$（硝酸硫胺）、维生素$B_2$（核黄素）、维生素$B_6$、烟酸、烟酰胺、D-泛酸钙、*DL*-泛酸钙、叶酸、维生素$B_{12}$（氰钴胺）、维生素C（*L*-抗坏血酸）、*L*-抗坏血酸钙、*L*-抗坏血酸-2-磷酸酯、*D*-生物素、氯化胆碱、*L*-肉碱盐酸盐、肌醇。

**三、饲料级矿物质、微量元素43种**

分别是硫酸钠、氯化钠、磷酸二氢钠、磷酸氢二钠、磷酸二氢钾、磷酸氢二钾、碳酸钙、氯化钙、磷酸氢钙、磷酸二氢钙、磷酸三钙、乳酸钙、七水硫酸镁、一水硫酸镁、氧化镁、氯化镁、七水硫酸亚铁、一水硫酸亚铁、三水乳酸亚铁、六水柠檬酸亚铁、富马酸亚铁、甘氨酸铁、蛋氨酸铁、五水硫酸铜、一水硫酸铜、蛋氨酸铜、七水硫酸锌、一水硫酸锌、无水硫酸锌、氧化锌、蛋氨酸锌、一水硫酸锰、氯化锰、碘化钾、碘酸钾、碘酸钙、六水氯化钴、一水氯化钴、亚硒酸钠、酵母铜、酵母铁、酵母锰、酵母硒。

**四、饲料级酶制剂12类**

分别是蛋白酶（黑曲霉、枯草芽孢杆菌）、淀粉酶（地衣芽孢杆菌、黑曲霉）、支链淀粉酶（嗜酸乳杆菌）、果胶酶（黑曲霉）、脂肪酶、纤维素酶（reesei木霉）、麦芽糖酶（枯草芽孢杆菌）、木聚糖酶（insolens腐质霉）、$\beta$-聚葡糖酶（枯草芽孢杆菌、黑曲霉）、甘露聚糖酶（缓慢芽孢杆菌）、植酸酶（黑曲霉、米曲霉）、葡萄糖氧化酶（青霉）。

**五、饲料级微生物添加剂12种**

分别是干酪乳杆菌、植物乳杆菌、粪链球菌、屎链球菌、乳酸片球菌、枯草芽孢杆菌、纳豆芽孢杆菌、嗜酸乳杆菌、乳链球菌、啤酒酵母菌、产朊假丝酵母、沼泽红假单胞菌。

**六、饲料级非蛋白氮9种**

分别是尿素、硫酸铵、液氨、磷酸氢二铵、磷酸二氢铵、缩二脲、异丁叉二脲、磷酸脲、羟甲基脲。

**七、抗氧剂4种**

分别是乙氧基喹啉、二丁基羟基甲苯（BHT）、丁基羟基茴香醚（BHA）、没食子酸丙酯。

**八、防腐剂、电解质平衡剂25种**

分别是甲酸、甲酸钙、甲酸铵、乙酸、双乙酸钠、丙酸、丙酸钙、丙酸钠、丙酸铵、丁酸、乳酸、苯甲酸、苯甲酸钠、山梨酸、山梨酸钠、山梨酸钾、富马酸、柠檬酸、酒石酸、苹果酸、磷酸、氢氧化钠、碳酸氢钠、氯化钾、氢氧化铵。

**九、着色剂6种**

分别是β-阿朴-8′-胡萝卜素醛、辣椒红、β-阿朴-8′-胡萝卜素酸乙酯、虾青素、β,β-胡萝卜素-4,4-二酮(斑蝥黄)、叶黄素(万寿菊花提取物)。

**十、调味剂、香料6种(类)**

分别是糖精钠、谷氨酸钠、5′肌苷酸二钠、5′鸟苷酸二钠、血根碱、食品用香料。

**十一、黏结剂、抗结块剂和稳定剂13种(类)**

分别是α-淀粉、海藻酸钠、羧甲基纤维素钠、丙二醇、二氧化硅、硅酸钙、三氧化二铝、蔗糖脂肪酸酯、山梨醇酐脂肪酸酯、甘油脂肪酸酯、硬脂酸钙、聚氧乙烯20山梨醇酐单油酸酯、聚丙烯酸树脂Ⅱ。

**十二、其他10种**

分别是糖萜素、甘露低聚糖、肠膜蛋白素、果寡糖、乙酰氧肟酸、天然类固醇萨洒皂角苷(YUCCA)、大蒜素、甜菜碱、聚乙烯聚吡咯烷酮(PVPP)、葡萄糖山梨醇。

## 绿色食品生产资料认定推荐管理办法实施细则(饲料及饲料添加剂部分)

第一条　根据《绿色食品生产资料认定推荐管理办法》(以下简称《办法》)制定本细则。

第二条　凡申请作为绿色食品生产资料的饲料添加剂和预混料的生产企业,必须有农业部批准的生产许可证和省级饲料管理部门发放的批准文件。未经批准登记的产品不得申请。

第三条　凡申请作为AA级绿色食品生产资料的饲料添加剂、预混料和饲料必须符合《生产绿色食品的食品认证准则》规定的要求;申请作为A级绿色食品生产资料的饲料添加剂、预混料和饲料必须符合《绿色食品饲料及饲料添加剂使用准则》规定的要求。

第四条　申请企业须填写《绿色食品生产资料认定推荐申请书》,并提交下列材料供审查:

1.农业部颁发的饲料添加剂、预混料生产许可证和省级饲料管理部门发放的批准文件复印件;

2.产品的质量检测报告(由省级以上质量监测部门出具的1年之内的质量检测报告);

3.毒理学安全评价报告;

4.效果验证试验报告;

5.生产企业环境评价报告("三废"处理情况);

6.饲料原料的绿色食品证书和采购合同复印件;

7.商标注册证复印件;

8.营业执照复印件;

9.产品标签及使用说明书;

10.产品企业执行标准;

11.企业质量管理手册;

12.其他(专利证书、成果鉴定证书等)。

第五条　绿办收到第四条所述全部材料后,15天内完成材料初审工作,并报送中心。

第六条　中心收到申报材料后,15天内完成材料审查工作。审查合格者,15天内中心派人或委托绿办派人，按照《绿色食品生产资料企业核查表》对申请企业进行考察和抽样，并将样品寄送中心指定的监测机构检测。

第七条 中心收到《核查表》和产品质量检测报告后，1周内完成审核。合格者，由中心与其签订协议，颁发推荐证书，并发布公告。不合格者，在其不合格部分作出相应改进前，不再受理其申请。

第八条 绿色食品生产资料的推荐期为3年，中心每年对推荐产品的质量及协议履行情况进行年审。年审内容：

1.企业对《绿色食品生产资料认定推荐协议》的履行情况；

2.委托有关检测单位对推荐产品进行质量抽检，并审查抽检结果；

3.产品销售和售后服务情况；

年审时间为颁证周年日前30天内。

年审合格者，予以更换证书，继续保留其被推荐资格；年审不合格者，不予更换证书，其被推荐资格随之取消。

第九条 申请企业必须缴纳以下费用：

1.申请费(500元)：用于印刷申请资料、制作证书、对企业的咨询服务；

2.检验费(按国家规定收费标准缴检测单位)；

3.审查许可费(8 000元)：用于聘请专家、对企业实地检查、审查材料；

4.公告费(1 000元)：用于在报纸上发布颁证企业及产品名单；

5.标志使用费(推荐产品销售额的0.5%)；

6.年审费(1 000元)：用于对产品抽检和企业检查。

申请企业增报的产品，每个品种缴纳申请费200元，审查许可费2 000元，其他费用同上。申请费承受申请材料缴纳，审查许可费领取证书时缴纳，公告费在发布公告1个月内缴纳，第一年的标志使用费领证时缴纳，第二、三年的标志使用费和年审费于每年年审时缴纳。

第十条 中心除例行年审(含抽检)外，若发现推荐产品存在质量问题或接到用户对推荐产品安全性或有效性的投诉，将指定检测单位对其进行复核检验，确认该产品对环境、人、畜、作物有害或效果不明显时，撤销其被推荐资料，收回推荐证书，并予以公告。

因各种原因生产许可证被取消者，被推荐资格也随之取消。

## 【实习实训】

### 一、农药使用现状及污染状况调查

**实训目标：**能够根据绿色食品农药使用准则，分析和选择符合标准的农药的种类及用量。

**实训场所：**校内或校外种植业生产基地。农村或农场。

**实训要求：**1. 网络查询国家标准；

2. 走访农药经销公司、农民，调查询问当前生产中农药使用的种类及用量；

3. 根据绿色食品农药使用准则，分析和选择符合标准的农药的种类及用量。

**实训考核：**采用百分制，以专题报告的形式进行。

## 二、肥料使用现状及污染状况调查

**实训目标:**能够根据绿色食品肥料使用准则,分析和选择符合标准的肥料的种类及用量。

**实训场所:**校内或校外种植业生产基地。农村或农场。

**实训要求:**1. 网络查询国家标准;

2. 走访农资经销公司、农民,调查询问当前生产中肥料使用的种类及用量;

3. 根据绿色食品肥料使用准则,分析和选择符合标准的肥料的种类及用量。

**实训考核:**采用百分制,以专题报告的形式进行。

## 【自我训练】

1. 简述绿色食品生产资料的概念。
2. 简述绿色食品生产资料的作用。
3. 简述绿色食品肥料的种类。
4. 简述绿色食品肥料的开发重点。
5. 简述绿色食品肥料的分级使用。
6. 简述绿色食品饲料的概念。
7. 简述绿色食品农药的概念、种类。
8. 简述开发绿色食品农药应遵循的原则。
9. 为什么绿色食品生产一定要用绿色食品饲料及添加剂?

# 单元三

# 绿色食品生产

**学习目标**

- 了解目前绿色食品种植业生产、绿色食品养殖业生产及绿色食品加工业生产的产业发展趋势；理解绿色食品种植业生产、绿色食品养殖业生产、绿色食品加工业生产的含义和作用；树立保护生态环境、实现可持续发展的全局意识。

**知识要点**

- 绿色食品种植业生产、绿色食品养殖业生产及绿色食品加工业生产的概念及技术规范。

中国的绿色食品开创已有22年，绿色食品产业的发展也进入了一个关键的历史时期，那么，绿色食品生产起到了什么作用？概括为5个方面：提升农业标准化水平，提高农产品竞争力，推进农业产业化发展，促进农民增收，保护生态环境。

# 项目一　绿色食品种植业生产

## 【知识与技能】

### 一、绿色食品种植业生产概念

绿色食品种植业生产是指农业生产遵循可持续发展原则，按绿色食品种植业生产操作规程从事农作物生产的活动。

绿色食品种植业生产操作规程是以农业部颁布的各种绿色食品使用准则为依据，结合农业的不同区域不同产业带的生长特性而分别制定，其主要内容包括品种选择、耕作制度、施肥、植物保护、作物栽培等方面。制定绿色食品种植业生产操作规程目的在于指导绿色食品种植业生产活动，规范绿色食品种植业生产的技术操作。

绿色食品种植业生产基地的环境条件如大气、土壤、水质等，必须符合绿色食品产地环境质量标准NY/T 391—2000；肥料使用符合绿色食品肥料使用准则NY/T 394—2000；农药使用符合绿色食品农药使用标准NY/T 393—2000；食品添加剂使用符合绿色食品添加剂使用标准NY/T 392—2000。产品标准，A级绿色食品采用农业部A级绿色食品产品行业标准(NY/T 268—95至NY/T 292—95)；AA级绿色食品中各种化学合成农药及合成食品添加剂均不得检出，其他指标应达到农业部A级绿色食品产品行业标准(NY/T 268—95至NY/T 292—95)。

## 【知识与技能】

### 二、绿色食品种植业生产技术

#### (一)品种选择

品种是农业生产中重要的生产资料，在绿色食品生产中也发挥着重要作用，目前良种覆盖率已提高到95%以上，通过良种的推广应用，可以极大地提高作物的单产水平和改善农产品的品质，并丰富农产品的种类，从而满足消费市场的需求，并为绿色食品的开发提供充实的资源。

由于绿色食品产品特定标准及生产规程的要求，限制化肥和化学农药的应用，在这样的栽培条件下，不仅需要高产优质的品种，而且需要抗性强的品种，抗性强的品种在减轻自然灾害方面起很大作用，选用抗病虫或耐病虫的品种，可减少或避免病虫害的发生，也就能减少农药的施用和污染。同时需要注意选用适期成熟、适应性广泛的品种。具备了上述优良特征特性品种的种子还要同时达到纯度高、净度高、芽率高和含水量低等指标才是生产上真正需要的良种。因此，良种应该是优良品种的优良种子。那么，绿色食品种植业生产中应如何做好品种选择工作呢？必须根据当地情况，从以下几方面入手。

1. 品种的特征特性

选择、应用品种时，要兼顾高产、优质优良性状，同时还要注意选用高光效及抗性强的品种。这样，可以增强品种的抗病虫能力和抗逆能力，充分发挥优良品种的作用。

2. 保持遗传多样性

要在不断充实、更新品种的同时，注意保存原有的地方优良品种。

3. 加速良种繁育

县级绿色食品种植业生产基地要抓好种子田和良种繁育体系的建设，应根据本地生产条件、技术力量，采用多种形式，以加速良种的繁育，为扩大绿色食品再生产提供物质基础。

4. 建立种子检验制度

对自繁的种子或外调种子，按规定进行检验，以避免或减少因种子质量问题造成的损失。

**(二)耕作制度**

绿色食品种植业生产基地为了能生产出无污染的优质产品，逐步形成和建立良性的农业生产体系，提高综合的生产能力并保持持续生产能力，必须建立一套合理的耕作制度。

绿色食品种植业生产基地需要科学合理的配置作物种类，因地制宜地确定轮作、间套作、复种等种植制度，在有限的土地上不仅可提高当地的资源利用率，而且还因增加了生物多样性，形成有利互补的田间生态条件，从而降低自然灾害的影响，控制化学物质的施用，减少基地的农业污染。此外，还能促进基地养殖、加工业全面发展，加速扩大和建立基地内的良性循环体系。合理的耕作制度不提倡单纯从土地中索取，而强调“种地”和“养地”相结合，以精良的配套技术措施，全面改善农田营养物质循环、耕层构造，减少和避免土地恶化进程，合理调节和保护现有土地资源，不断提高土地生产力，实现作物的全面增产，并为持续增产创造条件。由此可见，合理的耕作制度是绿色食品种植业生产基地稳步、持续发展的保证。同时，绿色食品种植业的发展也决定或影响着耕作制度，并丰富和扩展了耕作学的内容，从而逐步建立起实现经济效益、社会效益、生态效益统一的全新耕作制度。

1. 实行轮作

轮作是指在同一块地上，年度间有顺序轮换种植不同作物的种植方式。轮作是一项对土地用养结合、持续增产、促进农业发展的经济而有效的措施。在绿色食品生产中应大力推行和实施轮作。

(1)轮作作用

减轻农作物的病、虫、草害。危害农作物的许多病虫对寄主有一定的选择性，同时有很大数量是以土壤为媒介，而它们在土壤中生活有一定年限，一般能栖息2～3年，如大豆胞囊线虫病、花生青枯病和根结线虫病。在这期间实行轮作，使病源遇不到它们的寄主而消灭，或数量减少到不能引起发病的程度。还可以利用前茬作物根系分泌物抑制某些危害后作物的病菌，以减轻病害。有些害虫有专食性或寡食性的特性，通过轮作取消其食物源从而使虫害减轻。轮作还能减轻杂草的危害，不少作物有其伴生性杂草，如稻田的稗草、谷田中的莠草，它们对生态条件的要求与伴生作物相似，如选用不同生态作物轮作，使田间生态环境发生改变，管理措施也有所不同，就有抑制和防除的效果；一些寄生性杂草如大豆田中菟丝子，由于失去寄主作物而被抑制。

调节土壤养分和水分的供应。不同作物所需的养分种类、数量和时期都各不相同，例如稻、麦禾谷类作物对氮、磷和硅的吸收量大，对钙的吸收量少，豆类作物吸收大量氮、磷和钙，吸收硅量少，而被吸收的氮中很大部分是由本身根瘤菌固氮供给的；小麦只能利用土壤中易溶性的磷化物，而豆科、十字花科利用难溶性磷的能力较强，所以通过合理轮作可以协调养分的利用，延缓地力的减退，充分发挥土壤肥力的潜力。同样，不同作物耐旱力、对水分要求也不同，利用对水分适应性不同的作物轮作，能充分且合理地利用全年自然降雨和土壤中贮积的水分。

改善土壤物理化学性状。由于不同作物根系分布深浅不一，遗留于地中茎秆、残茬、根系和落叶等补充土壤有机质和养分的数量和质量不同，从而影响到土壤理化状况，而水旱轮作对改善稻田的土壤结构状况更有特殊意义。

(2)轮作方式的确定

绿色食品种植业生产在安排种植计划和地块时，就应将轮作计划列入其中。尽量采用轮作，减少连作，以充分利用轮作的优点，克服连作的弊端。轮种作物应选择不同类型、非同科、同属的作物，避免有相同的病虫；养地作物安排在前，为后作创造良好条件；把产地主作物安排在最好茬口位置。

绿色食品种植业生产一些作物在需要连作的情况下，也只能根据不同作物对连作的反应，适当延长在轮换周期中的连作时间。不同作物对连作产生的弊端和程度反应不同，例如甜菜、西瓜等作物忌连作，必须间隔5～6年方能再种，豆科中的豌豆、大豆、菜豆等不宜连作的作物一般要间隔3～4年，麦类、水稻、玉米等耐连作的作物，在无障碍性病害情况下，可较长期地连作。

在连作情况下更应加强栽培管理，根据土壤养分状况，增施有机肥和亏缺的营养元素；改善土壤耕作；尽量利用短暂的季节休闲和复种生长期短的绿肥、蔬菜等作物。

一年一熟条件下的轮作方式由单作组成，如大豆→小麦→玉米属于三年轮作制，由单作组成；一年多熟条件下的轮作方式由不同复种方式所组成，如油菜—水稻→绿肥作物—水稻→小麦—大豆也属于三年轮作制，是由复种方式组成的。

绿色食品种植业生产在确定轮作制度时主要取决于轮作作物、轮作顺序和轮作周期的确定。

2. 提高复种指数

(1)复种及复种指数

复种是指在同一块田地上，一年内种植两季或两季以上作物的种植方式。复种有3种类型：一是前、后茬作物单作接茬复种，即上茬作物收获后直接播种下茬作物；二是前、后茬作物套播复种，包括育苗移栽；三是再生作，如再生稻、再生高粱等。

复种指数是指全年收获作物总面积占耕地总面积的百分数。复种指数表示复种程度。复种指数＞100％，表明有复种；复种指数＜100％，表明没有复种、有的地块还有休闲；复种指数＝100％，表明总体上没有复种也没有休闲。

复种程度，还可以采用另一种表示法——熟制。它以年为单位，表示种植的次数。如一年一熟制、一年二熟制、一年三熟制、二年三熟制等。在自然条件可能的前提下，绿色食品种植业生产应充分利用农田时间和空间，科学合理地提高复种指数，实行种植集约化，不仅可增加绿色食品的产量，而且有利于扩大土壤碳源的循环。一方面通过田间多茬作物根茬遗留的有机物增加，增多土壤的有益微生物群；另一方面通过作物秸秆“沤肥”“过腹还田”等各种途径，直接、间接归还土壤，增大潜在的有机物输入量。也就是说通过复种可扩大有机肥的肥源，促进农田有机物的分解循环，提高土壤肥力，从而可降低化肥及其他有关化学物的施用量，进而减少环境遭受污染的环节。同时扩大复种面积，增加种植作物种类并综合利用，将有利农牧渔业全面发展，相互促进，加速绿色食品生产基地的自身良性循环。但是，不合理的复种再加上未采取相应的耕作措施，也会造成土壤肥力下降，产生多种不多收、甚至少收的恶果，有时还会由于复种作物选择不当，引起或加剧病虫害的发生。

(2)提高复种指数要权衡利弊

绿色食品种植业生产在确定采用复种方式时必须因地制宜。首先，要根据当地年积温高低、生长期长短、水分条件包括降水量及其季节分布、地下水资源状况、地力和肥源等条件综合平衡而确定复种方式，如黑龙江省大田作物仅能一年一作，但可通过种植生长期短的蔬菜、饲料作物实现复种；其次，要根据本单位劳动力、畜力(或机械)等条件确定。随着复种指数的提高，所需人力、物力也相应增加，要量力而行；最后，还要根据复种高投入及高产出的比率对经济效益作评估，选择以最小投入取得最大效益的方式。只有单产水量高、经济效益又好的复种方式才有生命力，才能够被采纳应用。

绿色食品种植业生产要重视对复种作物的选择和配置，一是要充分考虑到前茬给后作、复种作物给主作物创造良好的耕层结构及土壤肥力条件。例如前茬、复种作物选择豆科作物，它本身较耐瘠薄，对地力要求不高，并能固定空气中的氮素，其根系及根瘤菌遗留于田地中，使生物固氮的机会增多，有利于后作和主作物的生长。种植绿肥可以利用主作物收获后的季节间隙或土地间隙进行，其遗留较多有机物于土壤中，地上部还可作饲料，且有利田间害虫天敌的繁衍。二是要考虑复种中同期或先后种植的作物不应具有相同的病虫害，否则会因相互交叉感染而加剧，给病虫害综合防治工作带来困难，将不利于保证绿色食品农产品的质量。

增加复种作物的生产面积，应利用前、后作生长间隙期、田块休闲期，不失时机地通过耕作技术，创造良好的生态环境。

施用有机肥，绿色食品种植业生产要求以有机肥为主，尽量减少或完全不用化学肥料，而有机肥在作物生长期内施用费工且困难，休闲期内施入则简便易行，而且可结合其他操作措施如翻耕进行，既可减少养分的损失。同时在作物种植前施入经过一段分解过程，正好为稍后生长的作物提供养分。

翻耕土地，作物经过一个生长季节的生长，频繁的田间农事操作活动，造成土壤板结、肥力有所下降，须在休闲期结合施肥及时翻耕土地，将肥料翻入土中，加速肥料的分解，提高土壤肥力。通过翻耕这项操作将前作根茬及杂草翻入土中，既增加了土壤有机质，又清洁了田园，减少和清除杂草的危害，有利减少病虫害的发生。翻耕还疏松了土壤，改善土壤物理结构，有利于有益微生物群的生存和活动。这样就为绿色食品种植业生产创造了一个良好的生态环境。

防除病虫，绿色食品种植业生产中，为了减少化学农药的使用，一定要在作物生长间隙期内采取措施做好对病虫的预防工作，果园内菜地尤显重要。果园冬闲期通过“刮皮”去除隐藏于老树皮下越冬的害虫或虫卵；在树干上涂白，阻止害虫产卵；清洁田园，收集和销毁园内残枝落叶，清除病虫源。

3. 合理间套作

间作是指在一个生长季内，在同一块地上，分行或分带间隔种植两种或两种以上作物的种植方式，应用的比较多。如玉米、马铃薯间作；玉米、大豆间作，以2∶4效果最好。

套作是指在前季作物生长后期在其行间播种或移栽后季作物的种植方式，南方比较常见。如小麦套作玉米。

间套作是我国传统的农业精华主要组成部分，许多研究和实践证明，合理的间套作与单作相比具有一定的优越性，更能充分利用土地和太阳能、土壤中的养分水分等自然资源，使之转变为更多的生物能——作物产品。在人多地少的地区可充分利用多余劳力，扩大有机物质的来源，提高土地的生产能力。果树行间尤其幼年果园实行间作，可充分利用土地资源，提早增加收益，套种还可弥补本地域自然条件的不足。

间套作作物群体之间有互补的一面，同时也存在着竞争的一面，不合理地滥用，非但无利，反而有害。例如由于作物种类选择不当，可能出现作物争肥、争水现象，或因种植方式采用不当，造成光照不足、通风不良，以至于加重作物病虫害。

绿色食品作物生产应总结经验，既要利用互补作用发挥其长处，又要注意防止其消极有害的因素出现。

有利作物群体之间互补，尤其间套作要为主作物创造一个良好田间生态环境。以玉米间作马铃薯为例，玉米高秆、根深，需氮多，而马铃薯株矮、叶小、根浅，需磷、钾多，同时马铃薯为喜光、喜温的玉米改善了行株间通风透光状况，可提高其光合作用，而玉米又为耐阴、喜冷凉的马铃薯遮阴降温，改善了生态环境条件，有利块茎形成和膨大。这二者之间就能较好地发挥温度、光照、养分吸收上的互补作用。

选择间套作作物种类或品种时，应选对大范围环境条件适应性在其共生期间大体相同的作物；选择特征特性相对应的作物，如选择株高一高一低、株形一大一小、叶片一圆一尖、根系一深一浅、生长期一长一短、收获期一早一晚等，以削弱其竞争；还应优先保证主作物的生长。

有利病虫草害的抑制和防除、提高对自然灾害的防御。实行间套作后，群体结构及生态条件都随之改变，对病虫等自然灾害危害及其程度都有不同的影响。因此应选择有利减少和抑制病虫发生的作物和合理的田间配置。例如，玉米和菜豆间作，由于增多的天敌，危害菜豆的叶蝉、黄瓜条叶甲相对减少，从而减轻对菜豆的危害；高、矮秆作物带状间套作由于改善田间通风透光状况能减轻玉米叶斑病、小麦白粉病。要避免配置有共同病虫、特别是可供病虫迁移，延长繁殖后代或为中间寄主的作物。例如果树行间间作大白菜，大白菜收获后，青叶蝉（浮尘子）全转移至果树上生活并产卵，既降低了果树枝条越冬能力，又加剧了来年的虫害。农田周边植物如防护林虽非间作作物，但有时作用类似，同样应注意种类的选择，配置不当也会影响病虫的发生。例如，桧柏、龙柏是梨锈病的中间寄主，它们种植于梨园周边将促使其病害蔓延。

绿色食品种植业生产应尽量利用空间和时间的间隙，通过间套作发展绿肥作物。绿肥种类多，适应性强，生长期可长可短，它可直接作为田间肥料，具有养地、提高土壤肥力的作用；同时又可作饲料，促进畜牧业的发展，促进农业生态系统良性循环，实现农业全面持续增产。

绿色食品种植业生产的所有间套作物种植都必须符合绿色食品生产的操作规程。

4. 土壤耕作

土壤耕作就是通过机械力作用于土壤，改变耕层构造，以调节和控制土壤肥力因素（水分、养分、空气和温度），为作物生长创造适宜土壤环境的农业技术措施。

耕作项目包括耕翻、耙、耢、起垄、镇压、中耕等。其作用有松碎土壤，增强土壤透气性能够促进作物根系生长；翻转耕层将上层残茬、有机肥、杂草埋入土中有利于有机肥保存和分解，消灭或减少病虫草害，使下层土壤熟化；混拌肥料和土壤，使营养环境均匀一致；平整土地有利保墒，并可提高其他农事操作的质量；压紧土壤以减少水分蒸发；中耕培垄能够提高地温并有利于灌水或排水。

绿色食品种植业生产应根据各项耕作措施的作用原理，按照作物生长对土壤环境的要求，灵活地加以运用，发挥其作用最终达到改善作物营养状况，提高作物营养水平。

5. 注意杂草防除

绿色食品种植业生产的农产品质量要求高，生产操作过程中限制化学除草剂的使用，而人工除草很费工，有时由于未能及时安排劳动力除草，草害严重恶化农作物生长环境条件，降低农作物的产量和品质，而且还可能影响下一个生长季节或来年生产，加重杂草的蔓延和危害，增加绿色食品种植业生产的杂草防除难度。因此应在安排本地区或本单位种植制度和养地制度的同时对杂草防治予以足够重视，针对当地主要杂草采取综合防除措施。

根据植保方针“预防为主综合防治”的要求，首先要采取预防措施。如建立严格的杂草检疫制度；清除田地边、路旁杂草；施用腐熟的有机肥，防止杂草种子入田；清选种子和清除灌溉水中的杂草种子等，尽量杜绝杂草种子进入田间，这些都是积极有效的方法。综合防治优先采用农业技术防除，建立合理的轮作制度及土壤耕作制，根据草情和苗情掌握好灭草时机，适时中耕除草，利用覆盖、遮光、窒息原理除草，如覆盖黑色地膜。绿色食品种植业生产中，应尽量减少和避免使用化学除草剂防除杂草。因为化学除草剂会给环境带来污染，与绿色食品的生产宗旨、质量标准要求不符，因此，在AA级绿色食品种植业生产中严禁使用，在A级绿色食品生产中也只有在杂草感染度达到临界期，即杂草发生密度足以抑制作物生育、影响收割或造成减产时才使用，并要严格按《生产绿色食品的农药使用准则》中关于除草剂种类、用药量、使用时间和方法等有关规定进行。

病、虫、草害三者之间存在着相互联系、相互影响的关系，要防病虫就要先将杂草清除，不把病虫治住，作物受害、生长不良，也给杂草丛生提供了条件。因此绿色食品种植业生产应根据当地实际情况尽可能地对病虫草害防治做出统一具体防治计划，以达到经济、方便、有效。

**（三）肥料使用**

肥料与农作物生产、饲料与动物饲养、食物与人类生存是紧密相连的三个不同层次的问题，其中肥料是基础，没有足够的肥料，农作物难以提供大量产品，动物也就没有足够的饲料，那么，人类也就不能得到足够的食粮、畜禽产品、水产品等优质食物，从这个意义讲，肥料是自然生态良性循环中的基础环节。

1. 肥料的作用

(1)通过施肥能提高土壤肥力和改良土壤

土壤肥力是土壤的基本特性，是作物生产转化太阳能为化学能的物质基础。它来自自然肥力和人为(人工)肥力,前者是在自然因素下,土壤发生和形成过程中产生的;后者是人为因素下形成的。自然肥力可以无偿地被利用,但随着种植、使用年限的延长将逐渐降低变瘠薄。因此必须经常人工培肥,保持和提高土壤肥力,这样才能满足作物的需要。提高土壤肥力最快捷最有效的办法就是施肥。

施肥,尤其施用有机肥,能增加土壤中有机质含量,改善土壤结构,通过施肥可以调整土壤 pH,保持作物生育和土壤微生物活动的适宜环境,还可以改良土壤,缓解土壤中不良因素如酸壤或盐渍土的影响。

土壤改良及土壤肥力的提高,为绿色食品种植业生产作物生长创造了良好的环境。

(2)施肥是增加产量的基础和保证

增加绿色食品种植业生产农产品单位面积产量,需从多方面综合考虑,通过培肥,提高土壤生产能力,平衡和改造农作物所必需的营养物质的供应状况,使作物生长健壮,获得好收成,是提高单位面积产量极为重要的措施。据大量试验数据估算,世界粮食产量的增加40%~50%是依赖于肥料的施用。同时,通过施肥可以增强作物抗逆境生理能力,例如,充足的磷、钾营养,有利于作物大量贮存矿物质、糖分和可溶性蛋白质等,提高和促进细胞的渗透作用,降低对霜冻的敏感性,减少或避免霜冻造成的损失。又如,增施腐殖酸肥,能通过调节气孔的关闭,减缓作物的水分蒸腾,减少作物生长后期干旱及干热风所造成的损失。合理的施肥,使植株生长健壮,增强作物抗病虫的能力,从而减少农药的使用量,减少对农产品和环境的污染,并有利于绿色食品农产品产量的提高。

(3)合理的施肥可促进绿色食品农产品品质的进一步提高

通过施肥可以改善农产品品质已逐渐被人们认识,尤其是发展商品生产和绿色食品生产的今天,已引起了普遍的关注。例如小麦生长开花期施用氮素肥料不仅提高籽粒产量,还能改善和提高蛋白质含量,并提高其烘烤加工产品的质量。钾肥能增强甜菜等根用作物光合作用产物向根部运输,有利于产品糖分含量的提高,并降低氨基化合物和钠的含量,有利于加工时糖分的提炼。施用磷肥能使大多数粗饲料中磷有所增加,能促进根类作物的块根生长。此外,越来越多的报道表明,许多微量元素与人体健康有密切关系,与作物的抗性有关。例如通过施肥,提高蔬菜、水果中锌的含量将有利于幼儿智力的发育,并有免疫的作用;钙营养能减少苹果苦痘病,提高品质及贮存效果。

施肥有改善土壤环境、提高农产品产量、改善农产品品质等作用,但同时由于施用肥料种类、用量及施用方法不当,也会带来许多不良影响。例如氮肥是作物生长必需的元素,但是施用量过大,特别作物生长后期大量施用会使作物地上部营养生长过旺,根系变短,作物贪青、晚熟,抗逆性减弱,赶上早霜冻、大风时可能造成减产。在甜菜上则抑制糖分向根部运输,影响产品品质;又如果树苗期氮过多会抑制根的生长,秋季过量的氮肥会使枝条不成熟,越冬能力下降,造成枝条甚至树体的死亡。

2. 施肥不当的危害

不合理施肥不仅起不到应有的肥效,造成经济上极大浪费,更重要的是污染了环境,进而通过食物、饮水给人和畜禽带来潜在的危害。此外有机肥由于管理不善或未经无害化处理,也会造成污染。

(1)对土壤的污染

肥料对土壤可能产生化学、生物、物理三方面的污染。化学污染主要来自肥料中含有的重金属及其他有毒离子，如一些煅烧矿质肥料往往含有数量不等的砷、镉、铬、氟等有毒元素。还有垃圾、污泥、污水中混杂的化学成分，如废电池中含有的汞、锌、锰，洗涤剂、塑料中含有的多氯联苯、多元酚有机污染成分。生物污染是各种有机垃圾、粪便或植株残体中带有对植物和人体有害的病原体，施入土壤，有的还进入了水域，使作物感染病害，还有与作物接触附着在产品之上，例如附于蔬菜上被食用进入人体。物理污染主要是施入土壤中的有机肥，尤其城市垃圾中带有未经清理的碎玻璃、旧金属、煤渣、破塑料及薄膜袋等会使土壤渣砾化，降低土壤保水、保肥能力，致使作物生长不良。

(2)对水质的污染

土壤包括施肥中的营养物质可随水往下淋溶，进入地下水和农区水域，造成对水质的污染。其中主要是各种形态的氮素肥料大量施用，作物不能全部吸收利用，在土壤中由于微生物等作用形成 $NO_3$-N，它不能为土壤吸附，最易随水进入地下水。而地下水在不少地方是供人、畜饮用的，$NO_3$-N 进入人体、畜体内在一定条件下还原成有害的亚硝酸盐和亚硝胺，影响其健康。

施肥中过量的氮和磷还会加速农区水体富营养化，造成水质变劣，破坏生态平衡。

(3)对大气的污染

与大气污染有关的营养元素是氮。人类由于施肥不当，造成 $NH_3$ 的挥发、反硝化过程中发生的氮氧化合物、沼气、恶臭等影响大气环境，污染了空气。

此外，施肥不当还可能直接对食品造成生物和化学污染。生物污染是由于有机肥及人、畜粪尿带有致病菌造成的；化学污染则是过量氮素，使产品中硝酸盐含量增加而引起。

由上可见，施肥与绿色食品农产品关系密切，直接影响到绿色食品种植业生产基地的环境质量、绿色食品种植业生产和绿色食品农产品的产量及质量，是绿色食品种植业生产中不容忽视的环节。

3. 施肥原则

根据绿色食品种植业生产操作规程及绿色食品产品质量的要求，绿色食品种植业生产中通过施肥要能促进作物生长，提高绿色食品农产品产量和品质，有利改良土壤和提高土壤肥力，而不造成对作物和环境的污染。

(1)创造一个农业生态系统的良性养分循环条件

充分地开发和利用本地区域、本单位的有机肥源，合理循环使用有机物质。农业生态系统的养分循环有 3 个基本组成部分即植物、土壤和动物，应协调统一好三者的关系，创造条件，充分利用田间植物残余物、植株(绿肥、秸秆)、动物的粪尿、厩肥及土壤中有益微生物群进行养分转化，不断增加土壤中有机质含量，提高土壤肥力。

绿色食品种植业生产基地在发展种植业的同时，要有计划按比例地发展畜禽、水产养殖业，综合利用资源，开发肥源，促进养分良性循环。

(2)经济、合理地施用肥料

绿色食品生产合理施肥就是要按绿色食品质量要求，根据气候、土壤条件以及作物生长状态，正确选用肥料种类、品种，确定施肥时间和方法，以求以较低的投入获得上佳的经济效益。

施肥是一项技术性很强的农业措施，为了达到经济合理施肥，绿色食品生产基地不仅应不断总结“看天、看地、看庄稼”的施肥经验，而且有条件的地区和单位应逐步走上通过土壤、植株营养诊断，科学地指导施肥。

(3)以有机肥为主体，尽可能使有机物质和养分还田

有机肥料是全营养肥料，不仅含有作物所需的大量营养元素和有机质，还含有各种微量元素、氨基酸等；有机肥的吸附量大，被吸附的养分易被作物吸收利用，又不易流失；它还具改良土壤，提高土壤肥力，改善土壤保肥、保水和通透性能的作用，因此，绿色食品生产要以有机肥为基础，作物残体如各种秸秆应直接或过腹或与动物粪尿配合制成优质厩肥还田，种植绿肥直接翻压或经堆、沤后施入，尤其豆科绿肥，可增加生物固氮量，利用经高温处理腐熟的动物粪尿，补充土壤中养分。施用有机肥时，要经无害化处理，如高温堆制、沼气发酵、多次翻捣、过筛去杂物等，以减少有机肥可能出现的负作用。

(4)充分发挥土壤中有益微生物在提高土壤肥力中的作用

土壤的有机物质常常要依靠土壤中有益微生物群的活动，分解成可供作物吸收的养分而被利用，因此要通过耕作、栽培管理如翻耕、灌水、中耕等措施，调节土壤中水分、养分、空气、温度等状态，创造一个适合有益微生物群繁殖、活动的环境，以增加土壤的有效肥力。

近年微生物肥料在我国已悄然兴起，绿色食品种植业生产可有目的地施用不同种类的微生物肥料制品，以增加土壤中有益微生物群，发挥其作用。

(5)尽量控制和减少化学合成肥料

控制各种氮素化肥的施用，必须施用时，也应与有机肥配合使用。绿色食品种植业生产要控制化学合成肥料，特别氮肥的使用，AA级绿色食品生产中除可使用微量元素和硫酸钾、煅烧磷酸盐外，不允许使用其他化学合成肥料。A级绿色食品种植业生产过程中，允许限量使用部分化学合成肥料，但禁止使用硝态氮肥。化肥施用时必须与有机肥按氮含量1∶1的比例配合施用，最后使用时间必须在作物收获前30 d施用。

### (四)作物灌溉

1. 灌溉原则

(1)灌溉要保证绿色食品种植业生产中作物正常生长的需要

为了满足绿色食品种植业作物生育需要，必须考虑到作物体内和土壤中的水分平衡。作物一生中需要大量水，其中99%以上用于补偿蒸腾，不足1%的水才真正用于生理活动过程及保留在体内成为组成部分。正常情况下，作物对水分的吸收和消耗处于相对平衡，作物生长发育良好，如果吸水量小于消耗量就呈现水分不足。体内水分平衡遭到破坏，轻则形成暂时萎蔫，造成减产并影响品质，重则干枯死亡。作物的需水量因作物种类不同及同种作物不同生育阶段而有所差异。

农田水分除供植物吸收外，还消耗于地表蒸发、渗漏及植物蒸腾。因此，灌溉不仅要考虑作物的需水量，还要根据降水情况、土壤蒸发量及土壤保水能力来确定，这样才能满足绿色食品作物正常生育的需要。

(2)灌溉不得对绿色食品种植业生产作物植株和环境造成污染或其他不良影响

为了保证绿色食品农产品的质量，必须十分注意水质，含有重金属离子、有害的无机及有机化合物的水用于灌溉，会对作物和环境造成二次污染。因此，在选择绿色食品种植业生产基地时，必须对水质进行检测。

此外，灌溉水中的泥沙和过多的含盐量也会给绿色食品种植业生产带来不良影响。大量泥沙随水入田，会改变田间土壤结构状况，还会淤塞渠道，一般水中泥沙含量大于15%时，

就不宜用作灌溉。土壤水中含有过多的可溶性盐类，土壤溶液浓度增加、渗透压增高，造成作物根系吸水困难，体内水分状况和生理机能破坏。盐分进入体内积累到一定程度，就会使细胞原生质受损伤，气孔关闭失调，不仅妨碍光合作用进行，且会大量失水而萎蔫致死。因此，近海或盐碱地的绿色食品种植业生产基地应注意灌溉水及土壤水分中的含盐量，采取必要的措施消除其影响。根据试验资料，灌溉水的矿化度(含有的各种离子及化合物的总量)应小于1.7 g/L。大于5 g/L的水就不宜用于灌溉，当矿化度为1.7～3.0 g/L时，要对其中盐类作具体分析，以判断是否适于灌溉，例如钠盐危害大，而钙盐、镁盐则无妨。

(3)应根据节水的原则，经济合理地利用水资源

水资源对于农业生产乃至人类生存都很重要，在世界范围内，水资源不足具有普遍性。虽然地球表面70%为水占据，但其中绝大部分为海洋咸水，可供人们利用的淡水还不到全球总水量的1%，这部分水主要存在于湖泊、江河和土壤中，成为农业生产的水资源，是极其宝贵的，因此绿色食品种植业生产中必须树立起节水的观念，科学用水，充分发挥水资源的作用。

科学用水就是要根据作物生理需水和生态需水，适时适量地对作物进行灌溉。“生理需水”是指作物生命过程中的各项生理活动所需要的水分，“生态需水”则是指为作物正常生长发育创造良好环境所需要的水分。一般把田间持水量作为土壤湿度的上限，多数土壤在田间持水量时水分占土壤容积25%～35%，固相占50%～55%，空气容积占10%～25%，此时作物可正常生长，各类旱田作物适宜土壤湿度的下限均在田间持水量的70%左右。灌水量可以田间持水量需要作为上限。

(4)要同时抓好灌溉和排水系统的建立

水分是作物生长的必需条件，但土壤中水分过多影响土壤透气性，长期含水过多还会破坏土壤结构，降低土壤肥力，甚至还会导致土壤沼泽化与盐渍化，从而影响绿色食品种植业生产。农田水分过多还影响着农事活动的正常进行及其质量，尤其影响机械作业，所以，在土壤含水量大时，还要进行排水除涝。一般年降雨量500～1 000 mm和大于1 000 mm的地区都要采取相应的排水措施。此外，为了防洪和围垦也都要求排水。

灌溉和排水是积极改善田间水分状况的重要措施，绿色食品种植业生产基地在建有灌溉设施的同时，必须建有排水系统，能迅速排除田间过量的水，以减少洪涝灾害的影响。

*2. 灌溉措施*

(1)对灌溉水加强监测，并采取防污保护措施

绿色食品生产地块必须按绿色食品农田灌溉水水质标准进行监测，并注意保护和维护水质。特别是使用河流、湖泊水作为灌溉水源的地区和单位要经常注意监测上流或本地段有可能造成水质污染的污染源排放情况。绿色食品产地要避免使用污水灌溉，有污水过境的地域应划设隔渗地区，并加强对产地水源，包括地下水的水质监控。

(2)总结和运用节水的耕作措施，并吸收先进的灌溉技术

目前世界上开发的水资源中70%～80%用于农业灌溉，但农田灌溉水的利用率较低，发达国家的水利用率一般在50%左右，许多发展中国家仅为25%，充分合理地利用有限的水资源，在水资源短缺的干旱、半干旱地区获得高产都是当今世界农业关注的问题，也是绿色食品种植业生产中要认真对待的问题。

我国劳动人民在长期农业生产活动中，积累了丰富的以蓄水、改土、防风蚀、水蚀为中心

的节水经验，修建各种梯田、坝田等；采用耕作措施来蓄水保墒，例如早秋耕、秋深耕、早春顶凌耙耱、顶浆打垄，以多接纳降水减少土壤蒸发；还有通过增施有机肥，改良土壤结构，增强土壤贮水保水能力，减少蒸发，同时促进作物根系发育，增强作物吸水和抗旱能力等。这些弥足珍贵的经验，应加以总结和运用。

国际上为了节水，采取渠道防渗措施，采用喷灌和滴灌减少田间用水损失，20 世纪 70 年代喷灌在一些工业发达国家迅速发展，但由于耗能较多，近年地面灌溉技术则进一步受到重视，如采用间歇灌、水平畦灌等供水方法，使水分均匀分布，减少深层渗漏和末端水分的损失。为了节能，采用低压喷灌、风力灌溉技术等。这些通过改进灌溉技术达到节能节水目的的研究成果，都可供绿色食品种植业生产基地借鉴和应用。

**(五)植物保护技术**

绿色食品无论是初级农产品或加工品的主要原料在种植生长期间经常受到有害生物或不良环境条件的侵害，常因发生病、虫害而造成损失。据统计，全世界农产品每年因病虫草害减产或变质的占总量的 30%～50%，我国目前每年平均因病虫害损失粮食 1 600 多万 t，油料 140 万 t。农作物病虫害不仅造成产量的减少，也使产品品质变劣，不堪食用和加工，影响贮藏运输和销售。带有某些病害的产品如带有黑斑病的甘薯食用后，还会引起人、畜中毒，甚至死亡。

长期以来，随着现代化工业的发展，农业大量投入人工化学合成物质，其结果，固然劳动生产率、土地利用率不断提高，但同时也打破了自然界中原有的生态平衡，诱发和加剧了某些病虫害，工业“三废”所导致的非侵染性病害削弱了植物抗病性的能力，又加重了病虫害的发生。有机合成化学农药大量而普遍地应用，在防治有害病虫的同时，也杀伤了控制害虫的天敌生物和有益生物。而有害的昆虫和各种病原菌一般个体小、数量大、世代多，与大型生物相比，容易对农药产生抗性，需要人们不断更换农药种类或提高浓度，这就更加重了对环境和农产品的污染，形成了恶性循环，与绿色食品生产的宗旨及要求背道而驰。

因此，植物保护是绿色食品种植业生产过程中避免和减少病虫危害，提高农产品产量和品质的一项极其重要的工作。

1. 绿色食品种植业生产中植保工作的基本原则

为了保证绿色食品种植业生产的农产品质量，就必须在生产各环节排除污染源对农产品的污染，而主要的污染源之一就来自为防治病虫害而施用的化学农药所引起的农业自身的污染。因此绿色食品种植业生产所采取的植保措施出发点必须是避免和减少污染。

(1)要创造和建立有利作物生长、抑制病虫害的良好生态环境

病虫害的发生和发展离不开寄主植物，它们又同时受着周围环境条件及其他生物条件的多方面影响，绿色食品种植业生产中，应考虑三者的关系，采用合理种植制度和措施，促进农作物生长健壮，增强其自身抗病虫的能力，恶化病虫繁殖蔓延的生活条件，改变生物群落，保持生产地周围环境内的遗传多样性，保护和提供天敌的栖息地，有利于它们的繁衍，以创造良好的生态环境，恢复农业生态平衡，增强和发挥生态系统的自然控制能力，并促进其发展。

绿色食品种植业生产的植保工作绝不能采取以消灭病虫等有害生物为中心的植物保护措施，也就是说，不能只考虑杀灭有害生物的效果，不考虑保护对象——栽培作物及为栽培作物提供能源、生长条件和有利因素的影响与效果，必须树立以栽培作物为中心、建立良好

农业生态系统的植保工作思想。

(2)预防为主、防重于治

预防为主是在1975年全国植保会上就提出的植物保护的方针之一。预防就是通过合理的耕作栽培措施，提高作物的健康水平和抗害、免疫能力，创造不利病虫发生的条件，减少病虫的发生和减轻其危害。绿色食品种植业生产中，必须贯彻以农业防治为基础的预防为主方针，禁止打预防药，包括非有机化学合成农药在内的一切农药。

为了做好预防工作，应通过改善农田生产管理体系，改变农田生物群落来恶化病虫发生、流行的环境条件；控制病虫的来源及其种群数量，调节作物种类、品种及其生育期；保护和创造有益生物繁殖的环境条件。

(3)综合防治

综合防治是以农业生态学为理论依据的。就是从农业生产全局出发，根据病虫与农作物、耕作制度、有益生物与环境等各种因素之间辩证关系，充分发挥自然控制因素的作用，因地制宜，合理应用必要的防治措施，将有害生物控制在经济危害水平以下，经济、安全、有效地消灭和控制病虫害的危害，以获得最佳的经济效益、生态效益和社会效益。

在绿色食品种植业生产中，综合防治具有重要意义。开发绿色食品最基本目的是通过生产绿色食品保护自然资源和生态环境；通过消费绿色食品增进人们的身体健康。绿色食品生产追求的是经济效益、生态效益和社会效益的统一。而在绿色食品种植业生产中，必不可少的植保措施直接影响到开发绿色食品目的的实现。综合防治管理体系的实施，才有可能体现出具有经济效益、社会效益，包括环境保护在内的生态效益及综合协调四方面的统一，其宗旨和效果都与绿色食品的生产开发相一致，因此，绿色食品种植业生产中必须特别强调综合防治这一植保方针。

(4)优先使用生物防治技术和生物农药

绿色食品种植生产中，要充分利用有益生物资源即天敌对有害生物的抑制作用，培养或释放天敌，创造有利天敌繁衍的条件。优先进行生物防治，发挥天敌的自然控制作用，可大大降低农药的施用量，减少对产品、环境的污染，这些自然界本身就存在的活体，随着自身死亡而降解，不会大量累积，较安全，对环境无污染，符合绿色食品生产目的要求。

在必须使用药剂防治时，也应优先使用生物农药。与化学农药相比，虽然生物农药作用缓慢，但它们都来源于天然存在的动物、植物和微生物，一般说它们毒性较小，杀虫治病谱较窄，不易伤害标的病虫害以外的天敌、鸟类等，对作物不至于产生药害，有利于生物多样性的发展，增强生态系统的自然控制能力，病虫一般对生物农药较少产生或不产生抗性，因此绿色食品种植业生产中要优先使用生物农药，并且AA级绿色食品的种植业生产中只能使用生物农药。

(5)必须进行化学防治时，要合理使用化学农药

利用各种来源的化学物质及其加工品来进行化学防治相对于其他防治方法，具有速效直观、杀虫治病范围广、使用方法简便的优点，在绿色食品生产基地建设之初，尚未形成良好的农业生态环境状况下，当病虫害大量发生或某些特殊病虫害发生时，鉴于我国目前经济和技术水平，有些还需要使用部分化学农药，作为应急措施来达到保护作物的目的，但必须严格按照《绿色食品农药使用准则》科学合理地使用化学农药。

所谓合理施药，就是要根据绿色食品质量的要求，在与其他防治措施相协调的前提严格

选择农药种类和剂型，限定施药时间、用量及方法，达到既充分发挥化学药剂的作用，又将其消极作用减小到最低限度的目的。

化学农药包括自然的和人工化学合成的，自然的主要是来自矿物，是无机的，一般对作物和环境污染较少，可以在绿色食品种植业生产包括AA级绿色食品种植生产中应用，而所有人工化学合成的农药则禁止在AA级绿色食品种植业生产中施用；A级绿色食品种植业生产中作为其他防治方法的补充，允许施用部分化学农药。

2. 综合防治措施

综合防治的原则，一是充分发挥自然控制因素的作用，不是孤立地从病虫本身方面去研究对策和措施，不过分强调病虫的作用，而是从农业生态系中绿色作物、动物、微物和无机环境条件4个组成成分出发，调控其平衡；二是强调对病虫进行控制，将其危害控制在不足以造成作物经济损失的程度，而不是一味地要求彻底消灭。

(1)植物检疫

植物检疫是植保工作的第一道防线，也是贯彻“预防为主，综合防治”植保方针的关键措施。通过植物检疫可以防止危险性病、虫、杂草等有害生物，经人为传播在地区间或国家间蔓延。病虫分布有一定的地区性，但也存在扩大分布的可能性，传播途径主要是随农产品如种子、苗木、栽培材料等的调运交流而扩大蔓延。一种病虫传入新地区，常常由于原产地或多年发生地的天敌及其他抑制因素没有一同传入，在新地区一旦环境条件适宜，便会大量发生，其危害程度有时比原产地更为严重。

绿色食品种植业生产在引种和调运种苗中，必须依靠植物检疫机构，根据《植物检疫法》的规定，做好植物检疫工作。

(2)农业防治法

通过农业栽培技术防治作物病虫害是古老而有效的方法，是综合防治的基础。绿色食品种植业生产中科学的栽培管理技术可以起到调节作物地上地下理化和生物环境的作用，有利作物健壮生长，不利病虫等有害生物的生存和繁衍，从而达到保健和防治病虫的目的。农业防治措施与正常栽培管理措施是一致的，不增加额外的防治成本，一般不会产生病虫抗性，不出现杀伤天敌、污染环境等副作用，这种有效措施易于大面积应用，其防治效果是积累的并且相稳定。它在综合防治中属于一种起到自然控制作用的因素，其缺点是效果不迅速、不直观，并且受到地区和季节限制的局限。农业防治法包括：

①选用抗病虫的优良品种。同一种作物不同品种之间对病虫的抗性和耐性表现是不一样的，选用抗性强的品种，则是综合防治的一项基本措施。绿色食品种植业生产基地应充分利用国内外优良的品种资源，来增强自然控害的能力，同时在栽培过程中注意田间植株对病虫抗性的差异，选留抗性强的单株作为繁殖材料。在选用抗性强品种的同时，还必须注意品种高产优质等优良性状，这是适应绿色食品种植业生产的需要。

②改进和采用合理的耕作制度。合理的作物布局、轮作和间作套作耕作制度，不仅有利于作物增产，而且是抑制病虫害发生的有效方法。轮作对土传病害，对食性专一或比较单一的害虫及地下害虫都具抑制和防治的效果，它通过非寄主作物的种植，直接排斥病虫或病原物处于“饥饿”状态，恶化害虫的营养条件，从而削弱致病力或减少病虫的传播数量。间作套作则是利用不同作物适应能力和抗性不同，危害的病虫种类不同，或因改变了田间小气候、改变了天敌和根际微生物组成数量等生态环境，改变了作物生育进程而减轻作物病虫危害，

从而实现高产稳产。

轮作间隔的年限、轮作和间作套作的种类则要根据危害作物主要病虫害种类、当地种植习惯而确定。

③加强田间管理，提高寄主作物的抗性。加强田间管理既是防治病虫害的需要，也是获得优质高产的需要，田间管理应做到及时、合理，主要包括秋冬深翻耕土地，清洁田间，合理施肥、灌水和及时排水，加强保护设施内保温和放风管理，及时中耕除草等。

栽培技术措施一方面由于改善绿色作物生长的大气、土壤生态环境条件，提高作物自身的抗性及自然控制因素的作用，抑制病虫危害，同时有些技术措施本身就有直接杀伤和防治病虫的效果。例如秋冬深耕翻土，就直接杀伤消灭一些病虫，同时还可将原来土层下害虫翻至地表，受光、温度、湿度等物理因子作用以及天敌捕食，大量死亡，一些在土下越冬休眠的病原物，暴露于地表失去萌发侵染有利条件，减少侵染来源。又如高温季节，覆膜晒土的措施具有杀灭病虫作用，同时可增强土壤中腐生微生物和拮抗微生物活性，有利于作物根系发育并加强对土壤中病原体及害虫的重寄生和消解作用。因此，加强田间管理可以有效地控制某些严重的土传病害及地下害虫的发生。

(3)物理机械防治及其他防治新技术

利用物理因子或机械来防治病虫，包括从人工、简单器械到应用近代生物物理技术。如人工捕捉，诱集诱杀，高低温的利用及高频电、微波、激光等。这类防治措施，通常作为辅助措施防治病虫，一般可达到无不良副作用产生。

随着现代科学技术的发展，人们也在不断开拓新的防治技术途径，力求充实综合防治技术内容，提高综合防治技术水平。例如用生物生理方法使病虫失去繁殖后代能力；利用昆虫性外激素诱杀；利用抑制昆虫正常生长发育的几丁质抑制剂；利用拒食剂等。

(4)生物防治法

生物防治一般是指以有益生物控制有害生物数量的方法，也就是利用天敌来防治病虫的方法。例如利用赤眼蜂防治玉米螟、瓢虫治蚜。自然界中天敌依赖于有害的生物(病虫)而生活原本就是一种自然现象，现在人类利用天敌，发挥天敌的自然控制作用为主要内容的生物防治，也就符合自然规律性。

生物防治主要是以虫治虫(包括捕食性和寄生性天敌)、以微生物治虫(致病微生物包括病原细菌、病原真菌和病原病毒)以及少量脊椎动物治虫如鸟、蛙等。病害的生物防治主要是利用重寄生生物包括重寄生真菌、寄生真菌的病毒，寄生于植物病原菌，使病原菌丧失侵染致病能力，甚至将其置于死地。

生物防治是利用农业生态系统的有益生物资源，不对农作物和环境造成污染，是综合防治中重要组成部分，绿色食品种植业生产中应优先使用。

①保护天敌，使其自然繁殖或根据天敌特性，制定和采用特定的措施。如创造天敌的栖息条件，以促进其繁殖。一般好的耕作措施往往能起到很好的保护利用天敌的效果。

②人工大量繁殖，释放天敌。通常是在经保护自然界中的天敌后，仍不足以控制某些害虫数量处于经济受害水平以下时才使用。

③从外地引进天敌。目的在于改善、加强本地的天敌组成，提高自然控制效能。这往往是用来对付新流入的病虫。

(5)药剂防治法

采用药剂控制病虫等有害生物的数量，这实际也是综合防治的一个组成部分。药剂的选择，要优先选用生物源和矿物源的农药，因为它们对作物的污染相对较小。由于绿色食品农产品质量的特殊要求，绿色食品种植业生产中使用药剂防治，尤其人工化学合成的农药的应用都有相应的特殊限制，总体上要遵循《绿色食品农药使用准则》使用化学农药。

## 【实习实训】

### 作物绿色食品生产技术

**实训目标：**通过参与生产实践，进一步熟悉生产技术规程，掌握绿色食品生产对产地环境条件的要求和生产过程管理技能。

**实训场所：**校内或校外绿色食品生产基地。

**实训要求：**结合当地生产，全程参加某一作物的绿色食品生产。

1. 结合生产实际，按照作物绿色食品生产技术要点和本作物的绿色食品生产技术规程严格进行生产管理。
2. 根据已掌握的资料，一边参加生产实践，一边总结经验，写出实际生产技术规程。
3. 实际生产技术规程要按正规格式写作，要求用词简练，各项措施要具体、实用、可操作性强。在多项措施中只选用当地最适用的一种。
4. 分别介绍自己制定的生产技术操作规程，其他学生提出修改意见，指导教师点评、总结，提出共性的问题，然后学生再次分别修改自己制定的操作规程。

**实训考核：**结合实际，每人制定一份作物绿色食品生产技术操作规程。

## 【自我训练】

1. 良种的内涵及选择良种要注意什么？
2. 简述轮作的概念及作用。
3. 简述如何确定轮作方式。
4. 简述复种的概念及类型。
5. 简述复种指数及其含义。
6. 简述提高复种指数的作用。
7. 确定复种方式应注意什么？
8. 简述间作概念及技术要点。
9. 简述套作概念及技术要点。
10. 间、套作要注意什么？
11. 简述土壤耕作的概念及作用。
12. 简述目前通常采用的土壤耕作方法。

13. 简述绿色食品生产杂草防除原则。

14. 简述施肥的作用及施肥不当的危害。

15. 绿色食品生产施肥原则是什么?

16. 简述灌溉的原则及采取的措施。

17. 简述绿色食品种植业生产植保工作的基本原则。

18. 浅谈绿色食品种植业生产综合防治技术措施。

## 【相关阅读】

### 绿色食品种植业生产操作规程

一、A级绿色食品水稻生产操作技术规程

(一)范围

本标准规定了A级绿色食品水稻生产的生态环境条件、种子及其处理方法、育苗、插秧、本田管理、收获、加工、储藏要求。

本标准适用于黑龙江省A级绿色食品水稻生产的产地环境条件、育苗技术、壮苗标准、育苗前的准备、种子及其处理、播种、秧田管理、收获、脱谷、储藏。

(二)规范性引用文件

下列文件中的条款通过本标准的引用而成为本标准的条款。凡是注明日期的引用文件,随后所有的修改单(不包括勘误的内容)或修订版均不适用于本标准,然而,鼓励根据本标准达成协议的各方研究是否可使用这些文件的,凡是不注日期的引用文件,其最新版本适用于本标准。

NY/T 391　绿色食品产地环境质量条件

NY/T 393　绿色食品农药使用准则

NY/T 394　绿色食品肥料使用准则

(三)产地环境条件

产地环境条件应符合NY/T 391要求。

1. 大气

生产地周围不得有大气污染源,特别是上风口不得有污染源;不得有有害气体排放,生产生活用的燃煤锅炉需要除尘除硫装置。

2. 土壤

生产地土壤元素位于背景值正常区域,周围没有金属或非金属矿山,无农药残留污染,具有较高土壤肥力。

3. 灌溉水源

地表水、地下水水质清洁无污染;水域或水域上游没有对该产地构成污染威胁的污染源。

(四) 育苗技术

1. 壮苗标准

(1)大苗壮苗标准

秧龄35~40 d,叶龄4.0~4.5叶,苗高17 cm左右,根16~18条,百苗干重5 g以上。

(2)中苗壮苗标准

秧龄30～35 d，苗高12～14 cm，叶龄3.5～4.0片，根数9～10条，百苗干重3 g以上。

2. 育苗前准备

(1)秧田地选择

选择无污染的地势平坦、背风向阳、排水良好、水源方便、土质疏松肥沃的地块做育苗田。秧田长期固定，连年培肥。纯水田地区，可采用高于田面50 cm的高台育苗。

(2)秧本田比例

大苗1∶(100～120)，每公顷本田需秧田80～100 $m^2$；中苗1∶(80～100)，每公顷本田需育秧田100～120 $m^2$。

(3)苗床规格

采用大中棚育苗。中棚育苗床宽5～6 m，床长30～40 m，高1.5 m；大棚育苗，床宽6～7 m，床长40～60 m，高2.2 m，步行道宽30～40 cm。

(4)整地做床

提倡秋施农肥，秋整地做床；春做床的早春浅耕10～15 cm，清除根茬，打碎坷垃，整平床面。

(5)床土配制

每平方米施过筛并经无害化处理农家肥10～15 kg，壮秧营养剂0.125 kg，与备好的过筛床土混拌均匀，床土厚度10 cm左右，床土pH 4.5～5.5。

(6)浇足苗床底水

床土消毒前先浇足底水，施药消毒后使床土达到饱和状态。

(7)床土消毒

用清枯灵、立枯净、克枯星、病枯净等符合NY/T 393要求的农药进行床土消毒。

3. 种子及种子处理

(1)品种选择

根据当地积温等生态条件和绿色食品水稻对品种的要求，选用熟期适宜的优质、高产、抗逆性强的品种。第一、第二积温带选用主茎13～14叶的品种；第三、第四积温带选用10～12叶的品种，保证霜前安全成熟。严防越区种植。

(2)种子质量

种子纯度≥98%，净度≥98%，发芽率≥90%，含水量≤15%。每2年更新1次品种。

(3)晒种

浸种前选晴天晒种1～2 d，每天翻动3～4次。

(4)筛选

筛出草籽和杂质，提高种子净度。

(5)选种

采用密度为1.08～1.1 t/$m^3$的黄泥水或盐水、硫酸铵水选种，用鲜鸡蛋测定密度，鸡蛋在溶液中露出一圆硬币大小即可。捞出秕谷，再用清水冲洗种子。

(6)浸种消毒

把选好的种子用10%施保克或10%浸种灵5 000倍液于室温下浸种。种子与药液比为

1:1.25,浸种 5～7 d,每天搅拌 1～2 次,浸种积温为 70～100℃。

(7)催芽

将浸泡好的种子,在温度 30～32℃条件下破胸。当种子有 80%左右破胸时,将温度降到 25℃催芽,并要经常翻动。当芽长 1 cm 时,降温到 15～20℃,晾芽 6 h 左右,即可播种。

4. 播种

(1)播期

当平均日气温稳定通过 5～6℃时开始播种。第一、第二积温带,4 月 10～25 日播种;第三、第四积温带,4 月 15～28 日播种。

(2)播量

大苗,每平方米播芽种 150～175 g,中苗每平方米播芽种 200～275 g,或按计划密度计算播芽量。

(3)覆土

播后要压种,使种子三面入土,然后用过筛细土盖严种子,覆土厚度 0.5～1 cm。

(4)封闭除草

以人工除草为主,化学除草应使用高效、低毒、低残留除草剂,可用丁扑合剂毒土法封闭灭草,然后在床面平铺地膜,出苗后立即撤掉地膜。

5. 秧田管理

(1)温度管理

播种至出苗期,密封保温;出苗至 1 叶 1 心期,注意开始通风炼苗。棚内温度不超过 28℃;秧苗 1.5～2.5 叶期,逐步增加通风量,棚温到 25℃,严防高温烧苗和秧苗徒长;秧苗 2.5～3.0 叶期,做到昼揭夜盖,棚温控制到 20℃;移栽前全揭膜,炼苗 3 d 以上,遇到低温时,增加覆盖物,及时保温。

(2)水分管理

秧苗 2 叶期前原则上不浇水,保持土壤湿润。当早晨叶尖无水珠时补水,床面有积水要及时晾床;秧苗 2 叶期后,床土干旱时要早、晚浇水,每次浇足浇透;揭膜后可适当增加浇水次数,但不能灌水上床。

(3)苗床灭草

稗草出土后,可在水稻 1 叶 1 心期用敌稗进行茎叶处理,用 20%敌稗乳油 10～15 $L/hm^2$,兑水 250 kg 均匀喷雾,喷药后立即盖膜。

(4)预防立枯病

秧苗 1 叶 1 心期时,应使用符合 NY/T 393 要求的农药。如用 35%清枯灵 10 g 兑水,喷雾 30 $m^3$ 苗床或 50%清枯灵 30 g 兑水后,喷雾 20 $m^2$ 苗床。病枯净 300 倍液,每平方米喷洒 2～3 kg 药液。

(5)苗床追肥

秧苗 2.5 叶龄期发现脱肥,应使用符合 NY/T 394 要求的肥料。如每平方米用硫酸铵 1.5～2.0 g,硫酸锌 0.25 g,稀释 100 倍液叶面喷肥。喷后及时用清水冲洗叶面。秧田可采用苗床施磷,起秧前 6 h 每平方米撒施磷酸二铵 150 g,或重过磷酸钙 250 g,追肥后喷清水洗苗。

(6)起秧

无隔离层旱育苗提倡用平板锹起秧,秧苗带土厚度 2 cm。

(五)本田耕整地及插秧技术

1. 本田耕整地

(1)准备

整地前要清理和维修好灌排水渠,保证畅通。

(2)修建方条田

实行单排单灌,单池面积以700~1 000 $m^2$为宜,减少池埂占地。

(3)耕翻地

实行秋翻地,土壤适宜含水量为25%~30%,耕深15~18 cm;采用耕翻、旋耕、深松及耙耕相结合的方法。以翻一年、松旋二年为一个周期比较适宜。

(4)泡田

5月上旬放水泡田,用好"桃花水",节约用水;井灌稻区要灌、停结合,盐碱土稻区要大水泡田以利洗盐碱。

(5)整地

旱整地与水整地相结合,旋耕田块只进行水整地。旱整地要旱耙、旱平、整平堑沟,结合泡田打好池埂;水整地要在插秧前3~5 d进行,整平耙细,做到池内高低不过寸,肥水不溢出。

2. 本田施肥

增施农家肥,少施化肥。N∶P∶K=1∶0.5∶(0.3~0.5),应使用符合NY/T 394要求的肥料。如可施非硝态氮肥,施腐熟有机肥30 000 kg/$hm^2$,结合旱耙施入;结合水整地,施磷酸二铵75 kg/$hm^2$,要求做到全层施肥。

3. 插秧

(1)插秧时期

日平均气温稳定通过12~13℃时开始插秧,高产插秧期为5月15~25日,不插6月秧。

(2)插秧规格

中等肥力土壤,行穴距为30 cm×13.3 cm(9寸×4寸);高肥力土壤,行穴距为30 cm×16.5 cm(9寸×5寸),每穴2~3棵基本苗。

(3)插秧质量

拉线插秧,做到行直、穴匀、棵准,不漂苗,插秧深度不超过2 cm,插后查田补苗。

(六)本田管理

1. 追肥

插秧后到分蘖前,应使用符合NY/T 394要求的肥料。如施返青分蘖肥尿素75 kg/$hm^2$,7月15日前后施穗肥尿素15~22.5 kg/$hm^2$。

2. 灌水与晒田

(1)护苗水

插秧后返青前灌苗高2/3的水,扶苗护苗。

(2)分蘖水

有效分蘖期灌3 cm浅水,增温促蘖。盐碱土区每7~10 d换1次水。并实行整个生育期浅水管理,9月初撤水。

(3)晒田

有效分蘖中期前3~5 d排水晒田。晒田达到池面有裂缝,地面见白根,叶挺色淡,晒5~

7 d,晒后恢复正常水层。盐碱土区和长势差的地块不宜晒田。

(4)护胎水

孕穗至抽穗前,灌 4~6 cm 活水。井灌稻区应实行间歇灌溉,遇到低温时灌 10~15 cm 深水护胎。

(5)扬花灌浆水

抽穗扬花期,灌 5~7 cm 活水,灌浆到蜡熟期间歇灌水,干干湿湿,以湿为主。

(6)排水

黄熟初期开始排水,洼地可适当提早排水,漏水地可适当晚排。

3. 除草

以人工除草为主,6 月末前中耕两遍,7 月 10 日前人工除草 1~2 遍。化学除草为辅,水稻插秧后 5~7 d(返青后),用 60% 丁草胺 1 000~1 200 $mL/hm^2$ 加 10% 草克星 100~150 $g/hm^2$ 或农得时 200~250 $g/hm^2$,毒土法施入。

4. 防治负泥虫

用人工扫除。

5. 防治稻瘟病

用春雷霉素或井冈霉素 30~50 $g/hm^2$ 兑水 1 000 倍液叶喷;或用 40% 富士一号可湿性粉剂(收获前 30 d,仅限用一次)900~1 125 $g/hm^2$ 兑水 500~700 倍液喷施。

6. 农药喷洒器械

符合国家标准要求的器械,保证农药施用效果和使用安全。

(七)收获、脱谷、储藏

1. 收获

(1)收获时期

当 90% 稻株达到完熟即可收获。

(2)收获质量

做到单品种单种、单收、单管,割茬不高于 2 cm,边收边捆成小捆,码成小码,搞好晾晒,降低水分。稻捆直径 25~30 cm。立即晾晒,基本晒干后再在池埂上堆大码,封好码尖,防止漏雨、雪,收获损失率≤2%。

2. 脱谷

稻谷水分达到 15% 时脱谷,脱谷机转速 550~600 r/min,脱谷损失率控制在 3% 以内,糙米率不大于 0.1%,破碎率≤0.5%,清洁率>97%。

3. 贮藏

温度控制在 16℃以下;稻谷水分 14%~15%;空气湿度 70% 左右。

二、绿色食品小麦生产技术操作规程

(一)范围

本标准规定了小麦单产 450~550 kg/666.7 $m^2$ 产地环境技术条件,肥料、农药使用原则和要求,生产管理等一系列措施。

本标准适用于河南省绿色食品专用小麦生产。

（二）引用标准

下列文件中的条款通过本标准的引用而成为本标准的条款。凡是注明日期的引用文件，其随后所有的修改版（不包括勘误的内容）或修订版均不适用于本部分。凡是不注日期的引用文件，其最新版本适用于本部分。

| | |
|---|---|
| GB 3095—1996 | 环境空气质量标准 |
| GB 5084—1992 | 农田灌水质量标准 |
| GB 15618—1995 | 土壤环境质量标准 |
| GB 4285 | 农药安全使用标准 |
| NY/T 393—2000 | 绿色食品农药使用准则 |
| NY/T 394—2000 | 绿色食品肥料使用准则 |
| GB 4404.1—1996 | 粮食作物种子、禾谷类 |
| DB 4107/T143—2009 | 绿色食品强筋小麦生产技术规程 |
| GB 1351—1999 | 主要粮食质量标准小麦 |
| GB/T 17892—1999 | 主要粮食质量标准优质小麦强筋麦 |

（三）生产环境条件

一是空气清新。生产基地四周无工矿企业污染，距医院和主要铁路、公路干线等有明显污染源地域 1 km 以上，空气质量达 GB 3095—1996 标准；

二是灌水清洁，排灌方便。基地用水严格控制污染，农田灌水质量符合 GB 5084—1992 标准要求；

三是基地土壤肥沃，不含残毒和有害物质，pH 6.0～7.5，有机质含量 1.0%以上，具有较好的保水保肥供肥能力，土壤环境质量符合 GB 15618—1995 标准要求。

（四）产品质量

小麦产品质量符合 GB 1351—1999 要求，强筋麦质量达到 GB/T 17892—1999 二等指标。

（五）轮作制度

小麦—玉米→小麦—花生→小麦—棉花。

（六）良种选用

1. 品种选用

选用通过国家或河南省品种审定委员会审定或认定的优质、稳产、抗逆性强的小麦品种。强筋小麦选用“郑麦 366”、“西农 979”等品种；优质专用小麦可选用“豫农 202”“矮抗 58”“周麦 18”“周麦 20”“周麦 22”等品种。

2. 种子质量

商品种子应进行精选、加工、规范包装，种子标签符合中华人民共和国农业部《GB 20464 农作物种子标签通则》规定；种子质量符合 GB 20464 小麦大田用种标准。

（七）土壤耕作

1. 整地质量

上无坷垃、下无卧垡、上虚下实、田平土细、疏松保墒，耕层逐年加深到 25 cm 以上。

2. 耕作方法

前茬收后及时抢墒耕翻或灭茬保墒，干旱年份应先灌溉，遇连续降雨时，及时开沟排水，抢时整地。稻茬采取“犁旋耙”或“旋犁耙”的方法精细整地。

(八)播种技术

1. 播种期

(1)冬前壮苗指标

叶片宽厚，大小适中，叶、蘖和次生根的生长符合同伸关系。越冬时，群体茎蘖总数60万左右，半冬性品种6叶1心至7叶1心，单株分蘖4～6个，次生根8～12条；春性品种6叶至6叶1心，单株分蘖3～4个，次生根6～8条。

(2)播期确定原则

冬前形成壮苗而不拔节，冬性品种日平均气温16～18℃、半冬性品种日平均气温14～16℃、春性品种日平均气温12～14℃播种，冬前0℃以上积温660～760℃。

(3)播期

半冬性品种10月5～15日；弱春性品种10月16～25日。在适播期内，力求抢墒早播，以争取生产上主动。

2. 播种量

(1)精(少)量播种的条件

耕层深厚，土壤肥沃；田平土碎，足墒播种；选用合格种子，适期播种；机械条播；浅播、匀播，播后镇压。

(2)播种量

10月5～20日播种的，播量8～10 kg/666.7 $m^2$，基本苗≥8万～12万/666.7 $m^2$；10月16～25日播种，播量11～13 kg/666.7 $m^2$，基本苗≥18万～20万/666.7 $m^2$。

3. 播种方式

机播，行距20 cm，播深3～5 cm。播种后镇压。

(九)施肥

肥料的施用原则和要求，肥料使用等按NY/T 394—2000执行。

施肥应以有机肥为主，稳氮增磷补钾添微，平衡施用。施氮量要达到15 kg/666.7 $m^2$左右，氮肥后移，基追肥比为6∶4。基肥施有机肥3 000 kg/666.7 $m^2$以上，尿素12.5 kg/666.7 $m^2$，过磷酸钙60 kg，氯化钾10 kg。3月下旬重施拔节肥，追尿素8～12 kg/666.7 $m^2$。孕穗至灌浆初期，用磷酸二氢钾150 g/666.7 $m^2$兑水50 kg叶面喷施1～2次。

(十)田间管理

1. 病虫草防治

(1)原则和要求

农药使用按NY/T 393—2000标准执行。坚持“预防为主，综合防治”，以农业防治、物理防治和生物防治为主，配合化学防治，不使用高毒、高残留农药，遵守农药使用安全间隔期。

(2)化学除草

以冬前防除为主，春季防除为辅。

冬前除草用75%苯磺隆水分散粒剂1.2 g/666.7 $m^2$兑水40 kg均匀喷雾，土壤墒情不足时，用水量应加大到60 kg以上。

(3)病害防治

纹枯病，3月上中旬起身拔节期病株率达到10%时，用12.5%烯唑醇可湿性粉剂

20 g/666.7 $m^2$兑水 50 kg 喷雾。白粉病，病叶率达 30%时，用 25%三唑酮乳油 30 mL/666.7 $m^2$兑水 50 kg 喷雾。最后一次施药距小麦收获至少 30 d 以上。

(4)虫害防治

地下害虫(蛴螬、蝼蛄、金针虫)播种前用 50%辛硫磷乳油 50 g 加水适量拌种 50 kg。蚜虫苗期蚜株率达 5%、百株蚜量 10 头，孕穗期蚜株率达 30%、百株蚜量 500 头时，用 10%吡虫啉可湿性粉剂 15 g/666.7 $m^2$兑水 40 kg 喷雾。

2. 合理灌溉

(1)冬灌

冬前干旱应进行冬灌。冬灌指标：日平均气温稳定在 3～4℃，夜冻日消，土壤含水量 18%以下，小麦分蘖盘墩后进行。防止田间积水。

(2)春灌

拔节初期(3 月底 4 月初)结合浇水，及时追施攻穗肥，施尿素 10 kg/666.7 $m^2$。

3. 合理促控

(1)促弱转壮

①底肥不足形成的弱苗。在叶色退淡、叶蘖同伸关系紊乱时，应早追苗肥，干旱时应结合浇水追尿素 4～5 kg/666.7 $m^2$或氮、磷、钾各 15%的三元复合肥 5～7.5 kg/666.7 $m^2$；返青期叶色发黄、群体不足时，应结合浇返青水，追返青肥 3～4 kg/666.7 $m^2$。

②晚播弱苗。应浅锄松土、保墒增温、除草，追优质有机肥 500～1 000 kg/666.7 $m^2$。

(2)控制旺长

①镇压。对有旺长趋势的麦田，冬前就应镇压。镇压用镇压器顺小麦行向进行，一般进行 1～2 次。土壤潮湿黏重时不宜镇压，以免造成土壤板结。

②深中耕。群体过大，生长偏旺时进行，深度 7～10 cm。

③疏苗。采取用耙耙或横锄等方法剔除部分麦苗，以控制旺长。

4. 防止倒伏

(1)提高整地质量、播种质量，选用高产、耐肥、抗倒品种；

(2)控施氮肥，平衡施肥，严格掌握追肥时间；

(3)实行精少量播种，建立合理群体结构；

(4)起身至拔节初期，用磷酸二氢钾 150～200 g/666.7 $m^2$兑水 40 kg 叶面喷施。

5. 穗期保健

孕穗至灌浆初期，用尿素 500 g/666.7 $m^2$、磷酸二氢钾 150～200 g/666.7 $m^2$兑水50 kg 叶面喷雾 1～2 次。

(十一)收获与贮藏

1. 收获

在完熟期收割。为加快收获进度，减少籽粒破损率，提高小麦商品等级，提倡用联合收割机收获。收获后及时晾晒，以防霉变降低品质。

2. 贮藏

当籽粒含水量 12.5%以下时入仓储藏。储藏的仓库要先消毒、除虫、灭鼠，不允许与其他物质混存。专用麦单收单储。

三、A级绿色食品玉米生产技术操作规程

（一）范围

本规程规定了A级绿色食品玉米生产的产地条件、栽培技术要求。

本规程适用于吉林省A级绿色食品玉米生产。

（二）规范性引用文件

下列文件中的条款通过本标准的引用而成为本标准的条款。凡是注明日期的引用文件，其随后所有的修改单（不包括勘误的内容）或修订版均不适用于本标准。凡是不注日期的引用文件，其最新版本适用于本标准。

NY/T 391　绿色食品产地环境技术条件

NY/T 393　绿色食品农药使用准则

NY/T 394　绿色食品肥料使用准则

（三）定义

本标准采用下列定义

1. 绿色食品

绿色食品是遵循可持续发展原则，按照特定生产方式，经专门机构认定，许可使用绿色食品标志的无污染的安全、优质、营养类食品。

2. A级绿色食品

A级绿色食品是指在生态环境质量符合规定标准的产地、生产过程中允许限量使用限定的化学合成物质，按特定的生产技术操作规程生产、加工、产品质量及包装经检测、检验符合特定标准，并经专门机构认定，许可使用A级绿色食品标志的产品。

（四）要求

1. 产地条件

产地环境质量符合绿色食品产地质量标准NY/T 391的要求。

2. 种子及其处理

(1)品种选择

根据生态条件，选用经审定推广的优质、安全成熟、抗逆性强、高产的优良玉米品种。种子的纯度≥97%；净度≥98%；发芽率≥90%；含水量≤14%。

(2)种子处理

发芽试验，播前10 d，进行1～2次。

3. 选地与整地

(1)选地

选择耕层深厚、肥力较高、保水保肥、排水良好的大豆、小麦或玉米茬的地块。

(2)整地

秋翻秋起垄，翻耙、起垄、镇压连续作业。

顶浆打垄，当土壤化冻10～15 cm时，在已清除根茬的地块上实行三犁成垄，并将底肥施入垄底，随打垄，随镇压，注意保墒。

4. 施肥

(1)施肥原则

施肥应以有机肥为主，化肥为辅。如施用化肥，化肥必须与有机肥配合施用，有机氮与无机氮之比不超过1:1。禁止施用硝态氮肥。

(2)农肥

施用优质农家肥30～40 $m^3/hm^2$,结合整地一起施入。

(3)化肥

施用磷酸二铵150 $kg/hm^2$和硫酸钾75 $kg/hm^2$,或用硫基三元素复合肥350 $kg/hm^2$。

(4)秸秆还田

有条件的地方推广秸秆还田,提高土壤肥力。

5. 播种

(1)播期

当耕层5 cm土温稳定通过6～8℃,开始播种。一般在4月10～25日进行播种。

(2)播种方法

机械垄上精量或半精量播种。

人工垄上等距埯种。

(3)播深

深浅一致,覆土均匀,镇压后播深达3～4 cm。

(4)播种密度

耐密型品种,保苗5万～6万株/$hm^2$;平展型品种,保苗4.2万～4.5万株/$hm^2$;半紧凑型品种,保苗5万株/$hm^2$左右。

(5)播量

机械播种,播量为23～30 $kg/hm^2$。

人工播种,播量为40 $kg/hm^2$左右。

(6)镇压

埯种地块播后及时镇压;坐水埯种地块播后隔天镇压;机械播种随播随镇压。做到不漏压不拖堆。

6. 田间管理

(1)前期管理

查田补种,及时检查发芽情况,如发现缺苗,及时催芽坐水补种或用备补苗补栽。

铲趟,出苗后进行铲前趟一犁。疏松土壤,提高地温。

间苗、定苗,3～4片叶时,间掉小苗,弱苗,每穴留1株壮苗,做到一次等距定苗。

(2)中期管理

①生育期间及时中耕。

②病虫草害防治。防治原则,以农业防治、物理防治、生态防治、生物防治为主,化学防治为辅。通过选用抗病虫品种,轮作倒茬,培育壮苗,精耕细作等农业措施;利用灯光、颜色诱杀、机械人工捕捉害虫等物理措施;利用间、混、套种等生物多样性生态措施;选用低毒生物农药,释放天敌等生物措施;有限度地施用部分化学合成农药,每种农药在作物生长的一季当中只允许使用一次,使用要求、用量、方法等按GB 4285、GB 8321执行,把病虫草危害降低到最低允许阈值以下。

地下害虫和玉米丝黑穗病,采用福美双、三唑酮为主要成分的低毒的种衣剂进行种子包衣防治地下害虫和玉米丝黑穗病。

玉米螟，采用赤眼蜂防治，放蜂量1.5万头/$hm^2$（第一次7 000头，第二次8 000头）；采用高压汞灯防治，在越冬代玉米螟羽化初期开始设灯防治，一般在村屯附近设灯，按每盏灯控制玉米田面积15 $hm^2$设灯数；采用白僵菌封垛或用颗粒剂白僵菌防治。3种防治方法同时进行。

黏虫，采用生物农药威敌，用量750～1 125 g/$hm^2$，兑水常规喷雾。可选用除虫脲、灭幼脲、敌百虫、溴氰菊酯、氰戊菊酯等杀虫剂防治，其剂型、用量和使用方法：

除虫脲，25%可湿性粉剂150 g/$hm^2$，喷雾；

灭幼脲，25%悬浮剂525 mg/$hm^2$，喷雾；

敌百虫，90%固体750 g/$hm^2$，喷雾；

溴氰菊酯，2.5%乳油150～225 mL/$hm^2$，喷雾；

氰戊菊酯，20%乳油150 mL/$hm^2$，喷雾。

人工除草，生育期间通过铲趟进行；化学除草，选用二甲戊乐灵、异丙甲草胺、氟乐灵等除草剂防除杂草，其剂型、用量和使用方法如下：

二甲戊乐灵，33%乳油2 250～3 000 mL/$hm^2$，土壤处理；

异丙甲草胺，72%乳油1 350～2 700 mL/$hm^2$，土壤处理；

氟乐灵，48%乳油1 125～1 500 mL/$hm^2$，土壤处理。

③追肥。拔节前6～7片叶时，结合铲趟，追尿素100 kg/$hm^2$。大垄双行玉米可适量增加施肥量，但不超过150 kg/$hm^2$，追肥部位距植株6～8 cm，深度10～15 cm。

(3)后期田间管理

放秋垄，8月上中旬放秋垄拿大草1～2次，做到不砍株，不伤根。

7. 收获

(1)收获时间

玉米果穗完熟后期收获。

(2)采收

站秆掰棒，掰净运净，及时上架，杜绝地面堆放，籽粒含水量达到20%以下脱粒，脱粒后及时晾晒。

(3)存放

做到绿色食品玉米单收、单运、单堆放、单脱粒、单贮藏，确保绿色食品与普通玉米不混杂。

(4)定点管理

实行A级绿色食品玉米定点种植，定点交售，确保A级绿色食品玉米的质量。

### 四、A级绿色食品大豆生产技术操作规程

(一)范围

本标准规定A级绿色食品大豆生产的产地条件选择、种子及其处理、轮作、整地、施肥、播种、田间管理、收获及产品质量等技术。

本标准适用于黑龙江省A级绿色食品大豆生产。在气候正常年份，按本标准实施，产量可达到2 250 kg/$hm^2$以上。

(二)规范性引用文件

下列文件中的条款通过本标准的引用而成为本标准的条款。凡是注明日期的引用文件,其随后所有的修改单(不包括勘误的内容)或修订版均不适用于本标准。凡是不注日期的引用文件,其最新版本适用于本标准。

NY/T 391　绿色食品产地环境质量标准

NY/T 393　绿色食品肥料使用准则

NY/T 394　绿色食品农药使用准则

(三)产地环境条件

产地环境条件应符合 NY/T 391 的要求。

1. 气候

无霜期 110 d 以上,年活动积温 2 100℃以上,年降雨量在 550～600 mm。

2. 土壤

土壤肥沃、耕性良好的土壤,pH 为 6.5～7.5。

(四)种子及其处理

1. 品种选择

选择适应当地生态条件且经审定推广的优质、抗逆性强的高产品种,品种脂肪含量 22.5%以上或蛋白质含量 45%以上,并进行专一品种生产。

2. 种子精选

种子播前要进行精选,净度达到 98%,纯度达到 98%,发芽率达到 85%,质量达到良种标准。

3. 种子处理

种子选定后用人工精选剔除病粒杂粒和虫食粒,拌种后晒种 2 d 待用。

(五)选茬与整地

1. 选茬

实行科学轮作,前茬以玉米、马铃薯、小麦为主。

2. 整地

实行伏、秋翻起垄或秋深松起垄。有深松基础的玉米茬可原垄种植;整地质量,耕层土壤细碎、疏松、地面平整,10 m 宽幅内高低差≤3 cm,每平方米耕层内直径≥5 cm 的土块不超过 5 个,达到适宜播种状态。

(六)施肥

1. 底肥

根据土壤肥力确定施肥量,结合整地一次施入。

2. 种肥

化肥做种肥,根据土壤诊断结果确定化肥用量、限量最高值。应施用符合 NY/T 394 要求的肥料,如施磷酸二铵 75 kg/hm$^2$,深施于种下 4～5 cm 处,切忌种肥同位,以免烧种。

3. 叶面追肥

大豆前期长势较差时,在大豆初花期,叶面追肥。应施用符合 NY/T 394 要求的肥料,如用尿素 10 kg/hm$^2$,加磷酸二氢钾 1.5 kg/hm$^2$,溶于 500 kg 水中喷施。

(七)播种

1. 播期

在保证播种质量前提下,适期早播。

2. 播法

采用垄距66.7 cm的垄,垄上双条精量播种。

3. 播种量

根据地势土壤肥水条件和品种特性确定密度,计算播种量,播量误差≤3%。

4. 播种质量

①总播量误差≤2%,单口播量误差≤3%。播种均匀。

②行距开沟器间误差<1 cm,播深3~5 cm,覆土一致,播后及时镇压。

(八)田间管理

1. 铲趟管理

播后铲前垄沟深松或趟一犁;铲趟进行3次,人工拿一次大草。第1次趟地深度15 cm;第2次不晚于分枝期,趟地深度10~12 cm;第3次在封垄前进行,培土达到第一复叶节。

2. 防治病虫害

农药的使用应符合NY/T 393要求。如8月10日前后,防治大豆食心虫,用30 cm长的秸秆在80%敌敌畏乳油中浸泡3 min制成毒棒,插450~750个/$hm^2$防治食心虫。6月中旬,用50%抗蚜威粉剂150~240 g/$hm^2$,兑水450~750 kg喷雾,防治蚜虫。

3. 灌溉

在大豆开花、鼓粒期要适时浇灌,采取喷灌,每次灌水定额以20~30 mm为宜。

4. 农药喷洒器具

可采用符合国家标准要求的器械,保证农药施用效果和使用安全。

(九)收获

1. 收获时期

茎叶及豆荚变黄,豆粒归圆及落叶达80%以上时收获。

2. 收获质量

割茬高度以不留底荚为准,不丢枝、不炸荚,割后晒5~7 d,拉净拣净,做到单收割、单拉运、单脱粒、单贮藏。

(十)其他

对绿色食品大豆生产的全过程,要建立田间技术生产档案,全面记载,以备查阅。

五、A级绿色食品大蒜生产技术操作规程

本规程规定了A级绿色食品大蒜生产的品种选择、选茬整地做畦、栽培方法、田间管理、收获等技术。

本标准适用于山东省A级绿色食品大蒜生产。

(一)产地条件

选择在地势较高、地面平坦、土质疏松、土壤肥沃、酸碱适宜、排灌方便、通风良好的地块。大气、土壤、水质条件均符合绿色食品产地质量标准。

(二)品种与备种

1. 品种

以白皮蒜为主要品种。

2. 茬口选择

大蒜选择前茬作物以玉米和大豆作物为主。前茬作物亦严格按照绿色食品生产操作过程中的标准和要求进行生产和管理。

3. 整地施肥

在前茬作物收获后,施优质专用圈肥2 000 kg/666.7 $m^2$、有机复合肥料100 kg/666.7 $m^2$作底肥,撒施均匀后立即进行耕翻,耕翻深度20～30 cm,细耙细耧2～3遍,使肥料与土壤充分混匀,做到地面平整,上松下实。

4. 做畦

多采用平畦栽培,畦宽1.0 m,畦长2.0 m,畦梗宽20～30 cm,高15 cm。

(三)选种与留种

1. 播前选种

在播种前,要从选种的蒜种中选择蒜瓣肥大、芽饱满、色泽洁白、无病斑、无伤口的蒜瓣作种。严格剔除发黄、发软、虫蛀、有伤、茎盘变黄及霉烂的蒜瓣。

2. 收获后留种

田间留种要选择无病地块,具有本品种形态特征和优良种性的植株留种,其叶片要无病斑、茎粗壮、蒜头肥大周正、外观颜色一致、瓣数相近、均匀饱满。留种的大蒜要适期收获并单收单藏。

(四)栽培方法

1. 播种期

一般在9月上旬至10月下旬播种,秋分至寒露期间为播种适期。

2. 播种密度与用种量

确定密度时,必须考虑品种特点、种瓣大小、播期早晚、土壤肥力、肥水条件及栽培目标等多种因素。播种密度为3万～4万/666.7 $m^2$,行距18～20 cm,株距6～8 cm,用种量为150 kg/666.7 $m^2$左右。

3. 播种方法

先在做好的畦内按行距开深3 cm的浅沟,在沟内浇透水,待水渗下后,按株距将蒜瓣种在沟内,然后在其上均匀撒一层1.5～2.0 cm的细土。

4. 蒜瓣的摆置方向

因为大蒜叶片开展方向与蒜瓣腹背连线相垂直,因此,播种时蒜瓣腹背连线要呈南北向,这样长成的植株叶片在行间东西方向充分伸展,植株上、中、下层光照分布合理,可以提高光合作用,增产明显。

(五)田间管理

1. 发芽期的管理

播种后一般7～10 d蒜苗出土。要求土壤保持湿润,但田间不能积水;及时划锄,防止土壤板结。

2. 幼苗期的管理

以培育壮苗为目的，控制浇水，及时松土保墒，促进根深苗壮，确保安全越冬，春发有力。幼苗出齐后立即浇出苗水，然后进行浅中耕，土壤不黏时，再次中耕，深度以3～5 cm为宜。小雪前后土壤封冻时，可浇冻水，以畦面不结冰为准，地表不黏后划锄1～2遍，提高地温，防止土壤板结，划锄晒2～3 d后用脚踏一遍；气温降至0℃左右时，在畦面盖作物秸秆或树叶等。第二年天气转暖，气温回升到1℃以上时，逐渐撤去覆盖物，随即中耕松土，深度1～2 cm，春分前后，浇返青水。

3. 加强田间管理

采薹后立即浇催头水，以后每5～6 d浇一水，直到收获前1周停止。在收蒜头前1～2 d适量浇水，以疏松土壤，方便收获。

(六)病虫害防治

绿色食品大蒜病虫害防治，采取以农业和生物防治技术为主的综合防治措施。

1. 选用抗病品种

选用产量高、品质好、抗病的白皮蒜种为主栽品种。

2. 培育壮苗

选择蒜瓣肥大、芽饱满、色泽洁白、无病斑、无伤口的蒜瓣作种。施足基肥，浇足苗情水及越冬水，保证苗齐、苗全、苗壮。

3. 物理防治

在生产过程中采用人工捕捉、汞灯诱虫等物理方法进行捕杀、诱杀。

4. 化学防治

在物理方法不能确保防治的前提下，可以采取化学防治的方法进行防治。必须符合绿色食品安全用药准则的要求。大蒜发生的病害较轻，一般不需防治。主要害虫有蚜虫，可于4月下旬蚜虫始盛期的傍晚前，用5%氯氰菊酯乳油25 mL/666.7 $m^2$，兑水均匀喷雾。

(七)收获

采薹后约20 d，大蒜的底叶枯黄脱落，假茎松软，这时为收获蒜头的适期，一般在收获前1～2 d浇小水一次，使土壤湿润松软，用手提拉假茎，拔起蒜头；若土壤干硬，应用镢、锨等工具挖松蒜头根际泥土，再行拔起。收获时轻拔轻放，防止蒜头受伤。

六、A绿色食品大棚黄瓜生产操作规程

(一)范围

本规程规定了A级绿色食品大棚早春黄瓜生产的品种选择、育苗、田间管理、保温措施、施肥、病虫害防治等技术。

本标准适用于黑龙江省A级绿色食品大棚黄瓜生产的技术标准。

(二)引用标准

| | |
|---|---|
| SH/T 1025—10288 | 蔬菜贮藏与运输技术 |
| NY/T 391—2000 | 绿色食品产地环境质量条件 |
| NY/T 393—2000 | 绿色食品肥料使用准则 |
| NY/T 394—2000 | 绿色食品农药使用准则 |

(三)技术要求

1. 产地环境条件

符合NY/T 391的要求。

2. 品种选择

选择津春2号、津春3号、津优2号、津优3号,种子纯度≥95%、净度≥98%、芽率≥85%、水分<8%。

3. 育苗

(1)育苗方式

温室内营养钵或营养块育苗。

(2)播种期

2月中旬至2月下旬。

(3)播种方式

育苗移栽,催芽直播。

(4)播种量

2.25 $kg/hm^2$。

(5)播种前的准备

①育苗移栽用的育苗盘,规格为50 cm×35 cm×5 cm和(60~70) cm×5 cm。育苗盘育苗用河沙。

②营养土的配制。40%园田土,60%陈草炭土或腐熟有机肥混拌均匀,每立方米混合土再加10 kg腐熟大粪面或腐熟鸡粪,1 kg磷酸二铵。

③营养钵及营养土块制作。营养筒用旧报纸或废塑料薄膜制成,或购营养钵,高8 cm,直径8 cm,移栽前或播种前装入营养土备用。

④种子处理。播种前用50℃温水浸泡烫种10~15 min,不断搅拌,待水温降到25℃时,浸种8~10 h后搓洗,清水投净。

⑤催芽。胚芽刚萌动放在0~2℃的低温条件下1周。

(6)播种

①沙箱播种育苗。用80℃热水浇透水,待稍冷撒播,覆沙1 cm,给小拱棚盖上地膜,出苗后立即撤膜;子叶展平时,保持根系移入营养钵,少量覆土后浇透水。

②催芽直播育苗。用温水浇透营养体,选1粒平放,覆土1 cm。

(7)苗期温度管理

(8)苗期水分管理

缓苗后,苗床保持湿润,表土见干时喷水,湿度60%~70%。阴天不浇水,晴天上午10:00前浇水。

(9)壮苗指标

日历苗龄50 d左右。真叶展开4~5片;茎粗节间短,子叶肥厚,有80%以上现蕾。

(10)扣棚

①扣棚时间。用聚乙烯膜时,春天定植前15~20 d扣棚。用抗老化膜在头年秋季封冻前扣棚。每667 $m^2$用厚度0.1~0.12 mm的聚乙烯膜120 kg,厚度为0.12 mm的聚乙烯膜

150 kg。

②整地。2月下旬，翻地晒土后施肥、起垄，垄宽 60～70 cm。

③施基肥。结合整地将有机肥夹施，每 667 $m^2$ 腐熟优质农家肥 6～10 t，翔宇牌有机活性复合专业肥(蔬菜专用)25～30 kg 或秸秆熟化有机生物肥 35～45 kg。

④扣棚。一般在 3 月上中旬扣大棚。

4. 定植

(1)定植安全期

当棚内最低气温稳定通过 8～10℃时，10 cm 土温稳定通过 10℃即可定植。

(2)定植时间

多层覆盖定植在 4 月上中旬，单层棚在 4 月下旬。

(3)定植方式与密度

垄作，株距 20～25 cm，行距 60～70 cm，每保留 5～6 株。

(4)保温措施

可种用多层覆盖，一般为 3～4 层。用地膜、棚膜、无纺布、草帘子等材料。

5. 田间管理

(1)温度

缓苗期白天 30℃左右，夜间 15℃左右；生长期白天 25～30℃，夜间 10～15℃。

(2)湿度

控制棚内湿度在 80%左右，缓苗期后看天、看土、看苗浇水。前期小灌(水过地皮干)，中期适当灌(水过地皮湿)，后期大水漫灌。晴天上午灌水，下午通风；阴天不灌水，土壤湿度在 50%以下时灌水，每次产量高峰栽瓜后，可结合追肥灌水。

(3)通风

终霜前棚内最高温度达到 28℃时通风，不能放底风和串堂风；终霜后外界气温稳定通过 13℃以上，可昼夜放风。

(4)追肥

根瓜收获后进行第一次追肥，每 667 $m^2$ 用磷酸二氢钾 0.2 kg 配成 0.1%～0.2%浓度的溶液，叶面喷肥结合灌水进行。

(5)搭架

定植后 10～15 d 塔架，用聚丙烯绳绑蔓、摘除病叶、老叶、卷须以及雄花、侧蔓。

6. 防病、防虫

(1)防病

霜霉病，用 50%瑞毒霉可湿性粉剂 1 000 倍喷雾 1 次，每 667 $m^2$ 可施用 75～120 kg。或 75%百菌清可湿性粉剂 600 倍液喷雾 1 次，每 667 $m^2$ 用量 100～200 kg。

细菌性角斑病，用 30%杀菌灵 500～600 倍液喷雾 1 次。

菌核病和炭疽病，用 25%多菌灵 500 倍液喷雾 1 次(施药距采收间隔期 7 d 以上)。

(2)防虫

蚜虫，用 40%乐果乳油 2 000 倍液，每 667 $m^2$ 用 50～100 g 喷雾 1 次(施药距采收间隔 9 d 以上)。

7. 收获

(1)采收时间

达到商品性状成熟时及时采收,根瓜提早采收。

(2)采收时着装应洁净卫生

不得从其他品种棚室转入,身上无农药气味。

(3)商品瓜与病害瓜分别采收,容器专用

采摘商品瓜容器要卫生洁净,采摘病害瓜、病叶或病植株的容器原则上应采用一次性的,用后烧掉或者与病害体一同处理。

# 项目二　绿色食品养殖业生产

## 【知识与技能】

### 一、绿色食品畜禽养殖业生产的概念

绿色食品畜禽养殖业生产是指农业生产遵循可持续发展原则,按绿色食品畜禽养殖业生产操作规程从事畜禽动物养殖的生产活动。

绿色食品畜禽养殖业生产操作规程是以农业部颁布的各种绿色食品使用准则为依据,结合不同农业区域的特点而分别制定,其主要内容有品种选择、饲料原料来源、饲料添加剂的使用、疾病防治、动物舍环境卫生等。绿色食品畜禽生产操作规程用于指导绿色食品畜禽养殖业生产活动,规范绿色食品畜禽养殖业生产的技术操作。绿色食品畜禽养殖业生产必须经绿色食品管理部门指定的环境监测部门监测,符合《绿色食品产地环境质量标准》NY/T 391—2000;《绿色食品饲料及饲料添加剂使用准则》NY/T 471—2001;《绿色食品兽药使用准则》NY/T 472—2001;《绿色食品动物卫生准则》NY/T 473—2001。

### 二、绿色食品畜禽养殖业生产技术

为了保证畜禽产品的高质量、安全、环保,做到没有化学农药、激素、抗生素等对人体健康有害物质的残留,在畜禽养殖过程中,必须严格按照畜禽生理学和动物生态学的原理及执行绿色食品生产操作规定的技术指标和操作规程进行管理和生产。

#### (一)畜禽品种选育

在绿色食品畜禽品种选择上,要尽量选择适合当地条件的优良畜禽品种,除了有较快的生长速度外,还应考虑对疾病的抗御能力。畜禽品种的购入要经过检疫和消毒。禁止使用基因工程品种。

#### (二)畜禽舍环境卫生

畜禽舍的环境卫生,不仅直接影响畜禽的健康生长,而且还间接地影响到畜禽产品的品质。

1. 畜禽舍场地要求

(1)地势、地形

要求地势干燥、向阳背风,地面平坦而稍有坡度,牧场场地应高出当地历史上最高的洪水线,地下水位则要在 2 m 以下。对于较大型的城郊畜禽场,应特别注意远离污染源,如化工厂、造纸厂、制革厂和屠宰场等。

(2)水源

水质必须符合《生活饮用水质标准》GB 5749—85,水量充足、水质良好、便于防护、取用方便。

此外,畜舍场地还要求地形开阔整齐,交通便利,并与主要公路干线保持 200 m 的卫生间距。在设计建造畜舍时,既要考虑排除不良气候对家畜健康品质及生长性能的影响,又要使饲养效率充分发挥,取得最大的经济效益。

2. 畜禽舍的环境要求

畜禽舍的适宜环境包括温度、湿度、气流速度、光照以及新鲜清洁的空气。

(1)温度

畜禽为恒温动物,在生产中要求舍温保持在适宜温度范围内,冬暖夏凉。

(2)湿度

畜禽舍空气中的湿度,不仅直接影响家畜健康和生产性能,而且严重影响畜禽舍保温效果。舍内相对湿度以 50%～70%为宜,最高不超过 75%。

(3)通风换气

舍内空气要保持一定的流动速度,夏季要排除舍内的热量,帮助畜体散热,增加家畜舒适感。在冬季低温、畜舍密闭的条件下,要引进新鲜空气,使舍内温度、湿度、化学成分保持均匀一致,并要使水汽及污浊气体排出舍外,以改善畜舍空气环境质量。因此,夏季要求畜体周围气流速度保持为 0.2～0.5 m/s,冬季则以 0.1～0.2 m/s 为宜。

(4)光照

不同的家畜、不同的生长阶段,所要求的光照时间、光照强度不同。禽类对光敏感,直接影响其生长发育、生产性能和性活动,光照在环境因素中起决定性作用,在生产中通常用"采光系数"衡量与设计畜舍的采光。采光系数指窗户的有效采光面积与畜舍地面面积之比。各种畜舍的采光系数一般用 1∶$x$ 表示,见表 1-3-1。

**表 1-3-1 各种畜禽舍的采光系数**

| 畜舍 | 采光系数 | 畜舍 | 采光系数 |
|---|---|---|---|
| 种猪舍 | 1∶(10～12) | 母马及幼驹厩 | 1∶10 |
| 肥猪舍 | 1∶(12～15) | 役马厩 | 1∶15 |
| 奶牛舍 | 1∶12 | 成年绵羊舍 | 1∶(15～25) |
| 肉牛舍 | 1∶16 | 羔羊舍 | 1∶(15～20) |
| 犊牛舍 | 1∶(10～14) | 成禽舍 | 1∶(10～12) |
| 种公马厩 | 1∶(10～12) | 雏鸡舍 | 1∶(7～9) |

(5)空气

由于呼吸和有机物分解等，畜禽舍经常产生大量有害气体，必须及时排除。这些有害气体主要有氨气、硫化氢和二氧化碳。氨及硫化氢的浓度过高时，不仅影响畜禽健康及生产性能，而且直接影响畜禽产品的品质。畜舍氨浓度不得超过 20 mg/L，鸡舍中不得超过 15 mg/L。硫化氢毒性较大，舍内浓度不得超过 5 mg/L。二氧化碳一般不引起家畜中毒，但它表明空气的污浊程度，舍内二氧化碳浓度以低于 0.10%为宜。

**(三)畜禽的饮食**

绿色食品畜禽饮食供应要与畜禽的生理需要相一致，引水和饲料必须来自绿色食品产地或经检测符合绿色食品标准的产区。

绿色畜禽产品的生产首先以改善饲养环境、加强饲养管理为主，按照饲养标准配制日粮，饲料选择以新鲜、优质、无污染为原则，饲料配制做到营养全面，各种营养元素相互平衡。所使用的饲料和饲料添加剂必须符合国家的有关管理规定、《饲料卫生标准》、《饲料标签标准》、各种饲料原料标准、饲料产品的有关规定。

绿色畜禽所用的饲料添加剂和添加剂预混料必须具有生产批准文号，其生产企业必须有生产许可证。进口饲料和饲料添加剂必须具有进口许可证。同时符合《绿色食品饲料添加剂使用准则》。

①必须符合《饲料卫生标准》《饲料标签标准》和各种饲料原料标准、饲料产品标准等有关规定。

②优先使用绿色食品推荐的生产资料饲料类产品。

③至少有 90%饲料成分来源于已认定的绿色食品产品及其副产品，其他成分可以是达到绿色食品标准产品。

a. 绿色食品标志产品，如玉米，豆粕；

b. 绿色食品生产企业副产品，如麦麸；

c. 有固定生产基地，并通过绿色食品环境监控、绿色食品种植规程监控原料；

d. 禁止使用转基因方法生产的饲料原料(如进口豆粕)；

e. 禁止使用工业合成油脂；

f. 禁止使用畜禽粪便；

g. 禁止使用以哺乳类动物为原料的动物性饲料产品(不包括乳及乳制品)饲喂反刍动物。

绿色畜禽所用兽药符合《绿色食品兽药使用准则》。

①以预防为主，建立严格的生物安全体系。

②优先使用绿色食品推荐兽药产品。

③允许使用消毒防腐剂对饲养环境等消毒，但不准对动物直接使用；不能使用酚类消毒剂。

④允许使用疫苗预防动物疾病。但是活疫苗应无外源病源污染，灭活苗的佐剂未被动物吸收前，该动物产品不能作为绿色食品。

⑤允许使用《绿色食品兽药使用准则》规定的抗寄生虫药和抗菌药，使用中应注意以下几点：

a. 严格遵守规定的作用与用途、使用对象、使用途径、使用剂量、疗程和注意事项；

b. 停药期必须遵守《绿色食品兽药使用准则》规定的时间；

c. 产品中的兽药残留量应符合《动物性食品中兽药最高残留限量》规定。认证机构负责监督生产单位执行标准并抽检产品中的兽药残留量。

⑥允许使用钙、磷等补充药，酸碱平衡药，体液补充药，电解质补充药，营养药，血容量补充药，抗贫血药，维生素类药，吸附药，泻药，润滑剂，酸化剂，局部止血药，收敛药和助消化药。

⑦建立并保持治疗记录(畜号、时间、症状、药物等)。

⑧禁止使用有致癌、致畸、致突变作用兽药。

⑨禁止在饲料中添加兽药。

⑩禁止使用基因工程兽药。

⑪禁止使用作用于神经系统机能的兽药，如安眠镇静药、镇痛药、麻醉药等。

#### (四)其他技术条件

1. 运输

车辆要彻底清洗干净；运输时不得使用化学合成的镇静剂和兴奋剂。

2. 屠宰

屠宰前要进行检验，并实行定点屠宰，屠宰后要进行寄生虫检查等。

3. 管理

管理上要统一，做到统一饲料、统一防疫、统一兽药、统一指导、统一收购等。

## 三、绿色食品水产养殖业生产概念

绿色食品水产养殖业生产是指农业生产遵循可持续发展原则，按照绿色食品水产养殖业生产操作规程从事水产动物养殖的生产活动。

绿色食品水产养殖业生产操作规定是以农业部颁布的各种绿色食品使用准则为依据，结合不同农业区域特点而分别制定，其主要内容包括品种选择、养殖用水要求、鲜活饵料和人工配合饲料的原料要求、人工配合饲料的添加剂使用、疾病防治等。

绿色食品水产养殖业生产操作规程用于指导绿色食品水产养殖业生产活动，规范绿色食品水产养殖业生产的技术操作。绿色食品水产养殖业生产必须经绿色食品管理部门指定的环境监测部门监测，符合《绿色食品产地环境质量标准》NY/T 391—2000。同时还要符合《绿色食品肥料使用准则》NY/T 394—2000、《绿色食品农药使用准则》NY/T 393—2000、《绿色食品饲料及饲料添加剂使用准则》NY/T 471—2001、《绿色食品渔用药使用准则》NY/T 755—2003、《绿色食品动物卫生准则》NY/T 473—2001。

## 四、绿色食品水产养殖业生产技术

### (一)绿色食品水产品养殖场区的选择

在水产养殖区域，由于受工业、居民生活等环境因素的影响，有许多区域易受到不同程度的污染，对水产品养殖造成严重威胁。因此，绿色食品水产品产地环境的优化选择技术是绿色食品水产品生产的前提。绿色食品水产品产地质量环境要求包括绿色食品水产品渔业用水质量、大气环境质量及渔业水域土壤环境质量等要求。

1. 水质和水量

绿色水产品对于养殖用水处理提出了更高要求。选择养殖场区的首要条件是水质和水量。水质理化指标必须符合国家《渔业水质标准》(GB 11607—1989),同时水源要充足,常年要有充沛的流量,保证渔业养殖用水需要(见岗位二的单元一　绿色食品标准 表2-1-3)。

2. 养殖用水中的有毒物质

养殖用水中若含有一些有毒物质,会对鱼类造成严重危害。在选址上应避开工矿、电厂、废弃油井等工业污染和生活污染区。环境中,大气、水质和土壤等要求要达到《绿色食品产地环境质量标准》。对于水温、水深和面积,应以因地制宜、因时制宜和因物制宜的原则,并视饲养种类而定。

3. 养殖水体的底泥

养殖水体的底泥是指与水接触的土壤和淤泥,因淤泥中含有大量有机物和氮、磷、钾等营养物质而成为鱼类的饵料,所以具有保肥、供肥和调节水质的作用。但不能过多、过厚,否则由于有机物耗氧量大,将对鱼类生长发育造成危害。

4. 养殖场选址

应选择日晒良好、通风良好、进排水良好的区域。鱼是冷血动物,体温的升降随其生活的水体温度的变化而变化。水温的急剧升降,鱼不易适应而致病乃至死亡。一般鱼苗下塘时,要求鱼池水温与原生活水体水温相差不超过2℃。

5. 海水养殖区选址

海水养殖区应建造在潮流畅通、潮差大、盐度相对稳定的区域,注意不得靠近河口,以防洪水期淡水冲击,盐度大幅度下降,导致鱼虾淡死,以及污染物直接进入养殖区,造成污染。

6. 养殖区的交通

养殖区要交通方便,将有利于水产品、种苗、饲料、成品的运输,也可使大量的水产品保质、保鲜和保活,就地上市,有利于提高商品的价格,增加经济收入。

### (二)绿色食品水产品品种的选择与选育

水产养殖要选择高产、高效、抗病以及适应当地生态条件的优良品种,同时,为了避免近亲繁殖,品种退化,应尽可能选用大江、大湖、大海的天然鱼苗作为养殖对象。若选择绿色食品水产养殖的人工育苗,应注意以下几个问题。

1. 亲本培育

亲本培育时,亲本池应建在水源良好,排灌方便,无旱涝之忧,阳光充足,环境安静,不受人为干扰的地方。亲本放养密度,雌雄比例适宜,投喂符合绿色食品生产要求的适口的饵料和营养全面的配合饲料,尽可能使其自行产卵、孵化。

2. 人工催产授精

人工催产授精是指给成熟鱼的亲本注射催产药物,人为控制亲本发情、产卵、受精的一种生产方式。常用的催产药物有促黄体生成素释放激素类似物、脑垂体提取液和绒毛膜促性腺激素。这些激素是AA级绿色食品生产中禁止使用的,在A级绿色食品生产中仅限于繁殖苗种,但注射过催产药物的亲本不能作为绿色食品的食用水产品出售。

3. 杂交制种

利用不同品种或地方种群之间的差异进行杂交,其子一代生长性能通常好于亲本。但必须养殖于人工能完全控制的水体中，其成体只供食用，不可留种，也不可放养或流失于江、河、湖、沼中，以免污染自然种群的基因库。

**（三）渔药使用准则**

绿色水生动物增养殖过程中对病、虫、敌害生物的防治，坚持“全面预防，积极治疗”的方针，强调“防重于治，防治结合”的原则，提倡生态综合防治和使用生物制剂、中草药对病虫害进行防治；推广健康养殖技术，改善养殖水体生态环境，科学合理混养和密养，使用高效、低毒、低残留渔药；渔药的使用必须严格按照国务院、农业部有关规定，严禁使用未经取得生产许可证、批准文号、产品执行标准的渔药；禁止使用硝酸亚汞、孔雀石绿、五氯酚钠和氯霉素。外用泼洒药及内服药具体用法及用量应符合水产行业标准规定。

**（四）饲料使用准则**

饲料中使用的促生长剂、维生素、氨基酸、脱壳素、矿物质、抗氧化剂或防腐剂等添加剂种类及用量应符合有关国家法规和标准规定；饲料中不得添加国家禁止的药物（如己烯雌酚、喹乙醇）作为防治疾病或促进生长的目的。不得在饲料中添加未经农业部批准的用于饲料添加剂的兽药。

**（五）农药使用准则**

稻田养殖绿色水产品过程中，对病、虫、草、鼠等有害生物的防治，坚持预防为主、综合防治的原则，严格控制使用化学农药。应选用高效、低毒、低残留农药，主要有扑虱灵、甲胺磷、稻瘟灵、叶枯灵、多菌灵、井冈霉素，禁止使用除草剂及高毒、高残留、“三致”农药。稻田养殖使用农药前应提高稻田水位，采取分片、隔日喷雾的施药方法，尽量减少药液（粉）落入水中，如出现养殖对象中毒征兆，应及时换水抢救。

**（六）肥料使用准则**

养殖水体施用肥料是补充水体无机营养盐类，提高水体生产力的重要技术手段，但施用过量，又可造成养殖水体的水质恶化并污染环境，造成天然水体的富营养化。肥料的种类包括有机肥和无机肥。允许使用的有机肥料有堆肥、沤肥、厩肥、绿肥、沼气、发酵粪等；允许使用的无机肥料有尿素、硫酸铵、碳酸氢铵、氯化铵、重过磷酸钙、过磷酸钙、磷酸二铵、磷酸一铵、石灰、碳酸钙和一些复合无机肥料。

**（七）绿色水产养殖中的病害防治**

1. 创造良好的水体环境，避免与减少病原体的侵入与环境污染

合理选择养殖场地，必须考虑水源、水质、环境以及防病等条件，养殖池应建在无污染源及没有严重污染的地区，养殖规模应考虑养殖区的生态平衡。

彻底清淤消毒。养殖池有机物和腐殖质要进行消毒、暴晒。

控制海区及养殖池富营养化水平。首先是控制陆地污染源，禁止向海区排放“三废”，排污企业做到先治理后排放，沿海流域城乡逐步推行生活污水先治理后排放，使沿海环境污染的状况得到有效的控制；其次调整产业结构，控制养殖规模和多品种的综合生态养殖，改善养殖区的生态环境，有效控制疾病传播途径。

重视养殖自身污染。养殖生产应因地制宜做好统一规划，尽量做到统一清淤消毒，对污染排放物做好消毒处理，提倡投喂新鲜及优质配饵，提高养殖者的养殖技术，实现鱼、虾、贝

混养等综合养殖方式，避免养殖自身污染与净化养殖环境。

良好的水质有稳定和维持养殖池生态平衡的作用。水体中保持一定数量浮游植物，能够有效地向水中提供氧气，吸收有机物转化的营养盐类，并能够提供养殖苗种基础饵料，有利于稳定水温、水质，促进养殖品种生长，同时可以减少养殖品种的互相吞食和生物的应激反应。目前改善水质的主要方法是施肥和添、换水。

光合细菌具有明显的净化水质和改良底质的作用。光合细菌能够吸收利用腐败细菌，分解沉积残饵和排泄物等有机物分解所产生的硫化氢等有害物质，并能与水中致病菌竞争营养盐、抑制病原生物生长，甚至彻底消灭致病细菌，从而达到防止养殖鱼、虾病害发生的目的。光合细菌还有丰富的营养物质，能够作为鱼虾饵料的添加剂。光合细菌用量为49.5～57.0 L/hm$^2$（菌液含量为40亿个/L），用10～20倍水稀释后泼洒，每天投喂2～3次，直到养殖产品起捕。

2. 应用科学的养殖技术，综合防治病害

放养健康苗种，保持合理放养密度。第一，放早苗，培养健康苗种，以延长养殖时间，利于改善水质、避开发病时机；第二，苗种中间培育鱼、虾苗，提倡尼龙大棚暂养早苗，经过20～30 d的暂养，培育大规格鱼、虾苗种，准确计数放养到养殖池，提高养殖成活率并降低成本，有利于多茬养殖；第三，合理的放养密度，维护养殖池的生态平衡，以达到最佳经济效益。

科学投喂优质饵料，首先是选择优质饵料，以防病从口入；其次是合理、科学的投饵方法。

加强养殖管理，“三分苗种，七分养”，养殖管理是提高经济效益、防止污染与疾病发生的关键所在，日常管理要做到“三勤”，即勤巡塘、勤检查、勤除害。对于疾病要及时监测。在养殖期间，适当使用消毒剂等药物改善养殖环境，预防疾病的发生。

## 五、绿色食品特种养殖

绿色食品特种养殖是指没有被绿色食品种植业、养殖业涵盖的，近些年新兴的养殖业生产，是常规养殖的有益补充。下面以蜂 、林蛙、鹌鹑为例，介绍特种动物绿色食品生产技术。

### （一）蜜蜂饲养及蜂产品加工

蜂产品有些是食品，有些是界于食品和药品之间的保健品，具有明显的保健功能，深受广大消费者青睐。随着人们生活水平的不断提高，对蜂产品的质量要求越来越高，生产无污染的安全、优质、营养的绿色蜂产品显得越来越重要。绿色蜂产品的生产是改变传统的生产方式，按照特定的标准进行生产，对产品实施全程质量控制。在绿色蜂产品的生产过程中，要严格控制农药残留、放射性物质、重金属、有害细菌等对产品的污染，将污染控制在危害人体健康的安全限度之内。

1. 采蜜区的选择

①采蜜区（放蜂点半径5 km范围内）环境条件必须符合中华人民共和国农业行业标准NY/T 391—2000《绿色食品产地环境技术条件》。

②选择在无污染和生态条件良好的地方放蜂，如远离工矿区、公路和铁路干线，避开工业和城市污染源。

③蜜粉源充足，且蜜粉源植物花期不使用有害农药。

④水源无污染，养殖用水中各项污染物质浓度不超过标准要求。

⑤生产蜂产品的场所要经常打扫，保持干净卫生，并按要求定期消毒。

⑥采蜜区存在有毒蜜粉植物的地区，不应放蜂。主要有毒植物为雷公藤、博落回、藜芦、紫金藤、钩吻、乌头等。

2. 喂食

①蜂场工作人员至少每年进行一次健康检查。传染病患者不应从事蜜蜂饲养和蜂产品生产工作。

②在蜜蜂的采蜜期结束时，蜂巢内必须存留足够的糖蜜和花粉，以备蜜蜂过冬。

③在蜜蜂面临饥饿困境的情况下，允许人工饲喂经绿色食品认证的糖浆或糖蜜。

④适时补饲或奖饲，设置喂水器并定期清洗消毒，特别是低温阴雨天气要给蜂群巢门喂水。

⑤饲喂蜂群的蜂蜜、糖浆、花粉或花粉代用品应经灭菌处理。

⑥重金属污染、发酵的蜂蜜、生虫、霉变的花粉或花粉代用品不应用作蜂群饲料。

⑦花粉代用品不应添加未经国家有关部门批准使用的抗氧化剂、防霉剂、激素等。

3. 生产器具的选择

①生产蜂产品的器具必须用无公害材料制作，避免污染蜂产品。例如，摇蜜机应采用不锈钢等材料制作；蜂蜜桶、贮浆瓶、台基条、脱粉器等采用无毒害的塑料、竹、木等材料制作；贮存蜂产品的器具要符合食品卫生要求，贮存的库室要贮备无公害条件和良好的保鲜条件。

②蜂群的巢脾要无公害。采用无污染的蜂蜡制作巢础；贮存过含禁用药物的蜂蜜巢脾，应及时淘汰，不再用于生产蜂蜜等产品和化蜡制作巢础，缺脾要暂用的，应在残效期过后。

4. 疾病的预防

①饲养强群，无病先防，避免蜂群生产期生病。要有充足、优质的饲料，做好保温和降温防暑工作；早春密集群势、喂酸饲料，加强蜜蜂营养，补饲时 50 群饲料中可加 250 g 蜂王浆；适度生产，大流蜜期，隔一天取一次蜜，避免蜜蜂过度疲劳；保持蜂脾相称，实施饮水器喂水；定期更换老劣蜂王；经常淘汰老脾，一般巢脾使用 2 年就要更换。

②饲养抗病力较强的蜂种。一般生产场可饲养抗病抗螨能力较强的杂种。

③消毒蜂具和场所。蜂群生产过程中使用过的蜂具，特别是来自于病群的蜂具均应进行彻底消毒后再次使用。可利用日光、灼烧、煮沸、洗涤、铲除等机械或物理方法消毒，也可采用升华硫、高锰酸钾、双氧水、新洁尔灭、生石灰等定期熏蒸、喷洒消毒蜂具、巢脾、仓库，环境用 5%～10%的漂白粉水溶液消毒。

④饲料处理。要留有足够越冬的蜂蜜和花粉；不用来历不明的蜂蜜和花粉喂蜜蜂，购买的饲料应确认无污染或进行消毒处理后饲喂蜜蜂。

⑤隔离病原。个别蜂群发生病害时，应立即隔离，防止病害传播蔓延。对病蜂群换箱换脾、迁往蜂群活动区范围以外隔离治疗，重病蜂群或重病脾考虑烧毁处理，并对与病群接触过的蜂具、巢脾、环境进行消毒。

5. 疾病的防治

采取上述的预防方法以后，如蜂群仍然染病或大量感染，应立即采取药物治疗的方法，提倡用中草药防治蜂病。

①应按照农业部 2002 年 9 月发布的 NY/T 5138—2002《蜜蜂饲养兽药使用准则》中对蜂病防治用药所作的规定，执行使用的药物、剂量和休药期；但其中有关用于防治孢子虫病

的甲硝唑，应改用柠檬酸和醋酸。不准使用农业部2002年公布的《食品动物禁用的兽药及其他化合物清单》的禁用药物防治蜂病。

②蜂病要在生产期前45 d或生产期后进行药物治疗，蜂螨要在越冬期前、后尽量治的彻底。

③给药提倡干喂，药物拌于花粉或白糖粉中饲喂蜜蜂，预防和治疗用药剂量要有差别，应按照药物使用说明，不超剂量，减少残留。

④对欧洲、美洲幼虫病等细菌性疾病可用土霉素等治疗；白垩病等真菌病，可用山梨酸和丙酸钠等治疗；囊状幼虫病等病毒病，可用盐酸金刚烷胺粉、酞丁胺粉等治疗；孢子虫等原虫病，可采取在饲料中添加柠檬酸（预防可用5 kg水加30～50 mL米醋喂蜜蜂）、饲喂优质花粉、做好保温、通风等防治。蜂螨可用3%～5%甲酸水溶液喷雾杀除或大蜂螨用挂氟胺氰菊酯条和氟氯苯氰菊酯条交替使用杀除，小蜂螨用升华硫熏蒸或沾脾方法杀除。

6. 蜂蜜收获处理

①可以利用吹风赶走蜂或用烟雾发生器把蜜蜂从蜂箱中赶出去，尽量不使用化学驱逐剂。

②蜂箱管理和采集蜂蜜的方法，应当以保护蜂群和维持蜂群为目标；采集完蜂蜜以后不得毁掉蜂群。

③蜂蜜提取设施必须杜绝蜜蜂进入，从而防止蜜蜂偷食蜂蜜以及疾病的传播。

④接触蜂蜜的所有材料表面，应当是不锈钢、玻璃、陶瓷、搪瓷等耐腐蚀材料，或用蜂蜡覆盖，或用食品和饮料包装中许可的涂料刷，并用蜂蜡覆盖。

⑤提取设施应当光亮如新并配有清洗设施。这些清洗设施每天提供大量新鲜、干净的热水供设备清洗。

⑥蜂蜜处理房间的墙和地面必须密封好，以防止害虫和鼠类的入侵。提取设施应避免受到苍蝇等害虫的影响。

⑦摇蜜室和包装室应全部密封，不受害虫侵扰。

总之，绿色蜂产品原料生产应符合NY/T 393—2000《绿色食品农药使用准则》、NY/T 471—2001《绿色食品饲料及饲料添加剂使用准则》、NY/T 472—2001《绿色食品兽药使用准则》等的有关要求。实施从产前的环境监测，到蜂产品原料生产全过程的质量控制，使生产的蜂产品原料质量指标符合《绿色食品蜂产品》的质量要求，满足国内外用户要求，使绿色食品蜂产品成为信用度越来越高的安全保健食品。

### （二）绿色食品林蛙的养殖

林蛙即所说的哈士蟆，我国主要有中国林蛙和黑龙江林蛙，在我国东北三省广泛分布。由于林蛙所独有的营养价值和药用价值，尤其是蛙油在国内外市场更是走俏，供需悬殊。为保证适时提供数量充足、规格整齐、体质健壮、生长迅速的优良品种，必须采取人工繁殖的方法进行林蛙苗种的生产。

所谓林蛙的人工繁殖是指用人工的方法，促进雌雄亲蛙，达到性成熟，并使受精卵在一定的人为条件下发育，孵化出苗。因此，林蛙人工繁殖，包括亲蛙选择、运输、强化培育、催情、产卵、受精卵孵化等一系列过程。

1. 亲蛙选择标准

(1)年龄

选择3～4龄的蛙做亲蛙。

(2)规格

雌蛙体长 7.5 cm 以上，体重 50 g 以上；雄蛙体长 6 cm 以上，体重 40 g 以上。

(3)体质

体表光滑湿润，分泌物多；无病、无伤、无畸形，外形完整，活力旺盛；品质优良，具有典型林蛙特征的个体。

2. 选择亲蛙时间

亲蛙的选择工作，最好在每年的初春，林蛙抱对产卵之前 1 个月左右，也可在晚秋，林蛙即将进入冬眠之前。

3. 亲蛙的强化培育

春天气温升至 10℃左右时林蛙即从冬眠中复苏，开始鸣叫。这时要将林蛙从越冬池中取出，按雌雄比例 1∶1放置于产卵池中抱对产卵。亲蛙的培育池面积不宜过小，每个池的面积以 20～30 $m^2$ 为宜，视生产规模可建一个或若干个。池水的深度不必一致，以 10～40 cm 为宜。其中 10 cm 左右的浅水和 40 cm 左右的深水面积各占一半为好。亲蛙的放养密度为每平方米 3 对，产卵池中要设置隐蔽物，池底要求平坦、无污泥。产卵高峰期为凌晨 4:00～5:00，白天一般不产卵。

4. 人工孵化

人工孵化是在专用的孵化池中进行，避免了各种不利条件的危害和影响，大大提高了孵化率。

蛙卵产出后，卵团吸水膨胀，隔 2～3 h 后，可以捞出放于孵化池中进行孵化，不是同一天产的卵不可放于同一池中孵化。应注意卵团不能捞出太早，否则会影响受精率。孵化池要求水质清新、无污染、溶氧充足，池底要干净无污泥，若卵团沾有污泥后会影响孵化率。孵化池水深在 20 cm 左右，白天可适当降低水位，有利于水温上升，缩短孵化时间。卵团孵化后期，蝌蚪已基本成形，这时不能进行移动或运输。如果移动或运输会造成蝌蚪提前出膜，产出畸形蝌蚪，影响蝌蚪成活率。每平方米可投放受精卵团 10～15 团，8 000～15 000 粒卵；送卵操作要轻而快；池水保持微流动和交换，水温保持在 18～24℃，如果是静水孵化，应每隔 6 h 更换掉 1/4 老水，新注入的水与原池中水的温差，不要超过 2℃。及时做好孵化记录。

5. 蝌蚪培育

卵团经过 5 d 左右时间的孵化，蝌蚪就会陆续从卵胶膜中出来，这时的蝌蚪以自身的卵黄为营养，不需要喂食。蝌蚪出膜 1 周后即开始投喂人工饵料，开始以泼洒豆浆、蛋黄浆为好，以后逐渐投喂煮熟的玉米粉、麸皮、青菜、鱼粉、猪肺等饲料。前期以植物性饲料为主动物性饲料为辅，后期以动物性饲料为主植物性饲料为辅。植物性饲料有利于蝌蚪个体的生长，动物性饲料有利于蝌蚪的发育变态。蝌蚪的饲养密度前期以 1 000 只/$m^2$ 为宜，以后随着蝌蚪的长大要根据蝌蚪的大小进行分池，降低密度。分池时同样大小的蝌蚪在同一池中饲养。前期投喂饵料每天一次，投入量以池中略有剩余为宜，不能过多或过少，过多则在水中腐败变质影响水质，过少则蝌蚪不能吃足影响生长发育。后期每天投喂两次，投入量也以池中略有剩余为好。饲料中蛋白质的含量要逐渐增加。从开始投喂饵料以后要经常换水，并要定期消毒。蝌蚪经过 30 d 左右的养殖，就开始长出后肢进入变态期，以后再逐渐长出前肢。鳃开始萎缩，逐渐改用肺呼吸，尾巴逐渐变短直至消失，此时变态成幼蛙，在陆地生活。

蝌蚪生活环境应符合《绿色食品产地环境技术件》，蝌蚪饲料生产应符合 NY/T 393—

2000《绿色食品农药使用准则》、NY/T 471—2001《绿色食品饲料及饲料添加剂使用准则》，NY/T 472—2001《绿色食品兽药使用准则》等有关要求。

6. 幼蛙培育

所谓幼蛙的培育是指完全变态后的当年培育过程。林蛙的幼蛙和成蛙可在池塘进行常规密度人工投饵养殖，也可用其他形式，例如，封沟养殖、湖泊沼地养殖、稻田养殖和温室大棚养殖等。在此，仅介绍池塘常规密度人工投饵养殖技术。

(1)幼蛙

幼蛙培育池与亲蛙和成蛙池一样，需设防逃障碍，防逃障碍距池岸 5～6 m 或更远一些，以便幼蛙有陆地上的觅食和活动场所。水池深 10～50 cm 即可，水可有深、有浅，水温以 20～30℃为宜。防逃障内的陆地植被越浓密越好。

(2)清塘消毒

放养前，要用生石灰或漂白粉等彻底清塘消毒，清除水体中各种敌害和病菌。如果是新建的水泥池，应进行脱碱处理。待清塘 7～10 d 后，药物毒性消失或脱碱处理完毕，方可放养。

(3)幼蛙放养密度

幼蛙放养密度，根据环境条件、人工饵料保证程度、天然丰富程度，以及越冬前预期长成规格等灵活掌握。一般刚登陆的幼蛙，每平方米放养 200 只；登陆 2 个月左右，每平方米放养 80～100 只。

(4)饲养管理

刚变态的幼蛙，靠吸收尾巴的营养来生活，不需要投喂饵料，幼蛙的尾巴完全吸收以后，要开始投喂 2～3 月龄的小黄粉虫或 1～2 日龄的蝇蛆，并且用灯光引诱天然昆虫为辅助饵料。投喂时间为早晨和傍晚各一次，投喂量以场地中略有剩余为宜。并注意不要投进水坑中。幼蛙进池后，每天要根据场地中土壤的情况及时洒水，场地中既要保持潮湿但又不能有太多的积水。同时洒水的时间也要与投喂饵料的时间相隔 2 h 左右。阴天、雨天可少洒水或不洒水，晴天多洒水，炎热的夏季每天要洒 2～3 次水。投喂的饵料要保持清洁，同时饵料也要多样化，不能单一。每天要进行巡池，观察蛙的生长情况，以及是否有敌害、逃逸等情况，发现问题及时补救。林蛙的主要敌害有鸟、鼠、蛇等，以鼠害最为严重。

7. 成蛙饲养

近年来，人工养殖林蛙的养殖户迅速增多，高效的林蛙家养技术，使林蛙由野生捕获生产变为人工养殖生产。越冬后的幼蛙亦称蛙种，无论从形态上还是从生理上，都已与成蛙无太大的差异。将解除冬眠的幼蛙放养到成蛙养殖池中，经过从解除冬眠至当年年底，基本上达到商品蛙规格。

池塘成蛙养殖，在池塘条件、水温、水位、水质、投饵次数、时间、方法、日常管理等方面，与幼蛙的池塘养殖相同。

8. 病害及防治

蛙病和鱼、禽、畜疾病一样，既要治疗，又要预防，两者兼备。可按《绿色食品动物卫生准则》NY/T 473—2001 标准要求进行，做到防治结合，减少蛙病发生和提高蛙成活率，保证安全快速生长的重要措施。

在预防措施上，既要注意消灭传染病的来源，尽可能切断传染和侵袭途径，又要提高蛙体自身的抗病力，采取综合性的预防措施，才能达到预防效果。

在治疗措施上，要能够正确诊断，对症下药，可参照《绿色食品兽药使用准则》NY/T 472—2001 标准，使用治疗药品，能达到治疗除病的目的。

9．林蛙养殖中应注意的几个问题

①加强放养场地的巡视和看护；

②加强蝌蚪期的饲养管理；

③增加放养地的昆虫密度；

④控制非放养蛙类的数量；

⑤做好越冬保护。

**(三)绿色食品特禽养殖**

特禽是我国养禽业中的重要组成部分，是特种经济禽类的简称。它泛指具有较高的特殊的经济价值和用途的禽类，主要包括鹌鹑、肉鸽、观赏鸽、鹧鸪、乌骨鸡、雉鸡、贵妇鸡、斗鸡、榛鸡、鸵鸟、鸸鹋、野鸡、孔雀、八哥等。根据不同的经济用途，特禽一般可分为蛋用型、野味型、肉用型、药用型、玩赏型、鸣叫型、军体型、狩猎型、羽毛型、标本型、肥肝型、实验型等。特禽的生物学特点决定了其对生态环境与动物营养需求等的特殊性。因此，在生产过程中尽管原则相同，但还要因特禽种类而进行生产与饲养。由于篇幅有限，在此仅介绍绿色食品鹌鹑养殖技术。

鹌鹑肉是高蛋白、低脂肪食品，适宜肥胖型高血压患者食用，味鲜美，芳香可口；同时，其肉质细嫩，营养全面，据分析测定，鹌鹑肉的能量、蛋白质、铁、钙、磷都较鸡肉高，胆固醇也较低、鹌鹑蛋具有较高的营养价值和药用价值，据研究，鹌鹑蛋的组成物质比鸡蛋丰富而且纯度高，其中蛋白质比鸡蛋高 3%，铁比鸡蛋高 46.9%，维生素 $B_1$ 和维生素 $B_2$ 分别比鸡蛋高 20%和 188.3%，核黄素等都比鸡蛋高 2～3 倍，是一种很好的营养补品，对于幼儿发育和病人补养极为适宜。

随着人们生活水平的不断提高，对鹌鹑肉、蛋产品的需求越来越多，生产无污染的安全、优质、营养的绿色鹌鹑肉、蛋产品显得越来越重要。绿色鹌鹑产品的生产是改变传统的生产方式，按照特定的标准进行生产，对产品实施全程质量控制。

1．鹌鹑舍的基本要求

①鹌鹑舍应尽可能接近住宅，以便于饲养管理，但环境要幽静。

②选择阳光充足的地方，最好建南向或东南向的鹌鹑舍。

③鹌鹑舍周围的墙以砖墙为好。

④窗户镶玻璃，外罩铁丝网(1.5 cm 网眼)。如鹌鹑舍进深在 4.5 m 以下，屋顶可用单坡式；如进深大，则可选取双坡式等。屋顶最好铺瓦，并设吊顶。顶棚高度以 2～2.7 m 为宜。顶棚上设置通风窗，窗的上部装上孔眼为 1.5 cm 的铁丝网，下部安装木板拉门，以调节室内空气、温度和湿度。

⑤地面以水泥地为好，做好防鼠工作。

⑥注意排水沟和排水道的合理设置。

2．雏鹑的饲养

①雏鹑个体小，出壳时仅 7～8.5 g 重，加之体温偏低，所以，必须重视科学的饲养，才能确保其生长迅速，发育良好。

②要勤于检查与调整室内温度、湿度、通风、光照。初生雏在孵化器中的温度为 37～

38℃,因而,在育雏器中,应保持35℃,鹑舍温度保持在25℃左右。随着日龄的增加,育雏器温度逐渐下降,最低不应低于30℃,舍温控制在20～25℃之间。舍内应保持60%～65%的相对湿度。

③饲养密度。饲养密度适宜才会提高成活率,降低饲养成本。饲养密度过大,成活率较低,生长缓慢,长势不齐;密度过小,成本加大。一般来说,每平方米1～6日龄180～240只,7～13日龄140～170只,14～20日龄100～130只较为适宜。单层可密些,种用雏鹑可稀些;冬天可密些,夏天可稀些。

④饮水。是雏鹑饲养技术中最重要的一环。需预先在笼中放好饮水器,1～3日龄时用温水。雏鹑开始饮水后,水箱不能断水,否则招致抢水暴饮而拉稀。饮水应充足供应,畜禽饮用水及加工用水应符合《生活饮水卫生标准》GB 5749—85。

⑤开食。雏鹑出壳后24～36 h即可开食。一般在饲槽内放饲料,雏鹑自己会寻觅食物,一般每天喂食6～8次。

⑥做好防鼠害、兽害和煤气中毒工作。

⑦定期称测体重与检查羽毛生长情况,做好各项记录和统计报表。

3. 鹌鹑育成期的饲养

种用仔鹑均实行限制饲喂。肉用仔鹑(含淘汰的种用仔鹑)至育成期结束时上市。公鹑性成熟早于母鹑10～14 d,但体重低于母鹑,至40日龄左右便有交配行为,其标志还表现在泄殖腔腺已发达并分泌泡沫状物。种用仔鹑多在5～6周龄进行选种,编号登记后转入种鹑舍。肉用鹑基本上采用蛋用鹑的管理原则,即前期平养,20日龄后笼育,也有的于25日龄后再转入育肥笼育肥。其笼高12 cm,80只/$m^2$,暗光照,笼顶采用纱布或塑料网。饲粮中可适当掺加能量与油脂饲料。在管理上应注意保暖和保持安静,严防各种应激而致惊鹑群,公母鹑应分笼饲养,定期饲喂,喂后遮暗,为此可采用间歇光照制,即1 h照明、3 h黑暗,可获得较高活重、成活率,降低料重比。整个饲养期要严格按《绿色食品动物卫生准则》NY/T 473—2001标准进行,要使用绿色食品原料或严格按《绿色食品饲料及饲料添加剂使用准则》NY/T 471—2001标准进行喂食。

4. 产蛋母鹑的管理

(1)转群

育成母鹑至35～40日龄,约有2%已开始产蛋时应予转群,以熟悉新环境。最好在夜间进行转群,及时供应饮水和种鹑饲料,保持安静。在转群的同时,按种鹑要求再进行一次严格选择。

(2)产蛋规律与利用年限

产蛋鹑每天产蛋的时间主要集中于午后至晚上8:00前,而以下午三四点为最多。在笼养情况下,种母鹑利用年限为1～2年,但一般多采取"年年清",育种场可利用2～3年,但实践中采种时间仅利用8～10个月,以确保种蛋质量。商品蛋鹑仅利用10～12个月。生产中应主要考虑产蛋量、种蛋合格率、受精率及其经济效益和育种价值。

(3)强制换羽

如利用第2个产蛋周期,需实行人工强制换羽。一般自然换羽时间长,换羽慢,产蛋少且不集中。可采用停料4～7 d、黑暗,迫使产蛋鹑迅速停产,接着脱落羽毛,然后,逐步加料使之迅速恢复产蛋。从停饲到恢复生产仅需20 d。饮水不可中断。必须淘汰病、弱个体。

(4)日常管理要点

要保持饲料与饮水的正常供应，并据产蛋率、气温调整饲粮；防止子宫外翻，注意控制体重与膘度；在夜间与早晨各集蛋1次，应采用蛋托分装，防止堆压破损；防止各种应激，严防兽害；做好日常记录和统计报表工作；饲养要求可按《绿色食品动物卫生准则》NY/T 473—2001执行。

5. 疾病防治

鹌鹑本身对多种传染病具有一定的免疫性，所以，患病情况不多。平时鹌鹑饲养管理要清洁卫生，饲养密度适宜，饲料配方各种营养成分要注意营养平衡，避免疾病的发生，尤其是传染病流行快、难以治疗，死亡率高。因此，平时应做好预防疾病的工作。一旦有病害、疫情发生，要按照《绿色食品兽药使用准则》标准进行用药治疗。

## 【实习实训】

### 畜禽绿色食品生产技术

**实训目标**：通过参与生产实践，进一步熟悉生产技术规程，掌握畜禽类绿色食品生产对环境条件的要求、对饲料及饲料添加剂的要求、绿色食品生产疾病控制方法等技能。

**实训场所**：校内或校外绿色食品生产基地。

**实训要求**：结合当地生产，全程参加某一畜禽的绿色食品生产管理。

1. 结合生产实际，按照畜禽类绿色食品生产技术要点和本动物的绿色食品生产技术规程严格进行生产管理。
2. 根据已掌握的资料，一边参加生产实践，一边总结经验，写出实际生产操作规程。
3. 生产操作规程要按正规格式书写，要求用词简练，各项措施要具体工作、实用、可操作性强。在多种措施中只选用当地最适用的一种。
4. 分别介绍自己制定的操作规程，其他学生提出修改意见。指导教师点评、总结，提出共性的问题。然后学生再次分别修改自己制定的操作规程。

**实训考核**：结合实际，每人制定一份畜禽绿色食品生产技术操作规程。

## 【相关阅读】

### 绿色食品养殖业生产操作规程

一、A级绿色食品生猪生产操作规程

（一）范围

本规程规定了A级绿色食品生猪生产条件、品种、饲养管理、防疫、出栏等技术要求。本规程适用于黑龙江省A级绿色食品生猪生产。

（二）技术要求

1. 环境要求

(1)外环境

要求生猪饲养基地的生态环境良好，大气、土壤、水3项环境指标符合GB 3095—1996、

GB 3838—1998、GB 15618—1995 标准。不合格者,不能作为绿色畜禽饲养基地。

(2)场址选择

①舍址。要求所建的猪舍可以依据生猪的生理特点,以及当地的环境、地形、地势等选择适宜的位置,并合理规划猪场。

②内部条件。要求所建的猪舍能为生猪创造良好的生活环境,相对湿度50%~70%,适宜光照,通风排气良好,冬季保温性能良好,舍内空气清新。便于饲养管理和卫生防疫,保证整个猪群体健康生长。

③卫生。猪舍的四周不能有屠宰场、化工厂、皮革厂等之类的污染源存在。场(舍)应距公路干线400 m以上,距次要公路150 m以上,距居民区或村镇1 000 m以上,以防止病原微生物的侵染及有害气体的污染,有效地防止疫病传播。

④交通。要求交通便利,饲草、饲料资源丰富,放牧地不能太远。

(3)场(舍)内布局

①原则。要以利于生产、饲养、管理、防疫和方便生活为原则,统一规划,行政、生活区距场(舍)250 m以上,场(舍)单独隔离。

②消毒。进入场(舍)必须有消毒设施。

③污物处理。场(舍)下风头50 m以外建有固定的粪便、垃圾处理场和污水井。

④病死猪处理。为有效防止疫病传播,在场(舍)下风向150 m以上的地方应建立病死畜禽焚烧炉。

2. 饲料要求

(1)来源

饲养生猪所有的精粗饲料必须是由具备绿色食品生产条件的饲料基地供应。

(2)添加剂

饲料所选用的各种添加剂,以满足生猪对能量、蛋白质、钙、磷、氯和维生素A、维生素B、维生素C、维生素E的需要,合理配给。须符合绿色食品发展中心制定的《生产绿色食品的饲料添加剂使用准则》。严禁使用激素、抗生素、化学防腐剂等添加剂。并按该准则配制生猪饲料配方。

3. 防疫要求

(1)兽药

防治生猪疫病所用药物以中草药、生物制品、矿物性药物为主,以增强生猪自身免疫力为目的,严格控制抗生素及有害化学药物的使用。用药必须符合国家绿色食品发展中心制定的《绿色食品的兽药使用准则》。

(2)禁用药物

在绿色食品生猪生产中,严禁使用各类化学合成激素、化学合成促生长素、有机磷和有机氯等兽药。

(3)消毒

生猪及场(舍)消毒严禁使用毒性杀虫剂和灭菌防腐药物。

(三)饲养管理

1. 生猪品种选择

饲养商品猪为瘦肉型三元经济杂交猪。

2. 计划

合理安排猪群周转计划和配种计划。

3. 卫生

猪舍保持洁净、干燥，并定期消毒，驱除舍内外寄生虫。

4. 防疫

搞好综合防疫，按照免疫程度进行免疫注射。

5. 饲料

按照猪的不同生长发育阶段，科学饲养管理，选用配合饲料或糖化、生物饲料。饲料配制必须根据各种猪的营养需要，配制营养全价的饲养日粮，并具有良好的适口性。

6. 妊娠

搞好妊娠母猪产前、产后护理，产房要保持温暖、干燥，空气新鲜。

7. 仔猪

搞好妊娠母猪的饲养管理，防寒、防压、防病。40～60日龄断乳，及早引导训练补料开食。日粮中粗脂肪2.5%、粗蛋白质15%、粗纤维4%、钙0.6%～0.75%、磷0.5%～0.65%。

8. 育肥

育肥猪采用直线育肥的方法，保证猪在合理的营养水平下饲养，搞好驱虫健胃。

9. 出栏

适时出栏，出栏体重90～100 kg。

## 二、A级绿色食品鱼生产操作规程

在DB23/T 150—1992池塘养殖商品鱼亩产150 kg、200 kg、250 kg生产技术规程的基础上，采用农业部A级绿色食品标准(NY/T 268—1995至NY/T 292—1995)结合佳木斯地区渔业生态和生产条件，制定本标准。

### (一)范围

本规程规定了A级绿色食品鱼养殖的池塘条件、放养前的准备、鱼种放养、饲养管理、出池等技术要求。

### (二)引用标准

下列标准所含的条文，通过在标准中引用而构成标准条文，在标准出版时，所示版本均为有效。所有版本标准都会被修订，使用标准时，注意引用下列标准的有效性。

| | |
|---|---|
| GB 3095—1996 | 环境空气质量标准 |
| GB 3838—1998 | 国家地面水环境质量标准 |
| GB 15618—1995 | 土壤环境质量标准 |
| GB 11607—1989 | 渔业水质标准 |
| DB23/T 148—1992 | 鱼病防治技术规程 |

符合《绿色食品标准》中的《生产绿色食品的饲料添加剂使用准则》

符合《绿色食品标准》中的《生产绿色食品的鱼药使用准则》

### (三)技术要求

1. 池塘条件

①水源充足，水质清新，符合《渔业水质标准》，注排水方便，有电源，交通方便，设施齐全。

②池底平坦,无渗漏;堤坝坚固,不受洪水威胁。

③池塘面积10～30亩,蓄水深度平均在1.5～2.0 m。

2. 放养前的准备

(1)整池要清塘消毒

参照DB23/T 148—1992鱼病预防技术规程。

(2)饲料要求

①来源。养殖鱼所用精粗饵料必须是由具备绿色食品生产条件的饲料基地供应。

②添加剂。饵料所选用的各种添加剂,以满足养殖鱼对能量、蛋白质、钙、磷等和维生素A、维生素B、维生素C、维生素E以及氨基酸的需要,合理配给,须符合绿色食品发展中心制定的《生产绿色食品的饲料添加剂使用准则》,严禁使用激素、抗生素、化学防腐剂等,并按该准则配制鱼饵配方。

③包装。必须符合保证产品质量和安全、卫生的要求,便于储运及使用,不可使用农药和有毒物质污染而未经清洗的包装袋包装。产品包装应标明名称、规格、主要营养成分、重量、出厂日期及生产厂名。

④储运。产品应在干燥通风性能好的仓库中储存,垛间通风道≥0.8 m,相对湿度应≤60%,并注意防潮和防止污染,运输中注意防雨,储存≤90 d。

3. 鱼种放养

(1)放养时间

鱼种要尽早放养,每年的5月上旬放完,放鱼种要在晴天进行。

(2)放养品种、比例、规格、密度

参照DB23/T 150—1992标准。

4. 饲养管理

(1)投饵

①饵料质量。要保证饵料质好、适口、无腐烂变质,粗蛋白质要达到25%。

②饵料数量。以鲤草鲫鲶为主,鲈草鲫鲶和鲢鳙各半及以鲢鳙鱼为主的3种类型,其总的鱼产量与投饵关系是,用干草喂草鱼的饵料系数为30～40,用水草为60～80。各月份投饵量占全年总投饵量的百分比分别为:5月5%、6月20%、7月30%、8月35%、9月10%。日投饵量要根据上一天鱼类摄食量和当天的鱼类活动、摄食及天气、水质等情况灵活掌握。

③投料时间。从鲤草鲫鲶鱼放入鱼池第3天开始投喂,直至出池上市为止,养殖鲤鲫鱼的池塘每池搭一个饲料台,进行音响驯化,草鱼饲料台用木制三角框放在鱼池中,将无毒的嫩草放入框中即可。5月和9月每日投喂2次,6～8月每日投喂3次,投草每天2次。

(2)施肥

施基肥要在注水前,将发酵腐熟的粪肥均匀分布在池底,施300～1 000 kg/666.7 $m^2$,具体要根据池塘、水源、水质的原有肥力和养殖类型决定。以后追肥要勤施少施,注意调节水质。要以水色和透明度为依据,鲤草鱼为主的池塘透明度35～40 cm,鲤草鲫鲶鱼和鲢鳙鱼各半的在25～35 cm,鲢鳙鱼为主的在20～25 cm,及时追施肥料。粪肥每次用量50～100 kg/666.7 $m^2$,沿池水边缘均匀浸泡堆积。压绿肥要将嫩青草堆放池角,泡入水中,上面压上马粪或生石灰,待青草腐烂后再将残渣捞出。

(3)注水换水

放养后5～7 d一次注水深度达60～70 cm,以后每7～10 d注一次新水,7月上旬达到最高安全水位。此后要定期注水保持这一水位，并根据水质变化情况经常排出老水，注入新水。注水口要用筛绢过滤，防止野杂鱼及其鱼卵进入鱼池，并要采用有效方法防止水流严重冲刷注水和堤坝。

(4)鱼病预防

参照 DB23/T 148—1992 鱼病预防技术规程。

防治鱼病所用药物以中草、生物制品、矿物性药物为主，以增强鱼自身免疫力为目的，严格控制抗生素及有害化学药物的使用。用药必须符合国家绿色食品发展中心制定的《绿色食品的鱼药使用准则》。

(5)巡塘

每天早、午、晚巡塘 3 次。黎明观察池鱼有无浮头现象，结合投饵和测水温等工作，检查池鱼活动和吃食情况，近黄昏检查全天鱼吃食情况和有无浮头预兆，发现问题及时解决。

(6)定期检查

每隔 15～20 d 进行一次鱼体生长和鱼病检查，根据鱼类长势，制定下步饲养管理措施，促进鱼类快速生长。发现鱼病，要立即治疗。

(7)要经常清除池边杂草，作好池塘记录，做好防逃、防害、防汛、防盗工作。

5. 出池

秋季出池时，要根据各个池塘鱼的长势，制定出池计划。要做到出一个池净一个池，不要泛泛打网。需要越冬的商品鱼，要适时出池，细心操作，防止鱼体冻伤，进行鱼体消毒后入越冬池。

## 【自我训练】

1. 畜禽舍环境卫生的要求有哪些？
2. 生产 A 级绿色食品生猪对饲料的要求有哪些？
3. 绿色食品水产品养殖场区的选择应考虑哪些方面？
4. 简述绿色食品鱼类饲养管理技术要点。
5. 什么叫绿色食品特种养殖？
6. 简述绿色蜂产品生产的技术要点。
7. 简述绿色林蛙养殖的技术要点。
8. 简述绿色鹌鹑养殖的技术要点。

# 项目三　绿色食品加工业生产

农产品加工业作为连接初级农产品与最终消费的中间环节，它的进一步发展不仅关系到直接满足最终消费的需要，而且关系到农业发展的中间需求，使种、养、加构成一个有机的整体，这对农业产业结构调整具有重要作用。另一方面，农产品加工业的发展，可以有效地提高初级产品的附加值，有助于增加农民收入，可以有效地提高农业整体效益和竞争力。从未来的发展趋势看，今后各国农业竞争，不仅是初级农产品和单一产品的竞争，更重要的是包括农产品加工在内的完整的产业体系的竞争。因此，发展绿色食品加工业势在必行。

## 【知识与技能】

### 一、绿色食品加工的原则

**(一)绿色食品加工开发的基本原则**

1. 绿色食品加工开发的安全性原则

饮食是人类社会生存发展的第一需要。俗话说"病从口入",食品中如含有可能损害或威胁人体健康的有毒、有害物质或因素,将导致消费者急性或慢性毒害或感染疾病,或产生危及消费者及其后代健康的隐患。安全是绿色食品的一个显著特点,它要求在绿色食品生产、加工、储运等全过程中确保绿色食品的安全可靠。绿色食品的安全性是对消费者在食物链的所有阶段的一种担保。因此,在绿色食品加工开发中应把食品安全性放在首位。

2. 绿色食品加工开发的"三绿"原则

加工制造业是制造人类财富的支柱产业,同时又是环境污染的主要源头之一。"绿色浪潮"的兴起,源于人们渴望无污染或污染最小的放心消费,因而逐渐引申出绿色食品加工开发的绿色技术、绿色设计、绿色制造的概念。

(1)绿色技术

从环境上来讲,它与环境保护技术相结合,是预防和治理环境污染的环保技术,包括清洁生产技术、治污技术、无公害化或少公害化技术;从生态学来讲,它是生态技术、生态农业、生态企业、生态工艺等协调发展的生物与环境结合的技术。从生态经济来讲,它是环保价值与经济价值的统一,并利用现代科技的全部潜力实现生态上安全与经济上繁荣两个项目,利用绿色技术生产出来的产品有利于人类公共的福利,有利于人类文明进步。

要保证绿色食品的质量,就必须在绿色食品加工开发中使用绿色技术,并不断地对绿色技术进行技术创新。绿色技术创新主要发生在3个层次上:一是末端治理技术的创新,它不改变现有工艺而直接附加于现有生产过程,但其绿色程度不高;二是绿色工艺创新,生产过程中采用新的绿色工艺,降低对环境及产品的污染,降低污染程度越高,这种工艺的绿色程度越高,应用价值就越大;三是绿色产品创新,在产品生命周期(设计、制造、销售、消费、报废处理)全过程都能预防和减少环境污染,包括产品更新、生产低废、少废,可回收的产品等内容。

(2)绿色设计

绿色设计与传统设计不同,它包括概念设计、生产工艺设计、使用乃至废弃后的回收、重用及处理等内容。其指导思想是从根本上防止污染、节约资源和能源,首先决定于设计。要在设计上就考虑不对环境、产品产生负作用,或将其控制在最小范围之内或最终消除。

要保证绿色食品的质量,就必须在产品加工开发中采用绿色设计理念并加以实施。绿色设计分4个层次:第一层次为目标层;第二层次为内容层,包括绿色产品的结构设计、环境性能设计、材料选择和资源性能设计;第三层次为绿色设计的主要阶段层,包括生产过程、使用过程、回收处理过程等产品生命周期各阶段;第四层次为设计因素层,即设计应考虑的主要因素包括时间、成本、材料、能量和环境影响等。

(3)绿色制造

绿色制造的主要原则是强调采用能减轻对环境产生有害影响的制造过程。包括减少有害废弃物和排放物、降低能量消耗、提高材料利用率、增加操作安全性等。简言之，绿色制造中在不牺牲质量、成本、可靠性、功能或能量利用率的前提下，减少加工活动对生态环境造成的影响。要实现绿色制造的目标，要使用绿色能源，采用绿色制造流程，最终生产出绿色产品。在这个过程中必须考虑能源利用率，绿色材料、绿色制造工艺、设备、生产成本、环境影响等因素。

绿色食品生产必须遵守绿色技术、绿色设计和绿色制造的“三绿”策略，才能产出无污染、高质量、安全、高效的产品。

**(二)绿色食品加工生产的基本原则**

1. 节约能源，循环利用原料，尽可能实现废物资源化原则

绿色食品加工生产应本着节约能源，物质再利用的原则，多层次综合利用，反复循环再利用，既符合环境保护，又符合经济再生产原则。以苹果为例，用苹果制果汁，制汁后剩余皮渣，采用固体发酵生产乙醇，余渣还通过微生物发酵生产柠檬酸、再从剩下的发酵物中提取纤维素，生产粉状苹果纤维食品，作为固态食品的非营养性有机填充物。剩下的废物经厌气性细菌分解产生沼气。按照此原则生产，既提高了经济效益，又减少废物，从而提高了社会价值和经济价值。

2. 绿色食品加工生产中要保持食品的天然营养特性原则

绿色食品加工中，要采取一系列加工工艺，防止产品的营养流失、氧化、溶解，最大限度地保留其营养价值及食品天然的色、香、味。例如，加工果汁时，将其香味物质回收，并回归果汁中以保持原风味，对加工过程中，如维生素，易于破坏、失效，失去保健价值的原料，应取特殊工艺，如贮藏保鲜、低温加工工艺、冷冻、冻干等，进行保质、保价。从而达到绿色食品具有“自然、优质、营养”的特点。

3. 绿色食品加工生产过程中严控可能的污染源的原则

绿色食加工过程中，原料的污染，不良的卫生状况，有害洗涤液，劣质添加剂，机械设备、材料及生产人员操作失误等，都可造成最终的产品污染。因此，对每一个加工环节、步骤都必须严格控制。

(1)原料

绿色食品加工用的主要原料必须经过中国绿色食品发展中心的认证的绿色食品或有机食品生产原料，辅料也尽量使用已认证的产品。

(2)企业

绿色食品加工企业须经过认证机构和人员的考察，地理位置适宜，建筑布局合理，具有完善的供排系统，良好的卫生条件，严格的管理制度，以保证生产过程中免受外界污染。

(3)设备

加工设备选用对人体无害的材料制成，特别是与食品接触部位，必须对人体无害。

(4)工艺

工艺必须科学合理，不能发生交叉污染。选用天然添加剂及无害的洗涤液，尽量采用先进技术、工艺、物理加工方法，杜绝添加剂、洗涤液污染食品的机会。还可用物理、生物办法进行保鲜、冻干、冷冻、防腐，改善食品风味。

(5)贮运

使用安全的贮藏方法和容器，防止使用对人体有害的贮藏方法和容器，保持贮运后的品质。

(6)生产人员

绿色食品生产人员必须具备生产绿色食品的知识，并且素质好、责任心强，避免人为污染，以保证食品安全。

4. 绿色食品加工生产中不对环境造成污染与危害的原则

绿色食品加工企业实施清洁生产是基本原则，它不仅避免使自己生产的产品受到污染，而且还包括加工过程中不对环境造成污染与危害，这是可持续发展的最基本要求。

如畜禽加工厂要求远离居民区，并有“三废”净化处理设备，加工后的废气、废水、废渣尽可能再循环，多元、多级利用，对废物进行二次开发，使废物资源化，采用无废物生产先进工艺。同时必须对绿色食品加工生产中不可避免产生的废气、废水和废渣经过无害化处理，才能排放，不能对环境造成污染。

总之，绿色食品加工生产一定要贯彻可持续发展、清洁生产和“三绿”原则。绿色食品要求无污染而且生产过程中也不能对环境产生污染。

## 二、绿色食品加工过程的质量控制

绿色食品的加工必须按可持续发展、清洁生产和“三绿”原则，严密筹划、设计、加工、管理、贮运，力求做到保质、保量、保安全、无公害、无污染。这就要求必须对绿色食品加工过程进行全程质量控制，这种质量控制要从以下几方面抓起。

加工企业的外部环境和厂内的卫生环境是直接影响产品质量的关键所在。绿色食品加工企业一定要选好厂址，还要严格按食品加工卫生规范，改善自身卫生等条件，保证产出全优产品。

### (一)绿色食品加工企业的厂址、车间和仓库的要求

1. 厂(场)址的选择

食品中某些生物性或化学性污染物质常来自于空气或虫媒传播。无论是新建、扩建或改建的食品加工企业，在选择厂址时，除符合整个规范区域规划外，首要任务是防止环境对企业的污染。要选水源充足，交通方便、无有害气体、烟雾、灰尘、放射性物质及其他扩散性污染源的地区。要远离重工业区，必须在重工业区选址时，要根据污染范围设 500～1 000 m 防护带；要距畜牧场、医院、粪场及露天厕所等污染源 500 m 以外；在居民区选址，25 m 内不得有排放尘、毒作业场院所及暴露垃圾堆、坑；企业应位于其他工厂或污染区全年主导风向的上风头，至少远离该污染源烟囱高度 50 倍以上。同时也要防止企业加工生产对环境和居民区的污染。一些食品企业排放的污水、污物可能带有致病菌或化学污染，污染居民区。因此屠宰厂、禽类加工厂等单位一般远离居民区。其间可根据企业性质、规模大小，按《工业企业设计卫生标准的规定》执行，最好在 1 km 以上。其位置应位于居民区主导风向的下风和饮用水源的下游，同时应具备“三废”净化处理装置。

为了满足企业生产需要的地理条件。还应考虑以下几点：

第一，地势高燥。为防止地下水对建筑物墙基的浸泡和便于废水排放，厂址应处于地势较高，并具有一定坡度的地区。

第二，水资源丰富、水质良好。食品加工企业需要大量生产用水，建厂必须考虑水源水质及供水量。用于绿色生产，容器设备洗涤的水必须符合国家饮用水标准。使用自备水源

的企业，需对地下水丰水期和枯水期的水质、水量经过全面的检验分析，证明能满足生产需要后才能定址。

第三，土壤清洁，绿化环境。清洁的土壤在受到有机物污染时，可借助细菌和空气中氧的作用，使其无害化和无机化。企业通过绿化改善小气候，美化环境，减少灰尘，减弱噪声，完整的绿化是防止污染的天然屏障，所以企业厂址应选择在土壤清洁适于绿化的地方。

第四，交通方便。为了方便食品原、辅料和食品产品的运输，加工企业应建在交通方便但与公路又有一定距离的地方，以免尘土飞扬造成污染。

2. 车间和仓库环境

食品企业应有个与产品种类、产量、质量要求相适应的原料及原料处理、加工、包装、贮存场所及配套的辅助用房、锅炉房、化验室、容器洗消室、办公室和生活用房（食堂、更衣室、厕所等）；锅炉房建在车间的下风口，厂内各车间，应根据加工工序要求，按原料、半成品、制成品，保持连续性，避免原料和成品、清洁食品与污染物交叉污染，合理布设，并达到相应的卫生标准；厂内不得设置职工家属区，不得饲养家畜，不得有室外厕所。

**（二）绿色食品加工企业的清洁生产与工厂的卫生管理要求**

清洁生产是在产品生产过程和产品预期消费中，要合理利用自然资源，把对人类和环境的危害减至最小，充分满足人们的需要，是社会效益、经济效益最大的一种生产方式；是将污染整体预防战略持续地应用于生产全过程，通过不断改善管理和技术进步，提高资源综合利用率，增加生态效率，减少污染物排放以降低对环境和人类的危害；对生产过程而言，清洁生产的要求包括节约原材料和能源，淘汰有毒原材料并在全部排放物和废物离开生产过程以前减少它的数量和毒性；对产品而言，清洁生产策略旨在减少产品在整个生产周期（包括从原料提炼到产品的最终处置）中对人类和环境的影响；对服务而言，清洁生产要求将环境因素纳入设计和所提供的服务中。清洁生产也就是指将综合预防的环境策略持续地应用于生产过程和产品中，以便减少对人类和环境的风险性。是表现从原料、生产工艺到产品使用全过程的广义的污染防治途径。清洁生产不包括末端治理技术，如空气污染控制、废水处理、固体废弃物焚烧或填埋，它可通过应用专门技术、改进工艺技术和改变管理态度来实现。

我国在“中国21世纪议程”中指出：清洁生产是指既可满足人们的需要，又可合理使用自然资源和能源并保护环境的实用生产方法和措施。其实质是一种物料和能耗最少的人类生产活动的规划和管理，将废物减量化、资源化和无害化，或消灭于生产过程中。总之，清洁生产是时代发展的需要，是世界工业发展的大趋势，是相对于粗放的传统工业生产模式的一种方式。概括地说就是，低消耗、低污染、高产出，是实现经济效益、社会效益与环境效益相统一的21世纪食品工业生产的基本模式。

由此可见，绿色食品生产企业首先要达到清洁生产的要求，保证在获得最大经济效益的同时，使产品工艺，产品生产达到清洁化的无废工艺，以保证产品质量。为此应采取以下措施。

1. 建立卫生规范

工厂应根据本厂的实际情况及国家有关标准，制定卫生规范和实施细则，以便按规章严格管理。要求在工厂和车间配备经培训合格的专职卫生管理人员，按规定的权限和职责，监督全体工作人员对卫生规范的执行情况。

2. 地面、墙壁的处理

为了便于卫生管理，清扫、消毒，房屋建筑在结构上，天花板应使用沙石灰或水泥预制件材料构成，要求防漏、防腐蚀、防霉、无毒并便于维修保养；车间内地面需用耐水、耐热、耐腐蚀的水磨石等硬质材料铺设，要求有一定的倾斜度，以便于冲刷、消毒，地面要有排水沟；车间墙壁要被覆一层光滑、浅色、不渗水、不吸水的材料，离地面 1.5～2 m 以下的部分要铺设瓷砖或其他材料的墙裙，上部用石灰水、无毒涂料或油漆涂刷，必须平整完好，并设有防止鼠、蝇及其他害虫侵入、隐匿的设施。

3. 车间、仓库内卫生

天花板、墙壁、地面无尘埃、无蚊蝇、无蜘蛛滋生，干燥、通风。仓库内物品堆放整齐，原料与成品，绿色食品与非绿色食品，在生产与贮存过程中必须严格区分开来。加工绿色食品的库房、运输车必须专用。

4. 卫生设备

(1)通风换气设备

分自然通风与设备通风两种，必须保证足够的换气量，以驱除生产性废气、油烟及人体呼出的二氧化碳，保证空气新鲜。

(2)照明设备

分为自然照明与人工照明两种。自然照明要求采光门窗与地面的比例为1:5；人工照明要有足够的照度，一般为 50 lx，检验操作台应达到 300 lx。

(3)防尘、防蝇、防鼠设备

食品必须在车间内制作，原料、成品必须加苫盖，生产车间需装有纱门、纱窗。在货物频繁出入口可安排风幕或防蝇道，车间外可设捕蝇笼或诱蝇剂等设备，车间门窗要严密。

(4)卫生通过设备

工业企业应设置生产卫生室，工人上班前在生产卫生室内完成个人卫生处理后再进入生产车间。生产卫生室内按每人 0.3～0.4 $m^3$ 设置，内部设有更衣柜和厕所，工人穿戴工作服、帽、口罩和工作鞋后先进入洗手消毒室，在双排多个、脚踏式水龙头洗手槽中用肥皂水洗手，并在槽端消毒池盆中浸泡消毒。冷饮、罐头、乳制品车间还应在车间入口处设置低于地面 10 cm、宽 1 m、长 2 m 的鞋消毒池。

(5)工具、容器洗刷、消毒设备

绿色食品企业必须有与产品数量、品种相应的工具、容器洗刷消毒车间，这是保证食品卫生质量的主要环节。消毒间内要有浸泡、刷洗、冲洗、消毒的设备，消毒后的工具、容器要有足够的贮存室，严禁露天存放。

(6)污水、垃圾和废弃物排放处理设备

食品企业生产、生活用水量很大，各种有机废弃物也很多，在建筑设计时，要考虑安装污水与废弃物处理设备，使排出的废气、废水符合国家有关环境保护规定的排放标准。为防止污水反溢，下水管道直径应大于 10 cm，辅管要有坡度。油脂含量高的沸水，管径应更粗一些，并要安装除油装置。

**(三)绿色食品生产企业加工设备的要求**

用于绿色食品加工的设备材质应优先选择不锈钢、尼龙、玻璃、食品加工专用塑料等制造。食品工业中利用金属制造食品加工用具的品种日益增多，国家允许使用铁、不锈钢、铜等金属制造食品加工工具。铜、铁制品毒性小，但易被酸、碱、盐等食品腐蚀，且易生锈。不锈钢食具也存在铅、铬、镍向食品溶出的问题。所以要注意合理使用铜、铁制品，并要严格执行不锈钢食具食品卫生标准和管理办法。

食品加工过程中，使用表面镀锡的铁管、挂釉陶瓷器皿、搪瓷器皿、镀锡铜锅及焊接的薄铁皮盘等，都可能导致食品含铅量大大提高。特别是在接触 pH 较低的原料或添加剂时，铅更容易溶出，会对人体健康造成危害。镉和砷的危害主要来自电镀制品，砷在陶瓷制品中有一定含量，在酸性条件下易溶出。因此，在选择设备时，首先应考虑选用不锈钢材质的。在一些常温常压、pH 中性条件下使用的器皿、管道、阀门等，可采用玻璃、铝制品、聚乙烯或其他无毒的塑料制品代替。食盐对铝制品有强烈的腐蚀作用，使用时应特别注意。

加工设备的轴承、枢纽部分所用润滑油部位应全封闭，并尽可能用食用油润滑。机械设备上的润滑剂严禁使用多氯联苯。

食品机械设备布局要合理，符合工艺流程，便于操作，防止交叉污染。食品加工设备要设有观察口，并便于拆卸修理，管道转弯处呈弧形以利冲洗消毒。

生产绿色食品的设备应尽量专用，不能专用的应在批量加工绿色食品后再加工常规食品，加工后要对设备进行必要的清洗。

## 三、绿色食品的生产加工要求

### (一)绿色食品加工对原料的要求

1. 绿色食品加工原料的选择

原料是发展食品工业的基础。现代先进的食品工业对原料的质量与来源提出了严格的要求。绿色食品加工的原料应有明确的原产地及生产企业或经销商的情况。相对固定和良好的原料基地能够保证加工企业所需原料的质量和数量。有条件的绿色食品加工企业应逐步建立自己的原料基地，这种集团或生产经营方式，十分适合绿色食品加工业的发展。

绿色食品主要原料的来源必须来自绿色食品的生产基地，主要原料成分都应是已被认定的绿色食品。各绿色食品加工企业与原料生产基地之间，要有供销合同及每批原料都要有供售单据；生产绿色食品的辅料也必须符合有关卫生标准。如辅料的盐，应有固定来源，并应出具按绿色食品标准检验的权威的检验报告；水作为加工中常见的原料，因其特殊性，不必经过认证，但也必须符合我国饮用水卫生标准，也需要进行检测，出具合格的检验报告。非主要原料若尚无被认证的产品，则可以使用经专门认证管理机构批准的有固定来源并经检验合格的原料。

只有品质优良的原料，才能加工出质量上乘的食品。获准供应原料的企业作为加工环节的第一车间，要求供应的原料新鲜、清洁，才具有更高的营养价值，特别是水果、蔬菜，只有新鲜，维生素含量才会更高，原料的损失才会最少，商品转化率才会更高；绿色食品加工原料必须具备适合人们食用的品质质量，无霉变、无有毒物质、质量优的要求，决不能用任何危害人类健康的原料，要用专用性较强的原料，如加工番茄酱的专用番茄，要求其可溶性固形物含量高，红色素应达到了 2 mg/kg，糖酸比适度等，果汁的加工质量决定性的因素是决定于原料品种成熟度、新鲜度；在绿色食品加工过程中因工艺和最终产品的不同，其原料的具体质量、技术指标要求也不同，但都应以生产出的食品具有最好的品质为原则。只有选择适合加工工艺的品质的原料，才能保证绿色食品加工产品的质量。

绿色食品禁用辐射、微波和石油提炼物及不使用改变原料分子结构或会发生化学变化的处理方法，不能将不适合食用的原料作为供可食用的食物的加工原料。

如果加工过程需要加入添加剂时，其种类、数量、加入方法等必须符合《食品添加剂使用卫生标准》，必须符合《绿色食品的食品添加剂使用准则》的要求。不能使用国家明令禁止的色素、防腐剂、品质改良剂等添加剂。允许使用的一定要严格控制用量。禁止使用糖精及人工合成添加剂。

2. 绿色食品加工原料成分的标注

食品标签中必须明确标注原料各成分确切的含量（用百分比表示），并按成分不同而采取以下方式标注。

加工品中最高级的成分占50%以上时，可以由不同标准认证的混合物成分命名。

例如：命名含A、B级成分的混合物，A为最高级成分，必须含50%以上的A级成分；命名含A、B、C级成分的混合物，A为最高级成分，必须含50%以上的A级成分；命名含B、C级成分的混合物，B为最高级成分，必须含50%以上的B级成分。

如果该混合物中最高级成分不足50%，则要按含量高的低级成分命名。

例如：含B、C级成分的混合物，B级占40%，C级成分占60%，则该混合物被称为C级成分。

绿色食品对此目前尚无规定，但以上的标注方法比较科学，我们可以借鉴。

### （二）绿色食品加工工艺要求

1. 绿色食品加工原料的预处理

为了保证加工品的风味和综合品质，必须认真对待加工前原料的预处理。下面以果蔬为例介绍加工原料的预处理方法。

(1)原料的选别与分级

首先是剔除不合乎加工要求的果蔬，包括未熟或过熟的，已腐烂或长霉的果蔬。还有混入果蔬原料内的砂石、虫卵和其他杂质；其次，将进厂的原料进行预先的选择和分级，有利于以后各项工艺过程的顺利进行。选择时，将进厂的原料进行粗选，剔除虫蛀、霉变和伤口大的果实，对残、次果和损伤不严重的则先进行修整后再应用。果蔬的分级包括按大小分级、按成熟度分级和按色泽分级等。

(2)原料的清洗

洗去果蔬表面附着的灰尘、泥沙和大量的微生物以及部分残留的化学农药，保证产品的清洁卫生，从而保证制品的质量。洗涤时常在水中加入盐酸、氢氧化钠等，既可除去表面污物，又可除去虫卵、降低耐热芽孢数量。果蔬的清洗方法可分为手工清洗和机械清洗两大类。

(3)果蔬的去皮

除叶菜类外，大部分果蔬外皮较粗糙、坚硬，虽有一定的营养成分，但口感不良，对加工制品有一定的不良影响。去皮时，只要求去掉不可食用或影响制品品质的部分，不可过度，否则会增加原料的消耗，且产品质量低下。果蔬去皮的方法主要有手工、机械、碱液、热力、酶法、冷冻、真空去皮方法等。

(4)原料的切分、破碎、去心、修整

体积较大的果蔬原料需要适当地切分。生产果酒、果蔬汁等制品，加工前需破碎，使之便于压榨或打浆，提高取汁效率。核果类加工前需去核、仁果类则需去心。有核的柑橘类果实制罐时需去种子。罐藏或果脯、蜜饯加工时，为了保持良好的外观形状，需对果块在装罐前进行修整。

(5)烫漂

将已切分的或经其他预处理的新鲜果蔬原料放入沸水或热蒸汽中进行短时间的热处理,钝化活性酶,防止酶褐变,软化或改进组织结构,稳定或改进色泽,除去部分辛辣味和其他不良风味,降低果蔬中的污染物和微生物数量。但是,烫漂同时要损失一部分营养成分,热水烫漂时,果蔬视不同的状态要损失相当的可溶性固形物。据报道,切片的胡萝卜用热水烫漂 1 min 即损失矿物质 15%,整条的也要损失 7%。另外,维生素 C 及其他维生素同样也受到一定损失。果蔬烫漂常用的方法有热水和蒸汽两种。

(6)工序间的护色

果蔬去皮和切分之后,与空气接触会迅速变成褐色,从而影响外观,也破坏了产品的风味和营养品质。在果蔬加工预处理中所用的方法主要有烫漂护色、食盐溶液护色、有机酸溶液护色、抽空护色等。

(7)半成品保藏

果蔬加工大多以新鲜果蔬为原料,由于同类果蔬的成熟期短,产量集中,一时加工不完,为了延长加工期限,满足周年生产,生产上除采用果蔬贮藏方法对原料进行短期贮藏外,常需对原料进行一定程度的加工处理,以半成品的形式保藏起来,以待后续加工制成成品。目前常用的保藏方法有盐腌保藏、浆状半成品的大罐无菌保藏等。

2. 绿色食品加工工艺的特殊要求

根据绿色食品加工的原则,绿色食品加工工艺应采用先进的工艺,最大程度地保持食品的营养成分,加工过程不能造成再次污染,并且不能对环境造成污染。

①绿色食品加工,要最大程度地保持食品原料的营养价值和色、香、味等品质。例如,牛奶的杀菌方法有巴氏杀菌(低温长时间)、高温瞬时杀菌,后者可较好地满足绿色食品加工原则的要求,是适宜采用的加工方式。

②绿色食品加工,严禁使用辐射技术和石油馏出物。目的是为了消除人们对射线残留的担心。有机物质的萃取,要采用超临界萃取技术,不能使用石油馏出物作为溶剂,以防有机溶剂的残留。

③绿色食品加工,不允许使用人工合成的食品添加剂,但可以使用天然的香料、防腐剂、抗氧化剂、发色剂等。不允许使用化学方法杀菌。

3. 食品加工新技术和工艺

食品往往含有大量的水分,极容易被微生物侵染而引起腐烂变质,同时由于某些食品本身的生理变化很容易衰老而失去食用价值,因此,食品加工的目的就是采取一系列措施抑制或破坏微生物的活动,抑制食品中酶的活性,减少制品中各种生物化学变化,以最大限度地保存食品的风味和营养价值,延长供应期。

(1)传统的食品加工

a. 干制、糖制:利用蒸发水分、加糖或加盐等方法,增加制品细胞的渗透压,使微生物难以存活,同时由于热处理杀死了食品原料细胞,从而防止了食品的腐败变质。最简单的干制方法是利用太阳的热量晒干或晾干果蔬,如干红枣、葡萄干、柿饼、萝卜干等,但此法得到制品的质量难以保证。现代干燥方法如电热干燥、红外线加热干燥、鼓风干燥、冷冻升华干燥等方法，可进一步提高加工品的质量，保存新鲜原料的风味。食品的糖制产品有果脯、果冻、果酱等。果脯是将原料经糖液熬制到一定浓度，使浓糖液充填到果蔬组织细胞中，烘干后即为成品。果酱是经过去皮、切块等整理的果蔬原料加糖熬制浓缩而成，使制品的可溶性固形物达65%～70%。有些果蔬含有丰富的果胶物质，在其浸出液中加入适量的糖，熬制、浓缩、冷却后可凝结成为光亮透明的果冻。

b. 腌制：利用食盐创造一个相对高的渗透溶液，抑制有害微生物的活动，利用有益微生物活动的生成物，以及各种配料来加强制品的保藏性。如酸菜、榨菜、咸菜等。

c. 罐藏：将食品封闭在一种容器中，通过加热杀菌后，维持密闭状态而得以长期保存的食品保藏方法。目前，许多水果、蔬菜、肉类、鱼类等都可以制成罐头的形式保藏。

d. 速冻：采用各种办法加快热交换，使食品中的水分迅速结晶，食品在短时间内冻结。如速冻水饺、速冻蔬菜、速冻果品等。

e. 制汁：果蔬原汁是指未添加任何外来物质，直接从新鲜水果或蔬菜中用压榨或其他方法取得的汁液。以果汁或蔬菜汁为基料，加水、糖、酸或香料等调配而成的汁液。

f. 制酒：酒是以谷物、果实等为原料酿制而成的色、香、味俱佳的含醇饮料。

(2)现代食品加工新方法和工艺

a. 生物技术：主要包括酶工程和发酵工程。酶工程是利用生物手段合成、降解或转化某些物质，从而使廉价原料转化成高附加值的食品，如酶法生产糊精、麦芽糖，酶法修饰植物蛋白，改良其营养价值和风味。此法还适用于果汁生产中分解果胶、提高出汁率等。发酵工程是利用微生物进行工业生产的生物技术，除传统食品外，在现代食品工业中还取得了许多新成就，例如，美国Kelco公司用微生物发酵法生产黄原胶等。因此，生物技术应用于绿色食品加工中，必将提高绿色食品的品质与产量。

b. 工程食品：就是用现代科学技术，从农副产品中提取有效成分，然后以此为原料，根据人体营养需要，重新组合，加工配制成新的食品，其特点是扩大食物资源、提高营养价值。

c. 膜分离技术：利用高分子材料制成的半透性膜对溶剂和溶质进行分离的先进技术，包括反渗透、超滤和电渗析。反渗透是借助于渗透膜在压力的作用下，进行水和溶于水中物质的分离，可用于牛奶、豆浆、酱油、果蔬汁的冷浓缩。超滤是利用人工合成膜，在一定压力下，对物质进行分离的一种技术，如植物蛋白的分离提取。电渗透是在外电场作用下，利用一种特殊的离子交换膜，对离子具有不同选择透过性而使溶液中阴阳离子与溶液分离，可用于海水淡化、水的纯化处理。

d. 超高压技术：将食品原料填充到塑料等柔软的容器中密封，然后放入到装有净水的高压容器中，给容器内部施加100～1 000 MPa的压力，杀死微生物。高压作用可以避免因加热引起的食品变色、变味，营养成分损失以及因冷冻而引起的组织破坏等缺陷。

e. 超临界萃取技术：就是利用在某些溶剂的临界温度和临界压力条件下去分离多组成的混合物。例如，二氧化碳超临界萃取沙棘油，其工艺过程无任何有害物质加入，完全符合绿色食品加工原则。

f. 冷杀菌技术：用非热的方法杀死微生物并可保持食品的营养和原有风味的技术。目前，主要应用的有电离场辐射杀菌、臭氧杀菌、超高压杀菌和酶制剂杀菌等方法。

g. 冷冻干燥：就是湿物料先冻结至冰点以下，使水分变成固态水，然后在较高的真空度上，将冰直接转化为蒸汽，使物料得到干燥。如加工得当，多数可长期保存，且原有物理、化学、生物及感官性质不变，食用时加水即可恢复到原有形状和结构。

h. 挤压膨化技术：食品在挤压机内达到高温高压后，突然降压而使食品经受压、剪、磨、热等作用，食品的品质和结构发生改变，如多孔、蓬松等。

总之，只有采取先进、科学、合理的绿色食品加工工艺才能最大限度地保留食品的自然属性、营养和原汁原味的口味，并避免受到二次污染。但先进的工艺必须符合绿色食品的加工原则及《绿色食品加工技术操作规程》，采取先进工艺的加工食品一般有较好的品质，产品标准达到或优于国家标准。例如，果汁饮料杀菌，国内多采用巴氏高温杀菌、添加防腐剂的方法，而国际食品法典委员会规定，果汁饮料应采用物理杀菌方法，禁用高温、化学及放射性杀菌，以达到高营养、好品味、无污染的高标准绿色食品；利用二氧化碳超临界萃取技术生产植物油，即可解决有机溶剂残留问题。为了保留绿色食品的色、香、味，尽量避免破坏固有的营养、风味，在果汁浓缩时，对其香气成分采取回收，能够做到不必加香精就可以恢复原味。而粮谷加工工艺的最佳标准，应为能保持最好的感官性状、高消化吸收率，同时又能最大限度地保留各种营养成分。果蔬加工的产品，既要有很强的适应性、营养丰富，还要最大限度地保留维生素、矿物质营养，为此，可以制成各种制品，如速冻品、干制品、罐制品、制汁、酿造、腌制品、粉制品等。绿色食品加工必须针对产品自身特点，采用适合的新技术、新工艺，提高绿色食品品质及加工率。同时，绿色食品加工中对各项工艺参数指标、加工操作规程必须严格执行，以保证产品质量的稳定性。

## 四、绿色食品产品包装

### （一）绿色食品产品包装概念

绿色食品产品包装是为了在食品流通过程中保护产品、方便贮运、促进销售，依据不同情况而采用的容器、材料、辅助物及所进行的操作的总称。

### （二）绿色食品包装的功能

1. 保护食品

食品从离开生产厂家到消费者手中，短的要数日，长的达数月，甚至1年以上的时间，要使食品能完好地到达消费者手中，必须进行食品包装。食品包装有防机械损伤、防潮、防污染及微生物、防爆光、防冷、防热等作用。

2. 提供方便

绿色食品包装为食品装卸、运输、贮藏、识别、零售和消费者提供方便。

3. 商业功能

通过食品包装装潢艺术，吸引、刺激消费者的消费心理，从而达到宣传、介绍和推销食品的目的。

## 五、绿色食品包装的要求

绿色食品包装，要按农业部颁布的《绿色食品包装与标签标准》要求执行。

### (一)绿色食品包装的基本要求

1. 包装的选择

根据不同的绿色食品选择适当的包装材料、容器、形式和方法。

2. 包装的体积和质量

应限制在最低水平,包装实行减量化。

3. 遵循循环经济法选择包装

在技术条件许可与商品有关规定一致的情况下,应选择可重复使用的包装;若不能重复使用,包装材料应可回收利用;若不能回收利用,则包装废弃物可降解。

4. 纸类包装要求

①可重复使用或回收利用或可降解;

②表面不允许涂蜡、上油;

③不允许涂塑料等防潮材料;

④纸箱连接应采取黏合方式,不允许用扁丝钉钉合;

⑤纸箱上所作标记必须用水溶性油墨,不允许用油溶性油墨。

5. 金属类包装要求

金属类包装应可重复使用或回收利用,不应使用对人体和环境造成危害的密封材料和内涂料。

6. 玻璃制品包装要求

玻璃制品包装应可重复使用或回收利用。

7. 塑料制品包装要求

①使用的包装材料应可重复作用、回收利用或可降解;

②在保护内装物完好无损的前提下,尽量采用单一材质的材料;

③使用的聚氯乙烯制品,其单体含量应符合 GB 9681 标准要求;

④使用的聚乙烯树脂或成型品,应符合相应的国家标准要求;

⑤不允许使用氟氯烃(CFS)的发泡聚苯乙烯(EPS)、聚氨酯(PUR)等产品。

8. 外包装上印刷标志

外包装上印刷标志的油墨或贴标签的黏着剂应无毒,且不应直接接触食品。

9. 重复使用或回收利用的包装

可重复使用或回收利用的包装,其废弃物的处理和利用按 GB/T 16716 的规定执行。

10. 包装环境、设备及过程

包装环境条件良好,卫生安全;包装设备性能良好,不会对产品质量有影响;包装过程不对人员身体健康有害,不对环境造成污染。

### (二)绿色食品包装的尺寸要求

1. 绿色食品包装件尺寸

应符合 GB/T 4892、GB/T 13201、GB/T 13757 的规定。

2. 绿色食品包装单元

应符合 GB/T 15233 的规定。

3. 绿色食品包装用托盘

应符合 GB/T 16470 的规定。

### (三)绿色食品包装的标志与标签要求

绿色食品外包装上应印有绿色食品标志,并应有明确的使用说明、重复使用、回收利用说明。标志的设计和标注方法按《中国绿色食品商标标志设计使用规范手册》的有关规定执行。

随着市场经济和商品的激烈竞争,标签已成为进行公平交易、商品竞争的内容,具有引导或指导消费者选购商品、保护消费者的利益和健康、维护食品制造商的合法权益、促进销售的作用。绿色食品标签除应符合《食品标签通用标准》(GB/T 7718—1994)的规定外,若是特殊性营养食品,还应符合 GB/T 13432 的规定。

食品标签上必须注明以下基本内容:食品名称;配料表;净含量及固形物含量;制造者或经销者的名称和地址;日期标志(生产日期、保质期或保存期)和贮藏指南;产品类型;质量(品质)等级;产品标准号;特殊标注内容等。详见《食品标签通用标准》(GB/T 7718—1994)。

绿色食品标签必须使用防伪技术,它对绿色食品具有保护和监控作用;具有技术上的先进性、使用的专用性、价格的合理性、标签类型多样性的特点,可以满足不同的绿色食品产品的包装需要。在使用绿色食品标志防伪标签时应做到:

①许可使用绿色食品标志的产品必须加贴绿色食品标志防伪标签;

②绿色食品标志防伪标签只能使用在同一编号的绿色食品产品上,非绿色食品或与绿色食品防伪标签不一致的绿色食品不得使用该标签;

③绿色食品标志防伪标签应贴在食品标签或其包装正面的显著位置,不得掩盖原有绿色食品标志、编号等;

④企业同一种产品贴用防伪标签的位置及外包装箱用的大型标签的位置应固定,不得随意变化。

### (四)绿色食品包装的技术要求

1. 糕点类的包装

必须防潮、遮光和阻氧。常用包装材料为热封型高防潮的聚丙烯复合薄膜、高阻氧并能遮光的铝基复合薄膜或涂层玻璃纸。

2. 饮料的包装

①金属罐:采用涂层马口铁板,内用环氧酚醛内涂料;对酸性较大的饮料,在环氧涂层上还涂敷乙烯基涂料;啤酒、矿泉水,多用铁罐和铝易拉罐。

②玻璃瓶:目前用涂层法和化学法制造,用来装矿泉水、清酒等。

③塑料容器:多采用延伸 PET、PVD 瓶等,可用于多种饮料的包装。

④纸容器:适于多种饮料的包装。

3. 茶叶的包装

茶叶含水量超过 5%,则维生素 C 含量急剧下降,色、香、味都会改变,高温下变质更快;含氧量高于 1%,则茶叶易变色、变味;茶叶中叶绿素见光分解,产生异味;茶叶极易吸收异味。因此,茶叶的包装要求防潮、阻氧、避光密封,保持茶叶的色香品质。

4. 糖果的包装

水果糖,用玻璃瓶、PVC 半硬片容器;乳脂糖,用彩色印刷薄膜、透明的聚丙烯薄膜。

5. 食品罐头的包装

罐头分为瓶装、罐装两种。金属罐材料,可用马口铁、无锡铁、黑铁皮和铝。由于各种食品对金属腐蚀性不同，可采用不同的内涂料来防护。

6. 调味品的包装

固体调味品要求高度防潮、阻氧、避光、保香，一般以瓶装较多；软包装用PET/PE或铝复合薄膜。液体调味品的包装，历来使用玻璃容器包装，聚酯瓶和聚氯乙烯瓶，也已广泛使用。

7. 腌渍菜的包装

腌渍菜的保存，主要是抑制酵母菌生长，可采用多种容器包装。

8. 乳品的包装

乳品的包装，采用高度阻氧、避光的材料，同时采用无菌包装UHT法超高温消毒、浓缩液－25℃冻结贮存及真空充氧等方法。

9. 食用油的包装

食用油的包装，除用玻璃容器外，现常用的有PVC聚氯乙烯容器。

10. 酒类的包装

酒的包装，仍以玻璃、陶瓷容器为主；小型复合纸容器也有一定的发展。

## 六、绿色食品产品的贮运

食品的贮运是市场经济的客观需要，也是食品流通的重要环节。在绿色食品生产中，只有极少数的产品从生产领域到达消费者手中，绝大多数的绿色食品者要经过贮运这个阶段，因此，在食品贮运过程中，必须保证食品安全、无损害、无污染，完好地到达消费者手中。

### (一)绿色食品产品贮藏

绿色食品产品的贮藏是依据食品贮藏原理和食品特性，选择适当的贮藏方法和较好的贮藏技术的过程。在贮藏期内，要通过科学的管理，最大限度地保持食品的原有品质，不带来二次污染，降低损耗，节省费用，促进食品流通，更好地满足人们对绿色食品的需求。

1. 绿色食品产品贮藏原则

①贮藏环境必须洁净卫生，不能对绿色食品产品产生污染。

②选择的贮藏方法不能使绿色食品品质发生变化、产生污染。如化学贮藏方法中，选用化学制剂需符合《绿色食品添加剂使用准则》。

③在贮藏中，绿色食品产品不能与非绿色食品混堆贮存。

④A级与AA级绿色食品必须分开贮藏。

2. 绿色食品产品贮藏技术规范

①食品仓库在存放绿色食品前要进行严格的清扫和灭菌，周围环境必须清洁卫生，并远离污染源。禁止使用会对绿色食品产生污染或潜在污染的建筑材料与物品。严禁食品与化学合成物质接触。

②食品入库前应进行必要的检查，严禁与受到污染、变质以及标签、账号与货物不一致的食品混存。食品按照入库先后、生产日期、批号分别存放，禁止不同生产日期的产品混放。绿色食品与普通食品应分开贮藏。

③定期对贮藏室用物理或机械的方法消毒。不使用对绿色食品可能带来污染的物质消毒。管理和工作人员必须遵守卫生操作规定。所有的设备在工作和使用前均要进行灭菌。

④食品贮藏期限不能超过保质期，包装上应有明确的生产、贮藏日期。

⑤贮藏仓库必须与相应的装卸、搬运等设施相配套,防止产品在装卸、搬运等过程中受到损坏与污染。

⑥绿色食品在入仓堆放时,必须留出一定的墙距、柱距、货距与顶距,不允许直接放在地面上,保证贮藏的货物之间有足够的通风。禁止不同种类产品混放。

⑦建立严格的仓库管理情况记录档案,详细记载进入、搬出食品的种类、数量和时间。

⑧根据不同食品的贮藏要求,做好仓库管理,采取通风、密封、吸潮、降温等措施,并经常检测食品温度、湿度、水分以及虫害发生情况。

⑨仓库管理必须采用物理与机械的方法和措施,绿色食品的保质贮藏必须采用干燥、低温、密封与通风、低氧(充二氧化碳或氮气)、紫外光消毒等物理或机械方法,禁止使用人工合成化学物品以及有潜在危害的物品。

⑩保持绿色食品贮藏室的环境清洁,具有防鼠、防虫、防霉的措施,严禁使用人工合成的杀虫剂。

**(二)绿色食品产品的运输**

1. 绿色食品的运输原则

①绿色食品的运输,必须根据产品的类别、特点、包装要求、贮藏要求、运输距离及季节不同等采用不同的运输手段。

②绿色食品在装运过程中,所用工具(容器及运输设备)必须洁净卫生,不能对绿色食品产生污染。

③绿色食品禁止和农药、化肥及其他化学制品等一起运输。

④在运输过程中,绿色食品不能与非绿色食品混堆,一起运输。

⑤绿色食品的A级和AA级产品,不得混堆一起运输。

2. 绿色食品的运输规范

①必须根据绿色食品的类型、特性、运输季节、距离以及产品保质贮藏的要求选择运输工具。

②用来运输食品的工具,包括车辆、轮船、飞机等,在装入绿色食品之前必须清洗干净,必要时进行灭菌消毒,必须用无污染的材料装运绿色食品。

③装运前必须进行食品质量检验,在食品、标签与账单三者相符合的情况下才能装运。

④装运过程中所用的工具应清洁卫生,不允许含有化学物品。禁止带入有污染或潜在污染的化学物品。

⑤运输包装必须符合绿色食品的包装规定,在运输包装的两端,应有明显的运输标志。内容包括始发站、到达站名称、品名、数量、重量、收货单位名称、发货单位名称以及绿色食品的标志。

⑥不同种类的绿色食品运输时必须严格分开,不允许性质相反和互相串味的食品混装。

⑦填写绿色食品运输单据时,要做到字迹清楚、内容准确、项目齐全。

⑧绿色食品装车(船、箱)前,应认真检查车(船、箱)体状况。对不清洁、不安全,装过化学品、危险品或者未按规定提供的车(船、箱),应及时提交有关部门处理,直到符合要求后才能使用。

⑨绿色食品的运输车辆应该做到专车专用。尤其是长途运输的粮食、蔬菜和鱼类必须有严格的管理措施。在无专车的情况下,必须采用密闭的包装容器。容易腐败的食品,如肉、鱼

必须用专用密封冷藏车装运。运输活的有机禽畜和肉制品的车辆，应与其他车辆分开。

⑩绿色乳制品应在低温下或冷藏条件下运输，严禁与任何化学品或其他有害、有毒、有气味的物品混装运输。

## 【实习实训】

### 果蔬绿色食品加工技术

**实训目标**：通过参与生产加工，进一步熟悉生产技术规程，掌握绿色食品加工过程中原料的选择和生产加工工艺。

**实训场所**：校内或校外绿色食品生产基地。

**实训要求**：结合当地生产，全程参加某一果蔬产品的绿色食品加工。

1. 结合生产实际，按照绿色食品加工技术要点和本产品绿色食品加工技术操作规程严格选料和执行加工工艺。
2. 根据已掌握的资料，一边参加生产加工，一边总结经验，写出实际绿色食品加工技术操作规程。
3. 绿色食品加工技术操作规程要按正规格式书写，要求用词简练，各项措施要具体、实用、可操作性强。在多种措施中只选用当地最适用的一种。
4. 分别介绍自己制定的操作规程，其他学生提出修改意见，指导教师点评、总结，提出共性的问题，然后学生再次分别修改自己制定的操作规程。

**实训考核**：结合实际，每人制定一份果蔬绿色食品加工业技术操作规程。

## 【自我训练】

1. 结合当地生产实际，谈谈绿色食品种植业生产技术要点。
2. 简述轮作、复种、间套作等种植制度在绿色食品种植业生产中的作用。
3. 简述绿色食品种植业生产中，植保工作的基本原则、病虫害综合防治技术措施。
4. 结合当地生产实际，谈谈绿色食品畜禽养殖业生产技术要点。
5. 简述绿色食品畜禽养殖中，畜禽舍场地要求、环境要求、饲料要求。
6. 结合当地生产实际，谈谈绿色食品水产养殖业生产技术要点。
7. 结合当地生产实际，谈谈绿色食品加工的技术要点。
8. 简述绿色食品加工生产的基本原则。
9. 应从哪些方面对绿色食品加工过程进行质量控制？
10. 如果你要加工绿色食品，在选择加工厂时，你会有什么要求？
11. 简述绿色食品加工设备的要求。
12. 简述绿色食品加工原料的选择要点。

# 单元四

# 绿色食品市场营销

### 学习目标

- 理解绿色食品市场营销的概念；掌握绿色食品市场营销战略和营销对策；明确绿色食品市场体系的构成，能对市场环境进行准确分析与定位；树立绿色营销意识，加大宣传力度，不断提升品牌的公信力。

### 知识要点

- 绿色食品市场营销概念，市场营销的重要作用，绿色食品市场营销原则、战略和对策；理解绿色食品市场体系的特点、地位与作用，绿色食品市场体系的构成；能对市场环境进行正确分析与定位；掌握绿色食品企业市场营销原则、营销战略、营销对策。

### 技能要点

- 能够对某一具有绿色食品标志使用权的产品进行市场定位。

20年来，我国绿色食品从概念到产品，从产品到产业，从产业到品牌，从局部发展到向全国推进，从国内走向国际，一步一个脚印，取得了举世瞩目的成就。绿色食品创立的"从农田到餐桌"全程质量控制模式，促进了农业标准化生产，提高了农产品的质量安全水平；绿色食品建立的以安全、优质为核心的技术标准体系，符合我国国情，整体达到了国际先进水平；绿色食品创建的质量认证与商标管理相结合的基本制度，创新了我国农产品质量安全监管的技术手段，推动了农业品牌战略的实施；绿色食品推行的以品牌带动龙头企业、促进标准化基地建设的产业化发展模式，提高了农业组织化、规模化、产业化发展水平。通过发展绿色食品，在不断满足城乡居民对安全优质农产品消费需求的同时，面向全社会，引导和传播了科学、安全、健康、环保的消费理念；面向广大企业和农户，普及和推广了安全优质农产品标准化生产技术和管理模式；面向国内外市场，宣传和提升了我国绿色食品的品牌形象。

# 项目一　绿色食品市场营销的概念和作用

## 【知识与技能】

### 一、绿色食品市场营销的概念

#### (一)市场营销的概念

人们对市场营销概念的认识是随着市场经济的发展而逐渐深化和完善的。在市场经济发展初期，人们认为市场营销就是在市场上推销产品的经营活动，把市场营销局限于流通领域的产品推销这个范围内。随着市场经济的发展，它的概念得到了进一步扩大和深化，形成了现代市场营销概念，即通过市场交换以满足消费者需求的企业综合性的经营推销活动。现代市场营销的概念突破了流通领域的范围，增添了生产领域的产前活动和消费领域的售后活动。产前活动包括消费者行为研究、新产品开发和价格研究、市场调查以及市场预测等活动；售后活动包括产品的包装、储运、售后意见的收集和处理以及售后服务等活动。

为了加深对市场营销概念的理解，应主要把握以下4个方面：一是市场营销的理念——"顾客就是上帝"。现代市场营销是以消费者为中心，一切企业的营销活动都以消费者为出发点和归宿点。二是市场营销的目标是顾客满意和企业获利。企业的生产者将顾客需求的产品通过营销活动引导给消费者，使他们满意，实现社会利益。同时，企业也应获得自身的利益。社会利益和企业利益相结合，当前利益和长远利益相结合，是市场营销的双重目标。三是市场营销的中心是实现市场交易。市场营销活动要紧紧围绕生产者和消费者在市场上的交易活动，使每一次交易都公平、合理。既不能在交易中损害消费者的利益，也不能一味取悦顾客而忽视为顾客解决实际问题，努力使产品和价格真正满足顾客的要求。四是市场营销的手段要以整体、综合性营销活动为主。企业应将市场营销视为一个系统，从整体、综合性的角度认识和组织营销活动。营销手段多种多样，将之协调配合起来可以使整体效果大于单一手段效果之和。其中有两种市场营销策略组合，不仅对市场营销理论产生重要影响，而且应用范围相当广泛，应用效果相当明显。一种是创立于20世纪50年代，以企业利润为中心的4P营销策略，即寻求产品、价格、渠道和促销四大策略的配合和协调，以求与顾客建立起长期稳定的交易关系。它要求企业的产品价格与产品质量相一致，渠道应与产品价格和产品质量相一致，促销也应与产品价格、产品质量和产品渠道相一致，以便实现整体化推销的目的。另一种是产生于20世纪80年代，以消费者满意为中心的4C营销策略，即企业将消费的需求与欲望、成本、便利和沟通四大策略组合在一起，以寻求消费者的信任和满意。它要求企业以消费者的需求和欲望安排所生产的产品，以消费者愿意支付的成本考虑产品的定价，以消费者便利的方式选择销售渠道，与消费者的有效沟通实现双方利益的整合。

### (二)绿色食品市场营销的概念

绿色食品市场营销是指将质量水平较高、安全水平较好的食品，通过特定市场交换寻求满足消费者需求的企业综合性的经营推销活动。对上述概念的认识和理解，除深入理解质量水平较高、安全水平较好的含义和把握市场营销概念以外，还应加深对"特定市场交换"的理解。"特定市场交换"是指市场交换的条件、环境不同。绿色食品是一种"特殊"的食品，它不仅要求生产的质量安全，而且要求运输、贮藏、包装等不能造成污染，还应在洁净的市场环境下进行营销活动，以保证"从农田到餐桌"的全程"绿化"。因此，绿色食品市场交换活动不能在普通食品市场中进行，而要在符合绿色食品要求的"特定"市场中进行。

## 二、绿色食品市场营销的重要作用

### (一)开拓市场

开拓市场的基本手段是积极开展市场营销活动，特别是绿色食品作为新开发出的食品，更需要强化市场营销。几年来，在北京、上海等地进行绿色食品展销以及历届绿色食品博览会，绿色食品的销售都取得了明显的效果。绿色食品知名度的提高，为进一步开拓市场奠定了良好的基础。

### (二)满足消费者需求

现代市场营销理念是以消费者为中心，以满足消费者需求为目的，绿色食品市场营销也不例外。绿色食品不仅要经过必要的营销过程，而且要加强对其质量安全水平的介绍和宣传，使更多的顾客购买。消费者通过实际消费，不断加深对绿色食品质量安全水平的认识，经过多次反复，才能对绿色食品产生整体、全面了解，成为绿色食品的稳定消费者。

### (三)推出知名品牌

在市场经济条件下，品牌不仅是用来识别产品和服务的名称、符号、标志，还是消费者对产品、服务乃至企业的总体形象认识和感受，是一个企业最为宝贵的无形资产，是取之不尽、用之不竭的财富源泉。品牌战略已经成为市场经济发达国家企业抢占国内外市场的战略抉择。从产品营销逐渐转向品牌营销，使消费者对绿色食品知名品牌的认识上升到对整体绿色食品的信任，成为绿色食品的忠实、持久消费者。

### (四)促进生产发展

随着市场经济的发展，市场营销与生产发展的关系越来越密切，已经成为促进生产发展的重要保证。当前我国食品销售市场已经由卖方市场转变为买方市场。在买方市场的条件下，通过绿色食品市场营销可以引导消费、创造需求，进而以需求来拉动供给，刺激绿色食品生产发展。

(五)增加农业收入

提高农民收入是我国农业和农村工作的中心任务。加大市场营销力度、促进绿色食品发展是我国提高农民收入的主要选择之一。我国发展绿色食品的实践,也提供了有力的证据。全国已建成绿色食品大型原料标准化生产基地432个,面积达到1.03亿亩,生产总量5 718万t,对接龙头企业1 138家,带动农户1 297万个,每年直接增加农民收入6.5亿元以上。

(六)实现以销定产

在市场经济条件下,生产的发展必须以市场为导向。市场营销就是市场导向的重要组成部分,是实现市场导向的主要条件和措施。

当前和今后一个时期,努力实现可持续发展、不断提升品牌的公信力、加快市场流通体系建设是推进绿色食品事业的基本方向。一要根据我国农业农村经济发展"十二五"规划,与"菜篮子"产品标准化生产基地和农业标准化示范县建设相结合,大力推行绿色食品标准化生产,带动农产品质量安全水平提高;与农民专业合作社示范社建设相结合,积极引导农民专业合作社发展绿色食品,提高农民专业合作社标准化生产、规范化管理、品牌化经营水平;与优势农产品产业带和特色农业建设相结合,稳步推进绿色食品原料标准化基地建设,增强农产品市场竞争力,促进农业增效、农民增收。二要立足精品定位,坚持"从严从紧、宁缺毋滥"的原则,不降低质量标准,不降低准入门槛,不降低"含金量",始终保持标准的先进性、认证的规范性和监管的严肃性;要通过完善标准体系,落实标准化生产,严格认证制度,加强证后监管,强化淘汰退出机制,确保产品质量稳定可靠,品牌形象令人信赖,使绿色食品始终成为我国安全优质农产品精品品牌的代表,始终成为引领高端农产品生产和消费的"风向标"。三要面向国际、国内两个市场,全方位加大品牌宣传和市场服务力度,加快实现品牌由认知度向认可度、由影响力向竞争力的转变;要引导和鼓励发展绿色食品专业连锁经营、直销配送,积极探索和推进"农超对接",实现优质优价,提升品牌价值,使绿色食品进入"以品牌引领消费、以消费拓展市场、以市场拉动生产"持续健康发展的轨道。

# 项目二　绿色食品市场体系

## 【知识与技能】

### 一、绿色食品市场体系的特点

绿色食品市场是绿色食品交换的场所及其交换关系的总和。它不仅是指单一的由绿色食品的生产者、经营者和消费者进行商品和服务交换的场所和渠道,而且是一个完整的市场体系。由于绿色食品产品及其生产方式与普通食品不同,因而其市场体系也具有自身的特点。

(一)结构完整性

绿色食品开发将农工商部门、产加销环节紧密地结合在一起,并通过市场的联结和推动作用,不断扩大规模,提高水平,实现效益。因此,绿色食品市场并非是单一的生产要素市场和产品市场，还是由产品市场、要素市场、技术市场构成的一个整体。

### （二）功能专业化

绿色食品市场功能专业化，一方面是指为绿色食品生产企业提供专业化的生产资料和技术服务；另一方面是指绿色食品流通渠道的专业化。绿色食品产品的特点，需要绿色食品生产资料市场，为绿色食品生产企业和广大农户提供生物肥料、生物农药、天然食品添加剂以及饲料添加剂等专业化的生产资料，并配合专业化的技术服务来确保绿色食品最终产品质量。通过专业化的流通渠道，绿色食品产品才能集中展示它的特点，树立产业形象，满足广大消费者的规模需求，实现绿色食品独特的价值，体现开发绿色食品的经济效益和社会效益。

### （三）机制规范化

市场的健康运行依靠规范的机制来保障。绿色食品市场运行机制是由 3 个紧密联系的手段构成：一是以标准为核心的技术手段，绿色食品生产资料和产品，要进入市场都必须依据绿色食品标准体系，经过严格的审查和认证；二是以质量为核心的竞争手段，进入市场的绿色食品生产资料和产品在确保质量的前提下，公平地参与竞争，并由供求关系反映的价格信号来调节；三是以标志为核心的法律手段，绿色食品产业发展实施商标管理，进入绿色食品市场的经济主体要受到法律的约束和规范，这样才能建立有效的市场环境和规范的交易规则，并维护绿色食品生产者、经营者和消费者的权益。

## 二、绿色食品市场体系的地位与作用

绿色食品市场建设在绿色食品产业发展中占据极其重要的地位，它既是产业发展的基础，也是产业发展的推动力。

### （一）绿色食品市场体系为绿色食品产业发展提供了空间

绿色食品生产和营销企业是绿色食品产业活动的主体，在市场经济环境里，它们都要通过产品销售来获得利润，并通过市场竞争来表现其发展的生命力。没有完整的市场体系，生产资料无法获得；没有市场机制的作用，难以提高企业和产品的市场竞争力；没有开放的市场流通渠道和网络，则难以通过消费市场带动生产规模的扩大。

### （二）绿色食品市场体系是提高绿色食品产业发展水平的重要条件

市场既是社会分工的产物，又是社会分工得以存在和发展的基本条件。合理有效的社会分工，一方面，拓宽了绿色食品产业的发展空间，使其在广度上发展；另一方面，提高了绿色食品产业发展的专业化水平，使其在深度上发展。正是这种分工和结合，使绿色食品产业的专业化水平不断得到提高，产业发展的规模不断得到扩大，从而在整体上不断提高产业化发展的水平。

### （三）绿色食品市场体系是形成绿色食品产业发展合力的基本途径

绿色食品产业由于生产企业及其产品比较分散，企业之间缺乏必要经济联系，难以形成生产条件的优势互补，区域之间市场流通也有障碍，生产企业与营销企业缺乏必要的联系，生产加工企业与原料生产及生产资料生产企业之间缺乏联系，这将影响和制约绿色食品产业的发展。结果是绿色食品产业难以形成全国统一的市场；产＋销环节难以形成统一的整体；绿色食品产业主体难以形成走向市场的合力。而解决这 3 个问题，必须建立和完善绿色食品市场体系。

**(四)绿色食品市场体系有利于树立绿色食品产业形象,实现开发绿色食品的价值**

绿色食品产业作为一项新兴产业需要塑造产业形象来吸引广大公众。绿色食品产业形象包括产业的理念文化、行为方式以及视觉识别,而这 3 项内容均需通过市场来传播和强化。绿色食品企业开发绿色食品的目的和价值在于通过生产绿色食品来保护环境和资源并增进人民健康,只有通过完善的绿色食品市场体系才能实现这个目标。

**(五)绿色食品市场体系有利于引导绿色食品生产企业开发适销对路的产品,不断提高科技水平**

有效的市场运行体系将在竞争机制的作用下,迫使绿色食品生产企业以市场需求为导向,不断改进技术提升绿色食品品质,提高产品的市场竞争力。这种竞争力不仅表现在绿色食品生产企业之间和绿色食品产品之间,而且也反映在绿色食品与普通食品之间。

## 【知识与技能】

### 三、绿色食品市场体系的构成

绿色食品市场是一个完整的体系,既有层次和范围,又有内涵和特点,它是绿色食品市场建设的理论基础。绿色食品市场体系由 5 个部分组成:市场结构、市场功能、市场运行、市场组织和市场秩序。

**(一)市场结构**

市场结构包括 3 个方面:一是发育良好的商品市场和发育充分的生产要素市场;二是形成统一的国内市场和积极开拓国际市场;三是建立高效的现货市场和比较规范的期货市场。

绿色食品产品市场逐渐形成规模,可以满足部分地区和部分消费者对绿色食品的需求。由于绿色食品开发需要相应的生产技术规程来保障,而落实生产技术规程的一项措施是提供先进、实用的生产资料,如生物肥料、生物农药、饲料添加剂、食品添加剂等。随着绿色食品生产企业的增多以及绿色食品开发向基地化发展,广大企业和农户对绿色食品生产所需的生产资料的需求也日益迫切,因此,需要加快绿色食品生产资料市场的培育,这也是确保绿色食品产品质量、推动绿色食品产业技术进步的需要。绿色食品开发比较分散,但市场在初期阶段需要相对集中,这样才能获得规模效益,有利于整体形象的宣传和树立。开发绿色食品的一个重要目的是将其打入国际市场,参与国际竞争,展示我国优质农产品及其加工品的精品形象,实现出口创汇。因此,必须积极开拓国际市场,逐步建立比较稳定的贸易出口渠道,提高绿色食品在国际市场的占有率。绿色食品是城乡居民日常食品消费的高档必需品,因此需要稳定的现货市场保障居民的经常性消费需求。绿色食品开发的基础是农业,而农业受自然和市场风险交织影响。因此,建立绿色食品期货市场也是一个发展方向。

**(二)市场功能**

市场具有 4 个基本功能:显示功能、导向功能、调节功能和扩大功能。市场对农产品供求的调节具有滞后性特点,如果信息反馈不及时,容易产生供求失衡。因此,在绿色食品市场建设中,要充分合理地发挥市场功能作用,必须对绿色食品市场供求状况进行调查和分析；及时传递市场信息，沟通生产企业之间、经营企业之间以及生产企业与经营企业之间的联系；对价格定位进行研究；有效组织、合理分配，及时集散货物；正确引导消费观念和行为的转变；确保产品质量，并不断开展技术创新和产品创新。

**（三）市场运行**

市场正常运行一般需要3个条件：一是保证市场经济主体全面进入市场，参与市场公平竞争，分享市场提供的一切机会；二是保证价格信号引导生产和经营，调节供求关系，从而有利于通过价格机制和供求规律引导企业配置生产要素，调整生产结构，并满足消费者多层次的市场需求；三是政府要适时适度地运用经济手段调控市场的运行，完全依靠市场调节，市场经济的风险性、盲目性和滞后性的缺点对产业发展会造成损害。

在绿色食品市场运行过程中，要引导绿色食品生产企业和流通企业共同围绕培育绿色食品市场，参与公平竞争，保持市场透明度，并积极开展联合，做到利益共享、风险共担。绿色食品生产企业要根据市场需求的变化，及时调整产品结构，多开发适销对路的绿色食品产品；绿色食品流通企业要及时组织货源，建立相对稳定的流通渠道，满足广大消费者的需求。

**（四）市场组织**

市场组织是商品流通、市场运行的载体，建立流通渠道并形成网络是市场组织建设的重点。

**（五）市场秩序**

市场的顺利运行需要良好的市场秩序来保障，而良好的市场秩序要靠有效的管理措施和规范的交易规则来维持。农业部中国绿色食品发展中心先后出台了《绿色食品商业、餐饮企业管理暂行规定》《绿色食品出口产品管理暂行规定》等政策，这些措施为规范绿色食品生产和流通企业的经济行为创造了条件。

## 项目三　市场环境分析与定位

### 【知识与技能】

### 一、绿色食品市场营销环境分析

市场营销环境是指与企业市场营销有关的各种外界客观因素。根据其性质可分为政治环境、经济环境、文化环境、法律环境、地理环境、组织环境和心理环境等；按照地域可以分为国际市场环境和国内市场环境。

**（一）绿色食品营销的国际环境分析**

绿色食品营销的国际市场环境已经形成，初步具备了营销的组织基础及法规、市场观念和社会需求环境条件。

1. 组织基础

绿色组织的建立始于美国。20世纪70年代，美国成立了数百个青少年环保组织，发起了保护地球生态平衡的“地球日”活动。此后，各国绿色组织纷纷成立，英国、德国、日本等国还成立了以保护生态环境为宗旨的社团组织——绿党。1992 年在法国成立了“有机农业运动国际联盟”，现已有近 100 个国家参加，遍及世界各大洲，成为国际性的绿色组织。国际性绿色组织的出现，对绿色食品的国际营销起了巨大的推动作用。

2. 法律环境

在国际性绿色组织建立的同时，西方发达国家已从行政、立法、经济等方面形成了一套行之有效的环保规范。目前，世界上已签署的与环保有关的法律、国际性公约、协定或协议多达 180 项。国际标准化组织的 ISO9000、ISO4000(国际贸易商品在技术、安全、卫生、环保等方面的质量保证体系)系列标准和 ISO1800(国际环境标准制度)等协约，协议上限制甚至禁止了许多非绿色产品的国际贸易。乌拉圭回合贸易谈判签署的最后文件中，农产品等被纳入世界贸易组织体制，呈现出明显的“绿色印记”。西方发达国家都已建立了环境标志制度，环境标志已成为产品进入这些国家的通行证。至此，有别于传统非关税的国际贸易技术壁垒——“绿色壁垒”已形成。

3. 社会实践基础

近年来，欧美国家纷纷以农产品生产过剩和农业补贴负担过重为契机进行农业转型。美国从 1985 年开始实施“低投入持续型”农业政策。在农业生产中减少农药、化肥的使用；欧共体从 20 世纪 80 年代后期开始推行新农业政策，改变以往大量投入化肥、农药的粗放型农业经营政策；日本也正积极推动“环境安全型”新农业政策，其宗旨是保护农业生态环境，满足人们日益增加的对有机食品的需求。新农业政策的实施无疑为绿色食品营销奠定了社会实践基础。

4. 市场观念环境

随着国际上环境保护意识的增强，人们对不污染环境的产业及产品的需求日益增长，甚至有些团体提出了“绿色消费主义”，为国际市场带来了绿色消费热。在国际消费市场上，绿色产品标志是取得消费者信任有竞争优势的主要条件。据调查显示，有 79%的美国人表示一个公司的环境信誉会影响其购买决定。欧共体的调查表明，76%的荷兰人和 82%的德国人在超市购物时会考虑环境污染的因素，半数的英国购物者会根据对环境和健康是否有利来选择商品；日本家庭主妇有 91.6%的消费者对绿色食品和有机食品感兴趣，觉得有安全性的占 88.3%。绿色食品、有机食品的市场消费观念已基本形成。

5. 社会需求环境

近年来发达国家对有机食品的需求迅速增长，并以 20%的年递增率增加。预计再过 10 年，其消费量将是现在的 5 倍。目前，西欧是最大的有机食品需求市场，消费量最多的是奥地利、瑞士、英国和德国等，其供求矛盾已日趋明显，其国内生产能力有限，在相当程度上只有依靠进口。由此可见，开发有机食品将成为进军农产品国际市场的良好契机，而获得了绿色标志的有机食品，也就拿到了进入国际市场的通行证。

### (二)绿色食品营销的国内环境

1990 年，国家提出发展绿色食品，并在 20 年的发展进程中，形成了国内组织、法规、技术、社会实践及市场需求基础，并为国内绿色食品营销准备了市场环境。

1. 组织基础

农业部成立了“绿色食品发展中心”和“中国绿色食品总公司”，并由该中心注册了绿色食品标志，负责推行和管理此标志；同时制定了绿色食品标志管理办法及申请使用绿色食品标志的审核程序，并在 30 个省(市)建立了相应机构负责绿色食品的监督管理等，为国内绿色食品营销奠定了组织基础。

2. 法规、技术基础

我国已经制定并颁发了有关绿色食品的法规及其规章制度，制定了绿色食品的产品或产品原料的生态环境标准，绿色食品种植业、畜禽养殖、水产养殖及加工的生产技术操作规程，以及最终产品的质量卫生标准等，形成了绿色食品营销的技术基础。

3. 社会实践及市场需求基础

我国已开发了包括粮油、蔬菜、果品、饮料、畜禽蛋奶、水产酒类等 14 大类 2 400 多种绿色食品，建成了千余家绿色食品企业和 100 多个绿色食品生产示范基地，还进行 100 余个生态农业示范县的建设，形成了绿色食品营销的社会实践基础。同时，随着生活水平由温饱型向小康型的转变，东部沿海等发达的大中城市的居民对自然、无污染食品的需求愿望大大增强，成为一个较大规模消费群体，形成了绿色食品营销的市场需求基础。

## 二、绿色食品企业营销市场定位

企业所面临的是一个由多种因素构成的复杂环境。国家的宏观经济政策、法律政策的颁布，新技术的开发与利用，企业间的竞争状况，公众意识、多样化的需求等都与企业的市场营销息息相关，制约着企业的发展。绿色食品市场是新型的市场，它也面临着激烈的市场竞争，绿色食品企业都要在市场调研、市场预测的基础上，进行市场细分和准确的市场定位。可供选择的市场定位方式主要有如下几种。

### (一)根据不同地区消费者普遍需求进行市场定位

绿色食品的生产工艺要求较高，附加值很高，购买者是大中城市收入高、知识层次高的人群；而不同的地区，消费需求品种、数量又各不相同。根据营销调研，对不同区域消费者需求进行分析，根据不同地区消费者的不同需求来进行市场细分。即在一个消费区域内投放一种或几种消费者喜欢且有巨大潜在市场的产品。比如，在上海、广州等地，消费者对黑龙江的五常大米、七河源大米、大庆的古龙贡米比较认可。企业可以根据这一信息进行市场定位。

### (二)根据企业自身的资源和优势进行市场定位

不同绿色食品企业自身的条件不一。经济实力雄厚、人员技术水平较高、设备先进的企业，在 A 级绿色食品进入国际市场受到限制的时候，发挥企业自身资源优势，加大对 AA 级绿色食品的市场开发，以求得在市场上的竞争地位。而规模小、生产能力较弱的企业，就应该把眼光放在国内 A 级绿色食品生产上，寻找自己产品的恰当位置，满足不同消费者的需求，求得企业的逐渐壮大和发展。

### (三)根据绿色食品发展模式定位

绿色食品发展模式很多。以黑龙江为例，黑龙江省绿色食品企业的发展呈现出 4 种发展模式，给绿色食品企业的市场定位提供了很好的借鉴作用。

1. 绿色+特色模式

这种模式充分发挥产地和产品特殊的历史地位和生态条件优势，如黑龙江肇源的古龙贡米和牡丹江的响水大米都曾是皇室贡品。借古出新，推动绿色食品的快速发展。

2. 绿色十优质模式

如黑龙江五常、兴凯湖开发的绿色水稻，九三农场利用优质强筋小麦品种生产的饺子粉等，上市后由于质量出众很快得到了消费者的认可。

3. 绿色十低成本、高效益模式

在生态环境符合绿色食品生产要求的地方只需对相对应生产资料的使用进行控制就可使其升级为绿色食品获得更大的经济效益。如黑龙江省的土壤、气候等条件非常适合大豆、马铃薯的生长，只要控制好生产资料的使用就可以生产出产品成本低、品质好、质量高、病害少的绿色大豆、马铃薯产品。

4. 绿色十著名品牌模式

这种模式是利用企业原有知名度开发新产品，如黑龙江大兴安岭的北奇神和哈慈集团开发的“七河源”牌大米及绿色猪肉。

# 项目四 绿色食品企业市场营销原则及对策

## 【知识与技能】

### 一、绿色食品企业市场营销原则

#### (一)市场化原则

在市场经济条件下，绿色食品生产和营销都是在市场体系中完成的，不可能离开市场而独立完成。按市场经济规律办事，以市场为导向是发展绿色食品、搞好绿色食品市场营销的基本原则。市场经济规律主要包括：一是价值规律。在绿色食品市场营销过程中，采取什么营销战略和策略、使用什么营销方法和手段、建立什么市场营销网络等，都要进行认真的价值评估，以价值高低和利润多少为决定标准；二是竞争规律。市场经济是竞争经济，通过合理的竞争，一方面提高营销者的营销水平和能力，促进市场经济的发展，另一方面优胜劣汰，提高消费者的满足程度，扩大消费群体；三是供求规律。绿色食品市场营销符合市场需求才能使营销者获得较好的效益，实现收入增长。绿色食品市场营销结构和规模应与绿色食品市场供求关系相一致。当然，绿色食品的供求关系始终处于动态变化之中，要研究和掌握这种变化规律，适时调整绿色食品营销目标、战略和方法，真正促进绿色食品产业的发展。

#### (二)重点分类原则

绿色食品市场营销要在市场营销定位的基础上，对不同经济区域、消费群体、市场分类采取不同的销售方法，确立不同的重点发展目标和策略手段。绿色食品是质量水平较高、安全水平较好的食品，但又是价格相对较高的食品。因此，它的消费区域、消费市场和消费群体，都受到一定的限制。

从消费区域角度看，绿色食品在国内的主要消费区域是我国东部经济发达地区，那里的大中城市是绿色食品营销的重点。中部、西部的城市，特别是省会城市也是绿色食品市场营销的重点地区。国内市场以销售A级绿色食品为主。在国际上，主要消费群是日本、韩国、东南亚周边国家、俄罗斯、欧盟国家、加拿大以及美国，其中日本、韩国和欧盟国家是重点。国外市场以销售AA级绿色食品为主。

从消费市场角度看，省内主要以绿色食品批发市场建设为主，并在国内重点区域搞连销批发经营；绿色食品的零售业务，主要依托各地超市，借用超市建立销售专柜。国外绿色食品销售，应把主要精力放在与国外合作和实行委托代理制，打入国际相关市场。

从消费群体角度看，绿色食品的消费群体主要集中在中高收入家庭，其中知识界、企业家和政府工作人员更容易进入这个群体。

#### （三）综合效益为主原则

绿色食品发展的目的，一方面是为了获得更好的效益；另一方面为了消费者的身体健康和环境保护，这是绿色食品与普通食品的主要差别。因此绿色食品发展所追求的效益是综合效益、长远效益，是经济效益、社会效益和生态效益的结合，特别是能成为农民持久增加收入的支柱产业。绿色食品市场营销在追求经济效益的同时，也要兼顾社会效益和生态环境效益，有时可以牺牲一些经济效益来获得社会效益和生态效益。

#### （四）科技优先原则

绿色食品市场营销也离不开科技的先导作用。科技在绿色食品市场营销中的先导作用，主要表现在以下4个方面：一是确立绿色食品营销理念；二是确立绿色食品市场营销战略；三是确立绿色食品市场营销方法；四是确立绿色食品市场营销手段。

#### （五）多样化原则

绿色食品市场营销无论是在生产领域的产前活动，还是营销活动以及消费领域的售后活动，都应采取多样化发展策略和手段。在产前活动中，要采取多样化的方法进行市场调研和市场预测、产品设计；在营销活动中，要综合运用直销、广告等各种营销手段，激发消费者购买绿色食品的欲望，扩大消费群体，达到开拓市场和推销绿色食品的目的。在绿色食品销售之后要采取多种方法和手段，向消费者提供优质服务。如绿色食品售后反馈、建立固定消费者联系制度、定期向消费者征求意见等。

#### （六）因地制宜原则

绿色食品市场营销要从各地、各行业实际情况出发，坚持因地制宜的原则。这样才能使生产出的绿色食品更具市场竞争力，在市场上卖得好价，增加市场主体的效益。黑龙江省应根据全国东、中、西3个不同经济区的实际情况，统筹安排各具特色的绿色食品市场营销计划和模式。在东部地区，应以A级绿色食品营销为主，在北京、上海、天津等特区城市除主要营销A级绿色食品外，还要配销AA级绿色食品。在中部地区，应以A级绿色食品营销为主，特别在大中城市应加快推销A级绿色食品。在西部地区，大中城市特别是省会城市，以推销A级绿色食品为主，并向其生产基地推销绿色生产资料等。

### 二、绿色食品市场营销战略

#### （一）绿色食品市场营销战略选择的客观依据

绿色食品市场营销战略的构建关系到绿色食品产业的持续、健康发展。在进行绿色食品市场营销时，首先要研究和选择市场营销战略，这是取得成功的关键。绿色食品市场营销战略选择的客观依据主要是绿色食品发展所处的战略阶段。绿色食品发展从战略上可分为3个阶段:基础建设阶段、加速发展阶段和全面推进阶段。

## (二)绿色食品市场营销的战略选择

绿色食品发展处于基础建设阶段,市场营销主要应采取低价位战略,使消费者乐于和肯于购买,在不断交易和消费过程中,逐步提高消费者对绿色食品的认知度,吸引更多的消费者。

### 1. 绿色食品市场营销选择低价位战略的原因

第一,人均收入水平偏低。我国人均收入水平虽然近些年有所增加,但仍然处于低收入水平的状态。这样的收入水平,适于消费价位较低的食品。

第二,信息不对称的影响。绿色食品质量、安全品质为内在品质,消费者在市场上只能了解绿色食品的外在特点而在短时间内无法确定其营养成分的含量和配合比例、有毒有害物质的含量等内在特征。这种绿色食品生产经营者与消费者之间信息不对称使消费者很难在短时期内,通过营销者宣传,就对绿色食品产生青睐,愿意花高价购买。

第三,绿色食品的发展现状确定。当前人们所消费的食品中,绿色食品仅占极少的一部分,即便是中高收入家庭也占有较小的比例。让人们通过消费去真正体验到绿色食品营养价值较高和对身体健康有利,是很难在短期内完成的。而且现在生产的绿色食品大多是没有什么难以模仿的核心技术,很难因其“独有”的特点促使消费者即使花高价也愿意购买。要想成为像北京烤鸭、天津狗不理包子等名牌产品,还有很长一段路要走。

第四,绿色食品实际营销状况的需要。黑龙江省同全国一样,绿色食品营销状况特别是营销价格,并没有表现出应有的优势。除特殊的如响水大米、古龙贡米等品牌以外,其他大米、面粉、豆油等大宗产品,其市场销售价格并不比普通产品高。而那些特殊品牌的绿色食品,并不是由于是绿色食品而享名,只是在已是名牌的前提下,又赋予了更为合理、科学的内容和解释。

### 2. 绿色食品市场营销实施低价位战略的要点

第一,主要面向国内市场。目前开发的大多数绿色食品都是A级绿色食品,与国际有机食品质量差别很大,因此市场定位在国内市场,主要定位在我国的大中城市和东南沿海经济发达地区。

第二,努力降低生产成本。绿色食品市场营销实施低价位战略的必要条件有较低的绿色食品生产和经营成本。实施低价位战略,并不是进行亏本销售,而是当前利益相对较小。只有成本足够低才能保证绿色食品市场营销有一定的利润空间。

第三,实施产业化经营。绿色食品市场营销的低价位战略离不开产业化经营。农业产业化经营是从传统农业向现代农业转变的历史过程,是提高农业效益的必由之路。绿色食品的产业化经营可以将分散的生产、加工和销售整合在一起,使它们之间原有的市场交易过程转变为内部生产物流过程,可以节约市场交易成本。

第四,切实搞好品牌整合。品牌整合是绿色食品市场营销发展的至关重要的课题,也是实施低价位战略的重要组成部分。目前的绿色食品品牌杂而乱,难以形成市场营销的合力,甚至造成恶性竞争。在市场上,同一品种的绿色食品有几个、十几个甚至几十个品牌,竞相压价,有的甚至低于成本销售,无序竞争时有发生,严重影响了绿色食品的市场形象和营销。

## 三、绿色食品企业市场营销对策

### (一)实施绿色营销战略、开拓绿色食品市场

绿色营销是指企业在整个营销过程中充分体现环保意识和社会意识,向消费者提供科学、无污染、有利于资源保护的生产和销售方式,引导并满足消费者有利于环境保护及身心健康的消费需求。企业选择并实施绿色营销战略,在其经营活动中采用现代营销模式,追求经济效益、社会效益和环境效益的高度统一,是实现"既满足当代人的需要,又不损害后代人满足其需要"的可持续发展。因此,绿色营销作为实现农业可持续发展的有效途径,无疑成为现代企业,尤其是绿色食品生产企业进行营销活动,开发市场的必然选择。

实施绿色营销战略,首先要根据绿色消费趋势,发现市场机会,确定绿色食品营销的战略任务;其次,根据绿色食品标准,确定绿色食品的业务组合计划,对绿色食品市场进行市场细分后科学选择目标市场,并进行产品开发和研制,选择恰当的发展战略,制定包括清洁生产在内的战略规划;最后,根据绿色消费的要求制定绿色营销策略计划。

### (二)实施绿色广告策略、宣传绿色消费

推行绿色广告是绿色营销的重要内容。绿色广告是宣传绿色消费的有效手段,是以维护人类生存利益为出发点推销产品的广告,它的功能在于强化和提升人们的环保意识,使消费者将消费和个人生存危机及人类生存危机联系起来,使消费者认识到错误的消费会影响到人类的生存,并最终落实到每个个体身上,这样消费者就会选择有利于个人健康和人类生态平衡的包括绿色食品在内的绿色产品。运用绿色广告就可以迎合现代消费者的绿色消费心理,对绿色食品工程宣传,容易引起消费者的共鸣,从而达到促销的目的。目前在中国,绿色广告作为一种市场营销战略还未引起广大绿色食品生产者、经营者的普遍重视。因此,绿色食品生产、经营企业应该根据市场需求的多样性、目标市场、产品特性、消费者需求情感和售后优质服务等方面因素,充分运用广播电视、报纸、互联网等传播媒体,提高企业知名度和宣传产品品牌。

### (三)努力拓展国外绿色食品销售市场

加强我国绿色食品出口营销力度,主要抓好两项工作:一是加强我国绿色食品在国际市场的营销渠道和网络的建设。针对所选定的绿色食品目标市场,研究其市场特征,制定科学合理的国际市场营销渠道,建立相应的营销组织,有效促进我国绿色食品出口的发展;二是要做好国际市场绿色食品信息的搜集工作。要重点搜集国外的先进生产技术、市场容量、法规、组织等方面的信息,掌握其绿色食品生产经营、管理方面的先进经验,特别是要掌握其绿色食品标准及生产经营管理等方面的规定及其变化,组织力量将国外绿色食品市场动态信息,特别是绿色食品有关质量标准及进口管理规定,及时向国内生产企业和贸易企业传达。有预见性地制定合理的营销策略,以利于我国绿色食品进入发达国家的绿色食品市场,并不断扩大市场份额。

### (四)选择合理的价格策略

1. 新产品定价策略

许多绿色食品可以作为新产品看待,而且有些绿色食品本身就是新产品,为此这些产品

可以采用新产品定价策略。

2. 满意定价策略

参照市场上出现的相同或相似的绿色食品价格水平进行定价。

3. 目标价格策略

根据企业预期的利润收益，结合市场的需求量和绿色食品的成本费用来确定产品的价格。

4. 心理定价策略

根据消费者的消费心理进行定价。很多情况下，绿色食品可以满足消费者的某种心理需求，如自然、安全或赶时尚等，这就为绿色食品进行心理定价提供了依据。

**(五)实施绿色包装策略**

实行绿色营销策略，应对产品实行绿色包装。世界上发达国家确定了包装要符合“4R＋1D”的原则，低消耗、开发新绿色材料、再利用、再循环和可降解。美国麦当劳连锁集团在世界快餐业内享有显赫的地位，“减少废物、再使用、再循环”的环保措施，是其经营成功的重要原因。

**(六)实施品牌战略开拓市场**

塑造绿色食品名优品牌，既要靠产品的内在品质，又要注重产品的外观设计。

品牌是企业发展的一个关键因素，也是提高企业竞争力的主要手段，它体现了一个企业的综合实力。选准目标市场，加快名优品牌的创立、延伸和整合力度，特别是要在整合上下功夫。目前，现有的小型绿色食品企业要向品牌亮、规模大、销路好、效益高的同类名牌企业靠拢。实践证明，绿色食品企业进行的品牌整合形成了巨大的合力，增强了市场的竞争力。构造绿色食品品牌，应注意把握以下3条原则：一是要坚持按市场竞争构造品牌。要遵循市场规律，根据商品的知名度和市场占有率来确定绿色食品品牌，政府不能靠行政命令人为构造品牌；二是要坚持用质量标准体系构造品牌。质量标准问题是构造品牌的主要基础，没有标准就没有质量，没有质量就没有品牌；三要坚持用产业化经营的方式构造品牌。产业化集生产、加工、储运、营销及相关产业为一体，既能实现绿色食品“从农田到餐桌”的全程质量控制，又能吸纳同类企业共创品牌，是构造品牌的有效途径。

## 【自我训练】

1. 什么是市场营销？什么是绿色食品市场营销？
2. 市场营销的重要作用是什么？
3. 绿色食品市场体系的特点是什么？
4. 绿色食品市场体系的地位与作用是什么？
5. 绿色食品市场体系由哪几部分组成？
6. 市场结构包括哪些内容？
7. 市场运行一般需要哪些条件？
8. 绿色食品市场营销环境包括哪些内容？
9. 怎样对绿色食品企业营销进行市场定位？
10. 绿色食品市场营销的原则有哪些？
11. 绿色食品市场营销选择低价位战略的原因是什么？
12. 绿色食品企业市场营销对策是什么？

# 岗位二　绿色食品质量及其监控

单元一　绿色食品标准

单元二　绿色食品产品质量检验

单元三　绿色食品标志

单元四　绿色食品认证

绿色食品是以全过程的质量控制为核心，某一产品能否最终被认定为绿色食品，除原料产地必须符合绿色食品生态环境质量标准，生产加工过程必须符合绿色食品生产操作规程，产品的包装、储运必须符合绿色食品包装贮运标准外，绿色食品最终产品要由中国绿色食品发展中心指定的食品检验部门依据绿色食品卫生标准进行检验，只有对该产品的外观品质、理化品质、营养品质等指标依据相关技术标准进行科学、全面的综合检验合格后，该产品才能最终被认证为绿色食品。为确保绿色食品产品质量，不断加强对获得绿色食品标志使用权的企业的监督管理。中国绿色食品发展中心每年都要指定有关的绿色食品质量监督检验部门对已获得绿色食品标志使用权的绿色食品产品采取监督性抽检。这样既保证了绿色食品无污染、安全、优质、营养的品质，又保护了产地生态环境，实现绿色食品的可持续生产，从而构成一个完整的、科学的质量保证体系。

# 单元一

# 绿色食品标准

### 学习目标

- 理解绿色食品标准的有关概念；掌握绿色食品标准的主要内容及绿色食品生产中所涉及的各个方面的标准；大力推行绿色食品标准化生产，带动农产品质量安全水平的全面提升。

### 知识要点

- 绿色食品产地环境质量标准、绿色食品生产资料的使用准则、有关绿色食品生产的技术操作规程和包装、贮藏、运输标准等内容。

### 技能要点

- 绿色食品生产中的相关生产资料的使用准则与生产技术操作规程。

绿色食品标准不是单一的产品标准，而是由一系列的标准构成的，是一个非常完善的质量控制标准体系，主要由产地环境质量标准、生产技术标准、产品质量标准、包装标签储运标准 4 部分组成。

# 项目一　绿色食品标准概述

## 【知识与技能】

## 一、标准

### (一)标准的概念

标准是人们对科学、技术和经济领域中重复出现的事物和概念，结合生产实践，经过论证、优化，由有关各方充分协调后为各方共同遵守的技术性文件。标准是随着科学技术的发展和生产经验的总结而产生和发展的，它来自生产，反过来又为生产发展服务。

### (二)标准的等级

《中华人民共和国标准化法》将我国标准分为国家标准、行业标准、地方标准、企业标准 4 个等级。

### (三)标准的种类

按照标准化对象，通常把标准分为技术标准、管理标准和工作标准 3 大类。技术标准是指对标准化领域中需要协调统一的技术事项所制定的标准。技术标准包括基础技术标准、产品标准、工艺标准、检测试验方法标准及安全、卫生、环保标准等。管理标准是指对标准化领域中需要协调统一的管理事项所制定的标准。管理标准包括管理基础标准、技术管理标准、经济管理标准、行政管理标准和生产经营管理标准。工作标准是指对工作的责任、权利、范围、质量要求、程序、效果、检查方法、考核办法所制定的标准。工作标准一般包括部门工作标准和岗位工作标准。

## 二、绿色食品标准

### (一)绿色食品标准的概念

绿色食品标准是在绿色食品生产中必须遵守的、绿色食品质量认证及标志使用管理时必须依据的技术性文件。绿色食品标准是由农业部发布的推荐性国家农业行业标准，对经认证的绿色食品生产企业来说，是强制性标准，必须严格执行。

### (二)绿色食品标准的作用

绿色食品标准在绿色食品生产、加工、销售过程中，有着不可替代的作用。特别是我国加入 WTO 以后，为开展可持续农产品及有机农产品平等贸易提供了技术保障依据，为我国农业，特别是生态农业、可持续农业，在对外开放过程中提高自我保护与自我发展能力创造了条件。

绿色食品标准作为绿色食品生产经验的总结和科技发展的结果，对绿色食品产业发展所起的作用表现在以下几个方面。

1. 绿色食品标准是进行绿色食品质量认证和质量体系认证的依据

质量体系认证指由可以充分信任的第三方，证实某一经鉴定的产品生产者，其生产技术和管理水平符合特定的标准的活动。由于绿色食品认证实行产前、产中、产后全过程质量控制，同时包含了质量认证和质量体系认证。因此，无论是绿色食品质量认证，还是质量体系认证，都必须有适宜的标准依据，否则就不具备开展认证活动的基本条件。

2. 绿色食品标准是开展绿色食品生产活动的技术、行为规范

绿色食品标准不仅是对绿色食品产地环境质量、产品质量、生产资料等毒副作用的指标规定，更重要的是对绿色食品生产者、管理者的行为规定，是评定、监督与纠正绿色食品生产者、管理者技术行为的尺度，具有规范绿色食品生产活动的功能。

3. 绿色食品标准是推广先进生产技术、提高绿色食品生产加工水平的指导性文件

绿色食品标准不仅要求产品质量达到绿色食品产品标准，而且为产品达标提供了先进的生产方式和生产技术指标。

4. 绿色食品标准是维护绿色食品生产者和消费者利益的技术和法律依据

绿色食品标准作为质量认证依据，对接受认证的生产企业来说，属强制执行标准，企业生产的绿色食品产品和采用的生产技术都必须符合绿色食品标准要求。当消费者对某企业生产的绿色食品提出异议或依法起诉时，绿色食品标准就成为裁决的合法技术依据。同时，国家工商行政管理部门，也将依据绿色食品标准打击假冒绿色食品产品的行为，保护绿色食品生产者和消费者利益。

5. 绿色食品标准是提高我国食品质量，增强我国食品在国际市场的竞争力，促进产品出口创汇的技术目标依据

绿色食品标准是以我国国家标准为基础，参照国际标准和国外先进标准制定的，既符合我国国情，又具有国际先进水平。对我国大多数食品生产企业来说，要达到绿色食品标准有一定难度，但只要进行技术改造，改善经营管理水平，提高企业素质，许多企业是完全能够达到的，其生产的食品质量也能符合国际市场要求。而目前国际市场对绿色食品的需求远远大于生产，这就为达到绿色食品标准的产品提供了广阔的市场。

### （三）绿色食品标准的制定

1. 绿色食品标准的制定原则

为最大限度地促进生物良性循环，合理配置和利用自然资源，减少经济行为对生态环境的不良影响，提高食品质量，维护和改善人类生存和发展环境，在制定绿色食品标准时要坚持以下原则。

(1)生产优质、营养、对人畜安全的食品及饲料，并保证获得一定产量和经济效益，兼顾生产者和消费者双方的利益。

(2)保证生产地域内环境质量不断提高，其中包括保持土壤的长期肥力和洁净，有助于水土保持；保证水资源和相关生物不遭受损害；有利于生物自然循环和生物多样性的保持。

(3)有利于节省资源，其中包括要求使用可更新资源，自然降解或可回收利用材料；减少长途运输，避免过度包装等。

(4)有利于先进技术的应用，以保证及时利用最新科技成果为绿色食品发展服务。

(5)有关标准的技术要求能够被验证。有关标准要求采用的检验方法和评价方法，不能是非标准方法，必须是国际标准、国家标准或技术上能保证再现性的试验方法。

(6)绿色食品标准的综合技术指标，不低于国际标准和国外先进标准的水平。同时，生产技术标准有很强的可操作性，能被生产者接受。

(7)严格控制使用基因工程技术。

2. 绿色食品标准的制定依据

绿色食品标准是在借鉴国内外相关标准基础上，结合绿色食品生产实践而制定的。绿色食品标准主要依据如下几个标准制定。

①欧共体有机农业及其有关农产品和食品条例(第2092/91)。

②有机农业运动国际联盟(IFOAM)有机农业和食品加工基本标准。

③联合国食品法典委员会(CAC)有机生产标准。

④我国国家环境标准。

⑤我国国家食品质量标准。

⑥我国绿色食品生产技术研究成果。

**(四)绿色食品标准的等级**

绿色食品标准分为AA级绿色食品标准和A级绿色食品标准。

1. AA级绿色食品标准

AA级绿色食品标准要求，生产地的环境质量符合《绿色食品产地环境质量标准》，生产过程中不使用化学合成的农药、肥料、食品添加剂、饲料添加剂、兽药及有害于环境和人体健康的生产资料，而是通过使用有机肥、种植绿肥、作物轮作、生物或物理方法等技术，培肥土壤、控制病虫草害、保护或提高产品品质，从而保证产品质量符合绿色食品产品标准要求。

2. A级绿色食品标准

A级绿色食品标准要求，生产地的环境质量符合《绿色食品产地环境质量标准》，生产过程中严格按绿色食品生产资料使用准则和生产操作规程要求，限量使用限定的化学合成生产资料，并积极采用生物技术和物理方法，保证产品质量符合绿色食品产品标准要求。

## 项目二 绿色食品产地环境质量标准

## 【行业标准】

### 绿色食品产地环境质量标准

#### 一、范围

绿色食品产地环境质量标准(NY/T 391—2000)为中华人民共和国农业行业标准。

本标准规定了绿色食品产地的环境空气质量、农田灌溉水质、渔业水质、畜禽养殖水质和土壤环境质量的各项指标及浓度限值，监测和评价方法。适用于绿色食品(AA级和A

级)生产的农田、蔬菜地、果园、茶园、饲养场、放牧场和水产养殖场。

本标准还提出了绿色食品产地土壤肥力分级,供评价和改进土壤肥力状况时参考。适用于栽培作物土壤,不适于野生植物土壤。

## 二、引用标准

GB 3095—1996(环境空气质量标准),GB 5084—92(农田灌溉水质标准),GB 11607—89(渔业水质标准),GB 5749—85(生活饮用水质标准),GB 15618—1995(土壤环境质量标准),GB 9137—88(保护农作物的大气污染物最高允许浓度),GB 7173—87(土壤全氮测定法),GB 7845—87(森林土壤颗粒组成的测定),GB 7853—87(森林土壤有效磷的测定),GB 7856—87(森林土壤速效钾的测定),GB 7863—87(森林土壤阳离子交换量的测定)。

## 三、定义

本标准采用下列定义。

### (一)绿色食品

绿色食品系指遵守可持续发展原则,按照特定生产方式生产,经专门机构认定,许可使用绿色食品标志的,无污染的安全、优质、营养类食品。

### (二)AA 级绿色食品

AA 级绿色食品系指生产地的环境质量符合 NY/T 391 要求,生产过程中不使用化学合成的肥料、农药、兽药、饲料添加剂、食品添加剂和其他有害于环境和人体健康的物质,按有机生产方式生产,产品质量符合绿色食品产品标准,经专门机构认定,许可使用 AA 级绿色食品标志的产品。

### (三)A 级绿色食品

A 级绿色食品系指生产地的环境质量符合 NY/T 391 的要求,生产过程中严格按照绿色食品生产资料使用准则和生产操作规程要求,限量使用限定的化学合成生产资料,产品质量符合绿色食品产品标准经专门机构认定,许可使用 A 级绿色食品标志的产品。

### (四)绿色食品产地环境质量

绿色食品植物生长地和动物养殖地的空气环境、水环境和土壤环境质量。

## 四、环境质量要求

绿色食品生产基地应选择在无污染和生态条件良好的地区。基地选点应远离工矿区和公路、铁路干线,避开工业和城市污染源的影响,同时绿色食品生产基地应具有可持续的生产能力。

### (一)空气环境质量要求

绿色食品产地空气中各项污染物含量不应超过表 2-1-1 所列的浓度值。

表 2-1-1　空气中各项污染物的浓度限值

| 项目 | 浓度限值 | |
| --- | --- | --- |
| | 日平均 | 1 h 平均 |
| 总悬浮颗粒物(T. S. P) | 0.30 $mg/m^3$ | — |
| 二氧化硫($SO_2$) | 0.15 $mg/m^3$ | 0.50 $mg/m^3$ |
| 氮氧化物($NO_x$) | 0.10 $mg/m^3$ | 0.15 $mg/m^3$ |
| 氟化物(F) | 7 $\mu g/m^3$ | 20 $\mu g/m^3$ |

注:①日平均指任何 1 d 的平均浓度;②1 h 平均指任何 1 h 的平均浓度;③连续采样 3 d,每天晨、午和夕各一次。

## (二)农田灌溉水质要求

绿色食品产地农田灌溉水中各项污染物含量不应超过表 2-1-2 所列的浓度值。

表 2-1-2　农田灌溉水中各项污染物的浓度限值　mg/L

| 项目 | 浓度限值 |
| --- | --- |
| pH | 5.5～8.5 |
| 总汞 | 0.001 |
| 总镉 | 0.005 |
| 总砷 | 0.05 |
| 总铅 | 0.1 |
| 六价铬 | 0.1 |
| 氟化物 | 2.0 |
| 粪大肠菌群*/(个/L) | 10 000 |

注:*灌溉菜园用的地表水需测粪大肠菌群,其他情况下不测粪大肠菌群。

## (三)渔业水质要求

绿色食品产地渔业用水中各项污染物含量不应超过表 2-1-3 所列的浓度值。

表 2-1-3　渔业用水中各项污染物的浓度限值　mg/L

| 项目 | 浓度限制 |
| --- | --- |
| 色、臭、味 | 不得使水产品异色、异臭和异味 |
| 漂浮物质 | 水面不得出现油膜或浮沫 |
| 悬浮物 | 人为增加的量不得超过 10 |
| pH | 淡水 6.5～8.5,海水 7.0～8.5 |
| 溶解氧 | >5 |
| 生化需氧量 | 5 |
| 总大肠菌群/(个/L) | 5000(贝类 500) |
| 总汞 | 0.0005 |
| 总镉 | 0.005 |
| 总铅 | 0.05 |
| 总铜 | 0.01 |

续表 2-1-3 mg/L

| 项目 | 浓度限制 |
| --- | --- |
| 总砷 | 0.05 |
| 六价铬 | 0.100 |
| 挥发酚 | 0.005 |
| 石油类 | 0.05 |

## (四)畜禽养殖用水要求

绿色食品产地畜禽养殖用水中各项污染物不应超过表 2-1-4 所列的浓度值。

**表 2-1-4 畜禽养殖用水各项污染物的浓度限值** mg/kg

| 项目 | 标准值 |
| --- | --- |
| 色度 | 15 度,并不得呈现其他异色 |
| 混浊度 | 3 度 |
| 臭和味 | 不得有异臭、异味 |
| 肉眼可见物 | 不得含有 |
| pH | 6.5～8.5 |
| 氟化物 | 1.0 |
| 氰化物 | 0.05 |
| 总砷 | 0.05 |
| 总汞 | 0.001 |
| 总镉 | 0.01 |
| 六价铬 | 0.05 |
| 总铅 | 0.05 |
| 细菌总数/(个/mL) | 100 |
| 总大肠菌群/(个/L) | 3 |

## (五)土壤环境质量要求

本标准将土壤按耕作方式的不同分为旱田和水田两大类,每类又根据土壤 pH 的高低分为 3 种情况,即 pH<6.5,pH=6.5～7.5,pH>7.5。绿色食品产地各种不同土壤中的各项污染物含量不应超过表 2-1-5 所列的限值。

**表 2-1-5 土壤中各项污染物的含量限值** mg/kg

| 耕作条件 | 旱田 | | | 水田 | | |
| --- | --- | --- | --- | --- | --- | --- |
| pH | <6.5 | 6.5～7.5 | >7.5 | <6.5 | 6.5～7.5 | >7.5 |
| 镉 | 0.30 | 0.30 | 0.40 | 0.30 | 0.30 | 0.40 |
| 汞 | 0.25 | 0.30 | 0.35 | 0.30 | 0.40 | 0.40 |
| 砷 | 25 | 20 | 20 | 20 | 20 | 15 |
| 铅 | 50 | 50 | 50 | 50 | 50 | 50 |
| 铬 | 120 | 120 | 120 | 120 | 120 | 120 |
| 铜 | 50 | 60 | 60 | 50 | 60 | 60 |

注:①果园土壤中的铜限量为旱田中的铜限量的 1 倍;②水旱轮作用的标准值取严不取宽。

### (六)土壤肥力要求

为了促进生产者增施有机肥，提高土壤肥力，生产AA级绿色食品时，转化后的耕地土壤肥力要达到土壤肥力分级Ⅰ级、Ⅱ级指标(表2-1-6)。生产A级绿色食品时，土壤肥力作为参考指标。

表2-1-6 土壤肥力分级参考指标

| 项目 | 级别 | 旱地 | 水田 | 菜地 | 园地 | 牧地 |
|---|---|---|---|---|---|---|
| 有机质/(g/kg) | Ⅰ | >15 | >25 | >30 | >20 | >20 |
| | Ⅱ | 10～15 | 20～25 | 20～30 | 15～20 | 15～20 |
| | Ⅲ | <10 | <20 | <20 | <15 | <15 |
| 全氮/(g/kg) | Ⅰ | >1.0 | >1.2 | >1.2 | >1.0 | — |
| | Ⅱ | 0.8～1.0 | 1.0～1.2 | 1.0～1.2 | 0.8～1.0 | — |
| | Ⅲ | <0.8 | <1.0 | <1.0 | <0.8 | — |
| 有效磷/mg/kg | Ⅰ | >10 | >15 | >40 | >10 | >10 |
| | Ⅱ | 5～10 | 10～15 | 20～40 | 5～10 | 5～10 |
| | Ⅲ | <5 | <10 | <20 | <5 | <5 |
| 有效钾/mg/kg | Ⅰ | >120 | >100 | >150 | >100 | — |
| | Ⅱ | 80～120 | 50～100 | 100～150 | 50～100 | — |
| | Ⅲ | <80 | <50 | <100 | <50 | — |
| 阳离子交换量/(cmol/kg) | Ⅰ | >20 | >20 | >20 | >15 | — |
| | Ⅱ | 15～20 | 15～20 | 15～20 | 15～20 | — |
| | Ⅲ | <15 | <15 | <15 | <15 | — |
| 质地 | Ⅰ | 轻壤、中壤 | 中壤、重壤 | 轻壤 | 沙壤、中壤 | |
| | Ⅱ | 沙壤、重沙 | 沙壤、轻黏土 | 沙壤、中壤 | 沙壤、中壤 | 重壤 |
| | Ⅲ | 沙土、黏土 | 沙土、黏土 | 沙土、黏土 | 沙土、黏土 | |

注：①土壤肥力的各个指标，Ⅰ级为优良、Ⅱ级为尚可、Ⅲ级为较差。供评价者和生产者在评价和生产时参考。生产者应增施有机肥，使土壤肥力逐年提高；②土壤肥力测定方法见GB 7173,GB 7845,GB 7853,GB 7856,GB 7863

## 五、监测方法

采样方法除本标准有特殊规定外，其他的采样方法和所有分析方法按本标准引用的相关国家标准执行。

空气环境质量的采样和分析方法根据GB 3095和GB 9137的规定执行。农田灌溉水质的采样和分析方法根据GB 5084的规定执行。渔业水质的采样和分析方法根据GB 11607的规定执行。畜禽养殖水质的采样和分析方法根据GB 5749的规定执行。土壤环境质量的采样和分析方法根据GB 15618的规定执行。

# 项目三　绿色食品农药使用准则

## 【行业标准】

### 绿色食品农药使用准则

## 一、范围

绿色食品农药使用准则(NY/T 393—2000)为中华人民共和国农业行业标准。本标准规定了AA级绿色食品及A级绿色食品生产中允许使用的农药种类、毒性分级和使用准则。

本标准适用于在我国取得登记的生物源农药(biogenic pesticides)、矿物源农药(pesticides of fossil origin)和有机合成农药(synthetic organic pesticides)。

## 二、引用标准

GB 4285—84(农药安全使用标准),GB 8321.1—87(农药合理使用准则(一)),GB 8321.2—87(农药合理使用准则(二)),GB 8321.3—89(农药合理使用准则(三)),GB 8321.4—93(农药合理使用准则(四)),GB 8321.5—1997(农药合理使用准则(五)),GB 8321.6—1999(农药合理使用准则(六)),NY/T 391—2000(绿色食品产地环境技术条件)。

## 三、定义

本标准采用下列定义。

**(一)生物源农药**

生物源农药系指直接利用生物活体或生物代谢过程中产生的具有生物活性的物质或从生物体提取的物质作为防治病虫草害的农药。

**(二)矿物源农药**

矿物源农药系指有效成分起源于矿物的无机化合物和石油类农药。

**(三)有机合成农药**

有机合成农药系指由人工研制合成,并由有机化学工业生产的商品化的一类农药,包括中等毒和低毒类杀虫杀螨剂、杀菌剂、除草剂,可在A级绿色食品生产上限量使用。

**(四)AA级绿色食品生产资料**

AA级绿色食品生产资料系指经专门机构认定,符合绿色食品生产要求,并正式推荐用于AA级和A级绿色食品生产的生产资料。

### (五)A级绿色食品生产资料

A级绿色食品生产资料系指经专门机构认定,符合A级绿色食品生产要求,并正式推荐用于A级绿色食品生产的生产资料。

## 四、农药种类

### (一)生物源农药

1. 微生物源农药

(1)农用抗生素。灭瘟素、春雷霉素、多抗霉素、井冈霉素、农抗120、中生菌素等,用于防治真菌病害;浏阳霉素、华光霉素等用于防治螨类。

(2)活体微生物农药。蜡蚧轮枝菌等真菌剂;苏云金杆菌,蜡质芽孢杆菌等细菌剂;拮抗菌剂;昆虫病原线虫;微孢子;核多角体病毒。

2. 动物源农药

(1)昆虫信息素(或昆虫外激素)。如性信息素。

(2)活体制剂。寄生性、捕食性的天敌动物。

3. 植物源农药

(1)杀虫剂。除虫菊素、鱼藤酮、烟碱、植物油乳剂等。

(2)杀菌剂。大蒜素。

(3)拒避剂。印楝素、苦楝、川楝素。

(4)增效剂。芝麻素。

### (二)矿物源农药

1. 无机杀螨杀菌剂

硫制剂:硫悬浮剂、可湿性硫、石硫合剂等。

铜制剂:硫酸铜、王铜、氢氧化铜、波尔多液等。

2. 矿物油乳剂

### (三)有机合成农药

## 五、使用准则

绿色食品生产应从作物—病虫草等整个生态系统出发,综合运用各种防治措施,创造不利于病虫草害滋生和有利于各类天敌繁衍的环境条件,保持农业生态系统的平衡和生物多样化,减少各类病虫草害所造成的损失。

优先采用农业措施,通过选用抗病抗虫品种,非化学药剂种子处理,培育壮苗,加强栽培管理,中耕除草,秋季深翻晒土,清洁田园,轮作倒茬、间作套种等一系列措施起到防治病虫草害的作用。

还应尽量利用灯光、色彩诱杀害虫,机械捕捉害虫,机械和人工除草等措施,防治病虫草害。特殊情况下,必须使用农药时,应遵守以下准则。

**(一)生产AA级绿色食品的农药使用准则**

①允许使用AA级绿色食品生产资料农药类产品。

②在AA级绿色食品生产资料农药类产品不能满足植保工作需要的情况下,允许使用以下农药及方法:

a.中等毒性以下植物源杀虫剂、杀菌剂、拒避剂和增效剂。如除虫菊素、鱼藤酮、烟草水、大蒜素、苦楝、川楝、印楝、芝麻素等。

b.释放寄生性捕食性天敌动物,昆虫、捕食螨、蜘蛛及昆虫病原线虫等。

c.在害虫捕捉器中使用昆虫信息素及植物源引诱剂。

d.使用矿物油和植物油制剂。

e.使用矿物源农药中的硫制剂、铜制剂。

f.经专门机构核准,允许有限度地使用活体微生物农药。如真菌制剂、细菌制剂、病毒制剂、放线菌、拮抗菌剂、昆虫病原线虫、原虫等。

g.经专门机构核准,允许有限度地使用农用抗生素。如春雷霉素、多抗霉素(多氧霉素)、井冈霉素、农抗120、中生菌素及浏阳霉素等。

③禁止使用有机合成的化学杀虫剂、杀螨剂、杀菌剂、杀线虫剂、除草剂和植物生长调节剂。

④禁止使用生物源、矿物源农药中混配有机合成农药的各种制剂。

⑤严禁使用基因工程品种及制剂。

**(二)生产A级绿色食品的农药使用准则**

①允许使用AA级绿色食品生产资料和A级绿色食品生产资料农药类产品。

②在AA级绿色食品生产资料和A级绿色食品生产资料农药类产品不能满足植保工作需要的情况下,允许使用以下农药及方法:

a.中等毒性以下植物源农药、动物源农药和微生物源农药。

b.在矿物源农药中允许使用硫制剂、铜制剂。

c.有限度地使用部分有机合成农药,应按GB 4285、GB 8321.1、GB 8321.2、GB 8321.3、GB 8321.4、GB 8321.5、GB 8321.6的要求执行。

此外,还需严格执行以下规定:

a)应选用上述标准中列出的低毒农药和中等毒性农药;

b)严禁使用剧毒、高毒、高残留或具有三致(致癌、致畸、致突变)毒性的农药(参见表2-1-7);

c)每种有机合成农药(含A级绿色食品生产资料农药类的有机合成产品)在一种作物的生长期内只允许使用一次。

d.严格按照GB 4285、GB 8321.1、GB 8321.2、GB 8321.3、GB 8321.4、GB 8321.5、GB 8321.6的要求控制施药量与安全间隔期。

e.有机合成农药在农产品中的最终残留应符合GB 4285、GB 8321.1、GB 8321.2、GB 8321.3、GB 8321.4、GB 8321.5、GB 8321.6的最高残留限量(MRL)要求。

③严禁使用高毒高残留农药防治贮藏期病虫害。

④严禁使用基因工程品种(产品)及制剂。

表 2-1-7　牛产 A 级绿色食品禁止使用的农药

| 种类 | 农药名称 | 禁用作物 | 禁用原因 |
| --- | --- | --- | --- |
| 有机氯杀虫剂 | DDT、六六六、林丹、甲氧高残毒DDT、硫丹 | 所有作物 | 高残毒 |
| 有机氯杀螨剂 | 三氯杀螨醇 | 蔬菜、果树 | 工业品中含有一定数量的DDT |
| 氨基甲酸酯杀虫剂 | 涕灭威、克百威、灭多威、丁硫克百威、丙硫克百威 | 所有作物 | 高毒、剧毒或代谢物高毒 |
| 二甲基甲脒类杀虫螨剂 | 杀虫脒 | 所有作物 | 慢性毒性致癌 |
| 拟除虫菊酯类杀虫剂 | 所有拟除虫菊酯类杀虫剂 | 水稻及其他水生作物 | 对水生生物毒性大 |
| 卤代烷类熏蒸杀虫剂 | 二溴乙烷、环氧乙烷、二溴氯丙烷、溴甲烷 | 所有作物 | 致癌、致畸、高毒 |
| 阿维菌素 | | 蔬菜、果树 | 高毒 |
| 克螨特 | | 蔬菜、果树 | 慢性毒性 |
| 有机砷杀菌剂 | 甲基胂酸锌(稻脚青)、甲基胂酸钙(稻宁)、甲基胂酸铵(田安)、福美甲胂、福美胂 | 所有作物 | 高残毒 |
| 有机锡杀菌剂 | 三苯基醋锡(薯瘟锡)、三苯基氯化锡、三苯基羟基锡(毒菌锡) | 所有作物 | 高残留、慢性毒性 |
| 有机汞杀菌剂 | 氯化乙基汞(西力生)、醋酸苯汞(赛力散) | 所有作物 | 剧毒、高残毒 |
| 有机磷杀菌剂 | 稻瘟净、异稻瘟净 | 水稻 | 异臭 |
| 取代苯类杀菌剂 | 五氯硝基苯、稻瘟醇(五氯苯甲醇) | 所有作物 | 致癌、高残留 |
| 2,4-D类化合物 | 除草剂或植物生长调节剂 | 所有作物 | 杂质致癌 |
| 二苯醚类除草剂 | 除草醚、草枯醚 | 所有作物 | 慢性毒性 |
| 植物生长调节剂 | 有机合成的植物生长调节剂 | 所有作物 | |
| 除草剂 | 各类除草剂 | 蔬菜生长期(可用土壤处理与芽前处理) | |
| 有机磷杀虫剂 | 甲拌磷、乙拌磷、久效磷、对硫磷、甲基对硫磷、甲胺磷、甲基异柳磷、治螟磷、氧化乐果、磷胺、地虫硫磷、灭克磷(益收宝)、水胺硫磷、氯唑磷、硫线磷、杀扑磷、特丁硫磷、克线丹、苯线磷、甲基硫环磷 | 所有作物 | 剧毒高毒 |

注:以上所列是目前禁止或限用的农药品种,该名单将随国家新出台的规定而修订。

# 项目四　绿色食品肥料使用准则

## 【行业标准】

### 绿色食品肥料使用准则

## 一、范围

绿色食品肥料使用准则(NY/T 394—2000)为中华人民共和国农业行业标准。本标准规定了AA级绿色食品和A级绿色食品生产中允许使用的肥料种类、组成及使用准则。

本标准适用于生产AA级绿色食品和A级绿色食品的农家肥料及商品有机肥料、腐殖酸类肥料、微生物肥料、半有机肥料(有机复合肥料)、无机(矿质)肥料和叶面肥料等商品肥料。

## 二、引用标准

GB 8172—1987(城镇垃圾农用控制标准),NY 227—1994(微生物肥料),GB/T 17419—1998(含氨基酸叶面肥料),GB/T 17420—1998(含微量元素叶面肥料),NY/T 391—2000(绿色食品产地环境技术条件)。

## 三、定义

本标准采用下列定义。

**(一)农家肥料**

农家肥料系指就地取材、就地使用的各种有机肥料。它由含有大量生物物质、动植物残体、排泄物、生物废物等积制而成的,包括堆肥、沤肥、厩肥、沼气肥、绿肥、作物秸秆肥、泥肥、饼肥等。

1. 堆肥

以各类秸秆、落叶、山青、湖草为主要原料并与人畜粪便和少量泥土混合堆制,经好气微生物分解而成的一类有机肥料。

2. 沤肥

所用物料与堆肥基本相同,只是在淹水条件下,经微生物嫌气发酵而成一类有机肥料。

3. 厩肥

以猪、牛、马、羊、鸡、鸭等畜禽的粪尿为主与秸秆等垫料堆积并经微生物作用而成的一类有机肥料。

4. 沼气肥

在密封的沼气池中,有机物在嫌气条件下经微生物发酵制取沼气后的副产物。主要有发酵液和沉渣两部分组成。

5. 绿肥

以新鲜植物体就地翻压、异地施用或经堆沤后而得的肥料。主要分为豆科绿肥和非豆科绿肥两大类。

6. 作物秸秆肥

以麦秸、稻草、玉米秸、豆秸、油菜秸等直接还田的肥料。

7. 泥肥

以未经污染的河泥、塘泥、沟泥、湖泥等经嫌气微生物分解而成的肥料。

8. 饼肥

以各种含油分较多的种子经压榨去油后的残渣制成的肥料，如菜籽饼、棉籽饼、豆饼、芝麻饼、花生饼、蓖麻饼等。

**(二)商品肥料**

按国家法规规定，受国家肥料部门管理，以商品形式出售的肥料。包括商品有机肥、腐殖酸类肥、微生物肥、有机复合肥、无机(矿质)肥、叶面肥等。

1. 商品有机肥料

以大量动植物残体、排泄物及其他生物废物为原料，加工制成的商品肥料。

2. 腐殖酸类肥料

以含有腐殖酸类物质的泥炭(草炭)、褐煤、风化煤等经过加工制成含有植物营养成分的肥料。

3. 微生物肥料

以特定微生物菌种培养生产的含活的微生物制剂。根据微生物肥料对改善植物营养元素的不同，可分成5类：根瘤菌肥料、固氮菌肥料、磷细菌肥料、硅酸盐细菌肥料、复合微生物肥料。

4. 有机复合肥

经无害化处理后的畜禽粪便及其他生物废物加入适量的微量营养元素制成的肥料。

5. 无机(矿质)肥料

矿物经物理或化学工业方式制成，养分呈无机盐形式的肥料。包括矿物钾肥和硫酸钾、矿物磷肥(磷矿粉)、煅烧磷酸盐(钙镁磷肥、脱氟磷肥)、石灰、石膏、硫黄等。

6. 叶面肥料

喷施于植物叶片并能被其吸收利用的肥料，叶面肥料中不得含有化学合成的生长调节剂。包括含微量元素的叶面肥和含植物生长辅助物质的叶面肥料等。

7. 有机无机肥(半有机肥)

有机肥料与无机肥料通过机械混合或化学反应而成的肥料。

8. 掺合肥

在有机肥、微生物肥、无机(矿质)肥、腐殖酸肥中，按一定比例掺入化肥(硝态氮肥除外)，并通过机械混合而成的肥料。

**(三)其他肥料**

其他肥料系指不含有毒物质的食品、纺织工业的有机副产品，以及骨粉、骨胶废渣、氨基酸残渣、家禽家畜加工废料、糖厂废料等有机物料制成的肥料。

## 四、允许使用的肥料种类

### (一)AA级绿色食品生产允许使用的肥料种类

1. 允许使用农家肥料

2. AA级绿色食品生产资料肥料类产品

上述肥料不能满足AA级绿色食品生产需要的情况下,允许使用商品有机肥料、腐殖酸类肥料、微生物肥料、有机复合肥等商品肥料。

### (二)A级绿色食品生产允许使用的肥料种类

1. AA级绿色食品生产允许使用的肥料种类

2. A级绿色食品生产资料肥料类产品

上述肥料不能满足A级绿色食品生产需要的情况下,允许使用掺合肥(有机氮与无机氮之比不超过1∶1)。

## 五、使用规则

肥料使用必须满足作物对营养元素的需要,并使足够数量的有机物质返回土壤,以保持或增加土壤肥力及土壤生物活性。所有有机或无机(矿质)肥料,尤其是富含氮的肥料应对环境和作物(营养、味道、品质和植物抗性)不产生不良后果方可使用。

### (一)生产AA级绿色食品的肥料使用原则

①必须选用AA级绿色食品生产资料允许使用的肥料种类。

②禁止使用城市垃圾和污泥、医院的粪便垃圾和含有害物质(如毒气、病原微生物,重金属等)的工业垃圾。

③各地可因地制宜采用秸秆还田、过腹还田、直接翻压还田、覆盖还田等形式。

④利用覆盖、翻压、堆沤等方式合理利用绿肥。绿肥应在盛花期翻压,翻埋深度为15 cm左右,盖土要严,翻后耙匀。压青后15~20 d才能进行播种或移苗。

⑤腐熟的沼气液、残渣及人畜粪尿可用作追肥。严禁施用未腐熟的人粪尿。

⑥饼肥优先用于水果、蔬菜等,禁止施用未腐熟的饼肥。

⑦叶面肥料质量应符合GB/T 17419,或GB/T 17420或腐殖酸≥8.0%、微量元素≥6.0%、杂质中Cd≤0.01%、As≤0.002%、Pb≤0.002%。按使用说明稀释,在作物生长期内,喷施2次或3次。

⑧微生物肥料可用于拌种,也可作基肥和追肥使用。使用时应严格按照说明书的要求操作。微生物肥料中有效活菌的数量应符合NY 227中的技术指标。

⑨选用无机(矿质)肥料中的煅烧磷酸盐、硫酸钾应达到质量要求。质量应分别为:煅烧磷酸盐有效成分 $P_2O_5$≥12%,每含1% $P_2O_5$,杂质中As≤0.004%、Cd≤0.01%、Pb≤0.002%。硫酸钾有效成分 $K_2O$≥50%,每含1% $K_2O$,杂质中As≤0.004%、Cl≤3%、$H_2SO_4$≤0.5%。

**(二)生产A级绿色食品的肥料使用原则**

①必须选用A级绿色食品允许使用的肥料种类。

如果A级绿色食品允许使用的肥料种类不能满足生产需要,允许使用化学肥料(氮、磷、钾),但禁止使用硝态氮肥。

②化肥必须与有机肥配合施用,有机氮与无机氮之比不超过1∶1。

例如,施优质厩肥1 000 kg加尿素10 kg(厩肥作基肥、尿素可作基肥和追肥用),叶菜类的最后一次追肥必须在收获前30 d进行。

③化肥也可与有机肥、复合微生物肥配合施用。

厩肥1 000 kg,加尿素5～10 kg或磷酸二铵20 kg,复合微生物肥料60 kg(厩肥作基肥,尿素,磷酸二铵和微生物肥料作基肥和追肥用)。最后一次追肥必须在收获前30 d进行。

④城市生活垃圾一定要经过无害化处理,质量达到GB 8172中的技术要求才能使用。

每年每亩农田限制用量,黏性土壤不超过3 000 kg,砂性土壤不超过2 000 kg。

⑤秸秆还田允许用少量氮素化肥调节碳氮比。

## 六、其他规定

生产绿色食品的农家肥料无论采用何种原料(包括人畜禽粪尿、秸秆、杂草、泥炭等制作堆肥),必须高温发酵,以杀灭各种寄生虫卵和病原菌、杂草种子,使之达到无害化卫生标准,详见表2-1-8。农家肥料,原则上就地生产就地使用。外来农家肥料应确认符合要求后才能使用。商品肥料及新型肥料必须通过国家有关部门的登记认证及生产许可、质量指标应达到国家有关标准的要求。

**表2-1-8 高温堆肥和沼气发酵肥卫生标准**

| 项目 | | 卫生标准及要求 |
|---|---|---|
| 高温堆肥 | 堆肥温度 | 最高堆温达50～55℃,持续5～7 d |
| | 蛔虫卵死亡率 | 95%～100% |
| | 粪大肠菌值 | $10^{-2}$～$10^{-1}$个/L |
| | 苍蝇 | 有效地控制苍蝇滋生,肥堆周围没有活的蛆,蛹或新羽化的成蝇。 |
| 沼气发酵肥 | 密封贮存期 | 30 d以上 |
| | 高温沼气发酵温度 | (53±2)℃持续2 d |
| | 寄生虫卵沉降率 | 95%以上 |
| | 血吸虫卵和钩虫卵 | 在使用粪液中不得检出活的血吸虫卵和钩虫卵 |
| | 粪大肠菌值 | 普通沼气发酵$10^{-4}$个/L,高温沼气发酵$10^{-2}$～$10^{-1}$个/L |
| | 蚊子、苍蝇 | 有效地控制蚊蝇滋生,粪液中、粪池的周围无活的蛆、蛹或新羽化的成蝇 |
| | 沼气池残渣 | 经无害化处理后方可用作农肥 |

因施肥造成土壤污染、水源污染,或影响农作物生长、农产品达不到卫生标准时,要停止施用该肥料,并向专门管理机构报告。用其生产的食品也不能继续使用绿色食品标志。

# 项目五　绿色食品添加剂使用准则

## 【行业标准】

### 绿色食品添加剂使用准则

### 一、范围

绿色食品添加剂使用准则(NY/T 392—2000)为中华人民共和国农业行业标准。本标准规定了生产A级绿色食品和AA级绿色食品所允许使用的食品添加剂的种类、使用范围和最大使用量,以及不应使用的品种。

本标准适用于绿色食品生产过程中所使用的食品添加剂。

### 二、引用标准

GB 2760—1996(食品添加剂使用卫生标准),GB 12493—90(食品添加剂的分类和代码),GB 14880—94(食品营养强化剂使用卫生标准),NY/T 391—2000(绿色食品产地环境技术条件)。

### 三、定义

本标准采用下列定义。

**(一)AA级绿色食品生产资料**

经专门机构认定,符合绿色食品生产要求,并正式推荐用于A级绿色食品和AA级绿色食品生产的生产资料。

**(二)A级绿色食品生产资料**

经专门机构认定,符合绿色食品生产要求,并正式推荐用于A级绿色食品生产的生产资料。

**(三)天然食品添加剂**

以物理方法从天然物中分离出来,经过毒理学评价确认其食用安全的食品添加剂;由人工合成的,其化学结构、性质与天然物质完全相同,经毒理学评价确认其食用安全的食品添加剂。

**(四)化学合成添加剂**

由人工合成的,其化学结构、性质与天然物质不相同,经毒理学评价确认其食用安全的食品添加剂。

## 四、生产绿色食品的食品添加剂使用目的与使用原则

### (一)食品添加剂和加工助剂的使用目的

保持与提高产品的营养价值;提高产品的耐贮性和稳定性;改善产品的成分、品质和感观,提高加工性能。

### (二)食品添加剂和加工助剂的使用原则

①如果不使用添加剂或加工助剂就不能生产出类似的产品。

②AA 级绿色食品中只允许使用"AA 级绿色食品生产资料"食品添加剂类产品。

③A 级绿色食品中允许使用"AA 级绿色食品生产资料"产品和"A 级绿色食品生产资料"食品添加剂类产品。

这类产品均不能满足生产需要的情况下,允许使用除本标准以外的化学合成食品添加剂,所用食品添加剂的产品质量必须符合相应的国家标准、行业标准。

④允许使用的食品添加剂的使用量应符合 GB 2760—1996、GB 14880—94 的规定。

⑤不得对消费者隐瞒绿色食品中所用食品添加剂的性质、成分和使用量。

⑥在任何情况下,绿色食品中不得使用表 2-1-9 所列食品添加剂。

表 2-1-9 中的分类和代码与 GB 12493 相同。

**表 2-1-9 生产绿色食品禁止使用的食品添加剂**

| 类别 | 食品添加剂名称 |
|---|---|
| 抗结剂 | 亚铁氰化钾<br>(02. 001) |
| 抗氧化剂 | 4-乙基间苯二酚<br>(04. 013) |
| 漂白剂 | 硫黄<br>(05. 007) |
| 膨松剂 | 硫酸铝钾(钾明矾)<br>(06. 004)<br>硫酸铝铵(铵明矾)<br>(06. 005) |
| 着色剂 | 赤藓红铝色淀<br>(08. 003)<br>新红铝色淀<br>(08. 004)<br>二氧化钛<br>(08. 001)<br>焦糖色(亚硫酸铵法)<br>(08. 109)<br>焦糖色(加氨生产)<br>(08. 110) |
| 护色剂 | 硝酸钠(钾)<br>(09. 001)<br>亚硝酸钠(钾)<br>(09. 002) |

续表 2-1-9

| 类别 | 食品添加剂名称 |
| --- | --- |
| 乳化剂 | 山梨醇酐单油酸酯(司盘 80)<br>(10. 005)<br>山梨醇酐单棕榈酸酯(司盘 40)<br>(10. 008)<br>山梨醇酐单月桂酸酯(司盘 20)<br>(10. 015)<br>聚氧乙烯山梨醇酐单油酸酯(吐温 80)<br>(10. 016)<br>聚氧乙烯(20)-山梨醇酐单月桂酸酯(吐温 20)<br>(10. 025)<br>聚氧乙烯(20)-山梨醇酐单棕榈酸酯(吐温 40)<br>(10. 026) |
| 面粉处理剂 | 过氧化苯甲酰<br>(13. 001)<br>溴酸钾<br>(13. 002) |
| 防腐剂 | 苯甲酸<br>(17. 001)<br>苯甲酸钠<br>(17. 002)<br>乙氧基喹<br>(17. 1010)<br>仲丁胺<br>(17. 011)<br>桂醛<br>(17. 012)<br>噻苯咪唑<br>(17. 018)<br>过氧化氢(或过碳酸钠)<br>(17. 020)<br>乙萘酚<br>(17. 021)<br>联苯醚<br>(17.022)<br>2-苯基苯酚钠盐<br>(17. 023)<br>4-苯基苯酚<br>(17. 024)<br>五碳双缩醛(戊二醛)<br>(17. 025)<br>十二烷基二甲基溴化胺(新洁尔灭)<br>(17. 026)<br>2,4-二氯苯氧乙酸<br>(17. 027) |
| 甜味剂 | 糖精钠<br>(19. 001)<br>环乙基氨基磺酸钠(甜蜜素)<br>(19. 002) |

注:以上所列是目前禁用的食品添加剂品种,该名单将随国家新规定而修订。

# 项目六　绿色食品饲料及饲料添加剂使用准则

## 【行业标准】

### 绿色食品饲料及饲料添加剂使用准则

### 一、范围

绿色食品饲料及饲料添加剂使用准则(NY/T 471—2001)为中华人民共和国农业行业标准。本标准规定了生产绿色食品允许使用的饲料及饲料添加剂的使用准则以及禁止使用的饲料及饲料添加剂种类。

本标准适用于A级绿色食品的生产、管理和认定。

### 二、规范性引用文件

GB/T 10647(饲料工业通用术语)，GB 10648(饲料标签)，GB 13078 (饲料卫生标准)，NY/T 14 (高产奶牛饲养管理规范)，NY/T 33(鸡的饲养标准)，NY/T 34(奶牛饲养标准)，NY/T 65(瘦肉型猪饲养标准)，NY/T 391(绿色食品产地环境技术条件)，饲料和饲料添加剂管理条例(中华人民共和国国务院令)，允许使用的饲料添加剂品种目录(中华人民共和国农业部公告)。

### 三、术语和定义

GB/T 10647 确立的以及下列术语和定义适用于本标准。

**(一)饲料**

饲料系指能提供饲养动物所需养分，保证健康，促进生长，且在合理使用下不发生有害作用的可饲物质。

**(二)饲料添加剂**

饲料添加剂系指在饲料加工、制作、使用过程中添加的少量或者微量物质，包括营养性饲料添加剂、一般性饲料添加剂和药物饲料添加剂。

1. 营养性饲料添加剂

用于补充饲料营养不足的添加剂。

2. 一般性饲料添加剂

为了保证或者改善饲料品质，促进饲养动物生产，保障饲养动物健康，提高饲料利用率而掺入饲料的少量或微量物质。

3. 药物饲料添加剂

为了预防动物疾病或影响动物某种生理、生化功能，而添加到饲料中的一种或几种药物与载体或稀释剂规定比例配制而成的均匀混合物。

## 四、使用准则

绿色畜产品的生产首先以改善动物饲养环境、善待动物、加强饲养管理为主，按照饲养标准配制配合饲料，做到营养全面，各营养素间相互平衡。所使用的饲料及饲料添加剂等生产资料必须符合《饲料卫生标准》、《饲料标签标准》、各种饲料原料标准、饲料产品标准和饲料添加剂标准有关规定。所用饲料添加剂和添加剂预混合饲料必须来自于有生产许可证的企业，并且具有企业、行业或国家标准，产品批准文号，进口饲料和饲料添加剂产品登记证及配套的质量检验手段。同时还应遵守以下准则。

### (一)生产 A 级绿色食品的饲料使用准则

①优先使用绿色食品生产资料的饲料类产品。

②至少 90%的饲料来源已认定的绿色食品产品及其副产品，其他饲料原料可以是达到绿色食品标准的产品。

③禁止使用转基因方法生产的饲料原料。

④禁止使用以哺乳类动物为原料的动物性饲料产品饲喂反刍动物。

⑤禁止使用工业合成的油脂。

⑥禁止使用畜禽粪便。

### (二)绿色食品的饲料添加剂使用准则

①优先使用符合绿色食品生产资料的饲料添加剂类产品(表 2-1-10)。

②所选饲料添加剂必须是《允许使用的饲料添加剂品种目录》中所列的饲料添加剂和允许进口的饲料添加剂品种。

③禁止使用任何药物性饲料添加剂。

④禁止使用激素类、安眠镇静类药品。

⑤营养性饲料添加剂的使用量应符合 NY/T 14、NY/T 33、NY/T 34、NY/T 65 中所规定的营养需要量及营养安全幅度。

**表 2-1-10　生产 A 级绿色食品禁止使用的饲料添加剂**

| 种类 | 品种 | 备注 |
| --- | --- | --- |
| 调味剂香料 | 各种人工合成的调味剂和香料 | |
| 着色剂 | 各种人工合成的着色剂 | |
| 抗氧化剂 | 乙氧基喹啉、二丁基羟基甲苯(BHT)、丁基羟基茴香醚(BHA) | |
| 黏结剂、抗结剂和稳定剂 | 羟甲基纤维素钠、聚氧乙烯 20 山梨醇酐单油酸酯、聚丙烯酸树脂Ⅱ | |
| 防腐剂 | 苯甲酸、苯甲酸钠 | |
| 非蛋白氮类 | 尿素、硫酸铵、液氨、磷酸氢二铵、磷酸二氢铵、缩二脲、异丁叉二脲、磷酸脲、羟甲基脲 | 反刍动物除外 |
| 其他 | 禁止使用转基因方法生产的饲料原料；禁止使用以哺乳类动物为原料的动物性饲料产品(不包括乳及乳制品)饲喂反刍动物；禁止使用工业合成的油脂(含重金属)；禁止使用任何药物性饲料添加剂；禁止使用激素类、安眠镇静类药品；禁止使用畜禽粪便(含有害微生物) | |

# 项目七　绿色食品兽药使用准则

## 【行业标准】

### 绿色食品兽药使用准则

## 一、范围

绿色食品兽药使用准则(NY/T 472—2006)为中华人民共和国农业行业标准。

本标准规定了绿色食品生产中兽药使用的术语和定义、基本原则、生产AA级绿色食品的兽药使用原则、生产A级绿色食品的兽药使用原则及兽药使用记录。

本标准适用于绿色食品畜禽的生产、管理和认证。

## 二、规范性引用文件

下列文件中的条款通过本标准的引用而成为本标准的条款。凡是注明日期的引用文件,其随后所有的修改单(不包括勘误的内容)或修订版均不适用于本标准,然而,鼓励根据本标准达成协议的各方研究是否可使用这些文件的最新版本。凡是不注日期的引用文件,其最新版本适用于本标准。

GB/T 19630.1 有机产品第1部分

中华人民共和国动物防疫法

兽药管理条例

中华人民共和国农业部　中华人民共和国兽药典

中华人民共和国农业部　兽药质量标准

中华人民共和国农业部　兽用生物制品质量标准

中华人民共和国农业部　进口兽药质量标准

中华人民共和国农业部第278号公告　停药期规定

中华人民共和国农业部第235号公告　动物性食品中兽药最高残留限量

## 三、术语和定义

下列术语和定义适用于本标准。

**(一)兽药**

用于预防、治疗、诊断动物疾病或者有目的地调节其生理机能的物质(含药物饲料添加剂)。主要包括:血清制品、疫苗、诊断制品、微生态制品、中药材、中成药、化学药品、抗生素、生化药品、放射性药品及外用杀虫剂、消毒剂等。

**(二)最高残留限量**

对食品动物用药后产生的允许存在于食物表面或内部的该兽药残留的最高含量/浓度(以鲜重计,表示为 μg/kg 或 μg/L)。

**(三)停药期**

从畜禽停止用药到允许屠宰或其产品(乳、蛋)许可上市的间隔时间。

**(四)产蛋期**

禽从产第 1 枚蛋至产蛋周期结束。

**(五)绿色食品生产资料**

经专门机构认定,符合绿色食品生产要求,并正式推荐用于绿色食品生产的生产资料。

## 四、兽药使用的基本原则

①绿色食品生产者应供给动物充足的营养,提供良好的饲养环境,加强饲养管理,采取各种措施以减少应激,增强动物自身的抗病力。

②应按《中华人民共和国动物防疫法》的规定,防治动物疾病,力争不用或少用药物。必须使用兽药进行疾病的预防、治疗和诊断时,应在兽医指导下进行。

③兽药的质量应符合《中华人民共和国兽药典》《兽药质量标准》《兽用生物制品质量标准》和《进口兽药质量标准》的规定。

④兽药的使用应符合《兽药管理条例》的有关规定。

⑤所用兽药应来自具有生产许可证和产品批准文号并通过农业部 GMP 验收的生产企业,或者具有《进口兽药登记许可证》的供应商。

## 五、生产 AA 级绿色食品的兽药使用原则

按 GB/T 19630.1 执行。

## 六、生产 A 级绿色食品的兽药使用原则

①优先使用 AA 级绿色食品生产资料和 A 级绿色食品生产资料的兽药产品。

②允许使用国家兽医行政管理部门批准的微生态制剂和中药制剂。

③允许使用高效、低毒和对环境污染低的消毒剂对饲养环境、厩舍和器具进行消毒。

④允许使用无 MRLs 要求或无停药期要求或停药期短的兽药。使用中应注意以下几点:

a. 应遵守规定的作用与用途、使用对象、使用途径、使用剂量、疗程和注意事项;

b. 停药期应按农业部发布的《停药期规定》严格执行;

c. 最终残留应符合《动物性食品中兽药最高残留限量》的规定。

⑤禁止使用表 2-1-11 中的兽药。

⑥禁止使用药物饲料添加剂。

⑦禁止使用酚类消毒剂,产蛋期不得使用酚类和醛类消毒剂。

⑧禁止为了促进畜禽生长而使用抗生素、抗寄生虫药、激素或其他生长促进剂。

⑨禁止使用未经国务院兽医行政管理部门批准作为兽药使用的药物。

⑩禁止使用用基因工程方法生产的兽药。

## 七、兽药使用记录

①建立并保存消毒记录,包括消毒剂种类、批号、生产单位、剂量、消毒方式、消毒频率或时间等。

②建立并保存动物的免疫程序记录,包括疫苗种类、使用方法、剂量、批号、生产单位等。

③建立并保存患病动物的治疗记录,包括患病家畜的畜号或其他标志、发病时间及症状、药物种类、使用方法及剂量、治疗时间、疗程、所用药物的商品名称及主要成分、生产单位及批号等。

④所有记录资料应在清群后保存 2 年以上。

**表 2-1-11　生产 A 级绿色食品禁止使用的兽药**

| 序号 | 种类 | | 兽药名称 | 禁止用途 |
|---|---|---|---|---|
| 1 | β-兴奋剂类 | | 克仑特罗、沙丁胺醇、莱克多巴胺、西马特罗及其盐、酯及制剂 | 所有用途 |
| 2 | 激素类 | 性激素类 | 己烯雌酚、己烷雌酚及其盐、酯及制剂 | 所有用途 |
| | | | 甲基睾丸酮、丙酸睾酮、苯丙酸诺龙、苯甲酸雌二醇及其盐、酯及制剂 | 促生长 |
| | | 具有雌激素样作用的物质 | 玉米赤霉醇、去甲雄三烯醇酮、醋酸甲孕酮及制剂 | 所有用途 |
| 3 | 催眠、镇静类 | | 安眠酮及制剂 | 所有用途 |
| | | | 氯丙嗪、地西泮及其盐、酯及制剂 | 促生长 |
| 4 | 抗生素类 | 氨苯砜 | 氨苯砜及制剂 | 所有用途 |
| | | 氯霉素类 | 氯霉素及其盐、酯(包括琥珀氯霉素及制剂) | 所有用途 |
| | | 硝基呋喃类 | 呋喃唑酮、呋喃西林、呋喃妥因、呋喃它酮、呋喃苯烯酸钠及制剂 | 所有用途 |
| | | 硝基化合物 | 硝基酚钠、硝呋烯腙及制剂 | 所有用途 |
| | | 磺胺类及其增效剂 | 磺胺噻唑、磺胺嘧啶、磺胺二甲嘧啶、磺胺甲噁唑、磺胺对甲氧嘧啶、磺胺间甲氧嘧啶、磺胺地索辛、磺胺喹噁啉、三甲氧苄氨嘧啶及其盐和制剂 | 所有用途 |
| | | 喹诺酮类 | 诺氟沙星、环丙沙星、氧氟沙星 、培氟沙星 、洛美沙星及其盐和制剂 | 所有用途 |
| | | 喹噁啉类 | 卡巴氧、喹乙醇及制剂 | 所有用途 |
| | | 抗生素滤渣 | 抗生素滤渣 | 所有用途 |

续表 2-1-11

| 序号 | 种类 | | 兽药名称 | 禁止用途 |
|---|---|---|---|---|
| 5 | 抗寄生虫类 | 苯并咪唑类 | 噻苯咪唑、丙硫苯咪唑、甲苯咪唑、硫苯咪唑、磺苯咪唑、丁苯咪唑、丙氧苯咪唑、丙噻苯咪唑及制剂 | 所有用途 |
| | | 抗球虫类 | 二氯二甲吡啶酚、氨丙啉、氯苯胍及其盐和制剂 | 所有用途 |
| | | 硝基咪唑类 | 甲硝唑、地美硝唑及其盐、酯及制剂等 | 促生长 |
| | | 氨基甲酸酯类 | 甲奈威、呋喃丹(克百威)及制剂 | 杀虫剂 |
| | | 有机氯杀虫剂 | 六六六、DDT、林丹(丙体六六六)、毒杀芬(氯化烯)及制剂 | 杀虫剂 |
| | | 有机磷杀虫剂 | 敌百虫、敌敌畏、皮蝇磷、氧硫磷、二嗪农、倍硫磷、毒死蜱、蝇毒磷、马拉硫磷及制剂 | 杀虫剂 |
| | | 其他杀虫剂 | 杀虫脒(克死螨)、双甲脒、酒石酸锑钾、锥虫胂胺、孔雀石绿、五氯酚酸钠、氯化亚汞(甘汞)、硝酸亚汞、醋酸汞、吡啶基醋酸汞 | 杀虫剂 |

# 项目八　绿色食品动物卫生准则

## 【行业标准】

### 绿色食品动物卫生准则

### 一、范围

绿色食品动物卫生准则(NY/T 473—2001)为中华人民共和国农业行业标准。本标准规定了动物源绿色食品的动物卫生准则。

本标准适用于A级绿色食品动物的饲养、屠宰及其产品的加工、贮藏和运输。

### 二、规范性引用文件

下列文件中的条款通过本标准的引用而成为本标准的条文。凡是注明日期的引用文件,其随后所有的修改单(不包括勘误的内容)或修订版均不适用于本标准,然而,鼓励根据本标准达成协议的各方研究是否可使用这些文件的最新版本。凡是不注明日期的引用文件,其最新版本适用于本标准。

GB 2707　猪肉卫生标准

GB 2708　牛肉、羊肉、兔肉卫生标准

GB 2710　鲜(冻)禽肉卫生标准

GB 2762　食品中汞限量卫生标准

GB 4810　食品中砷限量卫生标准

GB/T 5033　出口产品包装用瓦楞纸箱

GB 5749　生活饮用水卫生标准

GB/T 6543　瓦楞纸箱

GB 9691　食品包装用聚乙烯树脂卫生标准

GB 12694—1990　肉类加工厂卫生规范

GB 13106　食品中锌限量卫生标准

GB 13457　肉类加工工业水污染物排放标准

GB 14935　食品中铅限量卫生标准

GB 15199　食品中铜限量卫生标准

GB 15200　食品中铁限量卫生标准

GB 15201　食品中镉限量卫生标准

GB 16548　畜禽病害肉尸及其产品无害化处理规程

GB 16549　畜禽产地检疫规范

GB/T 16569　畜禽产品消毒规范

NY/T 388　畜禽场环境质量标准

NY/T 391　绿色食品　产地环境技术条件

NY/T 393　绿色食品　农药使用准则

NY/T 471　绿色食品　饲料及饲料添加剂使用准则

NY/T 472　绿色食品　兽药使用准则

中华人民共和国动物防疫法

动物性食品中兽药最高残留限量标准



## 三、定义

本标准采用下列定义。

**(一)动物**

主要指人工饲养、合法捕获的活的哺乳动物和禽类，在有特别规定时也包括蚕、蜂和水产类等其他动物。

**(二)动物产品**

来源于动物可供人食用的肉类、肉制品、胴体分割体、脏器、油脂、乳、乳制品、蛋、蛋制品、血、血制品、头、蹄、骨、皮、水生动物产品等。

**(三)动物疫病**

动物疫病指动物的传染病和寄生虫病。

**(四)病原体**

能引起疾病的生物体，包括寄生虫和致病性微生物。

**(五)动物卫生**

为确保人或动物对产品消费的安全、健康和卫生，在生产、加工、贮存、运输和销售过程中应遵守的条件和措施。

**(六)动物防疫**

动物防疫指动物疫病的预防、控制和扑灭,以及动物、动物产品的检疫。

**(七)畜群**

畜群指同一饲养场的动物,或者虽不在同一个场,但可以在不采取卫生措施的条件下相互流动的动物群体。

**(八)禽群**

饲养在同一饲养场或由固体物分隔并具有单独通风系统的部分的一组禽类。对于散养的禽类,则指共同出入一个或多个禽舍的一个群体,即同一建筑物中所有的禽只。

**(九)官方兽医**

由国家畜牧兽医行政管理部门授权的兽医,行使动物防疫监督或公共卫生监督,并在适当条件下签发动物卫生证书。

## 四、动物卫生准则

1. 动物产地的卫生条件

①产地环境质量应符合 NY/T 391 的要求。

②猪、禽饲养场所应符合“附一”和“附二”的卫生要求,牛、羊、免等动物的饲养场所的选址、设施设备和饲养管理条件可参照养猪卫生条件的有关规定执行,疫病监测和控制方案遵照《中华人民共和国动物防疫法》及其配套法规执行。

③应按规定实施动物计划免疫和消毒,并使用法定的疫苗等生物制品及消毒剂。

④使用饲料、饲料添加剂应符合《绿色食品饲料及饲料添加剂使用准则》的要求。

⑤使用兽药应符合《绿色食品兽药使用准则》的要求。

⑥畜群、禽群不得有“附三”所列疫病。

⑦动物离开饲养地前,应按 GB/T 16549 的要求实施产地检疫。

2. 屠宰、加工过程中的动物卫生条件

①屠宰、加工企业应符合“家禽屠宰加工企业兽医卫生规范“和”鲜家禽肉生产企业卫生规范”规定的卫生要求。

②动物屠宰的兽医卫生管理应按照“家禽屠宰加工企业兽医卫生规范“和“鲜家禽肉生产企业卫生规范”的要求实施。

③动物产品应符合 GB 2707、GB 2708 或 GB 2710 标准,并不得检出以下病原体:大肠杆菌 O157、李氏杆菌、布氏杆菌、肉毒梭菌、炭疽杆菌、囊虫、结核分枝杆菌、旋毛虫。

④动物产品农药、兽药残留量应符合 NY/T 393 和 NY/T 472 的要求。

⑤动物产品重金属残留量应符合 GB 15199、GB 15200、GB 15201、GB 2762、GB 4810、GB 14935 和 GB 13106 的规定要求。

⑥经检疫检验不合格的动物及动物产品应按照 GB 16548 的要求进行处理。

3. 贮藏卫生条件

①动物屠宰后的预冷、冷冻、冷藏应符合“附四”和“附五”的要求。

②动物产品贮藏场所应符合“附四”和“附五”的要求。

4. 运输卫生条件

①运输动物及动物产品的工具在运输前和运输后应实施消毒。

②运输动物及动物产品应具有检疫证明，运输工具应具有消毒证明。

③动物鲜肉的运输应符合“附四”和“附五”的规定。

## 附一　养猪场卫生条件

1. 养猪场总体卫生要求

1.1　选址

1.1.1　新建养猪场应建在无疫病区。

1.1.2　养猪场应远离交通要道、公共场所、居民区、学校、医院和水源，地势较平坦，且具有一定的坡度。

1.2　建筑布局

养猪场应严格执行生产区和生活区相隔离的原则。人员、动物和物质运转应采取单一流向，以防止污染和疫病传播。

1.3　环境质量

养猪场的污水、污物处理应符合国家环保要求，环境卫生质量应达到NY/T 388规定的标准。

2. 养猪场设施设备

2.1　建筑材料

构建厂房的材料，特别是猪舍及其设备应对猪无害，且易于清洗和消毒。

2.2　电器安装

安装电器时，应符合防潮、防爆等安全规定，以防引起猪只电休克。

2.3　隔离、加热和通风设施

房舍的隔离、加热和通风设施，应保证空气流通、防尘、温度和空气相对湿度适宜，以防对猪只造成伤害。

2.4　其他自动化设施

对猪只健康和福利至关重要的自动化设施每天应检查一次。一旦发现问题，应立即纠正。

2.5　光照条件

猪舍应具有适宜的光照，并和气候条件相适应，不得使猪长时间处于黑暗中。光照可采用自然光或人工光，对于后者，时间应和自然光照时间大致相同，一般维持在上午9时至下午5时之间。此外，光线应具有足够的强度，以便对猪只实施检查。

2.6　猪舍地面设置

地面应平整防滑，以防对猪只造成伤害。地面的设计还应考虑到猪只站立时可能受到的伤害，应考虑到猪只的体形和体重，地面应稳固、平整和舒适。猪只躺卧区应清洁舒适，易于排水，且不能对猪造成伤害。猪舍内提供的垫草，则应洁净、干燥、无毒且经常更换。使用漏缝地板的猪舍也应充分考虑上述保护性原则。

2.7 饲喂设施

猪只饲喂和饮水设备应设计建造合理、材料坚固、无毒无害，且易于清洗消毒。

2.8 消毒设施

养猪场应备有良好的清洗消毒设施，防止疫病传播，并对养猪场及其相应设施如车辆等进行定期清洗消毒。

2.9 生物防护设施

养猪场应具备良好的防害虫如昆虫和啮齿动物等的防护设施。

2.10 粪便处理设施

养猪场应具备有效的粪便和污水处理系统，并保证环境卫生质量达到 NY/T 388 规定的标准。

3. 饲养管理

3.1 工作人员和参加人员要求

3.1.1 工作人员应定期检验身体，不得患有任何人畜共患病。

3.1.2 工作人员不可经常回家，往返工作岗位时应沐浴消毒。

3.1.3 工作人员应穿戴工作服，非生产人员应尽量“谢绝参观”。特殊条件下，非生产人员可穿戴防护服入场参观。

3.2 饲料使用规范

使用饲料应遵照 NY/T 471 的规定。

3.3 使用兽药和残留监测规范

使用兽药应遵照 NY/T 472 规定，并做好记录，记录应保存 2 年以上。残留监测应符合动物性食品中兽药残留最高限量标准和 NY/T 472 的规定。

3.4 饲养密度

任何养猪场，对群养的生长育成猪和断奶仔猪，其饲养密度应能保证动物自由平躺、休息和站立，在此要求条件下，每头猪所占面积至少应达到表 2-1-12 规定的标准。成年种公猪圈舍面积至少为 6 $m^2$。

**表 2-1-12 猪饲养密度**

| 平均体重/kg | 每头猪应占面积/$m^2$ |
|---|---|
| <10 | 0.15 |
| 10～20 | 0.20 |
| 20～30 | 0.30 |
| 30～50 | 0.40 |
| 50～85 | 0.55 |
| 85～110 | 0.65 |
| >110 | 1.00 |

3.5 饲喂卫生

猪只的饲料应考虑到其年龄、体重、行为和生理需求，保证其健康成长，维持其正常机能。2周龄以上的猪只应提供足够的清洁饮水，或通过饮用其他液体食物保证其日常需水要求。

3.6 日常健康检查和护理

对于群饲和舍饲猪，饲养员每天应对所有的猪只进行检查。所有疑似发病或受伤猪应立即接受治疗。

对疑似发生传染病的猪只，应立即隔离，通知官方兽医，并将疫病确诊所需样品送往指定实验室进行诊断，一旦确诊，应立即报告当地畜牧兽医行政管理部门。

3.7 日常清洗和消毒

房舍、圈舍、设备和器皿应易于清洗和消毒，以防交叉感染和病原微生物的积聚。粪、尿和饲料残渣应经常消除，以防异味以及苍蝇和啮齿动物滋生。

4. 疫病监测和控制方案

养猪场应坚持采用国家畜牧兽医行政管理部门规定的疾病监测方案，并接受当地畜牧兽医行政管理部门的监督，特别注意以下各方面。

4.1 方案的制定和监督

任何养猪场应制定详细的符合国家畜牧兽医行政管理部门有关规定的疫病监测和控制方案，获得当地畜牧兽医行政管理部门的批准和认可，并接受当地畜牧兽医行政管理部门的监督，官方兽医至少每年对执行情况检查一次，养猪场应向当地畜牧兽医行政管理部门和官方兽医提供连续的疫情监测信息。

4.2 疫病监测和控制

养猪场常规监测疾病的种类至少应该包括：口蹄疫、猪水疱病、猪瘟、非洲猪瘟、猪伪狂犬病、肠病毒性脑脊炎(捷申病)、结核病、猪繁殖与呼吸道综合征和布鲁氏杆菌病。

对于上述疾病的检测，应定期进行，怀疑发病时，应尽快报告当地畜牧兽医行政管理部门和官方兽医，并将病料送达指定实验室确诊。

确诊发生口蹄疫、猪水疱病、猪瘟、非洲猪瘟和肠病毒性脑脊髓炎时，养猪场就配合主管兽医当局和官方兽医，对猪群实施严格的扑杀措施，并随后对猪场进行彻底的清洗消毒，动物死尸按GB 16548进行无害化处理。消毒按GB/T 16569进行。

发生伪狂犬病、结核病、猪繁殖与呼吸道综合征和布鲁氏杆菌病时，应按照国家畜牧兽医行政管理部门的要求，对猪群实施清群和净化措施。

5. 引进猪只的条件

5.1 动物装运之日无疫病症状。

5.2 不可从6.1或6.2条款规定的养猪场引进易感动物；除非该养殖场达到了6.3条款规定的条件。

5.3 利用和生产用猪，应来自符合下列要求的养殖场：位于无疫病区；装运前至少3个月内无口蹄疫、猪瘟和肠病毒性脑脊髓炎；装运前至少30 d内没有发生过动物防疫法规定的一、二、三类病；应来自无布鲁氏杆菌病猪群。

5.4 动物装运及运输过程中没有接触过其他偶蹄动物；运输车辆应做过彻底清洗消毒。

5.5 动物应是在原产场出生或至少在原产场饲养6个月以上的猪只。

5.6 动物应附带官方兽医签发的检疫证明和非疫区证明。

5.7 引进的猪只应隔离观察15 d以上，证实无病后才可混群饲养。

6. 养猪场卫生质量认证的中止、撤销和恢复

6.1 中止认证

发生下列情况之一的，对养猪场的认证应当中止。

6.1.1 不再符合本标准第1～4项规定的要求。

6.1.2 怀疑发生口蹄疫、猪水疱病、非洲猪瘟、猪瘟、肠病毒性脑脊髓炎、布鲁氏杆菌病或炭疽。

6.1.3 未按本标准第5项规定，引进了易感动物。

6.2 撤销认证

发生下列情况之一的，对养猪场的认证应当撤销。

6.2.1 证实猪群发生口蹄疫、猪水疱病、非洲猪瘟、猪瘟、肠病毒性脑脊髓炎、布鲁氏杆菌或炭疽。

6.2.2 不符合本标准1～5项规定的条件，在当地畜牧兽医行政管理部门通知改正而未采取措施的。

6.3 恢复认证

中止和撤销认证的养猪场，符合下列条件时，可以恢复认证。

6.3.1 确诊发生6.2.1规定疫病之一时，在养猪场已经消毒但未对所有易感动物实施扑杀的情况下，如发生口蹄疫则应在最后一例病例扑杀后至少停止经营30 d；如发生猪瘟或肠病毒性脑脊髓炎则应在最后一例病例发生后至少停止经营40 d；如果发生布鲁氏杆菌病则应在最后一例病例发生后至少停止经营2周；如发生炭疽则应在最后一例病例扑杀后停止经营15 d。

6.3.2 对于口蹄疫、猪瘟或肠病毒性脑脊髓炎，如果疫区内所有易感动物予以扑杀，养猪场予以消毒，且在其周围2 km半径内建立了保护带，则在最后一例病例扑杀后至少停止经营15 d。

6.3.3 对于因不符合本标准第2～4项规定而撤销认证的养猪场，要重新进行认证。

6.3.4 对于因不符合第5项规定而中止认证的养猪场，要按发生相关疫病依照6.3.1或6.3.2的规定进行。

## 附二 养禽场卫生条件

1. 养禽场的总体要求

1.1 选址

1.1.1 新建家禽饲养场不可位于传统的新城疫和高致病性禽流感疫区内。

1.1.2 养禽场应远离交通要道、公共场所、居民区、学校、医院和水源，地势较平坦，且具有一定的坡度。

1.2 建筑布局

养禽场应严格执行生产区和生活区相隔离的原则。人员、动物和物质运转应采取单一流向，防止污染和疫病传播。

1.3 环境质量

养禽场的污水、污物处理应符合国家环保要求。环境卫生质量应达到NY/T 388规定

的标准。

1.4 疫病和残留监测

养禽场应采用国家畜牧兽医行政管理部门认证的疾病和残留监测方案，并接受当地畜牧兽医行政管理部门的监督，官方兽医至少每年检查一次，官方兽医应根据本标准第2或3项要求重新核实各项卫生措施的执行情况。养殖场管理人员应能够向当地畜牧兽医行政管理部门出示有关养殖场卫生状况的持续性档案记录。

1.5 同一养禽场内原则上只能饲养一种类型的家禽。如果场内饲养多种家禽，应充分隔离饲养。

1.6 养禽场的消毒和病害肉尸的无害化处理应按照GB/T 16569和GB 16548进行。

2. 祖代、父母代和商品代饲养场设备和卫生要求

2.1 禽舍设备卫生条件

2.1.1 设备的式样和安装应符合特定生产目的的要求，保证能够防止疾病传入、扩散。此外，养禽场还应具有良好的防鼠、防虫和防鸟设施。

2.1.2 设备应具备良好的卫生条件并适合卫生监测。

2.1.3 设备应符合特定生产要求，能够在适宜地点对设施以及运输蛋、禽的工具清洗和消毒。

2.1.4 禽舍的各种设施应考虑饲养禽的卫生福利。

2.2 饲养管理卫生条件

2.2.1 任何养禽场应使用符合NY/T 471规定的饲料，并得到官方许可。

2.2.2 兽药使用和残留监测：兽药使用应遵照NY/T 472规定，并做好记录，记录应保存2年以上。残留监测应遵照NY/T 472规定。

2.2.3 应坚持"全进全出"原则。每批家禽出栏后应实施清洗、消毒和清群措施。

2.2.4 祖代、父母代和商品代禽舍只能饲养符合下列条件的家禽：

a. 自繁家禽；

b. 从符合本标准规定条件的家禽繁育场引进的家禽；

c. 从符合本标准规定条件的其他国家家禽繁育场进口的家禽。

2.2.5 养禽场具有严格的卫生管理制度：工作人员进入生产区应淋浴消毒，并穿戴合适的工作服；养禽场应尽量做到"谢绝参观"，特定条件下，参加人员在淋浴、消毒后穿戴保护服才可进入。

2.2.6 房屋、禽舍及其他设施均处于良好的维修状态。

2.2.7 对于产蛋禽舍，每天做到数次收蛋，并尽快清洁消毒。

2.2.8 工作人员应将生产过程出现的任何异常情况，特别是疑似疫病症状，通知当地畜牧兽医行政管理部门。一旦怀疑发病，应将所需病料送往指定实验室。

2.2.9 每群家禽的相关资料，如禽群史、登记情况、用药情况及生产数据等应在清群后保存2年以上，该资料必须具有以下内容：

a. 目的地和发运地；

b. 饲料消耗情况；

c. 生产性能；

d. 发病率、死亡率及发病死亡原因；

e. 实验室检查及其结果；

f. 家禽来源地；

g. 蛋发运目的地。

2.2.10　传染病发生时，实验室检查结果应立即上报给畜牧兽医行政管理部门。

3. 孵化场(车间)设备及卫生要求

3.1　厂房设备卫生条件

3.1.1　孵化场和饲养场应设有物理性屏障隔离，并分离运行。空间结构设计应满足以下要求：

a. 蛋的存贮和分级；

b. 消毒；

c. 预孵化；

d. 孵化；

e. 出雏；

f. 雏禽分发前的准备和包装。

3.1.2　房屋构造能够防止鸟类和啮齿动物的进入；地板、墙面建筑材料应坚实且易于清洗；室内须具有适宜的自然光、人工照明、空气流通和温度调节设备，且应具有废物安全卫生处理的规定。

3.1.3　设备表面应光滑防水。

3.2　孵化场运行卫生条件

3.2.1　蛋、可动设备和人员应单向流动。

3.2.2　种蛋应来自符合本标准规定的养殖场或部门，或符合上述标准的其他国家。

3.2.3　孵化场应制定卫生管理制度，无论工作人员还是参加人员，进入生产区内应更衣淋浴，工作人员应穿戴工作服、工作靴、帽，参加人员应穿戴保护服及靴帽。

3.2.4　房屋和设备处于良好维修状态中。

3.2.5　下述物品应进行消毒：

a. 进入孵化器前的种蛋；

b. 孵化器定期消毒；

c. 每批种蛋孵化结束后，对孵化房及其设备进行彻底的清洗和消毒。

3.2.6　为评价孵化室的卫生状况，应制定微生物质量控制方案。

3.2.7　对于任何生产过程中的异常变化及其他疑似传染病的临床症状，工作人员应通知畜牧兽医行政管理部门。一旦怀疑发病，主管兽医应将疫病确诊所需的样品送往指定实验室进行诊断，并通知畜牧兽医行政管理部门。

3.2.8　孵化场的下列资料或数据至少应保存2年：

a. 种蛋的来源和到达日期；

b. 孵化量；

c. 异常情况；

d. 实验室检查及其结果；

e. 疫苗接种程序(计划)；

f. 未能孵化种蛋的数量和用途；

g. 初孵雏的方向。

3.2.9 一旦发生传染病，实验室检查结果应立即向主管兽医通报。

4. 疫病监测和控制方案

4.1 疫病监测和控制方案的制定、执行和监督

任何家禽饲养场应制定详细的符合国家畜牧兽医行政管理部门有关规定的疫病监测和控制方案，获得当地畜牧兽医行政管理部门的批准和认可，并接受当地畜牧兽医行政管理部门的监督，官方兽医至少每年对执行情况检查一次，养殖场应向当地畜牧兽医行政管理部门和官方兽医提供连续的疫情监测信息。

4.2 疫病监测方案

4.2.1 养禽场常规监测疾病的种类至少应该包括：新城疫、高致病性禽流感、鸡败血支原体病、禽衣原体病、火鸡支原体病、鸡沙门氏菌病、雏白痢沙门氏囊病、鸡马立克氏病、禽结核和亚利桑那沙门氏菌病、白血病、产量下降综合征、传染性支气管炎。

4.2.2 应定期检测高致病性禽流感和新城疫，怀疑发病时，需将病料送达指定实验室确诊。对白血病和鸡白痢的净化，也要进行抗体监测。

4.2.3 对于鸡沙门氏菌、雏白痢沙门氏菌和亚利桑那沙门氏菌感染，可以采用血清学或细菌学方法检验，实验样品可以为血液、孵化器上的残留物、孵化室墙壁上的废料、水槽中的水和废料等。采取血样进行鸡白痢/沙门氏菌检测时，应根据该农场过去的发病率情况，来确定抽样动物的数量。

4.2.4 对于鸡败血支原体和火鸡支原体感染，可以应用血清学、细菌学方法检验，对于初孵雏和火鸡雏，还可观察到气囊病变。病料采集范围包括血液、初孵雏和火鸡雏、精液以及气囊、泄殖腔或气管拭子。为了实现连续监测，对于产蛋群，禽群开产前应检测一次，此后每3个月复检一次。

## 附三 畜群、禽群不得患有的疾病名称

1. 任何畜群或动物个体都不得患有的疾病

1.1 多种动物共患病

口蹄疫、结核病、布氏杆菌病、炭疽、狂犬病、钩端螺旋体病。

1.2 不同种属动物不得患有的疾病

1.2.1 猪：猪瘟、猪水疱病、非洲猪瘟、猪丹毒、猪囊尾蚴病、旋毛虫病。

1.2.2 牛：牛瘟、牛传染性胸膜肺炎、牛海绵状脑病、日本血吸虫病。

1.2.3 羊：绵羊痘和山羊痘、小反刍兽疫、痒病、蓝舌病。

1.2.4 马属动物：非洲马瘟、马传染性贫血、马鼻疽、马流行性淋巴管炎。

1.2.5 兔：兔出血病、野兔热、兔黏液瘤病。

2. 任何禽群都不得患有的疾病

鸡新城疫、高致病性禽流感、鸭瘟、小鹅瘟、禽衣原体病。

## 附四　家畜屠宰加工企业卫生规范

1. 屠宰场(厂)卫生要求

1.1　场址选择条件

屠宰场(厂)应距离交通要道、公共场所、居民区、学校、医院、水源至少 500 m 以上,位于居民区主要季风的下风处和水源的下游,地势较平坦,且具有一定的坡度。地下水位应低于地面 0.5 m 以下。

1.2　建筑布局

总体设计应遵循病、健隔开,原料、产品、副产品、废弃物的转运互不交叉的原则。整个建筑群须划分为连贯又分离的 3 个区:宰前管理区、屠宰加工区、病畜禽隔离管理区,各区之间应有明确的分区标志,并用围墙隔开,设专门通道相连。

1.2.1　宰前管理区

宰前管理区应设动物饲养圈、待宰圈和兽医工作室。

1.2.1.1　饲养圈:地面应坚硬不透水,配备饮水、喂料和消毒设备,并具备排水、排污系统。

1.2.1.2　待宰圈:地面应坚硬、不透水,并备有宰前淋浴设备、排水、排污系统和消毒设施。

1.2.1.3　兽医工作室:备有适合于宰前检查的各种仪器设备。

1.2.2　屠宰加工区

1.2.2.1　屠宰间厂房建设卫生要求

1.2.2.1.1　厂房与设施应结构合理、坚固、便于清洗与消毒。

1.2.2.1.2　厂房与设施应生产能力相适应,厂房高度应满足生产操作、设备安装与维修、采光和通风的需要。

1.2.2.1.3　厂房与设施应设有防止蚊蝇、鼠及其他害虫侵入或隐藏的设施,以及防烟雾、灰尘的设施。

1.2.2.1.4　厂房地面:应使用防水、防滑、不吸潮、可冲洗、耐腐蚀、无毒材料,坡度应为 1%～2%(屠宰间应 2%以上),表面无裂缝且无局部积水,易于清洗和消毒,明地沟应呈弧形,排水口须设网罩。

1.2.2.1.5　厂房墙壁和墙柱:应使用防水、防潮、可冲洗、无毒、淡色的材料,墙裙贴瓷砖且其高度应不低于 2 m,顶角、墙角、地角呈弧形,便于清洗。

1.2.2.1.6　厂房天花板:应表面光滑,不易脱落,能防止污物积聚。

1.2.2.1.7　厂房门窗:应装配严密,使用不变形的材料制作,所有门窗及其他开口应安装易于清洗和拆卸的纱门、纱窗,或压缩空气幕,并经常维修,保持清洁,内窗下斜 45°或采取无窗台结构。

1.2.2.1.8　屠宰车间应有兽医卫生检验设施,包括同步检验、对号检验、旋毛虫检验、内脏检验、化验室等。

1.2.2.2　传送装置

屠宰加工车间、内脏处理间、冷却间、冷藏库及其他加工车间应设置架空轨道和运转机,并附有防止油污装置,以利屠宰产品的转运,放血地段的传送轨道下应设置发集血液的表面光滑的金属或水泥斜槽，屠宰品的上下传递应采取金属滑筒，不同产品有不同筒道，一般屠宰场(厂)屠宰产品传送，应设置滑杆。

1.2.2.3　通风设备

北方可利用良好的自然通风，南方应有降温设备，门窗的开设要利于空气对流，要有防蚊、防蝇、防尘装置，在车间入口处应设门斗。在大量产生水蒸气或大量散热的部位应装设排风罩或通风孔。空气交换每小时1～3次，交换的次数由悬挂的新鲜肉的数量和内部温度而定。

1.2.2.4　照明

车间内应有充足的自然光线和人工照明。照明灯具的光泽不应改变加工物体的本色，亮度应能满足兽医检疫人员和生产操作人员的工作需要，吊挂在肉品上方的灯具，应装有安全防护罩。

1.2.2.5　生产供水系统

应有充足的冷热水，水质应符合GB 5749的规定，每个加工点应设有冷、热水龙头和蓄水池，蓄水池应定期清洗、消毒。

制冷用水也应符合GB 5749的规定，制冷及贮存过程中应防止污染。

制气、制冷、消防用水，应使用独立管理系统，不得与生产用水交叉连接。

1.2.2.6　污水排放系统

有完善的下水道系统，根据污水排放量，地面设置若干装有滤水篦子的收容坑，排水管的直径应保证坑内污水充分排出，并保证畅通无阻，排水管的出口处应设置清除脂肪装置，排出的污水应经过净化和无害化处理，达到GB 13457的规定标准。

1.2.2.7　生产设备和用具

包括运输工具、工作台、挂钩、容器器具等，应采用无毒、无味、不吸水、耐腐蚀、经得起反复清洗、消毒的材料制成，其表面应平滑、无凹坑和裂缝，设备及其组成部件应易于拆洗，禁止用竹木工器具和容器。

1.2.2.8　卫生设施

1.2.2.8.1　废弃物临时存放设施：在远离生产车间的下风处的适当地方设置废弃物临时存放设施，其应采用便于清洗、消毒的材料制成，结构应严密，能防止害虫进入，并能避免废弃物污染厂区和道路。

1.2.2.8.2　废水、废气(汽)处理系统，并保持良好的工作状态。

1.2.2.8.3　更衣室、淋浴室、厕所：应设有与职工人数相适应的更衣室、淋浴室和厕所。车间内的厕所应有走廊与操作间相连，厕所的门窗不得直接开向操作间，便池应是冲水式，粪便排泄管不得与车间的污水排放管混用。

1.2.2.8.4　洗手、清洗、消毒设施：车间的进口处及车间内部的适当位置应配备冷、热水洗手设施，并备有清洁剂和一次性纸巾。

1.2.2.8.5　分割肉和熟肉制品车间及其成品库，应设置非手动洗手设施，并备有一次性纸巾。

1.2.2.8.6　车间内应设有器具、容器和固定设备的清洗、消毒设备，并备有充足的冷、热水，这些设施应为无毒、耐腐蚀、易清洗的材料制作。

1.2.2.8.7　车库、车棚内应设置车辆清洗、消毒设施。

1.2.2.8.8 活畜禽进口处及病畜隔离间、急宰间、化制间的门口应设有消毒池。

1.2.2.9 卫生管理

屠宰场(厂)应建立健全下列卫生管理规章制度：

a. 车间内场地、工器具、操作台等定期清洗消毒制度；

b. 更衣室、沐浴室、厕所、工间休息室等公共场所定期清扫、清洗、消毒制度；

c. 废弃物定期处理、消毒制度；

d. 定期除虫、灭鼠制度；

e. 危险物保存和管理制度。

1.2.2.10 个人卫生要求

1.2.2.10.1 厂区工作人员每年应进行一次健康检查，只有取得健康合格证方可上岗工作。

凡患有下列病症之一者，不得从事屠宰和接触肉制品工作：

a. 痢疾、伤寒、病毒性肝炎等；

b. 活动性结核；

c. 化脓性或渗出性皮肤病；

d. 其他有碍食品卫生的疾病。

1.2.2.10.2 养成良好个人卫生习惯，勤洗澡、勤换衣、勤理发，不留长指甲。

1.2.2.10.3 生产人员不得将与生产无关的个人用品、饰物带入车间，进入车间时，应穿工作服，戴工作帽，穿工作鞋，头发不许外露，肉品加工人员应戴口罩。

1.2.2.10.4 生产人员离开车间时，应脱掉工作服、帽、鞋。

1.2.2.11 副产品车间及其他生产加工部门

车间卫生要求按 1.2.2.1 规定执行。

1.2.2.12 冷却

有足够大的冷却间和冷冻间。

1.2.3 病畜隔离管理区

1.2.3.1 病畜圈(舍)

卫生要求按 1.2.1.1 规定执行。

污水按 1.2.2.6 规定进行预处理，然后排放到厂区排污系统。

1.2.3.2 急宰间

车间建筑要求按 4.2.2.1 规定执行，通风、照明、供水、污水排放、生产设备及用具、卫生设施、卫生管理、个人卫生要求等按 1.2.2.3～1.2.2.10 规定执行。

1.2.3.3 化制间

根据不同目的，分别设置干法化制、湿法化制和焚毁等设施。

污水排放按 1.2.2.6 规定进行预处理，然后排放到厂区的排污系统。

1.2.3.4 有条件食用肉加工间

车间卫生要求按 1.2.2.1 规定执行。

根据不同情况，可设置高温等处理设施。

2. 屠宰过程中卫生要求

2.1 宰前卫生要求

2.1.1　待宰动物应来自非疫区，并有兽医检疫合格证。

2.1.2　经宰前检疫后，停食静养 12～24 h，充分饮水，但送宰前 3 h 停止饮水。

2.1.3　将待宰猪喷洗干净，体表不得有灰尘、污泥、粪便等物。

2.1.4　送宰时应有兽医人员签发“送宰合格证”，送宰猪通过屠宰通道时，应按顺序赶送，不得脚踢、棒打。

2.2　屠宰操作卫生要求

2.2.1　电麻致昏

致昏的强度以使待宰畜处于昏迷状态，失去攻击性，消除挣扎，保证放血良好为准，不能致死，禁止锤击，操作人员应穿戴合格的绝缘鞋、绝缘手套。

2.2.2　刺杀放血

刺杀由经过训练的熟练工作操作，采用垂直放血方式，除清真屠宰场(厂)外，一律采用切断颈动脉、颈静脉或真空刀放血法，沥血时间不得少于 5 min，禁止心脏穿刺放血法，放血刀消毒后轮换使用。

2.2.3　剥皮

手工或机械剥皮均可，剥皮力求仔细，避免损伤皮张和胴体，防止污物、皮毛、脏手沾污胴体，禁止皮下充气作为剥皮的辅助措施。

2.2.4　退毛

2.2.4.1　严格控制水温和浸烫时间，猪的浸烫水温以 60～68℃为宜，浸烫时间为 5～7 min，防止烫生、烫老。刮毛力求干净，不应将毛根留在皮内，使用打毛机时，机内淋浴水温保持在 30℃左右。禁止吹气、打气刮毛，禁止利用松香拔毛。

2.2.4.2　烫池水每班更换一次，采用冷水喷淋降温净体。

2.2.5　编号

在每头屠体的耳部和腿部外侧用毛笔编号，字迹应清晰，不得漏编、重编。

2.2.6　开膛、净膛

剥皮或退毛后立即开膛，开膛沿腹白线剖开腹腔和胸腔，切忌划破胃肠、膀胱和胆囊。摘除的脏器不准落地，心、肝、肺和胃、肠、胰、脾应分别保持自然联系，并与胴体同步编号，由检疫人员按宰后检验要求进行卫生检疫。

2.2.7　冲洗胸、腹腔

取出内脏后，应及时用足够压力的净水冲洗胸腔和腹腔，洗净腔内瘀血、浮毛、污物。

2.2.8　劈半

将检疫合格的胴体去头、尾，沿脊柱中线将胴体劈成对称的两半，劈面要平整、正直，不应左右弯曲或劈断、劈碎脊柱。

2.2.9　整修、复验

2.2.9.1　修割掉所有有碍卫生的组织，如暗伤、脓疱、伤斑、甲状腺病变淋巴结和肾上腺。

2.2.9.2　整修后的片猪肉应进行复验，合格后割除前后蹄，用甲基紫液加盖验讫印章。

2.2.10　整理副产品

2.2.10.1　整理副产品应在副产品整理间进行。

2.2.10.2　分离心、肝、肺；切除肝韧带和肺门结缔组织，摘除胆囊时，不得使其损伤，猪心上不得带护心脂，猪肝上不得带水疱，猪肺上端允许保留 5 cm 气管。

2.2.10.3 分离脾、胃：将胃底端脂肪切除，切断与十二指肠连接处和肝胃韧带，剥开网油，从网膜上切除脾脏。

翻胃清洗时，一手抓住胃头冲洗胃部污物，用刀在胃大弯处戳开约 10 cm 长小口，将胃翻转，用长流水将胃冲洗干净。

2.2.10.4 扯大肠：将大肠摆正，从结肠末端将花油撕至距盲肠与小肠连结处 15～20 cm，割断、打结。不得使盲肠受损。

翻洗大肠，一手抓住肠的一端，另一手自上而下挤出粪污，并将肠子翻出一小部分，用一手二指撑开肠管，另一手向肠管翻转夹层内灌水，随水下坠，肠管自动翻转，经清洗，整理的大肠，不得带粪污，不得断肠。

2.2.10.5 扯小肠：将小肠从割离胃的断端拉出，一手抓住花油，另一手将小肠断端挂于操作台边，断口向下，操作时不得扯断、扯乱。扯出的小肠应及时采用机械或人工方法排除粪污。

2.2.10.6 摘胰脏：从肠系膜中将胰脏摘下，应少带脂肪。

2.2.10.7 整理好的脏器应及时发送或送至冷却间，不得长时间堆放。

2.2.11 皮张和鬃毛整理

皮张和鬃毛整理应在专用房间内进行。

皮张和鬃毛应及时收集整理，皮张应抽去尾巴，刮除血污、皮肌和脂肪，及时送往加工处，不得堆压、日晒，鬃毛应及时摊干晾晒，不能堆放。

2.3 屠宰检疫要求

2.3.1 宰前检疫

2.3.1.1 入场检疫

2.3.1.1.1 查证验物：检查有无免疫证、产地检疫证，这些证明是否有效。如果是外地动物，检查有无出县检疫证、车辆消毒证等。证物是否相符，了解途中病、死情况。

2.3.1.1.2 卸载后进行群体检疫，挑出可疑病畜进行个体检疫，其检查方法按 GB 16549 规定的方法进行，通过上述检疫发现病畜后立即转送病畜隔离圈。必要时进行实验室检查。

2.3.1.2 待宰检疫

经过入场检疫，将健康动物放入饲养圈，继续进行观察，送宰前再作一次群体检疫，挑出可疑病畜后，转入待宰圈，停食、饮水、观察，确实证明为健康动物后，由兽医检疫人员签发“送宰合格证”，然后才能进入屠宰间。

2.3.2 宰前检查后处理

2.3.2.1 经宰前检查发现患有牛瘟、牛肺疫、马腺疫、非洲猪瘟、非洲马瘟及其他国内没有报道发生的传染病病畜和疑似病畜时，按下列规定处理：

a. 禁止屠宰，停止调运动物，采取紧急防疫措施，并立即向当地农牧部门主管机关报告疫情，按相关法令处理；

b. 病畜和同群动物用密闭运输工具运至化制间或当地指定地点采取不放血的方式全部捕杀，尸体销毁；

c. 宰前管理区进行严格消毒，并经农牧部门主管机关检查合格后，方可恢复生产。

2.3.2.2　经宰前检查发现患有口蹄疫、猪传染性水疱病、猪瘟、蓝舌病病畜及疑似病畜时,按下列规定处理:

a.禁止屠宰、停止调运动物、采取紧急防疫措施,并立即向当地农牧部门主管机关报告疫情,按相关法令处理;

b.病畜用密闭运输工具送至化制间或当地指定地点,采取不放血的方式捕杀,尸体化制或销毁,化制可以根据不同情况进行湿化或干化;

c.同群畜送急宰间急宰,胴体内脏送有条件可食用肉车间按不同情况进行不同处理,处理后方可出场(厂),皮、毛、血、骨消毒后可出场(厂);

d.对宰前管理区、病畜管理区以及所经过的道理施行严格消毒,并采取防疫措施,经农牧部门主管机关检查合格后,方可恢复生产。

2.3.2.3　经宰前检查发现水肿、气肿疽、狂犬病、羊快疫、羊肠毒血症、马流行性淋巴管炎、马传染性贫血、急性钩端螺旋体病、李氏杆菌病、结核、羊痘、牛传染性鼻气管炎、黏膜病、急性猪丹毒、布鲁氏菌病、猪密螺旋体痢疾、马鼻腔肺炎时,按下列规定处理:

a.病畜用密闭工具送急宰间,采取不放血的方式捕杀,然后送化制间进行化制或销毁;

b.宰前管理区进行严格消毒后,方可恢复生产;

c.同群畜可继续送宰。

2.3.2.4　除了2.3.2.1～2.3.2.3所列传染病外,患有其他疾病的家畜,除患病畜送急宰间急宰外,其他同群畜正常送宰。急宰的病畜,根据具体情况,或送有条件食用肉处理间加工利用,或采取化制或销毁方法处理。

2.3.2.5　宰前检查后的处理过程均需作详细记录并归案。

2.3.3　宰后检验

头、蹄、内脏和有同体施行同步检验(皮张编号),暂无同步检验条件的要统一编号,集中检验,综合判定,必要时进行实验室检验。

2.3.3.1　头部检验

2.3.3.1.1　猪头检验:剖检两侧颌下淋巴结和外咬肌,视检鼻盘、唇、齿龈、咽喉黏膜和扁桃体。

2.3.3.1.2　牛头检验:视检眼睑、鼻镜、唇、齿龈、口腔、舌面以及上下颌骨的状态,触查舌体,剖检两侧颌下淋巴结和咽后内侧淋巴结,视检咽喉黏膜和扁桃体,剖检舌肌(沿系带面纵向切开)和两侧内外咬肌。

2.3.3.1.3　羊头检验:视检皮肤,唇和口腔黏膜。

2.3.3.1.4　马、骡、驴和骆驼头部的检验:剖检两侧颌下淋巴结、鼻甲、鼻中隔及咽头。

2.3.3.2　内脏检验

2.3.3.2.1　胃、肠检验:视检胃肠浆膜,剖检肠系膜淋巴结,牛、羊尚须检查食道,必要时剖检胃肠黏膜。

2.3.3.2.2　脾脏检验:视检外表、色泽、大小,触检弹性,必要时剖检脾髓。

2.3.3.2.3　肝脏检验:视检外表、色泽、大小,触检弹性,剖检肝门淋巴结,必要时剖检肝实质和胆囊。

2.3.3.2.4　肺脏检验:视检外表、色泽、大小,触检弹性,剖检支气管淋巴结和纵隔后淋巴结(牛、羊),必要时剖检肺实质。

2.3.3.2.5　心脏检验：视检心包及心外膜，并确定肌僵程度，剖检心肌、心内膜及血液凝固状态，猪心，特别注意二尖瓣的病损。

2.3.3.2.6　肾脏检验：剥离肾包膜，视检外表、色泽、大小、触检弹性，必要时纵向剖检肾实质。

2.3.3.2.7　乳房检验（牛、羊）：触检弹性，剖检淋巴结，必要时剖检实质。

2.3.3.2.8　必要时剖检子宫、睾丸和膀胱。

2.3.3.3　胴体检验

检查以下各项内容：

a. 首先判定放血程度；

b. 视检皮肤、皮下组织、脂肪、肌肉、胸膜、腹膜等有无异状；

c. 剖检颈浅（肩前）淋巴结、股前淋巴结、腹股沟浅淋巴结、腹股沟深（或髂内）淋巴结，必要时增检颈深淋巴结和腘淋巴结。

2.3.3.4　寄生虫检验

2.3.3.4.1　旋毛虫和住肉孢子虫检验：由每头猪左右横膈膜肌脚采取不少于 30 g 肉样两块（编上与胴体同一编号），撕去肌膜，剪取 24 个肉粒（每块肉样 12 粒），制成肌肉压片，置低倍显微镜下或旋毛虫投影仪上检查，也可采取集样消化法检查，发现虫体或包囊，根据编号查对胴体、头和心脏。

2.3.3.4.2　囊尾蚴的检验：主要检查部位为咬肌、深腰肌和膈肌，其他可检部位是心肌、肩胛外侧肌和股内侧肌（马、驴、骡不检验）。

2.3.4　宰后检验后处理

2.3.4.1　宰后发现 2.3.2.1 条中所列的传染病，按 2.3.2.1 条中 a.、b. 和 c. 方法处理，但其中 c. 中的"宰前管理区"应改为"屠宰加工区"。

2.3.4.2　宰后发现 2.3.2.2 条中所列的传染病时，按 2.3.2.2 条中 a.、b. 和 c. 方法处理，但其中 c. 也应该按 2.3.4.1 条中 c. 改动。

2.3.4.3　宰后发现 2.3.2.3 条中所列的传染病时，按 2.3.2.3 条中 a.、b.、和 c. 方法处理，同样其中 c. 应按 2.3.4.1 条中 c. 改动。

2.3.4.4　宰后发现 2.3.2.1、2.3.2.2 和 2.3.2.3 条中所列的传染病以外其他疫病时，按 2.3.2.4 条中规定处理。

2.3.4.5　宰后检验发现寄生虫病时，按下列规定处理：

a. 在肉样压片中，发现旋毛虫包囊或钙化的旋毛虫虫体时，头、胴体和心脏作湿化处理或销毁；

b. 在肉样压片中，如发现住肉孢子虫时，作湿化处理或销毁；

c. 如在规定检验部位 40 $cm^2$ 面积内发现囊尾蚴或钙化虫体时，全尸作湿化处理或销毁；

d. 如发现弓形虫，全尸作湿化处理或销毁；

e. 如发现肝片吸虫、弓形腹腔吸虫、棘球蚴、肝线虫、肺线虫、细颈囊尾蚴、肾虫、猪孟氏双槽蚴、华支睾吸虫、腭口线虫、猪浆膜线虫，按下列规定处理：

①病变严重，且肌肉有退行性变化者，胴体和内脏作湿化处理或销毁，肌肉无变化者，剔除病变部分化制或销毁，其余部分高温处理后出厂；

②病变轻微，剔除病变部分化制或销毁，其余部分不受限制出厂。

2.3.4.6　宰后发现肿瘤时,按下列规定处理:

a.在一个器官发现肿瘤病变,胴体不瘠瘦,并无其他明显病变者,病变脏器作化制或销毁,其余部分高温处理;如胴体瘠瘦,肌肉有病变者,全尸化制或销毁;

b.在两个或两个以上器官发现肿瘤病变者,全尸化制或销毁;

c.确诊为淋巴肉瘤、白血病鳞状上皮细胞癌者,全尸化制或销毁。

2.3.4.7　经宰后检验发现为普通病,中毒和局部病损时,按下述规定处理:

a.有下列情形之一者,全尸作化制或销毁:脓毒症、尿毒症、黄疸、过度消瘦、大面积坏疽、急性中毒、全身肌肉和脂肪变性、全身性水肿和出血的病畜;

b.局部有下列病变之一者,割除病变部分化制或销毁,其余部分不受限制:创伤、化脓、炎症、硬变、坏死、寄生虫损害、严重的瘀血、出血、病理性肥大或萎缩、异色、异味及其他有碍卫生的部分。

2.3.4.8　鲜肉的卫生标记:不管胴体和内脏属于上述何种情况,均须盖上与判定结果相一致的统一印章,印章染料对人无害,盖后不流散,迅速干燥,附着牢固。

2.3.4.8.1　应由官方兽医负责为鲜肉加盖卫生标记。

2.3.4.8.2　鲜肉卫生标记图章应为椭圆形,宽 6.5 cm,高 4.5 cm,应清晰的标明以下内容:

a.在其上部,用大写字母标明出口国,也可按国际惯例用该出口国大写缩写字母;

b.在其中部为官方兽医批准的屠宰厂的编号;

c.还应标明实施鲜肉检疫的官方兽医;

d.字母必须高 0.8 cm,数字高 1 cm。

2.3.4.8.3　鲜肉卫生标记的染料为甲基紫。

2.3.4.8.4　用 2.3.4.8.2 规定的兽医卫生验讫图章和 2.3.4.8.3 规定的染料在胴体(劈半后的 1/2 胴体)下述部位加盖标记:

a.重量超过 60 kg 的胴体,在大腿外部、腰部、背部、乳部、肩部和肋部加盖印章;

b.小于 60 kg 的胴体,在大腿外侧和肩部加盖印章。

3. 分割厂卫生要求

3.1　厂址选择条件

厂址选择按 1.1 规定进行。经当地城市规划、卫生部门批准,也可建在城镇的适当地点。

厂区内应绿化,厂区主要道路和进入厂区的主要道路(包括车库和车棚)应铺设适于车辆通行的坚硬路面(如混凝土或沥青路面),路面应平坦,无积水,厂区有良好的给、排水系统。

厂区内不得有臭水沟、垃圾堆或其他有碍卫生的场所。

3.2　建筑布局

根据生产能力和工艺流程,应设相应大小的盛放鲜肉的冷却间、肉品分割加工间、肉品包裹间、肉品包装间、贮藏间、废弃肉(不适合于食用)和查封肉(有碍卫生肉)存放间,以及兽医服务专用间、卫生检测室、更衣室、淋浴室、厕所等。

3.3　厂房建设卫生要求

3.3.1　厂房建设要求:按 1.2.2.1.1～1.2.2.1.7 规定执行。

3.3.2　通风要求:按 1.2.2.3 规定执行。

3.3.3　照明要求:按 1.2.2.4 规定执行。

3.3.4 生产供水系统：按1.2.2.5规定执行，但冷、热水龙头应采用非手动式，并取消“蓄水池”。

3.3.5 污水排放系统：按1.2.2.6规定执行。

3.3.6 生产设备和用具：按1.2.2.7规定执行。

3.3.7 卫生设施：按1.2.2.8中b.～g.规定执行。

3.3.8 冷却间、肉品分割加工间、贮藏间应备有温度调控装置，并配有温度表或电子温度记录仪。

3.3.9 卫生检测室配备必要的仪器设备，以便于实施旋毛虫检验等项目。

3.3.10 有保证兽医工作人员随时进行监督检查的必要兽医设施。

3.3.11 对于分割后不适于食用的废弃肉或因有碍卫生的查封肉，应有不透气、不漏水的容器盛放，并加盖。如果数量大，当日无法送去化制或销毁时，应放在专用的房间内，并加锁，防止非法转移。

3.4 卫生管理

按1.2.2.9中a.～e.规定执行。

3.5 个人卫生要求

按1.2.2.10规定执行。

4. 鲜肉分割卫生要求

4.1 选料

为了保证分割肉的品质卫生，分割肉的原料应是经兽医进行宰前、宰后商品检验之后的猪的新鲜胴体，即无病害、大小肥瘦适中、肌肉丰满、皮薄、臂圆、背宽、肉色红润的胴体。

4.2 准备分割的鲜肉，经兽医检验合格后，放入冷却间，此间温度应一直保持在7℃以下。

4.3 分割

4.3.1 分割间的温度不得超过8～12℃。

4.3.2 加工规格

4.3.2.1 对内、外销分割肉分割成如下4块：

a. 猪颈背肌肉（编号为Ⅰ）不低于0.8 kg（内销无重量限制）；

b. 猪前腿肌肉（编号为Ⅱ）不低于1.35 kg（内销无重量限制）；

c. 猪大排肌肉（编号为Ⅲ）不低于0.55 kg（内销无重量限制）；

d. 猪后腿肌肉（编号为Ⅳ）不低于2.20 kg（内销无重量限制）。

4.3.2.2 对港销分割肉分割成如下5块：

a. 前腿精肉；

b. 后腿精肉；

c. 大排；

d. 小排；

e. 肋排；

以上5块均无重量限制。

4.3.3 品质规格

4.3.3.1 对内、外销分割肉，每块均去皮、皮下脂肪及骨骼，保留肌膜及大排的腱膜（腱膜上前后端的肌肉允许存在），剔骨后暴露出的筋络、软骨膜允许存在（内销分割肉剔骨露出的部分脂肪可以不修）。

4.3.3.2　对港销分割肉，前腿精肉、后腿精肉除去皮、骨，尽量修净皮下脂肪，允许保留肌膜、腱肌及剔骨后暴露的脂肪、骨膜和筋络等；大排、小排、肋排带骨，尽量除去脂肪，刀法尽量平整，不外露骨骼。

4.3.4　腺部分离

从后腿内侧开割至腰荐椎连接处，开割刀口成弧形，腰肌要带在后腿上，不准割掉。

4.3.5　部位分段

将原料放在平台上，背部朝前，剖面向上，看准部位，两手均匀推向电锯，按下述方法分段：

a.第1刀从第5、6肋骨（允许差一根肋骨）斩下，为颈背肌肉（Ⅰ）和前腿肌肉（Ⅱ）的原料；

b.第2刀从腰荐椎连接处（允许带荐椎一节半）斩下，后腿部位为后腿肌肉（Ⅳ）原料，腰肌可连在后腿肌肉上；

c.第3刀，在脊椎骨下4～5 cm将肋骨平行斩下，脊背部位为大排肌肉（Ⅲ）原料；

d.第4刀，将前腿腕关节斩去1～2 cm；

e.第5刀，将后腿跗关节斩去2～3 cm。

4.3.6　去皮及皮下脂肪

4.3.6.1　剥前后腿皮下脂肪

前腿从桡骨、尺骨处开口，后腿从小腿骨处开口（即前腕、后跗两个关节头），脂肪向上，刀刃顺肌肉外侧走，注意保留肌膜、腱膜和肌肉的完整。剥前腿皮下脂肪时，应在Ⅰ、Ⅱ号肉分离后进行。

4.3.6.2　剥大排皮下脂肪

顺大脊肌肉膜外侧将大排皮下脂肪割去，割去剩余的块状、片状脂肪。

4.3.6.3　修割

修割时要求刀法平直、轻修薄削，保持肌膜、腱的完整。肌肉表面的脂肪要全部修净。

4.3.7　剔骨

4.3.7.1　开胸肌

将颈背及前腿部位的整块肉平放在操作台上，用刀从颈背肌肉处与脂肪处割开，再从第4根肋骨下开割，割下有甲骨内侧肌肉，此即Ⅰ、Ⅱ号肉分离。

挖颈背：在颈背部的肋下，沿肋骨与胸椎骨，颈椎骨开割，削下颈背部肌肉，即为Ⅰ号肉。

4.3.7.2　剔前腿骨

先剔肩胛骨（包括其软骨，应注意从肩胛骨和肱骨连接处割开），后剔肱骨、桡骨和尺骨。

剔前腿骨时，应从肌肉之间肌膜处和靠近骨骼处下刀，刀头要紧贴骨膜，防止割破肌肉，保持肌肉完整，此即Ⅱ号肉。

4.3.7.3　剔大排骨

沿脊椎骨的脊突和横突剔下脊椎骨，此即为大排肌肉，亦即Ⅲ号肉。

大排肌肉上的腱膜允许存在，前端紧贴腱膜上的肌肉也允许存在。

4.3.7.4　剔后腿骨

先剔除髋骨，再剔除第7腰椎荐椎和尾椎、股骨及小腿骨，最后剔除膝盖骨，此即后腿肌肉，即Ⅳ号肉。

剔后腿骨时，着刀要从骨与肌肉之间的肌膜处和紧贴骨骼处剔开，以防止肌肉的外观受到破坏。

4.3.7.5 修整

要求把不同的肌肉间(表面部分)和剔骨后暴露出的部分脂肪、筋腱、硬、软骨、骨渣、骨刺都要修净，对于肌肉间要求修割的脂肪也要修净，经整修过的分割肉即为成品分割肉。

4.3.7.6 检验

对于修整好的成品分割肉需经兽医卫检人员检验，将合格的成品分割肉转入冷却库，凡不符合规格和质量卫生要求的一律不能放行。

分割时，肉的pH不得超过6.1(即第13肋骨处背最长肌的pH)。

4.3.7.7 成品分割肉的冷却

肉品进库之前库温应保持在-2℃，相对湿度为85%～90%，肉品进库后，库温应保持在0℃左右。冷却时间不超过24 h，冷却结束后肉的深层温度不得高于4℃。

4.3.7.8 分割肉的卫生控制

分割前应该通知官方兽医，分割过程应该在官方兽医监督下进行，官方兽医的监督工作应包括：

a. 对分割鲜肉进入和成品肉运出的登记和卫生监督；

b. 对分割过程的卫生监督；

c. 对厂房设施卫生条件的监督；

d. 对工作人员卫生状况的监督；

e. 对刀具、刀板、器械、工作台、传送带等设备消毒制度的监督；

f. 对有害菌、有害添加剂和其他未经批准的化学物质的抽样检查，并进行记录和登记；

g. 为了保证产品符合卫生要求，兽医人员认为有必要采取的其他监督工作。

4.3.7.9 分割肉的卫生标记

4.3.7.9.1 可用椭圆形的标签作为分割肉的卫生标记，该标签应用硬物按2.3.4.8.2的规格，并要符合所有卫生要求，其上应清晰的标明以下内容：

a. 在其上部，用大写字母标明出口国，或按国惯例用大写缩写字母；

b. 在其上部，标明官方兽医批准的分割厂的编号；

c. 还应指明实施卫生检疫的官方兽医；

d. 字母和数字高应为0.2 cm。

4.3.7.9.2 标签应有编号。每一个包裹单位应放置一枚标签，并在包裹物之外可看清标签的标记内容。

4.3.7.10 成品分割肉的包裹

4.3.7.10.1 冷却的成品分割肉(见4.3.7.7)应立即(至少是在24 h之内)进行包裹。

4.3.7.10.2 包裹材料应是透明、无色、无味、无毒的，并应同时符合下列规定条件：

a. 应不改变鲜肉的感官物性；

b. 应无危害人体健康的物质；

c. 应有足够的强度，以便在运输和搬运中能有效地保护肉品。

4.3.7.11 成品分割肉的包装

4.3.7.11.1 根据出口或内销的需要，制作包装箱。也可以使用瓦楞纸箱包装，瓦楞纸箱的制作应符合 GB/T 6543 规定，使用瓦楞纸箱包装时，只许一次性使用，不许反复使用。

4.3.7.11.2　包装箱的材料应符合 4.3.7.10.2 中 a.～c. 的要求。

如果产品来自转基因动物或饲喂动物性蛋白的动物，应在包装箱上印上明显标志。

4.3.7.11.3　包装

包装人员要严格按照卫生要求进行操作。按照装箱要求把肉品整齐摆好，防止污染或异物进入。

纸箱外须用打包带捆扎结实。

5. 鲜肉贮存和运输卫生要求

5.1　鲜肉的贮存

5.1.1　鲜肉入库时，要分清品种、级别，点清数量，并与发货单位及时核对清楚。

5.1.2　入库肉品应有兽医检验合格章，无血、无毛、无污染，不带头、蹄、尾，符合内外销要求，否则不得入库。

5.1.3　库内吊轨悬挂重量不得超过设计负荷标准要求，每米轨道不准超过 250 kg，即 1 级肉每条轨道不超过 50 头，2 级肉不超过 55 头，3 级肉不超过 60 头，白条肉排列间隙要求均匀。

5.1.4　肉品冷却、冷冻应符合标准规定，冷却 20 h，肉温达到 0～4℃，冷冻 20 h，内销白条肉为－12℃，外销－15℃，方能转库，并设专人测温，做好记录。

5.1.5　冷却、冷冻间要及时清理冰霜，以提高制冷效能，使冷却间达－2℃，冷冻间达－23℃。

5.1.6　注意冷却间、冷冻间库房卫生，防止肉品污染。

5.2　鲜肉的运输

5.2.1　鲜肉采用保温车，吊挂式运输，装卸时，严禁脚踏、触地。

5.2.2　分割肉采用保温车运输，温度保持冻结状态。

5.3　运输过程中卫生控制

5.3.1　运输车辆在整个运输过程中应保持一定的温度要求。

5.3.2　运输车辆应满足以下要求：

a. 内表面以及可能与肉品接触的部分应用防腐材料制成，并不得改变肉品的理化特性，或危害人体健康。内表面应光滑，易于清洗和消毒；

b. 配备适当装置，防止肉品与昆虫、灰尘接触，且要防水；

c. 对于运输的胴体（1/2 或 1/4 胴体），应用防腐支架装置，以悬挂式运输，其高度以鲜肉不接触车箱底为宜。

5.3.3　运输肉品的车辆，不得用于运输活的动物或其他可能影响肉品质量或污染肉品的产品。

5.3.4　运输肉品的车辆，不得同车运输其他产品。

5.3.5　肉品不得用不清洁或未经消毒的车辆运输。

5.3.6　发货前，官方兽医应确定运输车辆及搬运条件是否符合卫生要求，并签发运输检疫证明。

6. 冷藏厂卫要求

6.1　按照要求，冷藏库的温度应为－18℃，一昼夜升降温度不得超过 1℃。

6.2 没有经过冻结的肉品，不得直接入冷藏库，冻结温度应降到不高于冷藏库温度3℃时才能入库，以防止带进热气，损坏冷藏库的设备。

6.3 冷库要加强肉品保管和检疫工作，重视肉品养护，注意卫生，养活干耗损失，库内要求无污垢、无霉菌、无异味、无鼠害、无霜冻杂物，并有专职卫生检疫人员检查入、出库的肉品。肉及肉制品在进入库时，应有卫生检疫印章和其他质量检验证明。

6.4 对库存肉品应执行先进先出的原则，认真掌握贮存安全检查期，定期进行质量检查，如发现肉品变质、酸败、脂肪变黄等现象时，应迅速处理。

肉品贮藏安全期参照数如下：

| 品名 | 库房温度 | 安全期 |
|---|---|---|
| 冻猪肉 | －18～－15℃ | 7～10个月 |
| 冻牛肉 | －18～－15℃ | 8～11个月 |

6.5 肉品堆放要符合规定，堆垛要整齐，安全合理，以提高库容利用率，要求达到库位的7%，货位堆垛要求：

| | |
|---|---|
| 距低温库顶棚 | 0.2 m |
| 距顶排管下侧 | 0.3 m |
| 距顶排管横侧 | 0.2 m |
| 距无排管墙壁 | 0.2 m |
| 距墙排管外侧 | 0.4 m |
| 距库内立柱 | 0.2 m |

6.6 严格掌握不同肉品分类堆垛的要求，外销肉不能与内销肉混放，带皮肉不能与去皮肉混放，鱼类不能与肉类混放。

6.7 要认真记载肉品的进出库时间和品种、数量、等级、质量、包装等情况，按堆挂牌，定期核对账目，出一批清一批，做到账货、账卡相符。

6.8 保证冷库门关闭严密；库门风幕要求随门开启，关闭灵活可靠，以减少热冷空气对流。

6.9 为了确保肉品质量，应保持库肉及搬运工具的清洁，严防库内有冰、霜、水、杂物等。

6.10 库内肉品处理后，一定要进行排管冲霜，且进行库内消毒，库温应保持在－5℃以下。

## 附五　鲜家禽肉生产企业卫生规范

1. 企业环境卫生

1.1 禽肉生产企业应建在地势较高，干燥，水源充足，交通方便，无有害气体、灰尘及其他污染源，便于排放污水的地区。污水处理、气体排放应符合GB 13457要求。

1.2 屠宰场(厂)不得建在居民稠密的地区。冷库经当地城市规划、卫生部门批准，可建在城镇适当地点。

1.3 加工区和生活区应当分开设置。

1.4 场区路面应铺设水泥，并保持平整，空地应绿化。

1.5 场区内应有良好的给、排水系统，场区地面不得有积水，不得有废弃物堆积或其他有碍卫生的物质。

1.6 场区内不得有产生有害(毒)气体或其他有碍卫生的场地和设施。

1.7 场区内禁止饲养与禽类无关的动物，定期灭鼠、除虫。

1.8 场区卫生间应有冲水、洗手、防虫、防蝇设施。

1.9 锅炉房、贮煤场所、污水及污物处理设施应与屠宰车间、分割车间及肉制品车间相隔一定的距离，并位于主风向的下风处。

1.10 场区应分设人员进出、成品出场与禽进场、废弃物出场的专用场门，禽进场门应设有与门同宽，长 3 m，深 10～15 cm 的车轮消毒池。

2. 车间及设施设备卫生

2.1 地面及排水

2.1.1 地面应不渗水、不积水、防滑，无裂缝，易于清洗消毒，排水坡度为 2%～2.5%。

2.1.2 排水系统应有防止固体废弃物进入的装置。

2.1.3 排水沟为明沟或加盖，沟底角应呈现弧型(曲率半径应在 3 cm 以上)。

2.1.4 排水管应为 S 型或 U 型，有防鼠及防止臭味溢出的水封装置。

2.2 墙壁、门窗及天花板

2.2.1 墙壁应光滑、坚固、不透水。

2.2.2 墙壁和天花板应使用无毒、防水、防霉、不脱落、耐腐蚀、易于清洗消毒的白色或浅色材料修建。墙角、地角、顶角呈弧形(曲率半径应在 3 cm 以上)。

2.2.3 门窗应使用浅色、平滑、易清洗、不透水、耐磨损、耐腐蚀的绝缘材料制成。

2.2.4 封闭的窗户应装设纱窗。

2.2.5 内窗台与墙面呈 45°夹角。

2.2.6 屠宰分割车间应设与门同宽的鞋底消毒池或鞋底消毒垫。

2.3 通风及照明设施

车间应设有通风和蒸汽抽排设施，排气口应设防蝇虫、防尘装置，进风口应加设过滤装置。车间内应有适度的照明，照明设施应有防护罩。

2.4 供水设施

2.4.1 应有饮用水压力供应系统和热饮用水供应系统，水量充足，饮用水与非饮用水的管道应有明显标志加以区分。

2.4.2 加工用水应符合 GB 5749 要求。非饮用水可以用于消防、致冷设备的冷却以及屠宰车间羽毛废弃物的转移。

2.4.3 水质卫生检测应由政府职能部门检测，每年不少于两次，企业应在官方兽医的监控下，定期进行自检。

2.4.4 储水设施应采用无毒、不致污染水质的材料制成，并有防止污染的措施和定期检查记录。

2.4.5 屠宰、分割和无害化处理应有热水供应系统。

2.5 清洗、消毒设施

2.5.1 车间、卫生间入口处及靠近工作台的地方，应设有洗手、消毒、干手设施和工具清洗、消毒设备，洗手的水龙头要有冷、热水供应并采用非手动式开关。

2.5.2 洗手设施的排水管应连接下水管道。

2.5.3 干手设施应采用烘手器或一次性使用的消毒纸巾。

2.5.4 消毒用水应不低于 82℃。

2.5.5　应有用于存放洗涤剂、消毒剂的房间或安全之处，并有明确的领用制度和记录。

2.5.6　清洁剂、消毒剂及其类似物的使用不能对工具、设备和鲜肉产生不良影响，使用后对工具和设备应用生产用水进行彻底冲洗，并作好原始记录。

2.6　更衣室、淋浴室及卫生间

2.6.1　应在屠宰区、掏脏区、分割区与冷藏区分别设置男女更衣室。更衣室与加工车间相连，大小与加工能力相适应，并通风排气良好。更衣柜应编号，顶部呈坡型，每人一柜，个人衣物与工作服、鞋、帽分格存放。更衣室应设有工间休息时挂衣服的衣架。

2.6.2　淋浴间和卫生间应与更衣室相连，淋浴间地面排水畅通，排气良好；卫生间采用水冲式，厕所旁应有足够数量的洗手盆。

2.7　运输设施

2.7.1　对运输禽车辆、运肉工具应设有清洗和消毒的地方和设施。

2.7.2　用于转运活家禽和加工鲜家禽肉的工具、设备应保持清洁并维修良好；及时进行清洗和消毒并备有记录。

2.7.3　装运家禽的板条箱应用耐腐蚀材料制成，易于清洗和消毒，每次卸完应清洗和消毒，并填写消毒记录。

2.7.4　用于加工鲜家禽肉的厂房、工具和设备，不能用作其他用途，除非在重新使用前经过清洗和消毒。

3. 企业各车间的特殊卫生要求

3.1　屠宰区

屠宰区应具备下列设施：

a. 家禽宰前存放间：易于清洗消毒，能进行宰前检疫；

b. 屠宰间：内设相对独立的功能区，即电麻和放血间、脱毛间、羽毛存放间；

c. 内脏去除和整理间；

d. 下货冷却或冷冻间；

e. 活禽处理人员专用的消毒设施以及器具消毒清洗设施；

f. 屠宰间与内脏去除整理间应设能自动关闭的门。

3.2　分割车间

3.2.1　分割车间主要进行预冷、分割、去骨、包装。

3.2.2　预冷设施应保证预冷后的胴体温度不高于4℃，预冷设施应具备相应的水量计量与温度计量记录设施。

3.2.3　应设有包装间，可完成鲜家禽肉、可食肉用副产品的包装。

3.2.4　空气温度要保持在12℃以下。

3.3　冷库

3.3.1　冷库的温度要定时检查并记录，每一贮存区有温度记录仪或电子温度记录仪，速冻库与冷藏库的温度要有自动温度仪。

3.3.2　冷库的门不得开启时间过长，冷库使用后立即关闭，并有效控制生产人员进出。

3.3.3　温度、相对湿度和空气流速维持在保存肉品的合适范围，尽量避免温度的波动。

3.3.4　在冷库中，肉要悬挂或放置在合适的容器中，保证空气流通。

4. 企业内人员的卫生

应符合 GB 12694—1990 中第 6 章的要求。

5. 宰前卫生检疫

5.1 产地饲养场的宰前检疫

5.1.1 应检查饲养场主的记录,包括入舍日期、家禽来源、家禽数量、生产性能(如增重)、死亡率、饲料消耗、饲料添加剂(包括种类、使用期以及使用期)、饮水消耗、兽医的检查情况(包括诊断、实验室检验结果)、药物的使用(包括种类、用药期和停药期)、疫苗的使用(包括种类和接种日期)、饲养期情况、官方卫生检验结果、送宰禽数量、预定屠宰日期。

5.1.2 疑似或发生传染病时,或发现动物行为异常或出现病症时应做出诊断,并做好记录。

5.1.3 根据停药期,对水和饮料定期抽查,并做好记录。

5.1.4 检查有无某些传染病,如新城疫、高致病性禽流感、衣原体病、沙门氏菌等,并记录检测结果。

5.1.5 官方兽医经过上述检查,认为动物健康无病,应签发产地检疫证明。

5.1.6 产地检疫后,若家禽 3 d 内未离开原产地饲养场,应重新进行检疫,签发检疫证明。

5.2 屠宰场(厂)的宰前检疫

5.2.1 屠宰场(厂)的官方兽医应检查,进入屠宰场(厂)的家禽的产地检疫证明,缺乏该证明时,应禁止进入屠宰场(厂)。

5.2.2 对家禽进行观察和细致检查,特别注意运输过程中是否受伤或感染疾病。

5.2.3 对来历不明、患有传染病、中毒的禽群,不应屠宰。

5.2.4 临诊发现衣原体病或沙门氏菌病禽时,不应用于人类食用。

5.2.5 对未按期停药的禽群应推迟屠宰。

5.2.6 凡产地检疫证明合格,临诊健康良好,合乎卫生质量的禽准予屠宰。

5.2.7 对不应屠宰的畜禽应及时隔离,并立即通知主管机关、阐明其原因。

5.2.8 所有宰前检疫均有完整的记录。

6. 屠宰的卫生要求

6.1 只有活禽才可进入屠宰线,应在电击后立即屠宰。

6.2 操作要合理,放血应完全,不能使血液污染刀口以外的地方。

6.3 脱毛要快速、完全。

6.4 应立即摘除全部内脏,检验所有的体腔和相关的内脏,并记录检验结果。破肠禽应废弃,另做无害化处理。

6.5 检验后,内脏应立即与胴体分离,立即除去非人类食用的部分。

6.6 在屠宰场(厂)内,禁止用布擦拭禽肉,禁止用可食内脏或脖子以外的部分填充胴体。

7. 宰后卫生检验

7.1 宰后检验应在适宜的光照下进行。

7.2 对家禽体表、内脏和体腔应视检,必要时触检或切开检查。

7.3 注意胴体的质地、颜色和气味的异常变化。

7.4　注意屠宰操作可能引起的异常变化。

7.5　宰后检验过程中淘汰下来的家禽，应进行细致的抽样检查。

7.6　逐只检验内脏和体腔。

7.7　有其他迹象表明禽肉不能食用时，施行特定的宰后检验。

7.8　抽查或有理由怀疑时施行残留检测。治疗药物的残留，若在原产地已检查且具有有效证明，则可免检。

7.9　官方兽医在宰后检验时的处理如下：

a. 通过宰前检疫或宰后检验怀疑患病或有药物残留超标的可能性时，有权要求进行必要的实验室检验；

b. 发现违规时，官方兽医有权采取必要措施调整生产过程；

c. 宰后检验发现下列任一情况时，完全禁止供人类食用：普通传染病，全身性霉菌病，毒素或人畜共患病病原引起局部或全身病变，广泛性皮下或肌肉寄生虫病以及全身性寄生虫病，中毒，恶病质，气味、颜色或味道异常，恶性或多发性肿瘤，整体污染，较大的损伤和瘀斑，广泛性的机械损伤或烫伤，放血不完全，药物残留超过限量或出现违禁药物残留，腹水；

d. 分割肉出现局部损伤或污染，若不影响其余肉的卫生，则只有该分割肉不能作为人类食用。

8. 鲜肉处理的卫生要求

8.1　检验完毕前，不应分割胴体，禁止移动、处理禽肉。

8.2　扣留的肉、不应作人类食用的肉、羽毛和废弃物应使用专用设施或容器尽快转入专用房间。

8.3　在检验过程中，未经检验的胴体和肉用副产品不得与已检验的胴体和肉用副产品接触，不得移动、分割或进一步处理未经检疫的胴体。

8.4　扣留或不应作人类食用的肉及副产品，不得与适于人类食用的肉接触，应尽快将其存放在特殊的、不会污染其他鲜肉的房间或容器内。

8.5　肉、肉用副产品的生产加工、包装、搬运和运输应符合卫生要求，包装或包裹的肉应与裸露的鲜肉分开，单独存放。

8.6　在检验和内脏去除后，应立刻对鲜禽肉进行喷洒清洗和浸泡冷却。

8.7　喷洒清洗：2.5 kg 以下的胴体，每只至少使用 1.5 L 水；2.5～5 kg 的胴体，每只至少使用 3.5 L 水；5 kg 以上的胴体，每只至少使用 3.5 L 水。

8.8　浸泡冷却：

a. 胴体应通过 1 个或 1 个以上的水池或冰水池，池水是流动的，冰要经常添加，通过机械装置不断地逆水流推动胴体；

b. 胴体入池和出池时，池水温度应分别保持在 16℃和 4℃以下；

c. 应保证胴体在尽可能短的时间内达到 4℃；

d. 在整个冷却过程中，水的最小流量应保证：2.5 kg 以下的胴体，每只 2.5 L，2.5～5 kg 的胴体，每只 4 L，5 kg 以上的胴体，每只 6 L；

e. 胴体不能在设备的起始部分或第 1 个水池停留超过 0.5 h。

8.9　应监控下述情况，并做好测量和记录：浸泡前喷洒冲洗水的消耗；胴体出入水池时池水的温度；浸泡时水的消耗；不同重量的胴体的数目。

8.10 胴体出预冷池的方向应与进冷却水的方向逆向。

8.11 应保存生产者所进行的各种检查的结果，以便在官方兽医需要时提交。

8.12 采用认可的科学的微生物学方法来评估冷却车间的运行情况及其卫生学效果，对浸泡前后胴体杂菌和肠科杆菌的污染情况进行比较；在车间的首次启用、随后每间隔一段时间以及任何情况下车间改变之后，都应进行上述比较。

9. 肉的分割卫生

9.1 胴体应在被认可分割车间分割、去骨。

9.2 不符合要求的肉应在其他地方分割，或与符合要求的肉分时分割。官方兽医应能随时进入贮存室和加工车间监督，以保证此规定得到严格遵守。

9.3 肉应按要求运进内脏去除间及分割、去骨、包裹间，经分割、去骨和包装后的肉要立即进入冷却或冷冻间。

9.4 分割时其温度不应超过4℃。

9.5 分割时应避免肉的污染，应除去碎骨屑和血块，经分割后不准备用于人类食用的肉应存放于特制的防水、防腐容器或专用房间。

9.6 不应用布擦拭的方法来保持肉的清洁。

10. 分割肉和贮存肉的卫生控制

分割车间、包装中心和冷库应接受官方兽医的监督，内容包括：企业中鲜肉的卫生检验；厂房、设备和工具清洁状况以及人员、衣物的卫生；官方兽医认为必要的其他监督；官方兽医的监督检查应有完整的记录。

11. 卫生标记

11.1 卫生标记的格式

11.1.1 加贴在内包装上的卫生标记：上部印有中国ISO代码CN；中部是企业的兽医卫生注册编号；字母或数字的高度应是0.2 cm。

11.1.2 加贴在外包装上的卫生标记：尺寸大小为6.5 cm宽，4.5 cm高；印有国名“中华人民共和国”、国家ISO代码CN和企业的兽医卫生注册编号；字母高度至少应0.8 cm，数字高度至少1 cm；印有兽医检验机构的标识或名称，字迹清晰。

11.2 卫生标记的施加

11.2.1 卫生标记的施加应在官方兽医的检查监督下进行，使用的材料应符合卫生要求，标志所印刷的内容符合法规要求。

11.2.2 在包裹或外包装上施加卫生标记，应保证：包裹或包装被打开后，标记被破坏；包裹或包装的封口被打开后，不能被再次利用。

12. 鲜肉的内、外包装

12.1 供食用的鲜肉和副产品应在分割及检查后立即在卫生条件下进行包装。

12.2 包装和包裹材料应符合GB/T 5033、GB 9691要求，特别是：不会改变肉的感官感觉特性；不会将有害健康的物质浸入肉中；包装材料应有足够的强度保护鲜肉在运输和搬运过程不受损害；包裹材料一般应是透明、无色、无毒、无害的。如果使用不透明材料，在设计上要能使被包裹的肉或肉用副产品有可见部位。

12.3 包装包裹材料在生产后应立即封存于保护套内，在运输过程中保护套未受损害，并应在符合卫生条件的专用房间内贮存。

12.4 贮存包装包裹材料的房间应无灰尘、无害虫、无鼠蝇，与污染性物品仓库无气流相通；包装和包裹材料应分开放置，且均不能放在地板上。

12.5 包装材料在运进车间前，应在卫生条件下组装完毕。

12.6 包装、包裹材料应在卫生条件下运进车间，不得让处理鲜肉的人员搬运，进入车间后应马上使用。未使用完的包装、包裹材料应另行处理，不得再返回材料贮存间。

12.7 应有一金属探测装置检测包装的鲜肉中是否留有金属异物，包装完毕的鲜肉立即放入规定的库房。

12.8 内外包装均应标有出厂日期。

12.9 内外包装应设有检疫检验标签或标记、编号等。

12.10 包装完毕的鲜肉应立即放入规定的库房。

13. 贮存

13.1 冻结库温度－35℃以下，产品在24 h内中心温度－15℃以下，方可转入冷藏库。

13.2 冷藏库温度保持－20～－18℃。

13.3 冻结库与冷藏库应有自动温度记录装置。

13.4 家禽肉分割后须立即入冻结库，达到1.5℃后，进行保鲜冷藏。

13.5 包装与未包装的鲜家禽肉不能在同一库内贮存。

13.6 冻结库与冷藏库内不得存放异味产品。

14. 运输

14.1 鲜肉运输工具应符合以下要求：密闭性好，设计和装备能保证整个运输过程中符合温度要求；内表面光滑，易清洗和消毒；有防虫、防尘、防水装置。

14.2 运输工具应经清洗、消毒后才能用于运输鲜家禽肉，装车时中心温度不高于－5℃。

14.3 动物及其他可能污染肉或影响肉品卫生的物品不能与鲜肉同车运输。

14.4 包装的肉与未包装的肉应分开运输。

14.5 企业应保证运输工具和装运条件符合卫生及环保要求。

# 项目九 绿色食品渔药使用准则

## 【行业标准】

### 绿色食品渔药使用准则

### 一、范围

绿色食品渔药使用准则(NY/T 755—2003)为中华人民共和国农业行业标准。本标准规定了生产绿色食品允许使用的渔药种类、剂型、使用对象以及休药期。

本标准适用于AA级绿色食品、A级绿色食品的生产、管理和认定。

## 二、规范性引用文件

下列文件中的条款通过本标准的引用而成为本标准的条款。凡是注明日期的引用文件,其随后所有的修改单(不包括勘误的内容)或修订版均不适用于本标准,然而,鼓励根据本标准达成协议的各方研究是否可使用这些文件的最新版本。凡是不注明日期的引用文件,其最新版本适用于本标准。

NY/T 391　绿色食品产地环境质量标准

NY 5071　无公害食品渔用药物使用准则

中华人民共和国农业部　中华人民共和国兽药典

中华人民共和国农业部　兽药质量标准

中华人民共和国农业部　进口兽药质量标准

中华人民共和国农业部　兽用生物制品质量标准

中华人民共和国主席令　中华人民共和国动物防疫法

## 三、术语和定义

下列术语和定义适用于本标准。

1. 渔药

用以预防、控制和治疗水产动植物的病、虫害,促进养殖品种健康生长,增强机体抗病能力以及改善养殖水体质量的一切物质。

2. 抗微生物渔药

能够抑制或杀灭病原微生物的渔药,包括中草药及其成药、化学药品、抗生素以及微生态制剂等。

3. 抗寄生虫渔药

能够杀灭或驱除水产养殖动物体内、外或养殖环境中寄生虫病原的渔药,包括中草药及其成药、化学药品等。

4. 渔用消毒剂

用于杀灭动物体表及渔用工具和养殖环境中的有害生物或病原微生物,控制病害发生或流行的渔药。

5. 渔用微生态制剂

根据微生态学基本原理研制的用于调节水产养殖动物机体微生态平衡及养殖水域微生物生态平衡的活菌制剂。

6. 渔用生物制品

应用天然或人工改造的微生物、寄生虫、生物毒素或生物组织及代谢产物为原材料,采用生物学、分子生物学或生物化学等相关技术制成的,用于预防、诊断和治疗水产动物传染病和其他有关疾病的生物制剂。它的效价或安全性应采用生物学方法鉴定并有严格的可靠性。

7. 渔用免疫增强剂

能够刺激水产养殖动物机体免疫系统的免疫功能，增强其对病原感染的抵抗能力的渔药。

8. 渔用疫苗

具有良好免疫原性的鱼类病原处理后制成的制品，用以接种水产动物能产生相应的特异性免疫力的渔用生物制品。

9. 停药期

最后停止给药日到水产品作为食品上市出售的最短时间。

## 四、基本原则

在水产动物病害控制过程中，应优先使用绿色食品生产资料中的渔药产品；使用自然降解较快、高效低毒、低残留渔药，保证生产地域环境质量稳定，包括保证水资源和相关生物不遭受损害，生物循环和生物多样性得以保护，建立严格的生物安全体系。进行诊断、预防或治疗疾病所用的渔药必须符合《中华人民共和国兽药典》《兽药质量标准》《兽用生物制品质量标准》《进口兽药质量标准》《兽药管理条例》等有关规定。应建立并保持水产养殖动物的预防和治疗记录，包括患发病时间、发病症状、发病率、死亡率、治疗时间、治疗用药的经过、所用药物的名称和主要成分。

1. 生产AA级绿色食品渔药使用准则

(1)允许使用的渔药

允许使用渔用微生态制剂、生物源渔用免疫增强剂、生物杀虫剂或杀菌剂；允许使用通过农业部部颁标准的诊断检测试剂盒；允许使用表2-1-13推荐的制剂；允许使用安全的中草药及其成药制剂；允许使用灭活口服疫苗、浸浴疫苗预防相应的水产动物疾病。

(2)限制使用的渔药

限制使用活疫苗。灭活注射疫苗的佐剂未被动物完全吸收前，其产品不能作为AA级绿色食品。

(3)禁止使用的药物

禁止使用化学合成渔药、抗生素药；禁止使用含转基因制品的渔药。

2. 生产A级绿色食品渔药使用准则

(1)允许使用的药物

AA级绿色食品使用的渔药均可在A级绿色食品的生产中使用；允许使用高效、低毒、低残留的符合表2-1-14的化学合成渔药、抗生素，但使用中应严格遵守规定的作用与用途、使用对象、作用途径、作用剂量、疗程和注意事项；停药期必须遵守表2-1-14的规定；允许使用安全的消毒剂对养殖水体、器具等进行消毒。

(2)禁止使用的药物

有致畸、致癌、致突变作用的渔药；NY 5071规定禁用的渔药；降解、代谢慢，容易造成水产动物体内蓄积和造成环境污染的渔药；人工合成的激素和促生长剂。

**表 2-1-13　生产 AA 级绿色食品允许使用的渔药**

| 类别 | 名称 | 作用与用途 | 用法与剂量 | 注意事项 |
| --- | --- | --- | --- | --- |
| 微生态制剂 | 芽孢杆菌(蜡样与枯草芽孢杆菌等) | 改善水质,净化底质。使空肠道 pH 及氨降低 | 遍洒:首次施放 $1.5\times10^{6}$ CFU/$m^3$ 水体,以后每 15～30 d 使用 $5\times10^{5}$ CFU/$m^3$ 水体 | 1. 阴凉干燥处保存<br>2. 口服后当天用完<br>3. 用于环境改良时,应在封闭性水体<br>4. 不能与抗微生物药同时使用<br>5. 具体使用参见产品说明 |
| | 硝化和反硝化菌 | 改善水质,降低氨氮 | $3\times10^{6}$ CFU/$m^3$ 水体遍洒 | |
| | 乳酸杆菌 | 抑制肠道不耐酸病原菌繁殖,合成短链脂肪酸和 B 族维生素,能中和毒性产物,抑制氨和胺的合成,增强免疫力 | 口服 $4.5\times10^{6}$ CFU/kg 体重 | |
| | 酵母菌及丝状真菌 | 改善胃肠内环境和菌群的结构,提供相应的维生素和蛋白质 | 口服 $4.5\times10^{6}$ CFU/kg 体重 | |
| | 光合细菌 | 改善水质,降低氨氮 | 遍洒:首次使用浓度 $1.5\times10^{7}$ CFU/$m^3$,3 d 后按 $5\times10^{6}$ CFU/$m^3$,以后每隔 7 d 后按 $2\times10^{6}$ CFU/$m^3$ 复用 | |
| 渔用消毒剂 | 生石灰 | 改良水质与水体消毒 | 20～25 mg/L 遍洒(鳖可达 60 mg/L) | 水体消毒 |
| 诊断试剂盒 | 对虾白斑综合征病毒(WSSV)核酸探针点杂交检测试剂盒 | 利用核酸探针斑点杂交法检测对虾白斑综合征病毒 | 按试剂盒说明书操作 | 1. 2～4℃冰箱避光保存<br>2. 试剂盒须在有效期内使用,若阳性控制点不显色说明试剂盒已失效<br>3. 测试点出现较弱斑点,须复查<br>4. 使用前应将各管试剂复温至室温 |
| | 对虾白斑综合征病毒(WSSV)PCR 检测试剂盒 | 可用于亲虾、虾苗及养成过程中病毒的跟踪检测,也可用于环境监测 | 按试剂盒说明书操作 | |
| | 对虾传染性皮下及造血组织坏死病毒(IHHNV)检测试剂盒 | 对虾传染性皮下及造血组织坏死病毒(IHHNV)检疫、检测 | 按试剂盒说明书操作 | |
| | 对虾桃拉病毒(TSV)检测试剂盒 | 利用分子遗传标记方法对虾桃拉病毒(TSV)进行检测 | 按试剂盒说明书操作 | |
| | 致病性嗜水气单胞菌检测试剂盒 | 诊断检测致病性嗜水气单胞菌 | 按试剂盒说明书操作 | |
| | 弧菌快速检测试剂盒 | 用于养殖过程中弧菌的检疫、检测 | 按试剂盒说明书操作 | |

续表 2-1-13

| 类别 | 名称 | 作用与用途 | 用法与剂量 | 注意事项 |
| --- | --- | --- | --- | --- |
| 疫苗 | 鳗弧菌灭活疫苗 | 预防鳗鱼的弧菌病 | 按说明书使用 | 18℃以上使用 |
| | 嗜水气单胞菌灭活疫苗 | 预防淡水鱼类的细菌性败血症 | 按说明书使用 | 18℃以上使用 |
| | 草鱼出血病灭活疫苗 | 预防由鱼呼肠孤病毒引起的草鱼出血病 | 按说明书使用 | 疫苗保存于4℃ |
| | 鱼传染性胰脏坏死病灭活疫苗 | 预防由传染性胰脏坏死病毒引起的疾病 | 按说明书使用 | |

**表 2-1-14 生产 A 级绿色食品允许使用的抗微生物、抗寄生虫、消毒剂渔药**

| 类别 | 药名 | 对象 | 剂型 | 用途 | 用法与用量 | 停药期/d | 注意事项 |
| --- | --- | --- | --- | --- | --- | --- | --- |
| 抗微生物药 | 土霉素 | 鱼类 | 晶体粉剂 | 防治肠炎病、弧菌病 | 口服:25 mg/kg 体重,连用5～7 d | ＞40 | 勿与铝、镁及卤素、碳酸氢钠合用 |
| | 金霉素 | 鱼类 | 晶体粉剂 | 防治白皮、白头白嘴、打印、弧菌等病 | 口服:10～20 mg/kg,连用5 d | 温水鱼＞30 冷水鱼＞90 | 勿与碱性及含钙、镁、铝、铁、铋的药物及含钙高的饲料混用 |
| | 链霉素 | 鱼类 | 针剂 | 主治溃疡、赤皮及水霉素 | 注射:0.3 mg/kg 药浴:100 mg/L | ＞30 | |
| | 大蒜素 | 鱼类 | 粉剂 | 防治细菌性肠炎 | 口服:200 mg/kg 连用5 d | 5 | |
| 抗寄生虫药 | 硫酸锌 | 淡水鱼 | 晶体 | 治疗纤毛虫所引起的鱼病 | 遍洒:0.5 mg/L 浸浴:200 mg/L,1 h | 5 | 可与硫酸亚铁合用,比例5:2 |
| | 硫酸亚铁 | 淡水鱼 | 晶体 | 治疗纤毛虫所引起的鱼病 | 遍洒:0.2 mg/L | 5 | 可与硫酸亚铁合用,比例5:2 |
| | 氯化钠 | 淡水鱼 | 晶体 | 杀菌杀虫作用 | 浸浴:10‰～13‰ | 无 | 常与其他药物合用,如碳酸氢钠、大蒜、大黄等 |
| | 碳酸氢钠 | 鱼类 | 晶体 | 除氯和治疗竖鳞病、水霉病等 | 遍洒:400 mg/L | 无 | 常与其他药物合用,如食盐、大黄等 |
| | 过氧乙酸 | 鱼类 | 晶体 | 消毒 | 浸浴:1‰ | 无 | 器具消毒 |
| 渔用消毒剂 | 二氧化氯 | 淡水养殖对象 | 粉剂 | 杀菌与消毒 | 遍洒:0.3 mg/L | ＞7 | 勿接触铁制器皿 |
| | 聚维酮碘 | 所有养殖对象 | 液体 | 水产动物体表消毒 | 浸浴:0.3 mg/L | ＞5 | 卵或体表消毒 |

# 项目十　绿色食品产品、包装、标签、贮藏和运输标准

## 一、绿色食品产品标准

绿色食品产品标准是衡量最终产品质量的尺度，是绿色食品形象的主要标志，具体表现绿色食品生产、管理及质量控制的水平。

绿色食品的产品标准内容包括感官品质、营养品质及卫生品质3部分。具体表现在以下几个方面。

1. 原料要求

绿色食品的主要原料来自绿色食品产地，即经过环境监测证明符合绿色食品产地环境质量标准，按照绿色食品生产技术操作规程生产出来的产品，对于某些进口原料，例如生产冰淇淋所用的黄油和奶粉，无法进行原料产地环境检测的，经国家绿色食品管理机构指定的食品检测机构，按照绿色食品产品标准进行检验，符合标准的产品才能作为绿色食品加工原料。

2. 环境要求

在绿色食品生产与加工过程中要保持环境清洁，加工机器设备要经过规范清洗。

3. 感官要求

绿色食品的感官品质包括外形、色泽、气味、口感、质地等。生产的食品给予消费者的第一感觉，应是绿色食品优质性的最直观体现。绿色食品产品标准中感官要求有定性、半定量、定量指标。其要求严于同类非绿色食品。例如，国家《大豆油标准》中以及《食用植物油卫生标准》中，均无“透明度”这项感官指标，而《绿色食品大豆油标准》增加了“透明度”指标，又如绿色食品全脂乳粉感官评分标准要达到国家全脂乳粉的特级产品标准。

4. 理化要求

理化性状是绿色食品的内涵要求，它包括应有的成分指标，如蛋白质、脂肪、糖类、维生素等。这些指标不低于国标要求。农药残留、兽药残留和重金属等污染指标与国外先进标准或国际标准接轨。

5. 生物要求

产品的微生物学特征必须保持，如活性酵母、乳酸菌等，这是产品质量的基础。微生物污染指标必须相当或严于国际的限定。

总之，绿色食品产品标准严于国家同类食品标准，达到或接近同类食品的国际先进标准。

## 附六 绿色食品大米标准

**中华人民共和国农业行业标准**

NY/T 419—2007

绿色食品大米

Green food-rice

1. 范围

本标准规定了绿色食品大米的分类、要求、试验方法、检验规则、标志、标签、包装、运输和贮存。

本标准适用于绿色食品大米。

2. 规范性引用文件

下列文件中的条款通过本标准的引用而成为本标准的条款。凡是注明日期的引用文件，其随后所有的修改单(不包括勘误的内容)或修订版均不适用于本标准，然而，鼓励根据本标准达成协议的各方研究是否可使用这些文件的最新版本。凡是不注明日期的引用文件，其最新版本适用于本标准。

GB 191 包装储运图示标志

GB/T 5009.11 食品中总砷及无机砷的测定

GB/T 5009.12 食品中铅的测定

GB/T 5009.15 食品中镉的测定

GB/T 5009.17 食品中总汞及有机汞的测定

GB/T 5009.18 食品中氟的测定

GB/T 5009.19 食品中六六六、DDT 残留量的测定

GB/T 5009.20 食品中有机磷农药残留量的测定

GB/T 5009.22 食品中黄曲霉毒素 $B_1$ 的测定

GB/T 5009.36 粮食卫生标准的分析方法

GB/T 5009.103 植物性食品中甲胺磷和乙酰甲胺磷农药残留量的测定

GB/T 5009.110 植物性食品中氯氰菊酯、氰戊菊酯和溴氰菊酯残留量的测定

GB/T 5009.114 大米中杀虫双残留量的测定

GB/T 5009.115 稻谷中三环唑残留量的测定

GB/T 5491 粮食、油料检验 扦样、分样法

GB/T 5492 粮食、油料检验 色泽、气味、口味鉴定法

GB/T 5494 粮食、油料检验 杂质、不完善粒检验法

GB/T 5496 粮食、油料检验 黄粒米及裂纹粒检验法

GB/T 5497 粮食、油料检验 水分测定法

GB/T 5502 粮食、油料检验 米类加工精度检验法

GB/T 5503 粮食、油料检验 碎米检验法

GB/T 15683 稻米直链淀粉含量的测定

GB/T 17891—1999 优质稻谷

GB 7718　预包装食品标签通则

NY/T 1056　绿色食品 贮藏运输准则

NY/T 3　谷类、豆类作物种子粗蛋白质测定法(半微量凯氏法)(原 GB 2905—1982)

NY/T 391　绿色食品　产地环境技术条件

NY/T 393　绿色食品　农药使用准则

NY/T 658　绿色食品　包装通用准则

NY/T 896　绿色食品　产品抽样准则

SN 0649　出口粮谷中溴甲烷残留量检验方法

3. 分类

本标准将大米分为两类,即籼米和粳米。

4. 要求

4.1　产地环境

绿色食品大米的原料产地环境,应符合 NY/T 391 的要求。

4.2　感官

应符合表 2-1-15 规定。

**表 2-1-15　感官指标**

| 项目 | | 指标 籼米 | 粳米 |
| --- | --- | --- | --- |
| 色泽、气味 | | 正常、无异味,无发霉变质现象 | |
| 加工精度 | | 特等(背沟有皮,粒面米皮基本去净的占 85%以上) | |
| 不完善粒/% | | ≤3.0 | |
| 最大限度杂质 | 总量/% | ≤0.25 | |
| | 糠粉/% | ≤0.15 | |
| | 矿物质/% | ≤0.02 | |
| | 带壳稗粒/(粒/kg) | ≤15 | ≤10 |
| | 稻谷粒/(粒/kg) | ≤8 | ≤4 |
| 碎米 | 总量/% | ≤25.0 | ≤15.0 |
| | 小碎米/% | ≤1.5 | ≤1.0 |
| 黄粒米/% | | ≤0.5 | |

4.3　理化指标

应符合表 2-1-16 规定。

**表 2-1-16　理化指标**

| 项目 | 指标 籼米 | 粳米 |
| --- | --- | --- |
| 胶稠度/mm | ≥50 | ≥60 |
| 直链淀粉/% | 13.0～26.0 | 11.0～22.0 |
| 蛋白质/% | ≥5 | ≥5 |
| 水分/% | ≤14.5 | ≤15.5 |
| 籼糯米、粳糯米直链淀粉/% | ≤2.0 | |

4.4　卫生指标

应符合表 2-1-17 规定。

表 2-1-17　卫生指标

mg/kg

| 序号 | 项　目 | 指　标 |
|---|---|---|
| 1 | 无机砷(以 As 计) | ≤0.15 |
| 2 | 汞(以 Hg 计) | ≤0.01 |
| 3 | 铅(以 Pb 计) | ≤0.2 |
| 4 | 镉(以 Cd 计) | ≤0.2 |
| 5 | 氟(以 F 计) | ≤1.0 |
| 6 | 磷化物(以 $PH_3$ 计) | ≤0.05 |
| 7 | 氰化物(以 HCN 计) | 阴性 |
| 8 | 敌敌畏(dichlorvos) | ≤0.05 |
| 9 | 乐果(dimethoate) | ≤0.02 |
| 10 | 马拉硫磷(malathion) | ≤0.1 |
| 11 | 杀螟硫磷(fenitrothion) | ≤1.0 |
| 12 | 倍硫磷(fenthion) | 不得检出(<0.01) |
| 13 | 三唑磷(triazophos) | ≤0.05 |
| 14 | 毒死蜱(chlorpyrifos) | ≤0.1 |
| 15 | 甲基毒死蜱(chlorpyrifos-methyl) | ≤5 |
| 16 | 甲胺磷(methamidophos) | 不得检出(<0.05) |
| 17 | 三环唑(tricyclazole) | ≤1.0 |
| 18 | 杀虫双(bisultap) | ≤0.1 |
| 19 | 六六六(HCH) | ≤0.05 |
| 20 | 滴滴涕(DDT) | ≤0.05 |
| 21 | 溴氰菊酯(deltamethrin) | ≤0.5 |
| 22 | 黄曲霉毒素 $B_1$/(μg/kg) | ≤5.0 |

注:其他农药使用方式及其限量应符合 NY/T 393 的规定。

4.5　净含量

应符合国家质量监督检验检疫总局令 2005 年第 75 号规定。

5. 试验方法

5.1　色泽、气味

按 GB/T 5492 规定执行。

5.2　加工精度

按 GB/T 5502 规定执行。

5.3　不完善粒

按 GB/T 5494 规定执行。

5.4　最大限度杂质

按 GB/T 5494 规定执行。

5.5 碎米

按 GB/T 5503 规定执行。

5.6 黄粒米

按 GB/T 5496 规定执行。

5.7 胶稠度

按 GB/T 17891—1999 中附录 A 规定执行。

5.8 直链淀粉

按 GB/T 15683 规定执行。

5.9 蛋白质

按 NY/T 3 规定执行。

5.10 水分

按 GB/T 5497 规定执行。

5.11 无机砷

按 GB/T 5009.11 规定执行。

5.12 汞

按 GB/T 5009.17 规定执行。

5.13 铅

按 GB/T 5009.12 规定执行。

5.14 镉

按 GB/T 5009.15 规定执行。

5.15 氟

按 GB/T 5009.18 规定执行。

5.16 磷化物、氰化物

按 GB/T 5009.36 规定执行。

5.17 敌敌畏、乐果、马拉硫磷、杀螟硫磷、倍硫磷、三唑磷、毒死蜱、甲基毒死蜱

按 GB/T 5009.20 规定执行。

5.18 甲胺磷

按 GB/T 5009.103 规定执行。

5.19 三环唑

按 GB/T 5009.115 规定执行。

5.20 杀虫双

按 GB/T 5009.114 规定执行。

5.21 六六六、DDT

按 GB/T 5009.19 规定执行。

5.22 溴氰菊酯

按 GB/T 5009.110 规定执行。

5.23 黄曲霉毒素 $B_1$

按 GB/T 5009.22 规定执行。

5.24 净含量

按 JJF1070 规定执行。

6. 检验规则

按 NY/T 1055 的规定执行。

7. 标志和标签

7.1 标志

产品包装上应标注绿色食品标志，具体标注办法按《中国绿色食品商标标志设计使用规范手册》规定执行。

7.2 标签

应符合 GB 7718 的规定。

8. 包装、运输和贮存

8.1 包装

按 NY/T 658 的规定执行。

8.2 运输和贮存

按 NY/T 1056 的规定执行。

## 二、绿色食品包装、标签、储藏和运输标准

食品包装是为了在食品流通过程中保护产品、方便贮运、促进销售，按一定技术方法和技术措施，利用材料、容器及辅助物等对食品产品进行保护装饰的操作活动。

1. 食品包装的基本要求

①要使产品有较长的保质期；

②不带来二次污染；

③少损失原有营养及风味；

④包装成本要低；

⑤储藏运输方便、安全；

⑥增加美感，引起食欲。

2. 绿色食品的包装标准

绿色食品包装标准正在制定。我国的包装工业起步较晚，在发展与环保问题上，现在传统的某些包装不利于环保。包装产品从原料、产品制造、使用、回收和废弃的整个过程都应符合环境保护的要求，它包括节省资源、能量，减少、避免废弃物产生，易回收、再循环利用，可降解等具体要求和内容。即世界工业发达国家要求包装做到减量化、重复使用、再循环和再降解原则。

(1)绿色食品包装材料的选择

绿色食品根据产品的特点，选择相应的包装材料，首先要具有安全性，即包装材料本身要无毒，不释放有毒物质、污染食品、影响人的身体健康；其次是可降解性，即食品在销售完以后，其包装物可降解，对人的健康不产生有害影响，不造成环境污染；三是具有可重复利用性，即要求绿色食品产品在被消费后，所剩的包装材料可重复利用，充分体现可持续发展原则，节约资源，减少垃圾产生，减轻环境污染。

(2)包装设计

绿色食品产品包装，除符合食品包装的基本要求和国家《食品标签通用标准》外，包装设

计还应符合《绿色食品标志设计标准手册》的要求。获得绿色食品标志使用权的单位，必须将绿色食品标志用于产品的内外包装。规范使用绿色食品的标准图形、标准颜色、广告用语及产品编号。

(3)包装印制

①印制有绿色食品标志的包装物(含标签、说明书、合格证等)的单位，应当到有《印制商标单位证书》的印制企业印制。

②承接印制绿色食品包装物的委托人，应做到有营业执照、有绿色食品标志使用证书、有包装物印制数量的证明、按照约定的数量印制包装物、印制企业在印制的有绿色食品标志的包装物上标明《印制商标单位证书》的编号、废次包装物应当集中进行销毁、有绿色食品标志的包装物禁止进入市场流通。

## 三、绿色食品标签标准

1. 绿色食品产品标签标准

绿色食品标签标准正在制定，在制定以前，根据国家《食品标签通用标准》、《绿色食品标志设计标准手册》的规定，绿色食品产品标签上必须标注以下内容：

①食品名称；

②配料表；

③净含量及固形物含量；

④制造者或经销者的名称和地址；

⑤日期标志(生产日期、保质期或保存期)和贮藏指南；

⑥产品类型；

⑦质量(品质)等级；

⑧产品标准号；

⑨特殊标注内容。

2. 绿色食品防伪标签标准

绿色食品防伪标签对绿色食品具有保护和监控作用。防伪标签要有技术的先进性、使用的专用性、价格的合理性，标签类型多样，可以满足不同产品的包装。该标准规定：

①许可使用绿色食品标志的产品，必须加贴绿色食品标志防伪标签；

②绿色食品标志防伪标签只能使用在同一编号的绿色食品产品上。非绿色食品或与绿色食品防伪标签编号不一致的绿色食品产品不得使用该标签；

③绿色食品标志防伪标签，应贴于食品标签或其包装正面的显著位置，不得掩盖原有绿标、编号等绿色食品的整体形象；

④企业同一种产品贴用防伪标签的位置及外包装箱封箱用的大型标签的位置应固定，不得随意变化。

## 四、绿色食品贮藏标准

绿色食品贮藏必须遵循以下原则：

①贮藏环境必须洁净卫生，不能对绿色食品产品引入污染；

②选择的贮藏方法不能使绿色食品品质发生变化、引入污染，如用化学贮藏方法，选用的化学制剂需符合《绿色食品添加剂使用准则》；

③在贮藏中，绿色食品不能与非绿色食品混堆贮存；

④A 级绿色食品与 AA 级绿色食品必须分开贮藏。

## 五、绿色食品运输标准

绿色食品的运输除要符合国家对食品运输的有关要求外，还要遵循以下原则：

①根据产品类别、包装特点、贮藏特点、运输距离及季节不同等采用不同的运输方式；

②运输设备必须洁净卫生，不能引入污染；

③禁止与农药、化肥及其他化学制品等用同一个运输工具运输；

④在运输过程中，绿色食品不能与非绿色食品混堆运输；

⑤A 级绿色食品和 AA 级绿色食品不得混堆运输。

## 【自我训练】

1. 简述绿色食品标准及其制定原则和依据。
2. 简述绿色食品标准的作用。
3. 简述绿色食品标准的等级及要求。
4. 说明绿色食品标准体系的构成。
5. 绿色食品产地环境质量标准包括哪些内容？
6. 简述生产 A 级绿色食品的农药使用准则。
7. 简述生产 AA 级绿色食品的肥料使用准则。
8. 简述绿色食品及食品添加剂使用准则。
9. 简述绿色食品饲料及饲料添加剂使用准则。
10. 简述绿色食品兽药使用准则。
11. 简述绿色食品动物产地的卫生准则。
12. 简述绿色食品动物屠宰、加工过程中的卫生标准。
13. 简述绿色动物产品贮藏卫生标准。
14. 简述生产 AA 级绿色食品的渔药使用准则。
15. 简述生产 A 级绿色食品的渔药使用准则。
16. 简述作物种植业、畜离饲养业、水产养殖业和食品加工业绿色食品生产控制的主要内容。
17. 简述绿色食品产品标准的内容及要求。
18. 简述食品包装的基本要求。
19. 简述绿色食品的包装标准。
20. 简述绿色食品产品标签标准。
21. 简述绿色食品贮藏标准。
22. 简述绿色食品运输标准。

# 单元二

# 绿色食品产品质量检验

**学习目标**

- 了解产品抽样的原则，了解绿色食品监测机构选定的条件和委托管理，掌握绿色食品产品抽样的程序与方法，掌握绿色食品产品质量检验的主要内容及方法。

**知识要点**

- 绿色食品产品实行的申报检验和抽样检验；绿色食品监测机构的委托及管理；绿色食品产品抽样的程序与方法；绿色食品产品质量检验的主要内容与方法；绿色食品产品质量检验的主要程序。

**技能要点**

- 绿色食品产品质量检验的程序、主要内容与方法。

随着我国农业和农村经济发展进入新的阶段，农产品质量安全问题已成为农业发展的一个主要矛盾。农药、兽药、饲料和添加剂、动植物激素等农资的使用，为农业生产和农产品数量的增长发挥了积极的作用，与此同时也给农产品质量安全带来了隐患，加之环境污染等其他方面的原因，我国农产品污染问题也日渐突出。农产品因农药残留、兽药残留和其他有毒有害物质超标造成的餐桌污染和引发的中毒事件时有发生。可以说，农产品安全问题的存在，不仅是我国农业和农村经济结构调整的严重障碍，也直接影响到我国农产品的出口和国际市场竞争力。

为了从根本上解决农产品污染和安全问题，农业部遵照国务院领导的指示精神和农业发展新阶段的需要，经国务院批准，农业部从2001年4月启动"无公害食品行动计划"，率先在北京、天津、上海和深圳4个城市进行试点。该计划将以全面提高我国农产品质量安全水平为核心，以"菜篮子"产品为突破口，以市场准入为切入点，从产地和市场两个环节入手，通过对农产品实行"从农田到餐桌"全过程质量安全控制，用8～10年的时间，基本实现主要农产品生产和消费无公害。

为了保证"无公害食品行动计划"的顺利实施，农业部加强了4个方面的工作：一是加快了农产品质量安全的立法，颁布了《农产品质量安全法》《无公害农产品管理办法》《绿色食品检验管理办法》《有机食品认证管理办法》和各种无公害食品的行业标准，首批制订的73项标准中，畜产品有24项，水产有23项，第二批的55项标准中，畜产品有22项，水产品有21项；二是完善了六大体系建设，即农产品质量安全标准体系、农产品质量安全监督检验检疫体系、农产品质量安全认证体系、农产品生产技术推广体系、农产品质量安全执法体系和农产品市场信息体系；三是加速制定了有利于无公害食品发展的扶持政策，包括对无公害食品的生产、加工、流通等方面的政策扶持，重点扶持高效低残农资的推广、先进科学技术的运用以及质量标准和监测体系建设等方面；四是在已有工作基础的京、津、沪3个直辖市和深圳市以及部分大城市开展"无公害食品行动计划"试点，通过试点，推动"无公害食品行动计划"在全国范围的实施。

# 项目一　绿色食品产品质量检验类别

## 【知识与技能】

### 一、检验类别

绿色食品产品质量检验工作，是由中国绿色食品发展中心指定的食品检验部门，依据绿色食品卫生标准，对新申报绿色食品产品和正在使用绿色食品标志的产品进行检验，即申报检验（新申报绿色食品产品的检验）和抽样检验（正在使用绿色食品标志的产品的抽样检验）。

1. 申报检验

绿色食品的申报检验是指中心对新申请使用绿色食品标志的企业所申报的各类材料、原料生产基地环境质量监测和评价及各类相关资料审查合格的基础上，委托省级绿色食品质量检验部门对所申报使用绿色食品标志的产品进行质量检验。

2. 抽样检验

绿色食品抽样检验工作分为两种情况：一是绿色食品年度抽检；二是中国绿色食品发展中心和各省绿色食品管理机构根据市场信息掌握的绿色食品质量情况而随机进行的抽检。

(1)年度抽检

年度抽检是指中心对已获得绿色食品标志使用权的产品采取的监督性抽查检验。年度检验是企业年度检查工作的重要组成部分，所有获得绿色食品标志使用权的企业在标志使用的有效期内，必须接受产品抽检。年度抽检工作由中心制定抽检计划，委托相关绿色食品产品质量检测机构按计划实施，省、市、自治区委托管理机构予以配合。

对抽样检验项目全部合格的，判定为"该批次产品所检项目合格"，有一项指标不合格的，即判为"该批次产品不合格"。凡企业拒绝抽检的，其产品视为不合格产品。抽样检验费用由下达抽样检验工作的部门承担，受检企业不再负责支付检验费用。但如果受检企业对检验部门出具的检验报告持有异议，要求检验机构复检时，如果复检结果没有实质性变化，则第二次检验工作视为委托检验，费用由申请复检的企业支付；如果确实是检验机构工作失误，费用则由检验机构负担。

(2)随机抽检

中心和各省绿色食品管理机构根据市场信息掌握的绿色食品质量情况而随机进行的抽检，抽检办法及处理办法与年度抽检相同。

## 二、绿色食品产品质量检验的形式



1. 交收检验

每批产品交收(出厂)前，都应进行交收(出厂)检验，交收(出厂)检验内容包括包装标志标签净含量和感官等，对加工产品还应包括理化指标，检验合格并附合格证方可交收(出厂)。

2. 型式检验

型式检验是对产品进行全面考核，即对产品标准规定的全部指标进行检验，同一类型加工产品每年应进行一次；种植(养殖)产品每个种植(养殖)生产周期应进行一次；有下列情形之一时，也应进行型式检验：

①国家质量监督机构或主管部门提出进行型式检验要求时；

②加工产品停产3个月以上以及种植(养殖)产品因人为或自然因素使生产环境发生较大变化时；

③加工品的原料工艺配方有较大变化，可能影响产品质量时；

④前后两次抽样检验结果差异较大时。

3. 认证检验

申请绿色食品认证的食品，应按本标准第4章确定的该产品相应的标准中的全部指标进行检验。

4. 监督检验

监督检验是对获得绿色食品标志使用权的食品质量进行的跟踪检验。组织监督检验的机构应根据抽查食品生产基地环境情况、生产过程中的投入品及加工品中食品添加剂的使用情况、所检产品中可能存在的质量风险确定检测项目，并应在监督抽查实施细则中予以规定。

## 三、绿色食品监测机构的委托和管理

绿色食品监测机构是指具备法定资格，经中国绿色食品发展中心考核确认，自愿接受委托，承担绿色食品监测任务的机构。监测机构包括环境质量监测机构和产品质量监测机构。产品质量监测机构包括食品质量监测机构和生产资料产品质量监测机构。

1. 监测机构的选定

①申请承担绿色食品监测任务的单位应当具备以下条件：

• 取得国家计量认证有效证书；

• 认可资格和授权监测范围能够满足绿色食品监测的需要；

• 有长期从事农业环境质量监测、食品质量检测或生产资料产品质量检测的专业队伍和工作经验。

②申请单位向中心递交申请书的同时，应附以下材料复印件：

• 计量认证合格证书；

• 计量认证合格证书附表（呈检项目或参数）；

• 审查认可证书；

• 单位法人证明或法定代表人授权批文；

• 监测项目收费价目表；

• 其他资质证明材料。

2. 监测机构的委托

①中心与被选定的申请单位签订《绿色食品监测机构委托合同》，并于20个工作日内在中心网站公告，未被选定的申请单位，中心书面通知不予委托，并说明原因；

②合同有效期5年，在有效期内，未能通过计量认证评审的监测机构，合同自动失效；

③监测机构在合同到期时愿继续承担绿色食品监测任务的，应当在期满前1个月与中心续签合同；

④监测机构名称、机构、体制、授权监测范围、法定代表人、技术负责人或质量保证负责人等事项发生重大变化时，应及时报中心，环境质量监测机构还应同时报绿办。

3. 监测机构的权利和义务

(1)监测机构的权利

①根据检测任务委托书，执行绿色食品申报检验、年度抽检及仲裁检验等任务；

②在执行年度抽检任务时，查阅受检单位与本项任务有关的资料；

③依照法律、法规、绿色食品标准及有关规定，客观、公正地出具检测数据及报告，不受各级行政机构和绿色食品管理机构的干预。对拒检单位，有权按检验“不合格”报中心；

④向中心或绿办反映绿色食品生产企业在环境、产品质量及使用绿色食品标志等方面存在的问题；

⑤向中心提出有关绿色食品法规、标准和规定的修订或修改建议。

(2)监测机构的责任和义务

①应严格执行绿色食品有关标准，无绿色食品标准的执行国家标准或行业标准，若无以上标准，采用经报中心批准的标准；

②承担检测任务时，有义务承检中心要求加测的项目，但未经中心同意，不得擅自增减检测项目；

③接受委托监测任务后，在规定时间内出具检验报告，接到年度抽检任务后，根据产品生产季节情况，适时取样和检验，并在规定时间内出具检验报告，对检验不合格者，不得重新取样检验；

④对出具的检验报告负责，保守受检单位的技术和商业机密，并不得侵占受检单位的知识产权；

⑤收集国内外与绿色食品有关的各种检验标准和方法，不断提高业务水平和服务质量。

4. 监测机构的管理

(1)监测机构承担绿色食品监测工作，业务上必须接受中心的监督、检查和管理；

(2)监测机构应在接到绿色食品监测任务或受到检验样品 2 个工作日内，以电子邮件方式将下达任务单位、受检单位、受检产品名称和收样时间报中心，并于每个月 10 号前，将上月的承担绿色食品监测任务情况汇总报中心；

(3)检验报告应按中心规定的统一格式打印，一式三份，分别由中心、监测机构及受检单位存留；

(4)受检单位自收到检验报告之日起(以当地邮局邮戳为准)15 日内可向监测机构提出书面异议，逾期未提出异议，视为承认检验结果；

(5)受检单位对监测结果提出异议，原监测机构应予受理，并对副样重新检测，受检单位对重测结果仍有异议，则由中心指定其他监测机构做仲裁检验，仲裁检验报告为最终结论；

(6)申报产品期间所发生的监测费用，监测机构按照《绿色食品环境监测费计收标准》和《绿色食品产品检验费计收标准》，从受检单位收取；

(7)年度抽检或监督抽检任务，费用由下达抽检任务的单位支付，不得向受检单位收取；

(8)监测机构及其所属单位不得直接或间接从事承检产品的研究、开发及生产经营活动，不得以监制、监测的名义出现在受检产品包装标签及其广告上；

(9)监测机构不得与各级绿色食品管理机构发生经济利益关系；

(10)监测机构工作人员应当遵纪守法、廉洁奉公，在承担绿色食品监测任务的过程中，不得从事有碍公正性的任何活动。

5. 绿色食品产品监测机构

中国绿色食品发展中心在全国共委托几十家绿色食品定点食品监测机构(表 2-2-1)。随着我国绿色食品市场的变化，绿色食品定点食品监测机构将有所增减。

**表 2-2-1 绿色食品定点食品监测机构**

| 序号 | 监测中心名称 | 联系电话 | 地址 | 邮编 |
|---|---|---|---|---|
| 1 | 农业部畜禽产品质量监督检验测试中心 | 010-59194681 | 北京市朝阳区麦子店街 20 号楼 524 室 | 100125 |
| 2 | 农业部蔬菜品质监督检验测试中心(北京) | 010-62137926 | 北京中关村南大街 12 号，中国农业科学院蔬菜花卉研究所 | 100081 |
| 3 | 谱尼测试科技股份有限公司 | 010-82618116 转 804 或 822 | 北京市海淀区苏州街 49-3 号盈智大厦 | 100080 |

续表 2-2-1

| 序号 | 监测中心名称 | 联系电话 | 地址 | 邮编 |
| --- | --- | --- | --- | --- |
| 4 | 农业部乳品质量监督检验测试中心 | 022-23416617 | 天津市南开区士英路 18 号 | 300381 |
| 5 | 国家果类及农副加工产品质量监督检验中心 | 0311-67568334 | 河北省石家庄市中华南大街 537 号 | 050091 |
| 6 | 河北省分析测试研究中心 | 0311-88632679 | 河北石家庄市裕华东路 70 号 | 050018 |
| 7 | 农业部农产品质量安全监督检验测试中心(太原) | 0351-7821281 | 山西省太原市双塔西街 98 号 | 030001 |
| 8 | 山西省分析科学研究院 | 0351-5281270 | 太原市平阳路北园街 17 号 | 030006 |
| 9 | 农业部农产品质量安全监督检验测试中心(呼和浩特) | 0471-5904559 | 呼和市玉泉区昭君路 22 号内蒙古农牧业科学院内 | 010031 |
| 10 | 内蒙古自治区产品质量检验研究院 | 0471-4935197 | 0471-4935197 | 010010 |
| 11 | 中国科学院沈阳应用生态研究所农产品安全与环境质量检测中心 | 024-83970390 | 沈阳市沈河区文化路 72 号 | 110016 |
| 12 | 农业部农产品质量监督检验测试中心(沈阳) | 024-31023348 | 沈阳市东陵路 84 号 | 110161 |
| 13 | 国家农业深加工产品质量监督检验中心 | 0431-85237241 | 长春市东南湖大路 1088 号 | 130022 |
| 14 | 农业部谷物及制品质量监督检验测试中心(哈尔滨) | 0451-86617948 | 哈尔滨市南岗区学府路 368 号 | 150086 |
| 15 | 农业部食品质量监督检验测试中心(佳木斯) | 0454-8359547 | 黑龙江省佳木斯市安庆街 382 号 | 154007 |
| 16 | 黑龙江出入境检验检疫局检验检疫技术中心 | 0451-82332958 | 哈尔滨市南岗区赣水路 9 号 | 150001 |
| 17 | 农业部食品质量监督检验测试中心(上海) | 021-36322102 | 上海市江场西路 1550 号 3 号楼 | 200436 |
| 18 | 常州市农畜水产品质量监督检验测试中心 | 0519-81667989 | 江苏省常州市长江中路 289-1 号常州农委综合服务中心 8 楼 | 213022 |
| 19 | 农业部畜禽产品质量安全监督检验测试中心(南京) | 025-86263655 | 江苏省南京市草场门大街 124 号 | 210036 |
| 20 | 农业部农产品质量安全监督检验测试中心(南京) | 025-86229784 | 南京市草场门大街 124 号 | 210036 |
| 21 | 南京大学现代分析中心 | 025-83592246 | 南京汉口路,南京大学现代分析中心 | 210093 |
| 22 | 江苏省农产品质量监督检验测试扬州中心 | 0514-80988338 | 扬州市开发区江海路 19 号 | 225101 |
| 23 | 农业部农产品及转基因产品质量安全监督检验测试中心(杭州) | 0571-86415208 | 浙江省杭州市江干区石桥路 198 号 | 310021 |

续表 2-2-1

| 序号 | 监测中心名称 | 联系电话 | 地址 | 邮编 |
| --- | --- | --- | --- | --- |
| 24 | 农业部稻米及制品质量监督检验测试中心 | 0571-63372451 | 浙江省杭州市体育场路 359 号 | 310006 |
| 25 | 农业部茶叶质量监督检验测试中心 | 0571-86650124 | 浙江省杭州市梅灵南路 9 号 | 310008 |
| 26 | 宁波市农业环境与农产品质量监督管理总站 | 0574-87169283 | 宁波市海曙区柳汀街 398 号 | 315012 |
| 27 | 安徽国家农业标准化与监测中心 | 0551-3356522 | 合肥市包河工业区延安路 13 号 | 230051 |
| 28 | 农业部农产品质量安全监督检验测试中心(合肥) | 0551-2930601 | 合肥市滨湖新区洞庭湖路安徽省农委办公室 | 230091 |
| 29 | 福建省分析测试中心 | 0591-87819803 | 福建福州市北环中路 61 号 | 350003 |
| 30 | 漳州市农业检验监测中心 | 0596-2606657 | 漳州市芗城区大同新巷 6 号 | 363000 |
| 31 | 农业部肉及肉制品质量监督检验测试中心 | 0791-7090291 | 江西省南昌市南莲路 602 号省农科院内 | 330200 |
| 32 | 农业部农产品质量安全监督检验测试中心(南昌) | 0791-8509203 | 南昌市文教路 359 号 | 330046 |
| 33 | 农业部食品质量监督检验测试中心(济南) | 0531-83179301 | 济南市工业北路 202 号 | 250100 |
| 34 | 农业部果品及苗木质量监督检验测试中心(烟台) | 0535-6357889 | 山东省烟台市福山区港城西大街 26 号 | 265500 |
| 35 | 农业部动物及动物产品卫生质量监督检验测试中心 | 0532-85643198 | 山东省青岛市南京路 369 号 | 266032 |
| 36 | 农业部农产品质量安全监督检验测试中心(青岛) | 0532-87861692 | 青岛市城阳区和阳路 593 号 | 266109 |
| 37 | 农业部农产品质量监督检验测试中心(郑州) | 0371-65739014 | 河南省郑州市花园路 116 号 | 450002 |
| 38 | 农业部果品及苗木质量监督检验测试中心(郑州) | 0371-66816453 | 河南省郑州市航海东路 63 中南,郑州果树研究所院内 | 450009 |
| 39 | 南阳市农产品质量检测中心 | 0377-65029620 | 河南省南阳市高新区大庄 | 473000 |
| 40 | 农业部食品质量监督检验测试中心(武汉) | 027-87389482 | 湖北省武汉市洪山区瑶苑 3 号 | 430064 |
| 41 | 农业部渔业环境及水产品质量监督检验测试中心(武汉) | 027-87286572 | 武汉市洪山区狮子山街王家湾特 1 号 | 430060 |
| 42 | 湖南省农产品质量检验检测中心 | 0731-84425500 | 湖南省长沙市教育街 66 号 | 410005 |
| 43 | 湖南省食品测试分析中心 | 0731-82873398 | 湖南省长沙市芙蓉区马坡岭农科院内 | 410125 |
| 44 | 农业部食品质量监督检验测试中心(湛江) | 0759-2228505 | 广东省湛江市霞山人民大道南 48 号 | 524001 |

续表 2-2-1

| 序号 | 监测中心名称 | 联系电话 | 地址 | 邮编 |
| --- | --- | --- | --- | --- |
| 45 | 农业部蔬菜水果质量监督检验测试中心(广州) | 020-85161060 | 广州市天河五山路广东省农业科学院创新大楼 | 510640 |
| 46 | 广州市农业科学研究院农业环境与农产品检测中心 | 020-84213224 | 广州市海珠区新港东路151号 | 510308 |
| 47 | 深圳市华测检测技术股份有限公司 | 0532-80626357 | 深圳市宝安区70区鸿威工业园C栋 | 518101 |
| 48 | 农业部亚热带果品蔬菜质量监督检验测试中心 | 0771-3347316 | 广西南宁市邕武路22号 | 530001 |
| 49 | 广西壮族自治区分析测试研究中心 | 0771-5317110 | 广西南宁市星湖路32号 | 530022 |
| 50 | 农业部热带农产品质量监督检验测试中心 | 0898-66895009 | 海南省海口市龙华区学院路4号 | 571101 |
| 51 | 农业部农产品质量安全监督检验测试中心(重庆) | 023-65717009 | 重庆市九龙坡区白市驿镇农科大道 | 401329 |
| 52 | 农业部食品质量监督检验测试中心(成都) | 028-84504144 | 四川省成都市净居寺路20号 | 610066 |
| 53 | 贵阳市农产品质量安全监督检验测试中心 | 0851-4857565 | 贵阳市三桥黄花街50号 | 550008 |
| 54 | 贵州省理化测试分析研究中心 | 0851-5891974 | 贵阳市宝山南路99号 | 550002 |
| 55 | 农业部农产品质量监督检验测试中心(昆明) | 0871-5140430 | 昆明市五华区学云路9号 | 650223 |
| 56 | 云南省产品质量监督检验研究院 | 0871-5198437 | 云南省昆明市教场东路23号 | 650223 |
| 57 | 农业部农产品质量监督检验测试中心(拉萨) | 0891-6861207 | 拉萨市金珠西路130号 | 850032 |
| 58 | 陕西省产品质量监督检验所 | 029-85528403 | 西安市雁塔路南段129号 | 710054 |
| 59 | 甘肃省分析测试中心 | 0931-2199031 | 甘肃省兰州市城关区定西南路225号 | 730000 |
| 60 | 甘肃省产品质量监督检验中心 | 0931-8881976 | 兰州市金昌南路208号 | 730030 |
| 61 | 农业部农产品质量安全监督检验测试中心(银川) | 0951-5676163 | 宁夏回族自治区银川市金凤区新昌西路165号 | 750002 |
| 62 | 农业部枸杞产品质量监督检验测试中心 | 0951-6886863 | 银川市黄河东路590号 | 750002 |
| 63 | 青海省产品质量监督检验所 | 0971-6318018 | 青海省西宁市冷湖路6号 | 810008 |
| 64 | 农业部农产品质量监督检验测试中心(乌鲁木齐) | 0991-4558195 | 新疆乌鲁木齐市南昌路403号 | 830091 |
| 65 | 农业部食品质量监督检验测试中心(石河子) | 0993-6683336 | 新疆石河子市北四路西端221号 | 832000 |

# 项目二　绿色食品产品抽样

## 【知识与技能】

中国绿色食品发展中心对全国绿色食品抽样工作实施统一监督管理，省级绿色食品办公室（中心）负责本区域内绿色食品抽样工作的实施。

1. 绿色食品产品抽样程序

(1)省级绿色食品办公室(中心)委派绿色食品检查员进行抽样。

(2)抽样应有2名以上(含2名)检查员参加。抽样人员应持《绿色食品检查员证书》和《绿色食品产品抽样单》。

(3)抽样人员应携带随机抽样工具、封条，与被抽样单位当事人共同抽样。抽样结束时应如实填写《绿色食品产品抽样单》，双方签字，加盖公章。抽样单一式四联，被抽单位、绿色食品定点监测机构、中国绿色食品发展中心认证处、抽样单位各持一联。

(4)样品一般应在申请人的产品成品库中抽取。抽取的产品应为已经出厂检验合格或交收检验合格的产品。

(5)抽取的样品应立即装箱，贴上抽样单位封条。被抽样单位应在2个工作日内将样品寄送绿色食品定点监测机构。

(6)抽样人员根据现场检查和国内外贸易的需要，有权提出执行标准规定项目以外的加测项目。

(7)遇有下列情况之一的，不能进行抽样：

- 抽样人员少于2人的；
- 抽样人员无《绿色食品检查员证书》的；
- 提供的抽样产品与申请认证产品名称或规格不符的；
- 产品未经被抽样单位出厂检验合格或交收检验合格的。

2. 绿色食品产品抽样步骤与方法

(1)抽样应遵循的原则

①根据国家标准GB/T 10111—2008《随机数的产生及其在产品质量抽样检验中的应用程序》；

②总体数应包括所有出厂检验合格或交收检验合格的欲进入流通市场的产品，而非特制或特备的样品；

③抽取的样品应在保质期内；

④抽样方法简单、快速。

(2)生产线上成品抽样步骤

①确定样本的个体数$n$。样本质量一般定位4 000 g，根据实验室测试项目的多少，可适当增减。例如每瓶饮料为250 g，则个体数应抽4 000/250，即$n=16$(瓶)。

②确定总体数$N$。抽样人员到达生产线时，当日(不得少于半日)尚能生产的产品数量

(以当日完成抽样为度)。例如企业生产时间从 08:00 至 16:00,抽样人员上午 09:00 到达,还有 7 h 生产时间,日生产 10 000 瓶,则当天尚能生产的产品数量为 10 000×(7/8)=8 750,故 $N$=8 750(瓶)。

③确定投随机数骰子方法所获得的随机数 $R$。骰子个数为总体数 $N$ 除以个体数 $n$ 所得商的位数,$R=N/n$(取整数)。上例则为 8 750/16=546,骰子个数为 3。采用 GB/T 10111—2008《随机数的产生及其在产品质量抽样检验中的应用程序》方法,随机取出 3 个不同颜色的骰子,并规定每种颜色所代表的数位。例如选用红、黄、蓝 3 种颜色的骰子,并规定红色骰子出现的数字表示百数位;黄色骰子出现的数字表示十数位;蓝色骰子出现的数字表示个数位。若红、黄、蓝 3 种颜色的骰子出现的数字分别为 1、7、8,则 $R$=178。

④取样本个体。从开始第 1 个个体取,每隔 $R$ 个个体取 1 个个体,直至取完 $n$ 个。上例为每隔 178 个取 1 个,直至取完 16 个。

(3)成品库抽样步骤

①确定样品重量。样品净含量应不超过 300 g。价格昂贵的产品,如茶叶等按分析要求样量的 3 倍取样,即分析样、复验样及复样各一份。需测净含量的小包装样品应取 10 个包装进行净含量测定,如饮料、乳制品等。大包装样品可不必测净含量,如粮食等初级农产品及酒等加工品。

②确定样本个体数 $n$。由以上样品重量决定,若在 1 箱中则 $n=1$,;若在 2 箱中 $n=2$,依此类推。

③确定总体数 $N$。应包括成品库中所有出厂检验合格或交收检验合格的产品。

④确定随机数 $R_1$、$R_2$ 及 $R_3$。$R_1$ 表示成品库中存放各堆中该取的堆,例如有 6 堆,则用 1 个随机骰子投出 1～6 的任意数,若非 1～6 的数字,则重新投,直到 1～6 的数字出现,即为 $R_1$。如投出 2,则在第 2 堆中取样。堆序数排列可预先规定从里到外或从外到里。

$R_2$ 表示取样堆的层数中该取的层,例如有 5 层,则用 1 个随机骰子如上法投出 1～5 的任意数,即为 $R_2$。如投出 4,则在第 4 层中取样。层序数排列可预先规定从上到下或从下到上,以取样方便为准。

$R_3$ 表示取样层中该取箱的序数,例如取样层中有 200 箱,应取 2 箱,则用 3 个骰子一次投掷,或用 1 个骰子 3 次投掷,如上法投得随机数分别为 016、145。则在该层中取第 16 箱及第 145 箱。箱序数排列可预先规定从里到外或从外到里,或从一侧到另一侧,以取样方便为准。

3. 产品抽样方法

(1)液体物料

液体、半流体食品,如植物油、鲜乳、酒类或其他饮料,若用大桶或大罐盛装或散装的,应先充分混匀后,分取,缩减到所需数量。样品应分别盛放 3 个干净的容器中。

(2)较浓稠的半固体物料

如果酱、稀奶油等,开启包装后,用采样器从各包装的上、中、下 3 层分别取样,再混合分取,缩减到所需数量。

(3)均匀固体物料

如粮食及粉状固体食品自每批食品的上、中、下 3 层中的不同部位,分别采取部分样品混合后按四分法对角取样。再进行几次混合，最后取有代表性样品。

(4)组分分布均匀的固体物料

肉类、水产品可按分析项目的要求分别从不同部位取样，经混合后代表该只动物情况，或从多只动物的同一部位取样，混合后代表某一部位的样品。果蔬类体积较小的，如山楂、葡萄等，随机取若干个整体，切碎混匀，所分到所需数量；体积较大的，如西瓜、苹果、萝卜等，采取纵分缩剖的原则，即按成熟度即个体大小的组分比例，选取若干个体，对每个个体按生长纵轴剖分4份或8份，取对角线2份，切碎混匀，缩分到所需数量。体积蓬松的叶菜类，如菠菜、小白菜等，由多个包装(一筐、一捆)分别抽取一定数量，混合后捣碎、混匀、分取，缩减到所需数量。

(5)同类多品种产品的抽样

原则上对每个申请认证的产品均应适时抽样，但同一企业生产的同类多品种产品可按下述方法实施抽样。

①主、辅原料(不包括水)相同，加工工艺相同的同类产品

a. 商品名称相同，商标名称不同的同类产品。随机抽一个样，做所抽样品的全项目分析。

b. 商品名称相同，质量规格不同的同类产品，如不同酒精度的白酒、葡萄酒或啤酒，不同原果汁含量的果汁饮料。按抽样个数确定方法，做所抽样品的全项目分析。其他同类产品各抽250 g，做非共同项目分析。

c. 商品名称不同的同类产品，如系列大米、系列红茶、系列绿茶等。按抽样个数确定方法，做所抽样的全项目分析。

②主、辅原料(不包括水)相同，形态加工工艺不同的同类产品，如不同等级的小麦粉(包括特一粉、特二粉、标准粉、饺子粉等)、不同加工精度的玉米(包括玉米粒、玉米渣、玉米粉等)、不同形态加工工艺的白糖(包括白砂糖、绵白糖、方糖、单晶糖、多晶糖等)。确定抽样个数，按成品库抽样步骤随机抽样，做所抽样品的全项目分析。其他同类产品各抽250 g，做非共同项目分析。

③主原料(不包括水)相同，加工工艺相同，调味辅料不同且其总含量不超过原料总量5%的同类产品，如不同滋味的泡菜、豆腐干、牛肉干、锅巴、冰激凌等。确定抽样个数，按成品库抽样步骤随机抽样，做所抽样品的全项目分析。

④主原料(不包括水)相同，加工工艺相同，营养强化辅料不同的同类产品，如加入不同营养强化剂的巴氏杀菌乳、灭菌乳或乳粉等。确定抽样个数，并按成品库抽样步骤随机抽样，做所抽样品的全项目分析。其他同类产品各抽250 g，做营养强化项目分析。

4. 产品抽样的注意事项

①采样必须注意生产日期、批号、代表性和均匀性(掺伪食品和食物中毒样品除外)。取样数量应考虑分析项目的要求、分析方法的要求及被检物的均匀程度3个因素。样品应一式三份，分别供检验、复验及备查或仲裁使用。每份样品数量一般不少于0.5 kg。

②一切采样器具、包装等都应清洁，不应将任何有害物质带入样品中。供微生物检验的样品，应严格遵守无菌操作规程。

③在食品厂、仓库或商店采样时，应了解食品的生产批号、生产日期、厂方检验记录及现场卫生情况，同时注意食品的运输、保存条件、外观、包装容器等情况。要认真填写采样记

录，无采样记录的样品不得接受检验。

④感官不合格的产品不必进行理化检验，直接判为不合格产品。

⑤采样后应认真填写记录单，内容包括：样品名称、规格型号、等级、批号(或生产班次)、采样地点、日期、采样方法、数量、检验目的和项目、生产厂家及详细通讯地址等内容，最后应签上采样者姓名。装样品的容器上要贴牢标签。

⑥罐头、瓶装食品或其他小包装食品，应根据批号随机取样，同一批号取样件数，250 g 以上的包装不得少于 6 件，250 g 以下的包装不得少于 10 件。

5. 产品抽样单的基本样式填写

抽样结束时应由抽样人员填写抽样单，抽样单的格式和内容参照表 2-2-2 的格式执行。该单一式四联，一联交被抽样单位；一联交绿色食品定点监测机构；一联抽样单位留存；一联交中国绿色食品发展中心认证处。绿色食品检验样品抽样单如表 2-2-2 所示。

**表 2-2-2　绿色食品产品抽样单**

<table>
<tr><td rowspan="2">被抽样单位</td><td>名称</td><td></td><td>法定代表人（负责人）</td><td></td><td>职务</td><td></td></tr>
<tr><td>地址</td><td></td><td>邮编</td><td></td><td>电话</td><td></td></tr>
<tr><td colspan="2">申报产品名称</td><td colspan="2"></td><td rowspan="3">生产企业检验合格与其产品批量</td><td colspan="2" rowspan="3"></td></tr>
<tr><td colspan="2">抽检产品名称</td><td colspan="2"></td></tr>
<tr><td colspan="2">产品执行标准</td><td colspan="2"></td></tr>
<tr><td colspan="2">出厂批号</td><td></td><td>商标</td><td colspan="3"></td></tr>
<tr><td colspan="2">生产日期</td><td></td><td>型号规格</td><td colspan="3"></td></tr>
<tr><td colspan="2">保质期</td><td></td><td>包装方式</td><td colspan="3"></td></tr>
<tr><td rowspan="3">样品情况</td><td>抽样标准号</td><td></td><td>抽样地点</td><td colspan="3"></td></tr>
<tr><td>抽样方法</td><td></td><td>样品数量及单位</td><td colspan="3"></td></tr>
<tr><td>包装方式</td><td></td><td>封条数量</td><td colspan="3"></td></tr>
<tr><td rowspan="2">封样运样情况</td><td>运样单位</td><td colspan="5"></td></tr>
<tr><td colspan="3">抽样单位抽样人(签名)<br>（章）<br>年　月　日</td><td colspan="3">被抽样单位当事人(签名)<br>（章）<br>年　月　日</td></tr>
<tr><td>备注</td><td colspan="6"></td></tr>
</table>

备注：1. 本表一式四联：一联交被抽样单位，一联交绿色食品定点监测机构，一联抽样单位留存，一联交中国绿色食品发展中心认证处。

2. 中心认证处通讯地址：北京市海淀区学院南路 59 号，100081。

联系电话：010-62191404，62191407；传真：010-62191408。

# 项目三　绿色食品产品质量检验的原则及程序

## 【知识与技能】

### 一、绿色食品产品质量检验的原则

①检验方法所采用的名词及单位制，均应符合国家规定的标准及法定计量单位。如温度以摄氏度表示，符号为℃；压力单位为帕斯卡，符号为 Pa。

②检验方法中所使用的水，在没有注明其他要求时，系指其纯度能满足分析要求的蒸馏水或去离子水。

③试验中所用的玻璃量器、玻璃器皿须经彻底洗净后才可使用。检验方法中所使用的砝码、滴定管、移液管、容量瓶、刻度吸管及分光光度计等，均必须按国家有关规定及规程进行校正。

④配制溶液时所使用的试剂和溶剂的纯度应符合分析项目的要求。应根据分析人物、分析方法、对分析结果准确度的要求等选用不同等级的化学试剂。一般试剂和提取用溶剂，可用化学纯（CR）；配制微量物质的标准溶液时，实际纯度应在分析纯（AR）以上；标定标准溶液所用的基准物质，应选用优级纯（GR）；若试剂空白值较高或对测定发生干扰时，则需用纯度级别更高的试剂，或将试剂纯化处理后再用。

⑤检验工作中所有用到的计量检定器具，都应根据国家计量法的有关要求，定期到计量检定部门进行计量检定。

⑥数据的计算和取值，应遵循有效数字法则及数字修约规则（四舍六入、五留双规则）。

⑦检验时必须做平行试验。

⑧检验结果表示方法，要按照相应标准的规定执行。检验结果的表示方法，应与食品卫生标准的表示方法一致。如每百克样品中所含被测物质的毫克数表示为 mg/100 g（毫克百分含量）；每千克（或每升）样品中所含被测物质的毫克数，表示为 mg/kg 或 mg/L；每千克（或每升）样品中所含被测物质的微克数表示为 μg/kg 或 μg/L。

⑨一般样品在检验结束后应保留 1 个月，以备需要时复查，保留期限从检验报告单签发日期计算。易变质食品不予保留。保留样品应加封存放在适当的地方，并尽可能保持原状。

### 二、绿色食品产品质量检验的程序

①中心对全国绿色食品抽样工作实施统一监督管理，省级绿色食品办公室负责本区域内绿色食品抽样工作的实施。

省级绿色食品委托管理机构收到中心下发绿色食品产品质量抽检计划、项目、判定依据、相关要求及抽样单后，认真填抽样单，并由省级绿色食品办公室委派绿色食品检察员进行抽样。如果是申报检验，将委派 2 名以上（含 2 名）绿色食品标志专职管理人员赴申报企业进行抽样（或由申报企业按规定取样后送至绿色食品定点食品检验中心）。如果是抽样检验，省级绿色食品管理机构或绿色食品定点的质量监督检验机构，按照绿色食品检验工作抽样规范要求，到绿色食品生产企业或该企业提供的供货地点抽取检验样品；或接受受检企业提供的具有代表性的受检产品作为检验样品。绿色食品定点的质量监督检验部门负责收样，并安排检验。

②抽样人员应持《绿色食品检查员证书》和《绿色食品产品抽样单》，以及携带随机抽样工具、封条，与被抽样单位当事人共同抽样。抽样结束时应如实填写《绿色食品产品抽样单》，双方签字，加盖公章。抽样单一式四联，被抽单位、绿色食品定点监测机构、中心认证处、抽样单位各持一联。

③样品一般应在申请人的产品成品库中抽取。抽取的产品应已经出厂检验合格或交收检验合格。抽取的样品应立即装箱，贴上抽样单位封条。被抽样单位应在 2 个工作日内将样品寄、送绿色食品定点监测机构。抽样人员根据现场检查和国内外贸易的需要，有权提出执行标准规定项目以外的加测项目。

④如果抽样人员少于 2 人的、抽样人员无《绿色食品检查员证书》、提供的抽样产品与申请认证产品名称或规格不符、产品未经被抽样单位出厂检验合格或交收检验合格的，不能进行抽样。

⑤根据检验项目要求进行样品制备，支撑相应的待测试样，同时将复检及备检样品妥善保管。按采样规程采取的样品往往数量较多、颗粒大、组成不均匀，必须对样品进行粉碎、混匀、缩分，以代表全部样品的成分。

⑥样品送交检验室按照规定检验方法检验，填写《绿色食品产品检测情况表》(表 2-2-3)，此表一式三份，由监测单位填写，一份连同检测报告报送中心认证处，一份抄送省绿办，一份监测单位留存。并根据检验结果提交检验报告。

**表 2-2-3　绿色食品产品检测情况表**　(此表可以复制)

<table>
<tr><td colspan="2">申请人</td><td colspan="4"></td></tr>
<tr><td colspan="2">申请认证产品</td><td colspan="4"></td></tr>
<tr><td colspan="2">寄、送样人</td><td colspan="4"></td></tr>
<tr><td colspan="2">到样日期</td><td colspan="4"></td></tr>
<tr><td colspan="2">样品数量</td><td colspan="4"></td></tr>
<tr><td colspan="2">样品特征和状态</td><td colspan="4"></td></tr>
<tr><td colspan="2">检测完成日期</td><td colspan="4"></td></tr>
<tr><td colspan="2">收取的检测费用</td><td colspan="4"></td></tr>
<tr><td colspan="2">递交报告日期</td><td colspan="4"></td></tr>
<tr><td colspan="2">检测人员</td><td colspan="4"></td></tr>
<tr><td>签发人<br>(签字)</td><td></td><td>签发<br>日期</td><td></td><td>监测单位<br>(盖章)</td><td></td></tr>
</table>

备注：1. 本表一式三份，由监测单位填写，一份连同检测报告报送中心认证处，一份抄送省绿办，一份监测单位留存。

2. 中心认证处通讯地址：北京市海淀区学院南路 59 号，100081。

联系电话：010-62191404，62191407；传真：010-62191408。

⑦检验报告经三级审核(化验室具体化验员填写原始化验单为一级审核,化验室负责人填写质量审核单为二级审核,质检中心技术负责人填写质量审核单为三级审核)后,由检验中心负责人签批后报有关部门及受检企业。

⑧受检企业如对检验结果持有异议,可在接到检验报告1个月内,向检验中心或绿色食品主管部门提出复检申请。

## 三、样品的运送和贮存

样品一般应由抽样人员带回,不便于带回的应以快件寄(运)或由被抽样单位专人运送。为了减少运送过程中的质量变化,鲜样应在2 d内送至检验单位。鲜活产品无法及时送达的,应采取相应的保质措施,如可以放在冷藏箱或低温冰箱内。

样品保存应有专门的储存室。样品储存室应清洁干燥、通风避光,应有适量的样品橱,样品橱内存放样品应按日期、批号、编号合理排布,样品容器应密封。对于容易腐烂变质的样品需保存在0~5℃,保存时间也不宜过长,否则,会导致样品变质或待测物质的分解。特殊情况下样品可加入适当的不影响分析结果的防腐剂、稳定剂等高纯度的试剂,以利延长样品保存期。

# 项目四　绿色食品产品质量检验的主要内容

由于食品成分的复杂性,因此,对于不同种类的食品,其分析检验的项目也各不相同。另外,某些种类的食品还有特定的分析项目,这使得食品检验的范围十分广泛。绿色食品产品标准与普通食品的国家标准相比,体现在检验项目种类多、指标严,而且有些还增加了检验项目。根据绿色食品产品标准规定的外观品质、营养品质、卫生品质、食品添加剂等的要求,绿色食品检验主要包括以下内容。

## 一、绿色食品检验的主要方法

### 1. 感官评定

绿色食品感官要求包括外形、色泽、气味、口感、质地等。感官要求是食品给予用户或消费者的第一感觉,是绿色食品优质性最直观的体现。绿色食品产品标准中感官要求有定性、半定量、定量标准。其要求严于同类非绿色食品,有等级规定者一般按最高等级(如特级、优级、一级)要求。例如国家《大豆油标准》(GB 1535—1986)以及《食用植物油卫生标准》(GB 2716—1988)中,均无“透明度”这项感官指标,而《绿色食品大豆油标准》(NY/T 286—1995)增加了“透明度”指标;又如绿色食品全脂乳感官评分标准达到了国家GB 5140的特级产品标准。

食品的感官检验,是根据人的感觉器官对食品的各种质量特征的“感觉”,如味觉、嗅觉、视觉、听觉等,用语言、文字、符号或数据进行记录,再运用概率统计原理进行统计分析,从而得出结论,对食品的色、香、味、形、质地、口感等各项指标做出评价的方法。感官检验可靠、直接、快速,往往是食品各项检验内容的第一项,不能被其他方法代替。国家标准对各类食品都制定有相应的感官指标，主要用文字描述。

2. 理化检验

绿色食品理化指标是绿色食品的内涵要求，它包括应有成分指标，如蛋白质、脂肪、水分、灰分、糖类、维生素等。食品理化检验主要是利用物理、化学以及仪器等分析方法对食品中的各种营养成分、添加剂、矿物质等进行检验；对食品中由于各种原因而携带上的有害有毒的化学成分进行检验。

由于测定目的以及被检样品的性质各异，检测的方法很多，常用的理化检验方法有物理检验、化学检验和仪器检验。物理检验是利用食品的一些物理常数与食品的组成成分及含量的关系，如密度、折光度、旋光度、沸点、凝固点、体积、气体分压等；化学检验是以物质的化学反应为基础，多用于常规检验，如营养成分的检验；仪器检验是以物质的物理或化学性质为基础，利用光电仪器来测定物质的含量，多用于微量成分的分析，灵敏、快速、自动化程度高，但对预处理的要求较高。

## 二、绿色食品检验的主要内容

1. 卫生检测

(1) 农药残留检测

农药是农业生产中重要的生产资料之一。农药的使用可以有效地控制病虫害，消灭杂草，提高作物的产量和质量。而且农药用于公共卫生和疾病控制等方面，在增加动物性食品产量、减少虫媒传染病和寄生虫病的发生、控制人兽共患病、保障人体健康方面都起着十分重要的作用。然而，许多农药又是有害物质，在生产和使用中带来了环境污染和食品农药残留问题，当食品中农药残留量超过最大残留限量时，则会对人体产生不良影响。目前食品中农药残留已成为全球性的问题和一些国际贸易纠纷的起因，也是当前我国农畜产品出口的重要限制因素之一。因此，绿色食品的原料生产过程中必须按照 NY/T 393—2000 绿色食品农药使用准则，防止农药的污染和残留量超标。

常用农药的危害与检测方法：

①有机氯农药。有机氯农药是一类应用最早的高效广谱杀虫剂，主要的品种有滴滴涕(DDT，二氯二本三氯乙烷)和六六六(六氯环己烷)，其次是艾氏剂、氯丹、狄氏剂、异狄氏剂等。有机氯农药化学性质稳定，在外界环境中残留时间长，不易分解，可通过食物链进入人体且在人体内蓄积。同时，有机氯农药具有高度选择性，多蓄积于动物的脂肪或脂肪多的组织中。由于有机氯农药的半衰期长，有些品种的半衰期可达 10 年以上，所以目前世界各国已经广泛停用，但在一些食品中仍可能存在有机氯农药。

限量及检测：食品法典委员会(CAC)推荐的人体六六六的 ADI 值(每人每天允许摄入量)为每千克体重 0.008 mg；滴滴涕的 ADI 值为每千克体重 0.02 mg。绿色食品中有机氯农药的检测指标主要有六六六、滴滴涕，其残留量的测定参照 GB 5009.19—2008 标准规定的方法，采用填充柱气相色谱—电子捕获检测器法测定。

②有机磷农药。有机磷农药是指有机磷酸酯类化合物，广泛用于农作物的杀虫、杀菌、除草和脱叶剂。由于具有杀虫效力高、分解快的特点，发展很快，到目前已有百余种，为我国使用量最大的一类农药。根据毒性大小划分为高毒、中毒、低毒 3 类。高毒类主要有对硫

磷、内吸磷、甲拌磷、甲胺磷等；中等毒类有敌敌畏、乐果、甲基内吸磷、倍硫磷、杀螟硫磷、二嗪磷等。有机磷农药的化学性质不稳定，分解快，在土壤中持续时间仅数天，个别长达数月。生物半衰期短，不易在作物、动物和人体内蓄积。但由于有机磷农药的使用量越来越大，而且反复多次地作用在农作物上，导致食品发生不同程度的污染，因此这类农药对食品的污染比有机氯农药更为严重，尤其是使用毒性较大的化合物后，在短期内就会引起人和动物的急性中毒。农作物中的有机磷农药主要来自喷洒直接污染，也可从土壤中吸收。蔬菜的吸收能力依次为根菜类>叶菜类>果菜类。在室温条件下，蔬菜和水果中有机磷农药生物半衰期为7～17 d。有机磷农药在高等动物体内分解快，不易残留。对水域及水生生物的污染大多是由于农药生产厂废水的排放及降水使得农药转移到水中而引起的。

限量及检测：FAO/WHO建议对硫磷的ADI值为每千克体重0.005 mg；甲胺磷、敌敌畏的ADI值为每千克体重0.004 mg；马拉硫磷、甲基对硫磷的ADI值为每千克体重0.002 mg；辛硫磷的ADI值为每千克体重0.001 mg。食品中有机磷农药的残留量测定按GB/T 5009.20—2003标准的规定，运用火焰光度色谱法、气相色谱法或高效液相色谱法进行。

③拟除虫菊酯农药。拟除虫菊酯农药是化学结构和生物活性类似于天然除虫菊酯的仿生合成杀虫剂，目前的应用量仅次于有机磷杀虫剂。在生产上推广使用的品种有溴氰菊酯、氰戊菊酯、顺式氰戊菊酯、甲氰菊酯、氯菊酯、氯氰菊酯、乙氰菊酯、戊菊酯、醚菊酯、四溴氰菊酯等。虽然拟除虫菊酯杀虫剂具有高效、低毒、广谱的特点，多数品种的毒性为低毒或中等毒，但此类杀虫剂中毒患者的临床病情却比较严重，且中毒事件发生得较为频繁，应引起人们注意。

限量与检测：根据《绿色食品农药使用准则》，拟除虫菊酯杀虫剂由于其对水生生物毒性大，在水稻及其他水生生物上禁用，但在其他非水生生物上是可以用的。氯氰菊酯、氰戊菊酯和溴氰菊酯残留量的测定依据GB/T 5009.110—2003中植物性食品中氯氰菊酯、氰戊菊酯和溴氰菊酯残留量的测定。

④氨基甲酸酯农药。氨基甲酸酯类农药用作农药的杀虫剂、除草剂、杀菌剂等。这类杀虫剂分为五大类：萘基氨基甲酸酯类，如西维因；苯基氨基甲酸酯类，如叶蝉散；氨基甲酸肟酯类，如涕灭威；杂环甲基氨基甲酸酯类，如呋喃丹；杂环二甲基氨基甲酸酯类，如异索威。除少数品种（如呋喃丹等）毒性较高外，大多数属中、低毒性。

限量与检测：FAO/WHO建议西维因和呋喃丹的ADI值为每千克体重0.01 mg；抗蚜威的ADI值为每千克体重0.02 mg；涕灭威的ADI值为每千克体重0.05 mg。食品中氨基甲酸酯农药残留量的测定按GB/T 5009.104—2003标准的规定，采用气相色谱法测定。

（2）兽药残留检测

兽药是用于预防、治疗和诊断畜禽等动物疾病，有目的地调节其生理机能的物质。其使用必须按照NY/T 472—2006绿色食品兽药使用准则执行。

常见的兽药残留类别：

①抗生素类。抗生素类多为天然发酵产物，是临床应用最多的一类抗菌药物。治疗用抗生素主要品种有青霉素类、四环素类、杆菌肽、庆大霉素、链霉素、红霉素、新霉素和林可霉素等。常用饲料药物添加剂中抗生素主要有盐霉素、马杜霉素、黄霉素、土霉素、金霉素、潮霉素、伊维霉素、庆大霉素和泰安菌。采用微生物学检测方法、液相色谱—质谱/质谱法测定。

②磺胺类药物。磺胺类药物是一类具有广谱抗菌活性的化学合成药物。由于其疗效好,使用方便,因而广泛应用于防治人和动物的多种细菌性疾病。临床上常用的磺胺类药物有磺胺嘧啶、磺胺二甲嘧啶、磺胺甲基嘧啶、磺胺喹噁啉。另外,磺胺药与抗菌增效剂合用,还组成了"增效磺胺",如复方新诺明、增效磺胺嘧啶钠等。采用高效液相色谱法、放射受体分析法、液相色谱—串联质谱法测定。

③硝基呋喃类药物。硝基呋喃类药物是动物常用的一类人工合成的广谱抗菌药。合成的硝基呋喃类药物有:呋喃妥因、呋喃唑酮和呋喃西林。由于这类药物具有广谱抗菌、抑菌和杀菌作用,不受脓液和组织分解产物的影响,不易产生耐药性,口服吸收迅速,与磺胺药和抗生素无交叉耐药性,使用方便等优点,在兽医临床上被广泛使用。长期小剂量给药或短期给予大剂量的硝基呋喃类药物,均可造成动物组织中的药物残留,导致动物性食品污染。采用高效液相色谱法、高效液相色谱—串联质谱法测定。

2. 主要重金属检测

(1)食品中主要重金属的来源和危害

①汞。在自然界中,汞是一种不常见的元素。在土壤和水缺氧的情况下,硫酸盐细菌可以将汞转化为硫化物。由于微生物作用生成的汞以及从工业生产中释放出的汞,很快被生物有机体吸收,通过食物链进入人体,进而影响人体健康。一般情况下,食物中的汞含量通常很少,但随环境污染的加重,食物中汞的污染也越来越严重,部分食物中汞含量超过了限量的标准。水产品中汞含量较高,特别是鱼中由于污染而残留的汞相对较多。

对大多数人来说,因为食物而引起汞中毒的危险是非常小的,人们所吸收的大部分汞是甲基汞,而且主要是来自食用鱼类食品。由无机汞引起的急性中毒,主要可导致肾脏组织坏死,发生尿毒症,严重时可引起死亡。有机汞引起的急性中毒,早期主要造成肠胃系统的损害,引起肠道黏膜发炎,剧烈腹痛、腹泻和呕吐,甚至导致虚脱而死亡。长期食用被汞污染的食品可引起慢性汞中毒的一系列不可逆的神经系统中毒症状,也能在肝脏、肾脏中产生蓄积,并透过血脑屏障在脑组织中产生蓄积。由于局部汞的高浓度积累,造成气管营养障碍,蛋白质合成下降,导致脏器功能衰竭。

②铅。食品中铅的来源很多,包括罐头食品、饮水管道、土壤中的铅,由于空气沉积到谷物上的铅以及流入到农田中的含铅的污水等。由于铅广泛存在于环境中,人体摄入铅的途径就很多,主要包括食品、饮水、吸烟、大气等,但人体特别是进行非职业性接触的人所摄入的铅主要来自于食品。

人摄入大量的铅会引起铅的急性中毒,通常表现为肠胃反应,即发生在以前的酒厂和酒精厂工人所谓的"肝腹病"或称"德文郡腹病",表现为剧烈的暴发性腹痛后,出现厌食、消化不良和便秘等症状。铅污染食品引起的慢性中毒主要损害造血系统、神经系统、肝脏等,表现为贫血、头晕、头痛、全身无力、失眠、食欲不振、易疲劳、记忆力下降和关节、肌肉酸痛等神经衰弱症状,严重者可表现出癫痫和瘫痪。一般成年人很少患因铅引起的脑病,儿童则经常发生。

③砷。砷广泛分布于自然环境中,几乎所有的土壤中都存在砷。最普通的两种含砷无机化合物是 $As_2O_3$(砒霜)和 $As_2O_5$。一般三价砷毒性大于五价砷,砷化合物的毒性大小顺序为砷>有机砷>砷化氢。

食品中微量的砷主要来自土壤中的自然本地。随着生产的发展,含砷化合物广泛作为除草剂、杀虫剂、杀菌剂、杀鼠剂和各种防腐剂的成分应用于农业中，从而造成大量农作物严重污染，使食品中砷含量增高。此外，在动物饲料中同样大量掺入了对氨基苯基砷酸等含砷的化合物作为生长促进剂，这就涉及家畜等动物性食品的安全性。

河水中砷含量一般为0～0.2 mg/L，温泉和矿泉水中砷含量一般为0.5～11.3 mg/L，如果长期饮用此类水，会导致砷摄入量过多而产生慢性中毒。砷能引起人体急性和慢性中毒。砷的急性中毒通常是由于误食而引起的，砷的慢性中毒是由于长期食用含微量砷的食品而引起的。砷慢性中毒表现为食欲不振、体重下降、肠胃阻碍、末梢神经炎、结膜炎、角质硬化和皮肤变黑。据报道，长期受砷毒害，皮肤的黑色素发生变化，如皮肤的黑变病变是砷毒害特征所在。另外，摄入砷含量高的食物还会引起皮癌、肺癌。

④镉。植物性食品中镉主要来源于冶金、冶炼、陶瓷、电镀工业及化学工业(如电池、饲料添加剂、食品防腐剂、杀虫剂、燃料)等排出的“三废”。动物性食品中的镉主要来源于环境，正常情况下，动物性食品中镉的含量是比较低的。但在污染环境中，镉在动物体内有明显的生物蓄积倾向。水产品中镉含量相当高。

食品中含高浓度镉或容器被镉污染可导致人急性镉中毒，表现为恶心呕吐、腹泻腹痛，较严重者伴有头疼、眩晕、大汗和上肢感觉障碍，甚至抽搐。如果长时间低剂量摄入镉会引起慢性镉中毒，表现为肾功能损害，引起贫血，抑制骨髓血红蛋白的合成，诱导染色体畸变，还可以引起高血压、动脉粥样硬化、睾丸损害、前列腺癌等。

(2)绿色食品中主要重金属的限量及检测

主要重金属元素在绿色食品中的限量见表2-2-4。其检测方法见表2-2-5。

**表2-2-4 绿色食品中几种重金属的限量** mg/kg

| 食品名称 | 砷 | 汞 | 铅 | 镉 |
|---|---|---|---|---|
| 玉米 | ≤0.4 | ≤0.01 | ≤0.2 | ≤0.1 |
| 小麦粉 | ≤0.4 | ≤0.01 | ≤0.2 | ≤0.1 |
| 水果 | ≤0.2 | ≤0.005 | ≤0.2 | ≤0.01 |
| 植物蛋白饮料 | ≤0.1 | ≤0.01 | ≤0.04 | |
| 果蔬脆片 | ≤0.2 | ≤0.01 | ≤0.2 | ≤0.1 |
| 果脯 | ≤0.1 | | ≤0.05 | |
| 酱腌菜 | ≤0.2 | ≤0.01 | ≤0.2 | ≤0.05 |
| 蔬菜类 | ≤0.2 | ≤0.01 | ≤0.1 | ≤0.05 |
| 茄果类 | ≤0.2 | ≤0.01 | ≤0.1 | ≤0.05 |
| 液态乳 | ≤0.1 | | ≤0.05 | |
| 乳粉 | ≤0.9 | | ≤0.45 | |
| 花生果仁 | ≤0.5 | ≤0.02 | ≤0.40 | ≤0.10 |
| 食用菌(干) | ≤0.5 | ≤0.1 | ≤1.0 | ≤1.0 |
| 食用菌(鲜) | ≤0.2 | ≤0.03 | ≤0.3 | ≤0.2 |
| 番茄 | ≤0.1 | | ≤0.5 | |
| 食用油 | ≤0.08 | ≤0.05 | | |

**表 2-2-5　绿色食品中几种重金属的检测方法**

| 重金属 | 检测依据 | 检测方法 |
|---|---|---|
| 汞 | GB/T5009.17—2003 | 冷原子吸收光谱法或双硫腙比色法 |
| 铅 | GB/T5009.12—2010 | 火焰原子吸收光谱法或石墨炉原子吸收光谱发 |
| 砷 | GB/T5009.11—2003 | 银盐法或氰化物原子荧光光度法 |
| 镉 | GB/T5009.15—2003 | 火焰原子吸收光谱—甲基戊酮萃取法或火焰原子吸收光谱—乙酸丁酯萃取法 |

3. 微生物检测

食品的微生物检验时运用微生物学的理论与方法，检验食品中微生物的种类、数量、性质及其对人体健康的影响，以判别食品是否符合质量标准的检验方法。

我国绿色食品微生物检测指标有菌落总数、大肠菌群和致病菌 3 项。

(1)菌落总数

菌落总数是指食品检样在严格规定的条件下(样品处理、培养基及其 pH、培养温度与实践、计数方法等)培养后，单位重量(g)、容积(mL)或表面积($cm^2$)上所生成的细菌菌落总数。其测定依据 GB/T 4789.2—2010 食品卫生微生物学检验菌落总数测定。

(2)大肠菌群

大肠菌群包括大肠杆菌和产气杆菌及其一些中间类型的细菌。这些细菌是寄居于人及温血动物肠道内的常居菌，它随着大便排出体外。如果食品中大肠菌群数越多，说明食品受粪便污染的程度越大。故以大肠菌群作为粪便污染食品的卫生指标来评价食品的质量具有广泛的意义。如绿色食品中规定酱腌菜中不能超过 30 个/100 g，果脯≤15 个/100 g，果汁饮料≤3 个/100 mL，植物蛋白饮料≤3 个/100 mL，水果蔬菜脆片≤30 个/100 g。其检测依据 GB/T 4789.3—2003 食品卫生微生物学检验大肠菌群测定。

(3)致病菌

致病菌即能够引起人们发病的细菌。对不同的食品和不同的场合，应选择一定的参考菌群进行检验。例如，海产品以副溶血性弧菌作为参考菌群；蛋与蛋制品以沙门氏菌、金黄色葡萄球菌、变形杆菌等作为参考菌群；米、面类食品以蜡样芽孢杆菌、变形杆菌、霉菌等作为参考菌群；罐头食品以耐热性芽孢菌作为参考菌群等。绿色食品中常见的致病菌检测指标包括溶血性链球菌、沙门氏菌、志贺氏菌、金黄色葡萄球菌。这些指标在绿色食品中一般要求不得检出。其检测方法见表 2-2-6。

**表 2-2-6　绿色食品中不同致病菌检测方法**

| 检测项目 | 检测方法 |
|---|---|
| 沙门氏菌 | GB 4789.4—2010 食品卫生微生物学检验沙门氏菌检验 |
| 志贺氏菌 | GB/T 4789.5—2003 食品卫生微生物学检验志贺氏菌检验 |
| 金黄色葡萄球菌 | GB 4789.10—2010 食品卫生微生物学检验金黄色葡萄球菌检验 |
| 溶血性链球菌 | GB/T 4789.11—2003 食品卫生微生物学检验溶血性链球菌检验 |

4. 食品添加剂的检测

食品添加剂按其来源分为天然与人工合成两类。天然食品添加剂主要来自动、植物组织或微生物的代谢产物；人工合成食品添加剂是通过化学手段合成的。

食品添加剂按其功能分为防腐剂、甜味剂、乳化剂、消泡剂、抗氧化剂、漂白剂、膨松剂等。

我国绿色食品标准中常检的项目有糖精钠、苯甲酸、山梨酸、亚硝酸根和合成色素。其检出限值见表 2-2-7，检测方法见表 2-2-8。

**表 2-2-7　某些绿色食品中添加剂检出限值**

| 食品名称 | 糖精钠 | 苯甲酸 | 山梨酸 | 合成色素 | 食品防腐剂/着色剂 |
|---|---|---|---|---|---|
| 酱菜 | 不得检出 | 不得检出 | ≤0.25 | | |
| 果脯 | 不得检出 | 不得检出 | ≤0.5 | 不得检出 | |
| 果汁饮料及植物蛋白饮料 | 不得检出 | 不得检出 | ≤0.5 | | |
| 果蔬脆片 | | 不得检出 | 不得检出 | | |
| 番茄酱 | | | | | 不得检出 |

**表 2-2-8　绿色食品添加剂检测方法**

| 指标 | 依据 | 方法 |
|---|---|---|
| 山梨酸、苯甲酸 | GB/T 5009.29—2003 | 气相色谱法或高效液相色谱法 |
| 亚硝酸根 | GB/T 5009.33—2010 | 离子色谱法或分光光度法 |
| 合成色素 | GB/T 5009.35—2003 | 高效液相色谱法或薄层色谱法 |
| 糖精钠 | GB/T 5009.28—2003 | 高效液相色谱法或薄层色谱法 |

5. 包装

所有的绿色食品产品，其包装必须符合国家标准 GB 7718—2011《预包装食品标签通则》或 GB 13432—2004《预包装特殊膳食用食品标签通则》的规定，用于产品包装的容器如塑料箱、纸箱等应按产品的大小规格设计，统一规格应大小一致，整洁、干燥、牢固、透气、无污染、无异味，内壁无尖突物，无虫蛀、腐烂、霉变等，纸箱无受潮、离层现象。此外，绿色食品产品的包装应符合绿色食品包装通用准则 NY/T 658—2002 的要求。

## 【实习实训】

### 实训一　绿色食品中铅含量的测定

——石墨炉原子吸收光谱法

1. 实验目的

通过本方法的学习掌握该测定方法的原理、步骤，并根据测定结果判定受检样品是否符合国家规定的卫生标准。

2. 实验原理

试样经灰化或酸消解后，注入原子吸收分光光度计石墨炉中，电热原子化后吸收 283.3 nm 共振线，在一定浓度范围，其吸收值与铅含量成正比，与标准系列比较定量。

3. 试剂和材料

除非另有规定，本方法所使用试剂均为分析纯，水为GB/T 6682规定的一级水。

3.1 硝酸：优级纯。

3.2 过硫酸铵。

3.3 过氧化氢（30%）。

3.4 高氯酸：优级纯。

3.5 硝酸（1+1）：取50 mL硝酸慢慢加入50 mL水中。

3.6 硝酸（0.5 mol/L）：取3.2 mL硝酸加入50 mL水中，稀释至100 mL。

3.7 硝酸（1 mol/L）：取6.4 mL硝酸加入50 mL水中，稀释至100 mL。

3.8 磷酸二氢铵溶液（20 g/L）：称取2.0 g磷酸二氢铵，以水溶解稀释至100 mL。

3.9 混合酸：硝酸+高氯酸（9+1），即取9份硝酸与1份高氯酸混合。

3.10 铅标准储备液：准确称取1.000 g金属铅（99.99%），分次加少量硝酸（4.5），加热溶解，总量不超过37 mL，移入1 000 mL容量瓶，加水至刻度。混匀。此溶液每毫升含1.0 mg铅。

3.11 铅标准使用液：每次吸取铅标准储备液1.0 mL于100 mL容量瓶中，加硝酸（4.6）至刻度。如此经多次稀释成每毫升含10.0 ng、20.0 ng、40.0 ng、60.0 ng、80.0 ng铅的标准使用液。

4. 仪器和设备

4.1 原子吸收光谱仪，附石墨炉及铅空心阴极灯。

4.2 马福炉。

4.3 天平：感量为1 mg。

4.4 干燥恒温箱。

4.5 瓷坩埚。

4.6 压力消解器、压力消解罐或压力溶弹。

4.7 可调式电热板、可调式电炉。

5. 分析步骤

5.1 试样预处理

5.1.1 在采样和制备过程中，应注意不使试样污染。

5.1.2 粮食、豆类去杂物后，磨碎，过20目筛，储于塑料瓶中，保存备用。

5.1.3 蔬菜、水果、鱼类、肉类及蛋类等水分含量高的鲜样，用食品加工机或匀浆机打成匀浆，储于塑料瓶中，保存备用。

5.2 试样消解（可根据实验室条件选用以下任何一种方法消解）

5.2.1 压力消解罐消解法

称取1～2 g试样（精确到0.001 g，干样、含脂肪高的试样<1 g，鲜样<2 g或按压力消解罐使用说明书称取试样）于聚四氟乙烯内罐，加硝酸（4.1）2～4 mL浸泡过夜。再加过氧化氢（4.3）2～3 mL（总量不能超过罐容积的1/3）。盖好内盖，旋紧不锈钢外套，放入恒温干燥箱，120～140℃保持3～4 h，在箱内自然冷却至室温，用滴管将消化液洗入或过滤入（视消化后试样的盐分而定）10～25 mL容量瓶中，用水少量多次洗涤罐，洗液合并于容量瓶中并定容至刻度，混匀备用。同时作试剂空白试验。

5.2.2　干法灰化

称取 1～5 g 试样(精确到 0.001 g,根据铅含量而定)于瓷坩埚中,先小火在可调式电热板上炭化至无烟,移入马福炉(500±25)℃灰化 6～8 h,冷却。若个别试样灰化不彻底,则加 1 mL 混合酸(4.9)在可调式电炉上小火加热,反复多次直到消化完全,放冷,用硝酸(3.6)将灰分溶解,用滴管将试样消化液洗入或过滤入(视消化后试样的盐分而定)10～25 mL 容量瓶中,用水少量多次洗涤瓷坩埚,洗液合并于容量瓶中并定容至刻度,混匀备用。同时作试剂空白试验。

5.2.3　过硫酸铵灰化法

称取 1～5 g 试样(精确到 0.001 g)于瓷坩埚中,加 2～4 mL 硝酸(4.1)浸泡 1 h 以上,先小火炭化,冷却后加 2.00～3.00 g 过硫酸铵(4.2)盖于上面,继续炭化至不冒烟,转入马福炉,(500±25)℃恒温 2 h,再升至 800℃,保持 20 min,冷却,加 2～3 mL 硝酸(4.7),用滴管将试样消化液洗入或过滤入(视消化后试样的盐分而定)10～25 mL 容量瓶中,用水少量多次洗涤瓷坩埚,洗液合并于容量瓶中并定容至刻度,混匀备用。同时作试剂空白试验。

5.2.4　湿式消解法

称取试样 1～5 g(精确到 0.001 g)于锥形瓶或高脚烧杯中,放数粒玻璃珠,加 10 mL 混合酸(4.9),加盖浸泡过夜,加一小漏斗于电炉上消解,若变棕黑色,再加混合酸,直至冒白烟,消化液呈无色透明或略带黄色,放冷,用滴管将试样消化液洗入或过滤入(视消化后试样的盐分而定)10～25 mL 容量瓶中,用水少量多次洗涤锥形瓶或高脚烧杯,洗液合并于容量瓶中并定容至刻度,混匀备用。同时作试剂空白试验。

5.3　测定

5.3.1　仪器条件

根据各自仪器性能调至最佳状态。参考条件为波长 283.3 nm,狭缝 0.2～1.0 nm,灯电流 5～7 mA,干燥温度 120℃,20 s;灰化温度 450℃,持续 15～20 s,原子化温度:1 700～2 300℃,持续 4～5 s,背景校正为氘灯或塞曼效应。

5.3.2　标准曲线绘制

吸取上面配制的铅标准使用液 10.0 ng/mL(或 μg/L)、20.0 ng/mL(或 μg/L)、40.0 ng/mL(或 μg/L)、60.0 ng/mL(或 μg/L)、80.0 ng/mL(或 μg/L)各 10 μL,注入石墨炉,测得其吸光值,并求得吸光值与浓度关系的一元线性回归方程。

5.3.3　试样测定

分别吸取样液和试剂空白液各 10 μL,注入石墨炉,测得其吸光值,代入标准系列的一元线性回归方程中求得样液中铅含量。

5.3.4　基体改进剂的使用

对有干扰试样,则注入适量的基体改进剂磷酸二氢铵溶液(3.8)(一般为 5 μL 或与试样同量)消除干扰。绘制铅标准曲线时也要加入与试样测定时等量的基体改进剂磷酸二氢铵溶液。

6. 分析结果的表述

试样中铅含量按下式进行计算。

$$X=\frac{(c_1-c_2)\times V\times 1\,000}{m\times 1\,000\times 1\,000}$$

式中：$X$—试样中铅含量，单位为毫克每千克或毫克每升(mg/kg 或 mg/L)；

$c_2$—测定样液中铅含量，单位为纳克每毫升(ng/mL)；

$c_1$—空白液中铅含量，单位为纳克每毫升(ng/mL)；

$V$—试样消化液定量总体积，单位为毫升(mL)；

$m$—试样质量或体积，单位为克或毫升(g 或 mL)。

以重复性条件下获得的两次独立测定结果的算术平均值表示，结果保留两位有效数字。

7. 精密度

在重复性条件下获得的两次独立测定结果的绝对差值不得超过算术平均值的 20%。

## 实训二　绿色食品中亚硝酸盐与硝酸盐含量的测定

### ——离子色谱法

1. 实验目的

熟悉绿色食品中亚硝酸盐和硝酸盐的卫生标准；掌握样品的制备、提取的基本操作技能；掌握绿色食品中亚硝酸盐和硝酸盐含量测定的基本方法。

2. 实验原理

试样经沉淀蛋白质、除去脂肪后，采用相应的方法提取和净化，以氢氧化钾溶液为淋洗液，阴离子交换柱分离，电导检测器检测。以保留时间定性，外标法定量。

3. 试剂和材料

3.1　超纯水：电阻率＞18.2 MΩ·cm。

3.2　乙酸($CH_3COOH$)：分析纯。

3.3　氢氧化钾(KOH)：分析纯。

3.4　乙酸溶液(3%)：量取乙酸(3.2)3 mL 于 100 mL 容量瓶中，以水稀释至刻度，混匀。

3.5　亚硝酸根离子($NO_2^-$)标准溶液(100 mg/L，水基体)。

3.6　硝酸根离子(($NO_3^-$)标准溶液(1 000 mg/L，水基体)。

3.7　亚硝酸盐(以 ($NO_2^-$ 计，下同)和硝酸盐(以($NO_3^-$ 计，下同)混合标准使用液：准确移取亚硝酸根离子(($NO_2^-$)和硝酸根离子(($NO_3^-$)的标准溶液各 1.0 mL 于 100 mL 容量瓶中，用水稀释至刻度，此溶液每 1 L 含亚硝酸根离子 1.0 mg 和硝酸根离子 10.0 mg。

4. 仪器和设备

4.1　离子色谱仪：包括电导检测器，配有抑制器，高容量阴离子交换柱，50 μL 定量环。

4.2　食物粉碎机。

4.3　超声波清洗器。

4.4　天平：感量为 0.1 mg 和 1 mg。

4.5　离心机：转速≥10 000 r/min，配 5 mL 或 10 mL 离心管。

4.6　0.22 μm 水性滤膜针头滤器。

4.7　净化柱：包括 C18 柱、Ag 柱和 Na 柱或等效柱。

4.8　注射器：1.0 mL 和 2.5 mL。

注：所有玻璃器皿使用前均需依次用 2 mol/L 氢氧化钾和水分别浸泡 4 h，然后用水冲洗 3～5 次，晾干备用。

5.分析步骤

5.1　试样预处理

5.1.1　新鲜蔬菜、水果

将试样用去离子水洗净，晾干后，取可食部切碎混匀。将切碎的样品用四分法取适量，用食物粉碎机制成匀浆备用。如需加水应记录加水量。

5.1.2　肉类、蛋、水产及其制品

用四分法取适量或取全部，用食物粉碎机制成匀浆备用。

5.1.3　乳粉、豆奶粉、婴儿配方粉等固态乳制品(不包括干酪)

将试样装入能够容纳2倍试样体积的带盖容器中，通过反复摇晃和颠倒容器使样品充分混匀直到使试样均一化。

5.1.4　发酵乳、乳、炼乳及其他液体乳制品

通过搅拌或反复摇晃和颠倒容器使试样充分混匀。

5.1.5　干酪

取适量的样品研磨成均匀的泥浆状。为避免水分损失，研磨过程中应避免产生过多的热量。

5.2　提取

5.2.1　水果、蔬菜、鱼类、肉类、蛋类及其制品等

称取试样匀浆5 g(精确至0.01 g，可适当调整试样的取样量，以下相同)，以80 mL水洗入100 mL容量瓶中，超声提取30 min，每隔5 min振摇一次，保持固相完全分散。于75℃水浴中放置5 min，取出放置至室温，加水稀释至刻度。溶液经滤纸过滤后，取部分溶液于10 000 r/min离心15 min，上清液备用。

5.2.2　腌鱼类、腌肉类及其他腌制品

称取试样匀浆2 g(精确至0.01 g)，以80 mL水洗入100 mL容量瓶中，超声提取30 min，每5 min振摇一次，保持固相完全分散。于75℃水浴中放置5 min，取出放置至室温，加水稀释至刻度。溶液经滤纸过滤后，取部分溶液于10 000 r/min离心15 min，上清液备用。

5.2.3　乳

称取试样10 g(精确至0.01 g)，置于100 mL容量瓶中，加水80 mL，摇匀，超声30 min，加入3%乙酸溶液2 mL，于4℃放置20 min，取出放置至室温，加水稀释至刻度。溶液经滤纸过滤，取上清液备用。

5.2.4　乳粉

称取试样2.5 g(精确至0.01 g)，置于100 mL容量瓶中，加水80 mL，摇匀，超声30 min，加入3%乙酸溶液2 mL，于4℃放置20 min，取出放置至室温，加水稀释至刻度。溶液经滤纸过滤，取上清液备用。

取上述备用的上清液约15 mL，通过0.22 μm水性滤膜针头滤器、C18柱，弃去前面3 mL(如果氯离子大于100 mg/L，则需要依次通过针头滤器、C18柱、Ag柱和Na柱，弃去前面7 mL)，收集后面洗脱液待测。固相萃取柱使用前需进行活化，如使用OnGuard Ⅱ RP

柱(1.0 mL)、OnGuard Ⅱ Ag 柱(1.0 mL)和 OnGuard Ⅱ Na 柱(1.0 mL),其活化过程为:OnGuard Ⅱ RP 柱(1.0 mL)使用前依次用 10 mL 甲醇、15 mL 水通过,静置活化30 min;OnGuard Ⅱ Ag 柱(1.0 mL)和 OnGuard Ⅱ Na 柱(1.0 mL)用 10mL 水通过,静置活化 30 min。

5.3 参考色谱条件

5.3.1 色谱柱

氢氧化物选择性,可兼容梯度洗脱的高容量阴离子交换柱,如 Dionex IonPac AS11-HC 4 mm×250 mm(带 IonPac AG11-HC 型保护柱 4 mm×50 mm),或性能相当的离子色谱柱。

5.3.2 淋洗液

5.3.2.1 一般试样

氢氧化钾溶液,浓度为 6～70 mmol/L;洗脱梯度为 6 mmol/L 30 min、70 mmol/L 5 min、6 mmol/L 5 min; 流速 1.0 mL/min。

5.3.2.2 粉状婴幼儿配方食品

氢氧化钾溶液,浓度为 5～50 mmol/L;洗脱梯度为 5 mmol/L 33 min、50 mmol/L 5 min、5 mmol/L 5 min;流速 1.3 mL/min。

5.3.3 抑制器

连续自动再生膜阴离子抑制器或等效抑制装置。

5.3.4 检测器

电导检测器,检测池温度为 35℃。

5.3.5 进样体积

50 μL(可根据试样中被测离子含量进行调整)。

5.4 测定

5.4.1 标准曲线

移取亚硝酸盐和硝酸盐混合标准使用液,加水稀释,制成系列标准溶液,含亚硝酸根离子浓度为 0.02、0.04、0.06、0.08、0.10、0.15、0.20 mg/L;硝酸根离子浓度为 0.2、0.4、0.6、0.8、1.0、1.5、2.0 mg/L 的混合标准溶液,从低到高浓度依次进样。得到上述各浓度标准溶液的色谱图(图 2-2-1)。以亚硝酸根离子或硝酸根离子的浓度(mg/L)为横坐标,以峰高(μS)或峰面积为纵坐标,绘制标准曲线或计算线性回归方程。

5.4.2 样品测定

分别吸取空白和试样溶液 50 μL,在相同工作条件下,依次注入离子色谱仪中,记录色谱图。根据保留时间定性,分别测量空白和样品的峰高(μS)或峰面积。

6.分析结果的表述

试样中亚硝酸盐(以 $NO_2^-$ 计)或硝酸盐(以 $NO_3^-$ 计)含量按下式计算:

$$X=\frac{(c-c_0)\times V\times f\times 1\,000}{m\times 1\,000}$$

式中:$X$ —试样中亚硝酸根离子或硝酸根离子的含量,单位为毫克每千克(mg/kg);

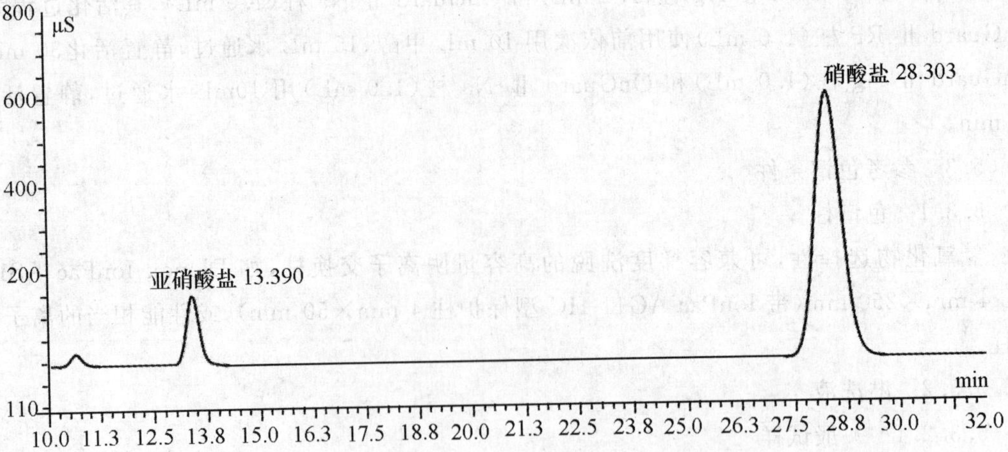


**图 2-2-1　亚硝酸盐和硝酸盐混合标准溶液的色谱图**

$c$—测定用试样溶液中的亚硝酸根离子或硝酸根离子浓度，单位为毫克每升(mg/L)；

$c_0$—试剂空白液中亚硝酸根离子或硝酸根离子的浓度，单位为毫克每升(mg/L)；

$V$—试样溶液体积，单位为毫升(mL)；

$f$—试样溶液稀释倍数；

$m$—试样取样量，单位为克(g)。

说明：试样中测得的亚硝酸根离子含量乘以换算系数 1.5，即得亚硝酸盐(按亚硝酸钠计)含量；试样中测得的硝酸根离子含量乘以换算系数 1.37，即得硝酸盐(按硝酸钠计)含量。以重复性条件下获得的两次独立测定结果的算术平均值表示，结果保留两位有效数字。

7. 精密度

在重复性条件下获得的两次独立测定结果的绝对值差不得超过算术平均值的 10%。

## 实训三　食品中蛋白质的测定

——凯氏定氮法

1. 实验目的

掌握蛋白质、蛋白质消化的概念和知识；了解蛋白质测定的原理、方法，熟练地掌握常量凯氏定氮法，掌握样品消化、蒸馏、吸收的操作技能。

2. 实验原理

食品中的蛋白质在催化加热条件下被分解，产生的氨与硫酸结合生成硫酸铵。碱化蒸馏使氨游离，用硼酸吸收后以硫酸或盐酸标准滴定溶液滴定，根据酸的消耗量乘以换算系数，即为蛋白质的含量。

3. 试剂和材料

除非另有规定，本方法中所用试剂均为分析纯，水为 GB/T 6682 规定的三级水。

3.1　硫酸铜($CuSO_4 \cdot 5H_2O$)。

3.2　硫酸钾($K_2SO_4$)。

3.3　硫酸($H_2SO_4$密度为 1.84 g/L)。

3.4　硼酸($H_3BO_3$)。

3.5　甲基红指示剂($C_{15}H_{15}N_3O_2$)。

3.6　溴甲酚绿指示剂($C_{21}H_{14}Br_4O_5S$)。

3.7　亚甲基蓝指示剂($C_{16}H_{18}ClN_3S \cdot 3H_2O$)。

3.8　氢氧化钠(NaOH)。

3.9　95%乙醇($C_2H_5OH$)。

3.10　硼酸溶液(20 g/L):称取 20 g 硼酸,加水溶解后并稀释至 1 000 mL。

3.11　氢氧化钠溶液(400 g/L):称取 40 g 氢氧化钠加水溶解后,放冷,并稀释至 100 mL。

3.12　硫酸标准滴定溶液(0.0500 mol/L)或盐酸标准滴定溶液(0.0500 mol/L)。

3.13　甲基红乙醇溶液(1 g/L):称取 0.1g 甲基红,溶于 95%乙醇,用 95%乙醇稀释至 100 mL。

3.14　亚甲基蓝乙醇溶液(1 g/L):称取 0.1 g 亚甲基蓝,溶于 95%乙醇,用 95%乙醇稀释至 100 mL。

3.15　溴甲酚绿乙醇溶液(1 g/L):称取 0.1 g 溴甲酚绿,溶于 95%乙醇,用 95%乙醇稀释至 100 mL。

3.16　混合指示液:2 份甲基红乙醇溶液(3.13)与 1 份亚甲基蓝乙醇溶液(3.14)临用时混合。也可用 1 份甲基红乙醇溶液(3.13)与 5 份溴甲酚绿乙醇溶液(3.15)临用时混合。

4.仪器和设备

4.1　天平:感量为 1 mg。

4.2　定氮蒸馏装置:如图 2-2-2 所示。

4.3　自动凯氏定氮仪。

5.分析步骤

5.1　凯氏定氮法

5.1.1　试样处理:称取充分混匀的固体试样 0.2～2 g、半固体试样 2～5 g 或液体试样 10～25 g(相当于 30～40 mg 氮),精确至 0.001 g,移入干燥的 100 mL、250 mL 或 500 mL 定氮瓶中,加入 0.2 g 硫酸铜(3.1)、6 g 硫酸钾(3.2)及 20 mL 硫酸(3.3),轻摇后于瓶口放一小漏斗,将瓶以 45°角斜支于有小孔的石棉网上。小心加热,待内容物全部炭化,泡沫完全停止后,加强火力,并保持瓶内液体微沸,至液体呈蓝绿色并澄清透明后,再继续加热 0.5～1 h。取下放冷,小心加入 20 mL 水。放冷后,移入 100 mL 容量瓶中,并用少量水洗定氮瓶,洗液并入容量瓶中,再加水至刻度,混匀备用。同时做试剂空白试验。

5.1.2　测定:按下图装好定氮蒸馏装置,向水蒸气发生器内装水至 2/3 处,加入数粒玻璃珠,加甲基红乙醇溶液(3.13)数滴及数毫升硫酸(3.3),以保持水呈酸性,加热煮沸水蒸气发生器内的水并保持沸腾。

5.1.3　向接收瓶内加入 10.0 mL 硼酸溶液(3.10)及 1～2 滴混合指示液(3.16),并使冷凝管的下端插入液面下,根据试样中氮含量,准确吸取 2.0～10.0 mL 试样处理液由小玻杯注入反应室,以 10 mL 水洗涤小玻杯并使之流入反应室内,随后塞紧棒状玻塞。将 10.0 mL 氢氧化钠溶液(3.11)倒入小玻杯,提起玻塞使其缓缓流入反应室,立即将玻塞盖紧,并加水于小玻杯以防漏气。夹紧螺旋夹,开始蒸馏。蒸馏 10 min 后移动蒸馏液接收瓶,液面离开冷凝管下端,再蒸馏 1 min。然后用少量水冲洗冷凝管下端外部,取下蒸馏液接收瓶。以硫酸或盐酸标准滴定溶液(3.12)滴定至终点，其中 2 份甲基红乙醇溶液(3.13)与 1 份亚甲基蓝乙醇溶液(3.14)指示剂，颜色由紫红色变成灰色，pH 5.4；1 份甲基红乙醇溶液(3.13)与 5 份溴甲酚绿乙醇溶液(3.15)指示剂，颜色由酒红色变成绿色，pH 5.1。同时做试剂空白试验。

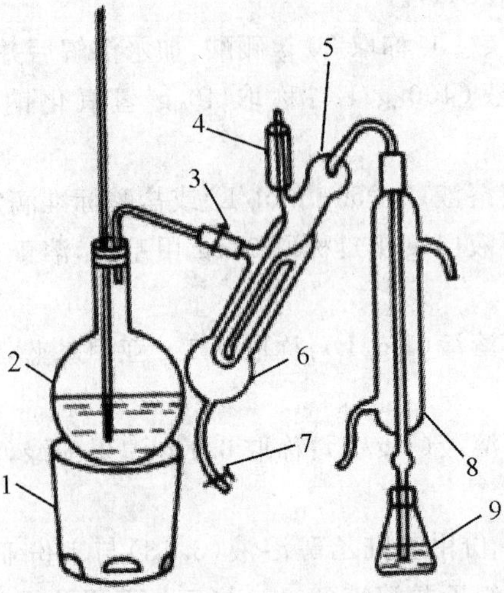


**图 2-2-2　定氮蒸馏装置**

1. 电炉；2. 水蒸气发生器(2 L 烧瓶)；3. 螺旋夹；4. 小玻杯及棒状玻塞；5. 反应室；6. 反应室外层；7. 橡皮管及螺旋夹；8. 冷凝管；9. 蒸馏液接收瓶

5.2　自动凯氏定氮仪法

称取固体试样 0.2～2 g、半固体试样 2～5 g 或液体试样 10～25 g(相当于 30～40 mg 氮)，精确至 0.001 g。按照仪器说明书的要求进行检测。

6. 分析结果的表述

试样中蛋白质的含量按下式进行计算。

$$X=\frac{(V_1-V_2)\times c\times 0.0140}{m\times V_3/100}\times F\times 100$$

式中：$X$—试样中蛋白质的含量，单位为克每百克(g/100 g)；

$V_1$—试液消耗硫酸或盐酸标准滴定液的体积，单位为毫升(mL)；

$V_2$—试剂空白消耗硫酸或盐酸标准滴定液的体积，单位为毫升(mL)；

$V_3$—吸取消化液的体积，单位为毫升(mL)；

$c$—硫酸或盐酸标准滴定溶液浓度，单位为摩尔每升(mol/L)；

0.014 0—1.0 mL 硫酸[$c(1/2H_2SO_4)=1.000$ mol/L]或盐酸[$c(HCl)=1.000$ mol/L]标准滴定溶液相当的氮的质量，单位为克(g)；

$m$—试样的质量，单位为克(g)；

$F$—氮换算为蛋白质的系数。一般食物为 6.25；纯乳与纯乳制品为 6.38；面粉为 5.70；玉米、高粱为 6.24；花生为 5.46；大米为 5.95；大豆及其粗加工制品为 5.71；大豆蛋白制品为 6.25；肉与肉制品为 6.25；大麦、小米、燕麦、裸麦为 5.83；芝麻、向日葵为5.30;复合配方食品为6.25。

以重复性条件下获得的两次独立测定结果的算术平均值表示,蛋白质含量≥1 g/100 g时,结果保留3位有效数字;蛋白质含量<1 g/100 g时,结果保留两位有效数字。

7.精密度

在重复性条件下获得的两次独立测定结果的绝对差值不得超过算术平均值的10%。

## 【行业标准】

### 中华人民共和国农业行业标准
### 绿色食品　产品检验规则　NY/T 1055—2006

**1　范围**

本标准规定了绿色食品的产品检验分类、抽样和判定规则。

本标准适用于绿色食品的产品检验。

**2　规范性引用文件**

下列文件中的条款通过本标准的引用而成为本标准的条款。凡是注日期的引用文件,其随后所有的修改单(不包括勘误的内容)或修订版均不适用于本标准,然而,鼓励根据本标准达成协议的各方研究是否可使用这些文件的最新版本。凡是不注日期的引用文件,其最新版本适用于本标准。

NY/T 896 绿色食品　产品抽样准则。

**3　检验分类**

3.1　交收检验

每批产品交收(出厂)前,都应进行交收(出厂)检验,交收(出厂)检验内容包括包装、标志、标签、净含量和感官等,对加工产品还应包括理化指标,检验合格并附合格证方可交收(出厂)。

3.2　型式检验

型式检验是对产品进行全面考核,即对产品标准规定的全部指标进行检验,同一类型加工产品每年应进行一次;种植(养殖)产品每个种植(养殖)生产周期应进行一次。有下列情形之一时,也应进行型式检验:

a.国家质量监督机构或主管部门提出进行型式检验要求时;

b.加工产品停产3个月以上以及种植(养殖)产品因人为或自然因素使生产环境发生较大变化时;

c.加工品的原料、工艺、配方有较大变化,可能影响产品质量时;

d.前后两次抽样检验结果差异较大时。

3.3　认证检验

申请绿色食品认证的食品,应按本标准第4章确定的该产品相应的标准中的全部指标进行检验。

3.4　监督检验

监督检验是对获得绿色食品标志使用权的食品质量进行的跟踪检验。组织监督检验的机构应根据抽查食品生产基地环境情况、生产过程中的投入品及加工品中食品添加剂的使用情况、所检产品中可能存在的质量风险确定检测项目，并应在监督抽查实施细则中予以规定。

**4 检验依据**

4.1 已颁布绿色食品标准的产品应按相应标准进行检验。

4.2 未制定绿色食品标准但仍在绿色食品认证规定范围内的产品，检验依据的确认程序如下：

——将申报的产品与已有绿色食品标准的产品进行共性归类，若其特性和生产情况等与已颁布绿色食品产品标准的产品相同或相近，可参照执行现行的绿色食品产品标准。

——查询检索相关产品的国家标准或行业标准，按相应的国家标准或行业标准执行，若有分级时按其标准的优(特)级或一级指标执行。

——企业标准基本符合绿色食品有关质量要求的，执行相关企业标准。同时认证机构可根据食品生产过程中的化肥和农(兽)药等投入品及加工品中食品添加剂的使用情况、所检产品中存在的主要质量安全问题增加相应的检测项目。

——以上方法都不适用时，认证机构组织专家按绿色食品标准的有关要求对企业执行的企业标准或地方标准审查、修改后，由企业在其所在地标准化行政管理部门以企业标准形式备案后执行。

**5 抽样**

5.1 组批

5.1.1 种植(养殖)产品

产地抽样时同品种、相同栽培(养殖)条件、同时收购(捕捞、屠宰)的产品为一个检验批次；市场抽样时同品种、同规格的产品为一个检验批次。包装车间或仓库抽样时同一批号的产品为一个检验批次。

5.1.2 加工产品

同一班次生产的名称、包装和质量规格相同的产品为一个检验批次。

5.2 抽样方法

按照NY/T 896的规定执行。

**6 判定规则**

6.1 结果判定

6.1.1 检测结果全部合格时则判该批产品合格。包装、标志、标签、净含量、理化指标等项目有2项(含2项)以上不合格时则判该批产品不合格，如有1项不符合要求，可重新加倍取样复验，以复验结果为准。任何1项卫生(安全)或微生物学(生物学)指标不合格时则判该批产品不合格。

6.1.2 当绿色食品有关产品标准中的安全卫生指标相应的国家限量标准被修订时，新的国家限量标准严于现行绿色食品标准时，则按国家限量标准执行；现行绿色食品标准严于或等同于新的国家限量标准则仍按现行绿色食品标准执行。

6.1.3 检验机构在检验报告中对每个项目均要作出“合格”、“不合格”或“符合”、“不符合”的单项判定；对被检产品应依据检验标准进行综合判定。

6.2 限度范围

初级农产品每批受检样品抽样检验时，对感官有缺陷的样品应做记录，不合格百分率按有缺陷的个体质量计算。每批受检样品的平均不合格率不应超过5%，且样本数中任何一个样本不合格率不应超过10%。

## 中华人民共和国农业行业标准
## 绿色食品　产品抽样准则 NY/T 896—2004

### 1　范围

本标准规定了绿色食品样品抽取的术语和定义、一般要求、抽取方法、样品的包装和加封、抽样报告、样品的运送和贮存。

本标准适用于绿色食品检验的样品抽取。

### 2　规范性引用文件

下列文件中的条款通过本标准的引用而成为本标准的条款。凡是注日期的引用文件，其随后所有的修改单(不包括勘误的内容)或修订版均不适用于本标准，然而，鼓励根据本标准达成协议的各方研究是否可使用这些文件的最新版本。凡是不注日期的引用文件，其最新版本适用于本标准。

GB 10111 利用随机数骰子进行随机抽样的方法；

GB/T 15500 利用电子随机数抽样器进行随机抽样的方法。

### 3　术语和定义

3.1

下列术语和定义适用于本标准。

同类多品种产品，即由同一生产单位生产的，主原料完全相同，具有不同规格、形态或风味的系列产品。主要有以下类型：

a. 主辅原料相同，加工工艺相同，净含量、型号规格、包装不同的系列产品。包括商品名称相同，商标名称不同；商品名称相同，规格不同(如不同酒精度的白酒、葡萄酒或啤酒，不同原果汁含量的果汁饮料等)；商品名称不同(如名称不同的大米、名称不同的红茶、名称不同的绿茶、不同部位的分割畜禽产品等)的同类产品。

b. 主辅原料相同，形态加工工艺不同的系列产品。包括不同等级(如不同等级的小麦特一粉、特二粉、标准粉、饺子粉等)；不同加工精度(如玉米粉、玉米粒、玉米粒等)；不同形态(如白糖类的白砂糖、方糖、单晶糖、多晶糖等)的同类产品。

c. 主原料相同，加工工艺相同，营养或功能强化辅料不同(如加入不同营养强化剂的巴氏杀菌乳、灭菌乳或奶粉等)的同类产品。

d. 主原料和加工工艺相同，调味辅料不同但其总量不超过产品成分5%(如不同滋味的泡菜、豆腐干、肉干、锅巴、冰淇淋等)的同类产品。

e. 出自同一生产基地的各种山野菜产品，以及出自同一生产基地的各种山野菜为原料，而其他原料相同的加工产品。

### 4　一般要求

4.1　抽样至少应有两名以上(含两名)抽样人员参加，抽样人员应持绿色食品抽样的相关文件、抽样单，并带本人工作证。

4.2　抽样人员应带抽样工具、封条和必要的采样袋(器)、保鲜袋、纸箱等采样用具，并保证这些用具清洁、干燥、无异味，不会对样品造成污染。

4.3　在抽取样品之前应对被抽的产品进行确认。所抽产品的保质有效期应满足其检验时限。

4.4　样品应从足够量的同批产品中随机抽取。通常采样量按检验项目所需试样量的3倍采取。其中 一份作检验样，一份作复检样，一份作备用样。对于包装产品应不少于15件。对于散装产品一般最低样品量不得少于3 000 g，且不少于两件。

4.5　抽取样过程中不应受雨水、灰尘等环境污染。

4.6　抽样完成后，要随即填写抽样单。

**5　抽取方法**

5.1　成品库抽样

5.1.1　包装食品抽样

包装食品样品的抽取方法应按GB 10111或GB/T 15500的规定执行。具体实施亦可按下述方法操作：

a. 根据4.4的规定确定样本的个体数$n$，若所需的样本重量包含在1箱中，则$n=1$，在2箱中则$n=2$，依此类推。

b. 确定总体数N，N应为成品库中所有保质期内的总箱数。

c. 确定随机数R1、R2、R3。

①R1表示成品库中存放的各堆产品应取哪一堆。例如有6堆，则用1个随机骰子投出1～6的任意数，若非1～6的数字，则重新投，直至1～6的数字出现，即为R1。如投出5，则应在第5堆中取样。堆的排列序数可从里到外或从外到里预先规定。

②R2表示在取样堆的各层中应取哪一层。例如有5层，则用1个随机骰子投出1～5的任意数，若非1～5的数字则重新投，直至1～5的数字出现，即为R2。如投出3，则应在第3层取样。层数排列可从上到下或从下到上预先规定。

③R3表示从取样层中该取哪些箱的序数。例如取样层有200箱，样品应取2箱，则用3个骰子同时投出2个最先出现200以内的3位随机数，或用1个骰子分2次，每次投3个随机数组成2个200以内的3位随机数，即为R3。例如以上述方法投得随机数016、145，则应在该层中取第16箱和第145箱。箱的序数排列可按行列预先规定。

d. 按确定的R1、R2、R3抽取样品。

5.1.2　散装食品样品的抽样

散装食品样品的总量应按4.4的规定执行。抽样堆R1，按5.1.1中c.的规定确定。对不同形态的产品应参照以下原则抽取：

a. 液体、半流体食品(如植物油、牛乳、酒或其他饮料)，若用大桶或大罐盛装者，应充分混匀 后再采样。样品应分别盛放3个容器中。

b. 固体食品(如粮食、水果等)应自每批产品上、中、下3层中的不同部位分别采取部分样品，混合后按四分法取样，再进行几次混合，最后取有代表性的样品。

c. 肉类、水产品等食品应按分析项目要求分别采取不同部位的样品或混合后采样。

5.2　销售货柜抽样

抽样总量应按4.4的规定执行。所抽取的样品应从销售货柜上陈列的产品单个包装中随机抽取。样品的抽取方法应按GB/T 10111或GB/T 15500的规定执行。具体实施亦可按下述方法操作：

5.2.1 简单随机抽样

产品单个包装总数较小(50 以下)时,应按以下具体步骤实施:

—根据所需样品总量确定抽取的单个包装数 $m$;

—对销售货柜上所有单个包装按号码 1、2、3、…、$M$ 编码;

—编 $M$ 个阄并从中抽出 $m$ 个阄;

—根据所抽出的 $m$ 个阄取样。

5.2.2 系统随机抽样

产品单个包装总数较大(超过 50)时,应按以下具体步骤实施:

—根据所需样品总量确定抽取的单个包装数 $m$;

——对销售货柜上所有单个包装按号码 1、2、3、…、$M$ 编码;

—用 $[M/m]$ 表示 $M/m$ 的整数部分。以 $[M/m]$ 为抽样间隔,并用简单随机抽样法在 1～$[M/m]$ 之间随机抽取一个整数作为样本第一个单位产品的号码;

—每隔 $[M/m]-1$ 个单位产品抽取一个样品,一直抽取出 $m$(或 $m+1$)个样本。

5.3 生产基地抽样

5.3.1 种植产品

应抽取混合样品,不能以单株作为检验样品。抽取的样品应能充分代表该产品的全部特征。样品应在指定抽取的地块内根据不同情况按对角线法、梅花点法、棋盘式法、蛇形法等多点取样。

a. 蔬菜类。根据采样地点的情况,确定抽样的范围和数量。在采样单元内采样点不应少于 5 点,每一点采样量应根据样品需要的总量平均计算,至少应有 1 个个体。搭架引蔓的蔬菜,均取中段果实;叶类蔬菜去掉外面叶片,取可食部分;根茎类蔬菜和薯类蔬菜取可食部分。

b. 水果类。根据采样地点的情况,确定抽样的范围和数量。在采样单元内采样点不应少于 5 点,每一点采样量应根据样品需要的总量平均计算,至少应有 1 个个体。水果的抽样应注意树龄、株型、生长势、坐果数量和果实着生部位。每株果树一般采集迎风面和背风面树冠外围中部的果实为样品,果实的着生部位、大小和成熟度应尽量一致。

c. 其他类。根据产品的特点参照上述蔬菜类或水果类的产品抽样方法进行。

5.3.2 养殖产品

对于单个养殖场,应从养殖场的所有畜禽中随机抽出能满足检验样品需要数量的畜禽,立即宰杀,然后根据检验标准的要求分部位分割取样。一般牲畜应取肝和肋骨肉(带骨),并作为不同的样品分开。一般禽类应连肉、骨、内脏混合取样。对于多个养殖场,应首先从所有的养殖场中,随机确定抽取样品的养殖场,然后再按上述的方法进行样品抽取。

5.3.3 水产品

对于单个养殖场,应在养殖区域内随机捞取足够数量的产品,并立即装入充氧样品袋中。对于多个养殖场,应首先从所有的养殖场中随机确定抽取样品的养殖场,然后再按上述的方法进行样品抽取。

5.4 同类多品种产品抽样

5.4.1 抽样的个数和样品量

同类多品种产品按品种数量每 5 个或 5 个以下随机抽一个全量样品,按标准进行全项目检验,其余的产品每个各抽全量样品的 1/4～1/3,作非共同项目检验。同类多品种产品的品种数量若超过5个,则每超过1～5个,均按上述的规定重复执行直至所有产品均被抽到。

5.4.2　样品的名称

同类多品种产品各样品的名称应与该产品实际使用的名称一致,但在抽样和检验时应明确该产品 属同类多品种产品。同类多品种产品的共用名称应采用能归纳此类产品的通用食品名称。

**6　样品的包装和加封**

6.1　包装

6.1.1　抽出的样品应填写标签,标签的内容主要包括以下项目:

—产品名称、种类(品种)、质量等级;

—抽样地点;

—抽样时间;

—抽样单号;

—抽样人姓名,签字;

—收样单位,收样人。

6.1.2　标签应随样品进行外包装。每一个产品(包括同类多品种产品)均应包装成独立的一件。散装产品根据样品性质先装袋(或装瓶、装盒),需密封的应密封后再进行外包装。数量较大的散装产品可按四分法等适当缩减之后再包装。无论是样品袋(或瓶、盒)还是外包装材料都应符合有关食品卫生方面的规定。

6.2　加封

包装完毕的样品应粘贴抽样单位的封条。封条上应有抽样单位的公章,要标明封样的时间和样品送(运)达收样单位的期限,封条应由抽样人员和被抽样单位代表共同签字。

**7　抽样单**

抽样结束时应由抽样人员填写抽样单。抽样单的格式和内容参照附录A执行。该单一般应一式两份,由抽样单位和被抽样单位各持一份。

**8　样品的运送和贮存**

样品一般应由抽样人员带回。不便于带回的应以快件寄(运)或由被抽样单位专人运送。为了减少运送过程中的质量变化,鲜样应在2d内送至检验单位。鲜活产品无法及时送达的应采取相应的保质措施。样品应放置在专门的样品室内贮存。需冷藏或冷冻的应放在冷藏箱或低温冰箱内。样品存放场所及设备均应清洁、无污染。

## 绿色食品产品质量年度抽检工作管理办法

### 第一章　总　则

第一条　为了进一步规范绿色食品产品质量年度抽检(以下简称产品抽检)工作,加强对产品抽检工作的管理,提高产品抽检工作的科学性、公正性、权威性,依据《绿色食品标志管理办法》及《绿色食品监测机构管理办法》,制定本办法。

第二条　产品抽检是指中国绿色食品发展中心(以下简称"中心"),对已获得绿色食品标志使用权的产品采取的监督性抽查检验。产品抽检是企业年度检查工作的重要组成部分。

第三条　所有获得绿色食品标志使用权的企业在标志使用的有效期内，必须接受产品抽检。

第四条　申请续展产品当年的抽检检验报告可作为绿色食品标志使用续审核的依据。

## 第二章　机构及其职责

第五条　产品抽检工作由中心制定抽检计划，委托相关绿色食品产品品质量监测机构（以下简称“监测机构”）按计划实施，中心的委托管理机构（以下简称委托管理机构）予以配合。

（一）中心的产品抽检工作职责：

1. 制定全国抽检工作的有关规定；

2. 组织开展全国的抽检工作；

3. 下达年度抽检计划；

4. 指导、监督和考核各监测机构的抽检工作；

5. 依据有关规定，对抽检不合格的产品做出整改或取消产品标志使用权的决定，并予以通报或公告。

6. 及时向委托管理机构和监测机构公布有效使用绿色食品标志企业名录。

（二）监测机构的产品抽检工作职责：

1. 根据中心下达的抽检计划制定具体组织实施方案；

2. 按时完成中心下达的检测任务；

3. 按规定时间及方式向中心、相关委托管理机构和企业出具检验报告；

4. 向中心及时报告抽检中出现的问题和有关企业产品质量信息。

（三）委托管理机构的产品抽检工作职责：

1. 配合中心及监测机构开展产品抽检工作；

2. 向中心提出产品抽检工作计划的建议；

3. 根据中心对抽检不合格产品做出的整改决定，督促企业按时完成整改，并组织验收，同时抽样寄送中心指定监测机构；

4. 及时向中心报告企业的变更情况，包括企业名称、通讯地址、法人代表以及企业停产、转产等情况。

## 第三章　工作程序

第六条　中心于每年 3 月底前制定产品抽检计划，并下达有关监测机构和委托管理机构。

第七条　监测机构根据抽检计划和产品周期适时派专人赴企业或市场上规范随机抽取样品。也可以委托相关管理机构协助进行，由绿色食品标志监管员抽样并寄送监测机构，封样前应与企业有关人员办理签字手续，确保样品的代表性。在市场上抽取的样品，应确认其真实性。

第八条　监测机构应及时进行样品检验，出具检验报告，检验报告结论要明确、完整，检测项目指标齐全，检验报告应以特快专递方式分别送达中心、有关委托管理机构和企业各一份。

第九条　监测机构最迟应于企业使用绿色食品标志年度使用期满前 40 日完成抽检，并将检验报告分别送达中心、有关委托管理机构和企业。

第十条　监测机构须于每年12月20日前将产品抽检汇总表及总结报中心。总结内容应全面、详细、客观，未完成抽检任务的应说明原因。

## 第四章　计划的制定与实施

第十一条　制定产品抽检计划必须遵循科学、高效、公正、公开的原则，突出重点产品和重点指标，并考虑上年度抽检计划完成情况及当年任务量。

第十二条　监测机构必须承检中心要求检测的项目，未经中心同意，不得擅自增减检测项目。

第十三条　对当年应续展的产品，监测机构应及时抽样检验并将检验报告提供给企业，以便作为续展审核的依据。

## 第五章　问题的处理

第十四条　产品抽检中发现倒闭、无故拒检或提出自行放弃绿色食品标志使用权的企业，监测机构应及时报告中心及有关委托管理机构。

第十五条　企业对检验报告如有异议，应于收到报告之日起(以当地邮局邮戳为准)15日内向中心提出书面复议申请，未在规定时限内提出异议的，视为认可检验结果。对检出不合格项目的产品，监测机构不得擅自通知企业送样复检。

第十六条　产品抽检结论为食品标签、感官指标不合格，或产品理化指标中的部分非营养性指标(如水分、灰分、净含量等)不合格的，中心通知企业整改，企业必须于接到通知之日起1个月内完成整改，并将整改措施和结果报告委托管理机构，委托管理机构应及时组织整改验收并抽样寄送中心定点监测机构检验。监测机构应及时对样品进行检验，出具检验报告，并以特快邮递方式将检验分别送达中心和有关委托管理机构各一份。复检合格的可继续使用绿色食品标志，复检不合格的取消其标志使用权。

第十七条　产品抽检结论为卫生指标或理化指标中部分关键性营养指标(如药残、重金属、添加剂、黄曲霉、亚硝酸盐、微生物等有害物)不合格的，取消其绿色食品标志使用权。对于取消标志使用权的企业及产品，中心及时通知企业及相关委托管理机构，并予以公告。

## 第六章　工作考核与奖惩

第十八条　中心对监测机构工作进行考核，并根据考核结果予以奖惩，具体办法另行制定。

第十九条　监测机构出具虚假报告，或出具错误数据造成不良影响的，或发生严重失职和违反规定的，中心将按照《绿色食品监测机构管理办法》做出暂停或取消对其业务委托的处理，并予以通报或公告，必要时进一步追究其责任。

## 第七章　附　　则

第二十条　本办法由中心负责解释。

第二十一条　本办法自颁布之日起施行，2002年2月4日颁布的《绿色食品年度抽检工作规范》同时废止。

# 绿色食品企业年度检查工作规范

## 第一章 总 则

第一条 为了进一步规范绿色食品企业年度检查（以下简称年检）工作，加强对绿色食品企业的监督管理，保证绿色食品产品质量，维护绿色食品标志的信誉，根据《绿色食品标志管理办法》、《绿色食品标志商标使用许可合同》（以下简称《合同》），制定本规范。

第二条 年检是指中国绿色食品发展中心（以下简称中心）及中心委托管理机构（以下简称委托管理机构）对获得绿色食品标志使用权的企业在一个标志使用年度内的绿色食品生产经营活动、产品质量及标志使用行为实施的监督、检查、考核、评定等。

第三条 所有获得绿色食品标志使用权的企业在标志有效使用期内，每个标志使用年度均必须进行年检。

## 第二章 年检的组织实施

第四条 年检工作由中心和委托管理机构负责组织，有条件的市、县绿色食品管理机构配合实施。各级管理机构的年检工作职责如下：

（一）中心的年检工作职责

1. 制定全国年检工作的有关规定；

2. 组织开展全国年检工作；

3. 指导、监督和考核委托管理机构及其监管员的年检工作；

4. 组织对各地年检工作及重点企业进行检查；

5. 依据有关规定，对年检不合格的产品做出取消产品标志使用权的决定并予以公告；

6. 向绿色食品系统通报有关年检工作情况。

（二）委托管理机构的年检工作职责

1. 根据中心的有关规定，制定当地的年检工作实施细则；

2. 制定并组织实施当地的年检工作计划；

3. 指导、监督和考核下级绿色食品管理机构的年检工作；监督、考核本级和下级监管员的年检工作；

4. 配合中心检查当地的年检工作和重点企业；

5. 依据有关规定，对企业做出限期整改的决定，并报中心备案；

6. 依据有关规定，报请中心取消有关产品的标志使用权；

7. 向中心及时传递有关信息，定期报告年检情况，提出工作建议；

8. 完成中心委托的其他年检工作。

（三）市、县级绿色食品管理机构的年检工作职责

1. 向上级绿色食品管理机构提出年检工作计划的建议；

2. 根据上级绿色食品管理机构下达的年检工作计划，配合和参与开展年检工作；

3. 监督、考核本级和下级监管员的年检工作；

4. 向上级绿色食品管理机构定期报告有关情况，提出工作建议。

第五条　委托管理机构应当明确分管年检工作的领导，确定负责年检工作的部门和人员。

第六条　委托管理机构在每年2月20日前将年检工作计划报中心备案，并下达市、县绿色食品管理机构。年检计划应包括年检企业、年检重点项目和时间安排等。可根据认证时间和生产实际情况将当年获得绿色食品标志使用权的企业列入当年或下年度年检计划。

第七条　委托管理机构应建立完整的年检工作档案。档案材料应包括企业认证申报材料、《绿色食品申报材料审核意见》复印件、《绿色食品标志商标准用证书》(以下简称证书)复印件、《合同》、年度产品质量抽检《检验报告》、《实地检查考核表》、《年检综合意见表》、《核准证书申请表》等。

## 第三章　年检方式

第八条　年检工作的实施主要采取产品质量年度抽检和企业实地检查方式，并进行综合考核评定。

第九条　产品质量年度抽检由中心统一制定计划，并委托有关产品质量监测机构抽检，各级绿色食品管理机构配合执行。委托管理机构可以在中心的抽检计划之外另行安排抽检。年度抽检的费用由下达抽检计划的单位负担。产品质量抽检办法按中心有关规定执行。

第十条　实地检查是指对企业的绿色食品产品和原料生产及管理状况进行现场检查。实地检查由委托管理机构组织实施，市、县管理机构予以配合。

第十一条　实施实地检查应组成检查组。检查组成员至少两人，并由一名监管员任组长。检查组成员必须严格遵守有关监管员工作的规定。

第十二条　实地检查在产品生产和作物生长期间实施。

## 第四章　年检内容

第十三条　年检的主要内容包括企业的产品质量及其控制体系状况、规范使用绿色食品标志情况和按规定缴纳标志使用费情况等。

第十四条　产品质量控制体系状况，主要检查以下方面：

(一)绿色食品种植、养殖地和原料产地的环境质量、基地范围、生产组织结构及农户构成等情况；

(二)企业的绿色食品管理机构设置及运行情况；

(三)生产资料等投入品的采购、使用、保管制度及其执行情况；

(四)建立健全产品生产、销售的可追溯制度情况；

(五)绿色食品原料和绿色食品推荐生产资料的使用及其购销合同的执行情况；

(六)绿色食品与非绿色食品的防混控制措施及落实情况；

(七)种植、养殖及加工的生产操作规程和绿色食品标准执行情况；

(八)产品在采收、贮藏、运输过程中防止二次污染、防虫、防鼠、防潮的措施及其执行情况。

第十五条　规范使用绿色食品标志情况，主要检查以下方面：

(一)是否按照认证核准的产品品种、数量使用绿色食品标志；

(二)是否违规使用过期的绿色食品产品编号；

(三)产品包装设计和印制是否符合国家有关食品包装标签标准和《绿色食品商标标志

设计使用规范》要求；

（四）企业的法人主体、地址、商标及法人代表等变更情况；

（五）企业是否按规定使用绿色食品防伪标签。

第十六条　企业缴纳标志使用费情况，主要检查以下方面：

（一）是否按照《绿色食品认证及标志使用收费管理办法》和《合同》的规定按时足额缴纳标志使用费；

（二）减免标志使用费的是否有中心批准的文件依据。

第十七条　其他应检查的主要内容是：

（一）接受技术监督部门和行业管理部门的产品质量监督检验情况；

（二）具备生产经营的法定条件和资质情况；是否违反有关规定受到有关行政管理部门的处罚；

（三）取得其他质量认证情况；

（四）进行重大技术改造和三废治理情况；

（五）企业关于绿色食品认证及标志管理工作的意见和建议。

第十八条　种植企业应重点检查病、虫、草害防治及投入品管理情况；养殖企业应重点检查防疫、检疫制度的建立和执行情况，饲料、饲料添加剂及药品的来源和使用情况；食品加工企业应重点检查绿色食品原料购销合同执行情况，生产工艺变化和食品添加剂使用情况。

## 第五章　年度抽检与实地检查工作程序

第十九条　年度抽检工作程序如下：

（一）中心制定产品质量年度抽检计划，于每年3月底前下达有关产品质量监测机构和委托管理机构；

（二）产品质量监测机构根据抽检计划和产品生产周期，适时派专人赴企业或在市场上规范随机抽取样品，也可以委托绿色食品监管员封样寄送；

（三）产品质量监测机构应及时对样品进行检验，出具检验报告，并以特快邮递方式将检验报告分别送达中心、有关委托管理机构和企业各一份。企业对检验结论如有异议，应于收到报告之日起（以当地邮局邮戳日期为准，下同）15日内向中心提出书面复议申请，超过规定时限没有提出复议申请的，视为企业认可检验结果；

（四）监测机构最迟应于企业绿色食品标志年度使用期满前40日完成抽检并将检验报告分别送达中心、有关委托管理机构和企业。

第二十条　实地检查工作程序如下：

（一）委托管理机构根据年检计划，会同有关市、县级绿色食品管理机构组成检查组赴企业检查；

（二）检查组按照绿色食品标准和中心的有关规定，对企业进行现场检查，并完成《实地检查考核表》的填写与评分；

（三）企业有关领导或部门负责人对评分结果签字确认；

（四）检查组在完成实地检查后2个工作日内将《实地检查考核表》和其他相关材料报送委托管理机构。

## 第六章　年检考核与结论处理

第二十一条　委托管理机构收到检查组报送的《实地检查考核表》和其他相关材料后5个工作日内做出实地检查结论。实地检查考核满分为120分，90分以上为合格，90分以下(含90分)为整改，50分以下(含50分)为不合格。委托管理机构应及时将实地检查结果通知企业。对不合格的企业应立即报请中心取消其标志使用权。

第二十二条　实地检查考核为整改的企业必须于接到通知之日起1个月内完成整改，并将整改措施和结果报告委托管理机构。委托管理机构应及时组织整改验收并做出结论。验收不合格的应报请中心取消其标志使用权。整改和验收工作应在企业的绿色食品标志年度使用期满前完成，不能按期完成的应报请中心批准延期年检。

第二十三条　中心根据年度抽检的《检验报告》或国家质量监督检验结果、对产品不符合绿色食品标准或国家相关标准的企业做出整改或取消其标志使用权的决定，并及时通知委托管理机构和相关企业。抽检结果为整改的企业必须于接到通知之日起1个月内完成整改，并将整改措施和结果报告委托管理机构。委托管理机构应及时组织整改验收并抽样寄送中心定点监测机构检验。监测机构应及时对样品进行检验，出具检验报告，并以特快邮递方式将检验报告分别送达中心和有关委托管理机构各一份。检验不合格的中心取消其标志使用权。整改和检验工作应在企业的绿色食品标志年度使用期满前完成。不能按期完成的应报请中心批准延期年检。

第二十四条　企业应在标志使用年度期满前1个月缴纳下一年度的标志使用费，并及时将缴费凭据复印件报送委托管理机构；中心应及时将企业的缴费和欠费情况告知委托管理机构。

第二十五条　委托管理机构根据受检企业的产品质量抽检《检验报告》、实地检查考核评分、缴费情况及其他相关材料，填写《年检综合意见表》，做出年检结论，并报中心审核。年检结论分为合格和不合格。不合格的由中心取消其标志使用权。

第二十六条　中心如不同意委托管理机构上报的年检结论，应于5个工作日内通知委托管理机构予以更正；同意年检结论的，不另行通知。

第二十七条　委托管理机构应将中心审核后的年检结论及时通知企业及有关市、县绿色食品管理机构。

第二十八条　企业的绿色食品标志使用年度为第3年的，其年检应于标志使用期满前3个月完成，有关工作亦应相应提前。

第二十九条　企业因改制、兼并、倒闭、转产等丧失绿色食品标志使用的主体资格或绿色食品生产条件的，应视为自动放弃绿色食品标志使用权，委托管理机构应及时报请中心处理；企业的名称、商标等发生变更的，委托管理机构应督促并指导企业及时向中心办理相应变更手续。

## 第七章　复议和仲裁

第三十条　企业对实地检查考核结果和年检结论如有异议，可在接到通知之日起15日内，向委托管理机构书面提出复议申请或直接向中心申请仲裁，但不可同时申请复议和仲裁；对复议结果不服的，可在接到通知15日内向中心申请仲裁。

第三十一条　委托管理机构应于接到复议申请15个工作日内做出复议结论；中心应于接到仲裁申请30个工作日内做出仲裁决定。

## 第八章　核准证书

第三十二条　年检后应进行证书核准，未经核准的证书视为无效。核准的方式为：2003年3月1日前颁发的证书实行核准换证；2003年3月1日后颁发的证书实行核准盖章。

第三十三条　年检合格的企业应于标志年度使用期满前20日向委托管理机构申请核准证书。核准程序如下：

（一）企业向委托管理机构提出核准申请并提交原证书；

（二）委托管理机构对企业的申请进行审核，由监管员和主管部门负责人分别签署审核意见后报分管领导核准；

（三）经办人根据领导审批意见及第三十二条的规定，分别按以下条款办理：

1. 实行年检换证的，将企业的《核准证书申请表》及原证书一并上报中心换证，中心复核后将新证书经由委托管理机构颁发给企业；

2. 实行年检盖章的，在原证书上加盖年检章。

（四）经办人根据核准情况填写《核准证书登记表》。

第三十四条　委托管理机构应督促企业按时申办证书核准手续，并应在收到企业申请后5个工作日内完成核准程序；中心应在收到《核准证书申请表》及原证书后5个工作日内完成复核换证程序。

第三十五条　委托管理机构应于核准盖章后5个工作日内将《核准证书申请表》及证书复印件报中心备案。

第三十六条　委托管理机构应指定专人负责保管年检章。加盖年检章必须经监管员和主管部门负责人审核，并经分管领导核准。

## 第九章　年检与续展

第三十七条　企业使用绿色食品标志第3年度年检合格的结论是标志使用期满续展的必备文件；年检不合格或未通过整改验收以及拒不接受年检的，其续展申请均不予受理。

第三十八条　在3年标志使用期中各年度年检合格、档案材料完备的，续展时可免予认证检查，其年检档案材料可作为续展申报材料。如果续展认证需要增补材料或补充检查的，企业须另行补报材料或接受检查。申请续展的企业均须缴纳续展认证费。

第三十九条　因年检不合格被取消绿色食品标志使用权的，1年内不受理其绿色食品标志使用申请，再行申请时不按续展处理。

## 第十章　考核与奖惩

第四十条　中心对各级绿色食品管理机构及其监管员的年检工作以及产品质量监测机构的工作进行考核。并根据考核结果予以奖惩，具体办法另行制定。

第四十一条　中心对年检工作业绩显著的监管员予以表彰和奖励；对工作中出现严重失误或违反有关规定，造成不良后果的，给予通报批评，并追究有关监管员的责任，直至撤销其监管员资格。

第四十二条　中心对年检工作业绩显著的绿色食品管理机构予以表彰和奖励；对工作中出现严重失误或违反有关规定，造成不良后果的委托管理机构，给予通报批评，并追究其分管领导人的责任。

第四十三条　中心对环境和产品质量监测机构在监测、检验工作中出现严重失误或违反有关规定的，按照《绿色食品监测机构管理办法》做出暂停或取消其业务委托的处理，并予以通报或公告。

### 第十一章　附　　则

第四十四条　本规范由中国绿色食品发展中心负责解释。

第四十五条　委托管理机构可结合当地实际制订本规范实施细则。

第四十六条　本规范自公布之日起施行。

## 中华人民共和国农产品质量安全法

（2006年4月29日第十届全国人民代表大会常务委员会第二十一次会议通过，
2006年4月29日中华人民共和国主席令第49号公布，
自2006年11月1日起施行）

### 第一章　总　　则

第一条　为保障农产品质量安全，维护公众健康，促进农业和农村经济发展，制定本法。

第二条　本法所称农产品，是指来源于农业的初级产品，即在农业活动中获得的植物、动物、微生物及其产品。

本法所称农产品质量安全，是指农产品质量符合保障人的健康、安全的要求。

第三条　县级以上人民政府农业行政主管部门负责农产品质量安全的监督管理工作；县级以上人民政府有关部门按照职责分工，负责农产品质量安全的有关工作。

第四条　县级以上人民政府应当将农产品质量安全管理工作纳入本级国民经济和社会发展规划，并安排农产品质量安全经费，用于开展农产品质量安全工作。

第五条　县级以上地方人民政府统一领导、协调本行政区域内的农产品质量安全工作，并采取措施，建立健全农产品质量安全服务体系，提高农产品质量安全水平。

第六条　国务院农业行政主管部门应当设立由有关方面专家组成的农产品质量安全风险评估专家委员会，对可能影响农产品质量安全的潜在危害进行风险分析和评估。

国务院农业行政主管部门应当根据农产品质量安全风险评估结果采取相应的管理措施，并将农产品质量安全风险评估结果及时通报国务院有关部门。

第七条　国务院农业行政主管部门和省、自治区、直辖市人民政府农业行政主管部门应当按照职责权限，发布有关农产品质量安全状况信息。

第八条　国家引导、推广农产品标准化生产，鼓励和支持生产优质农产品，禁止生产、销售不符合国家规定的农产品质量安全标准的农产品。

第九条　国家支持农产品质量安全科学技术研究，推行科学的质量安全管理方法，推广先进安全的生产技术。

第十条　各级人民政府及有关部门应当加强农产品质量安全知识的宣传，提高公众的农产品质量安全意识，引导农产品生产者、销售者加强质量安全管理，保障农产品消费安全。

## 第二章　农产品质量安全标准

第十一条　国家建立健全农产品质量安全标准体系。农产品质量安全标准是强制性的技术规范。

农产品质量安全标准的制定和发布，依照有关法律、行政法规的规定执行。

第十二条　制定农产品质量安全标准应当充分考虑农产品质量安全风险评估结果，并听取农产品生产者、销售者和消费者的意见，保障消费安全。

第十三条　农产品质量安全标准应当根据科学技术发展水平以及农产品质量安全的需要，及时修订。

第十四条　农产品质量安全标准由农业行政主管部门商有关部门组织实施。

## 第三章　农产品产地

第十五条　县级以上地方人民政府农业行政主管部门按照保障农产品质量安全的要求，根据农产品品种特性和生产区域大气、土壤、水体中有毒有害物质状况等因素，认为不适宜特定农产品生产的，提出禁止生产的区域，报本级人民政府批准后公布。具体办法由国务院农业行政主管部门商国务院环境保护行政主管部门制定。

农产品禁止生产区域的调整，依照前款规定的程序办理。

第十六条　县级以上人民政府应当采取措施，加强农产品基地建设，改善农产品的生产条件。

县级以上人民政府农业行政主管部门应当采取措施，推进保障农产品质量安全的标准化生产综合示范区、示范农场、养殖小区和无规定动植物疫病区的建设。

第十七条　禁止在有毒有害物质超过规定标准的区域生产、捕捞、采集食用农产品和建立农产品生产基地。

第十八条　禁止违反法律、法规的规定向农产品产地排放或者倾倒废水、废气、固体废物或者其他有毒有害物质。

农业生产用水和用作肥料的固体废物，应当符合国家规定的标准。

第十九条　农产品生产者应当合理使用化肥、农药、兽药、农用薄膜等化工产品，防止对农产品产地造成污染。

## 第四章　农产品生产

第二十条　国务院农业行政主管部门和省、自治区、直辖市人民政府农业行政主管部门应当制定保障农产品质量安全的生产技术要求和操作规程。县级以上人民政府农业行政主管部门应当加强对农产品生产的指导。

第二十一条　对可能影响农产品质量安全的农药、兽药、饲料和饲料添加剂、肥料、兽医器械，依照有关法律、行政法规的规定实行许可制度。

国务院农业行政主管部门和省、自治区、直辖市人民政府农业行政主管部门应当定期对可能危及农产品质量安全的农药、兽药、饲料和饲料添加剂、肥料等农业投入品进行监督抽查，并公布抽查结果。

第二十二条　县级以上人民政府农业行政主管部门应当加强对农业投入品使用的管理和指导，建立健全农业投入品的安全使用制度。

第二十三条　农业科研教育机构和农业技术推广机构应当加强对农产品生产者质量安全知识和技能的培训。

第二十四条　农产品生产企业和农民专业合作经济组织应当建立农产品生产记录，如实记载下列事项：

（一）使用农业投入品的名称、来源、用法、用量和使用、停用的日期；

（二）动物疫病、植物病虫草害的发生和防治情况；

（三）收获、屠宰或者捕捞的日期。

农产品生产记录应当保存2年。禁止伪造农产品生产记录。

国家鼓励其他农产品生产者建立农产品生产记录。

第二十五条　农产品生产者应当按照法律、行政法规和国务院农业行政主管部门的规定，合理使用农业投入品，严格执行农业投入品使用安全间隔期或者休药期的规定，防止危及农产品质量安全。

禁止在农产品生产过程中使用国家明令禁止使用的农业投入品。

第二十六条　农产品生产企业和农民专业合作经济组织，应当自行或者委托检测机构对农产品质量安全状况进行检测；经检测不符合农产品质量安全标准的农产品，不得销售。

第二十七条　农民专业合作经济组织和农产品行业协会对其成员应当及时提供生产技术服务，建立农产品质量安全管理制度，健全农产品质量安全控制体系，加强自律管理。

## 第五章　农产品包装和标识

第二十八条　农产品生产企业、农民专业合作经济组织以及从事农产品收购的单位或者个人销售的农产品，按照规定应当包装或者附加标识的，须经包装或者附加标识后方可销售。包装物或者标识上应当按照规定标明产品的品名、产地、生产者、生产日期、保质期、产品质量等级等内容；使用添加剂的，还应当按照规定标明添加剂的名称。具体办法由国务院农业行政主管部门制定。

第二十九条　农产品在包装、保鲜、贮存、运输中所使用的保鲜剂、防腐剂、添加剂等材料，应当符合国家有关强制性的技术规范。

第三十条　属于农业转基因生物的农产品，应当按照农业转基因生物安全管理的有关规定进行标识。

第三十一条　依法需要实施检疫的动植物及其产品，应当附具检疫合格标志、检疫合格证明。

第三十二条　销售的农产品必须符合农产品质量安全标准，生产者可以申请使用无公害农产品标志。农产品质量符合国家规定的有关优质农产品标准的，生产者可以申请使用相应的农产品质量标志。

禁止冒用前款规定的农产品质量标志。

## 第六章　监督检查

第三十三条　有下列情形之一的农产品，不得销售：

（一）含有国家禁止使用的农药、兽药或者其他化学物质的；

（二）农药、兽药等化学物质残留或者含有的重金属等有毒有害物质不符合农产品质量安全标准的；

（三）含有的致病性寄生虫、微生物或者生物毒素不符合农产品质量安全标准的；

（四）使用的保鲜剂、防腐剂、添加剂等材料不符合国家有关强制性的技术规范的；

（五）其他不符合农产品质量安全标准的。

第三十四条　国家建立农产品质量安全监测制度。县级以上人民政府农业行政主管部门应当按照保障农产品质量安全的要求，制定并组织实施农产品质量安全监测计划，对生产中或者市场上销售的农产品进行监督抽查。监督抽查结果由国务院农业行政主管部门或者省、自治区、直辖市人民政府农业行政主管部门按照权限予以公布。

监督抽查检测应当委托符合本法第三十五条　规定条件的农产品质量安全检测机构进行，不得向被抽查人收取费用，抽取的样品不得超过国务院农业行政主管部门规定的数量。上级农业行政主管部门监督抽查的农产品，下级农业行政主管部门不得另行重复抽查。

第三十五条　农产品质量安全检测应当充分利用现有的符合条件的检测机构。

从事农产品质量安全检测的机构，必须具备相应的检测条件和能力，由省级以上人民政府农业行政主管部门或者其授权的部门考核合格。具体办法由国务院农业行政主管部门制定。

农产品质量安全检测机构应当依法经计量认证合格。

第三十六条　农产品生产者、销售者对监督抽查检测结果有异议的，可以自收到检测结果之日起5日内，向组织实施农产品质量安全监督抽查的农业行政主管部门或者其上级农业行政主管部门申请复检。

采用国务院农业行政主管部门会同有关部门认定的快速检测方法进行农产品质量安全监督抽查检测，被抽查人对检测结果有异议的，可以自收到检测结果时起4小时内申请复检。复检不得采用快速检测方法。

因检测结果错误给当事人造成损害的，依法承担赔偿责任。

第三十七条　农产品批发市场应当设立或者委托农产品质量安全检测机构，对进场销售的农产品质量安全状况进行抽查检测；发现不符合农产品质量安全标准的，应当要求销售者立即停止销售，并向农业行政主管部门报告。

农产品销售企业对其销售的农产品，应当建立健全进货检查验收制度；经查验不符合农产品质量安全标准的，不得销售。

第三十八条　国家鼓励单位和个人对农产品质量安全进行社会监督。任何单位和个人都有权对违反本法的行为进行检举、揭发和控告。有关部门收到相关的检举、揭发和控告后，应当及时处理。

第三十九条　县级以上人民政府农业行政主管部门在农产品质量安全监督检查中，可以对生产、销售的农产品进行现场检查，调查了解农产品质量安全的有关情况，查阅、复制与农产品质量安全有关的记录和其他资料；对经检测不符合农产品质量安全标准的农产品，有权查封、扣押。

第四十条　发生农产品质量安全事故时，有关单位和个人应当采取控制措施，及时向所在地乡级人民政府和县级人民政府农业行政主管部门报告；收到报告的机关应当及时处理并报上一级人民政府和有关部门。发生重大农产品质量安全事故时，农业行政主管部门应当及时通报同级食品药品监督管理部门。

第四十一条　县级以上人民政府农业行政主管部门在农产品质量安全监督管理中，发现有本法第三十三条所列情形之一的农产品，应当按照农产品质量安全责任追究制度的要求，查明责任人，依法予以处理或者提出处理建议。

第四十二条　进口的农产品必须按照国家规定的农产品质量安全标准进行检验；尚未制定有关农产品质量安全标准的，应当依法及时制定，未制定之前，可以参照国家有关部门指定的国外有关标准进行检验。

## 第七章　法律责任

第四十三条　农产品质量安全监督管理人员不依法履行监督职责，或者滥用职权的，依法给予行政处分。

第四十四条　农产品质量安全检测机构伪造检测结果的，责令改正，没收违法所得，并处五万元以上十万元以下罚款，对直接负责的主管人员和其他直接责任人员处一万元以上五万元以下罚款；情节严重的，撤销其检测资格；造成损害的，依法承担赔偿责任。

农产品质量安全检测机构出具检测结果不实，造成损害的，依法承担赔偿责任；造成重大损害的，并撤销其检测资格。

第四十五条　违反法律、法规规定，向农产品产地排放或者倾倒废水、废气、固体废物或者其他有毒有害物质的，依照有关环境保护法律、法规的规定处罚；造成损害的，依法承担赔偿责任。

第四十六条　使用农业投入品违反法律、行政法规和国务院农业行政主管部门的规定的，依照有关法律、行政法规的规定处罚。

第四十七条　农产品生产企业、农民专业合作经济组织未建立或者未按照规定保存农产品生产记录的，或者伪造农产品生产记录的，责令限期改正；逾期不改正的，可以处二千元以下罚款。

第四十八条　违反本法第二十八条规定，销售的农产品未按照规定进行包装、标识的，责令限期改正；逾期不改正的，可以处二千元以下罚款。

第四十九条　有本法第三十三条第四项规定情形，使用的保鲜剂、防腐剂、添加剂等材料不符合国家有关强制性的技术规范的，责令停止销售，对被污染的农产品进行无害化处理，对不能进行无害化处理的予以监督销毁；没收违法所得，并处二千元以上二万元以下罚款。

第五十条　农产品生产企业、农民专业合作经济组织销售的农产品有本法第三十三条第一项至第三项或者第五项所列情形之一的，责令停止销售，追回已经销售的农产品，对违法销售的农产品进行无害化处理或者予以监督销毁；没收违法所得，并处二千元以上二万元以下罚款。

农产品销售企业销售的农产品有前款所列情形的，依照前款规定处理、处罚。

农产品批发市场中销售的农产品有第一款所列情形的，对违法销售的农产品依照第一款规定处理，对农产品销售者依照第一款规定处罚。

农产品批发市场违反本法第三十七条第一款规定的，责令改正，处二千元以上二万元以下罚款。

第五十一条　违反本法第三十二条规定，冒用农产品质量标志的，责令改正，没收违法所得，并处二千元以上二万元以下罚款。

第五十二条　本法第四十四条、第四十七条至第四十九条、第五十条第一款、第四款和第五十一条规定的处理、处罚，由县级以上人民政府农业行政主管部门决定；第五十条第二款、第三款规定的处理、处罚，由工商行政管理部门决定。

法律对行政处罚及处罚机关有其他规定的，从其规定。但是，对同一违法行为不得重复处罚。

第五十三条　违反本法规定，构成犯罪的，依法追究刑事责任。

第五十四条　生产、销售本法第三十三条所列农产品，给消费者造成损害的，依法承担赔偿责任。

农产品批发市场中销售的农产品有前款规定情形的，消费者可以向农产品批发市场要求赔偿；属于生产者、销售者责任的，农产品批发市场有权追偿。消费者也可以直接向农产品生产者、销售者要求赔偿。

**第八章　附　　则**

第五十五条　生猪屠宰的管理按照国家有关规定执行。

第五十六条　本法自2006年11月1日起施行。

## 【自我训练】

1. 查一查绿色食品感官检验的方法。
2. 想一想绿色食品产品质量检验抽样的原则有哪些。
3. 查一查绿色食品管理机构对绿色食品产品抽查检验的内容及项目。
4. 找一找绿色食品中农药残留的来源。

## 【单元练习】

1. 绿色食品申报检验与抽样检验有何不同？
2. 绿色食品质量检验的内容有哪些？
3. 绿色食品质量检验的是怎样的程序？
4. 绿色食品产品抽样有哪些方法？

## 【专业大事记】

**案例1**

2003年11月16日，中央电视台新闻频道的《每周质量报告》揭露，拥有1200年历史的浙江金华火腿在生产过程中，个别企业不但毫不注意卫生把关，专门有人收死猪、母猪、公猪来做火腿，甚至为了驱赶苍蝇，防止火腿生虫生蛆，在泡制腿肉过程中竟大面积使用敌敌畏。

金华市经营千年的城市名片瞬间蒙垢，金华火腿的销量几乎为零。

**案例2**

2006年9月13日开始，上海市发生多起因食用猪内脏、猪肉导致的疑似瘦肉精食物中毒事故，截至2006年9月16日已有300多人到医院就诊。2006年9月17日上海市食品药品监管部门确认中毒事故为瘦肉精中毒。瘦肉精学名盐酸克伦特罗，是一种平喘药，添加到饲料里，可提高猪的瘦肉率，现已禁用。如果瘦肉精含量过高，可能出现肌肉震颤、头晕、呕吐、心悸等中毒症状。

**案例3**

2006年11月12日，由河北某禽蛋加工厂生产的一些"红心咸鸭蛋"在北京被检测出含有致癌物质苏丹红。部分河北农户用添加了工业染料苏丹红的饲料喂养鸭子，导致蛋黄内含有苏丹红，以致全北京市范围内停售河北产"红心"咸鸭蛋。

**案例4**

2008年9月8日，甘肃媒体曝光不满周岁婴儿疑食用三鹿奶粉导致患有肾结石，揭出三鹿婴幼儿奶粉违法添加三聚氰胺事件，震惊全国。随后，"毒奶粉"风暴越刮越猛，22家企业69批次产品被检出了含量不同的三聚氰胺。截至2008年11月27日8时，全国累计报告因食用三鹿牌奶粉和其他个别问题奶粉导致泌尿系统出现异常的患儿29万余人。香港食物及卫生局2008年10月26日表示，香港市场上一种大连韩伟集团生产的鸡蛋被检测出含有三聚氰胺，三聚氰胺事件从奶粉转向鸡蛋，全国各地纷纷抽查鸡蛋，多个牌子的鸡蛋检出三聚氰胺。

**案例5**

2010年3月20日，西安市药监局食品稽查分局执法人员在重庆胖妈烂火锅西安总店发现其存在泔水油回收装置，现场查获的账单也表明火锅店涉嫌回收地沟油。据此，西安市药监局食品稽查分局以涉嫌回收泔水油二次利用，违反《食品安全法》，责令该店停业整顿。此事在全国范围引发对地沟油的声讨，但至今地沟油仍然没有销声匿迹。

**案例6**

2011年4月初，安徽工商部门查获一种名为牛肉膏的添加剂，可让猪肉变"牛肉"。这种牛肉膏不仅在小肉松作坊中使用，在一些小吃店，也是公开的秘密。随后记者发现，福州、广州、南京等多地"牛肉膏"疯卖。牛肉膏有牛肉自然香味，易溶于水，水溶液呈淡黄色。一些熟食店、面馆为牟利而用牛肉膏将猪肉"变"牛肉。专家指出，过量食用牛肉膏或会致癌。

**案例7**

2011年4月初，《消费主张》节目指出，在上海市浦东区的一些华联超市和联华超市的主食专柜都在销售同一个公司生产的3种馒头：高庄馒头、玉米馒头和黑米馒头。上海工商部门连夜查扣6 048只涉嫌"染色"馒头。生产染色馒头的上海盛禄食品有限公司分公司已被责令停产整顿，企业责任人被公安部门采取临时控制措施。这些染色馒头的生产日期随便更改，食用过多会对人体造成伤害。馒头作为最普遍的食物之一，上海的染色馒头引起了全国人民的恐慌。全国各地开展馒头检测行动，严厉打击食品生产经营违法行为。

## 【推荐导读】

### 食品质量安全控制体系

#### 一、危害分析与关键控制点(HACCP)

**1. HACCP体系简介**

HACCP即危害分析关键控制点(hazard analysis critical control point)。HACCP是由食品的危害分析(HA)和关键控制点(CCP)监控两部分组成,应用食品加工、微生物学、质量控制和危害评价等有关原理和方法,对食品原料加工形成最终产品等过程中实际存在和潜在的危害进行分析判定,找出对最终产品质量有影响的关键控制环节,并采取相应控制措施,使食品的危害性减少到最低限度,从而达到最终产品较高安全性的目的。

HACCP是对可能发生在食品加工环节中的危害进行评估,进而采取控制的一种预防性食品安全控制体系。有别于传统的质量控制方法,它是对原料、各生产工序中影响产品安全的各种因素进行分析,确定加工过程中的关键环节,制定完善监控程序和监控标准,采取有效的纠正措施,将危害预防、消除或降低到消费者可接受水平,以确保食品加工者能为消费者提供更安全的食品。

(1)HACCP的起源

早在20世纪50年代初,化学工业就开始应用HACCP体系的基本原理,该原理的核心内容是W. Edward Eming的"全面质量管理原则"。食品工业中HACCP体系的概念和起源与Pillsbury公司的一项食品生产研究计划有关,该计划是专为研制太空食品制定的。1959年,Pillsbury公司受命生产宇航员在无重力作用的太空舱中食用的食品。

当时,科学家们将食品胶合起来,再覆盖一层食用软膜,以避免因食品粉碎而引起太空舱中空气污染。但是,最大的难点是要尽可能保证用于太空中的食品具有100%安全性,不能被细菌、滤过性病毒、毒素和化学试剂污染,也不能含有可能导致疾病或损伤的物理危害,严重者有可能导致太空计划的失败,甚至灾难。研究初期,Pillsbury公司采用当时普遍使用的传统的质量控制技术,但是,随着研究的深入,发现要确定食品是否可靠,其实验工作量相当大。事实上,生产出来的每批食品,绝大部分用于实验,只有小部分供给太空飞行员。

为此,Pillsbury公司研究了NASA采用的零缺陷方案,发现它是为硬件设计的,虽然符合研究目的,但不适用于食品。为了建立一个更好的食品质量控制体系,Pillsbury公司决定采用一个新方法来解决上述问题。经过广泛的研究,认为唯一可行的方法就是建立一个"预防体系"。要求新体系尽可能早地控制原料、加工、环境、储存和流通过程中所有可能会出现的危害。毫无疑问,如果能建立这种控制形式,并一直保持适当的记录,就可以生产出具有高可信度的产品,即安全食品。从实用的目的出发,如果能准确执行这一体系,就没有必要测试所有产品来检查质量。同时,在实践中还发现,按NASA规定的要求保持记录,不但使新体系成为一个完善的方法,而且使新体系更加容易执行。因此,保持准确、详细的记录便顺理成章地成为新体系的基本要求之一。

(2)HACCP的发展

英国是最早应用HACCP原理,并在食品加工过程中强制实施HACCP体系的国家。

1971 年，Pillsbury 公司在美国国家食品保护会议上首次将 HACCP 体系公布于众。1973 年，Pillsbury 公司与 FDA 合作进行了一项试点工作，在酸性或低酸性罐头食品生产中应用 HACCP 体系，并制定了相应的法规，此法规成为一项成功的 HACCP 体系。1974 年以后，HACCP 概念开始大量出现在科技文献中。

20 世纪 80 年代中期，美国食品卫生药典委员会(CCFH)和美国食品微生物标准咨询委员会共同颁布了指导性文件，鼓励在不同食品系统中使用 HACCP，并对 HACCP 体系作了一个更科学的定义，从而引起世界食品工业界质量管理人员、政府食品安全官员和有关科研人员的广泛重视与推荐。1989 年 11 月，NACMCF 起草了《用于食品生产的 HACCP 原理的基本准则》，并将其作为工业部门培训和执行 HACCP 原理的法规。该法规历经修改和完善，形成了 HACCP 七项基本原理。

1989—1994 年，美国食品安全检验署相继发布了《食品生产的 HACCP 原理》《HACCP 评价程序》《冷冻食品 HACCP 一般规则》。1994 年 8 月，FDA 发表了《HACCP 在食品工业中的应用进展》，并组织有关企业进行 HACCP 体系的推广与应用实验，以促进 HACCP 体系在整个食品企业中的应用。在此基础上，FDA 于 1995 年 12 月颁布了一项食品法规《安全与卫生加工进口海产品的措施》，要求所有海产品加工者必须执行 HACCP。该法规于 1997 年 12 月 18 日生效，即从此以后，所有在美国生产的，或进口到美国的海产品必须符合 HACCP 法规，并提交生产过程中 HACCP 计划执行情况等资料。此外，其他食品生产与进口的 HACCP 法规也相继问世。例如，1996 年 7 月 12 日，美国农业部发布了《减少致病菌、危害分析和关键控制点(HACCP)系统最终法规》，要求所有肉禽制品都必须执行卫生标准操作程序和 HACCP 体系，以确保食品的安全性。

1993 年，由联合国粮食与农业组织(FAO)和世界卫生组织(WHO)联合创建的食品法典委员会(CAC)开始鼓励各国使用 HACCP，其下属机构——食品卫生委员会起草了《应用 HACCP 原理的指导书》，用于推行 HACCP 体系，并对 HACCP 体系中常用的名词术语、发展 HACCP 体系的基本条件、关键控制点决策树的使用等内容进行了详细的规定。

1997 年，食品法典委员会(CAC)制定了《HACCP 体系及其应用准则》，其中指出，HACCP 可应用到最初生产者至最终消费者的整个食品链中，这一体系的应用有助于制定规章的权力机构进行检查，并通过提高食品安全的可信度来促进国际贸易。

1993 年欧盟通过了关于食品生产应用 HACCP 体系的决定，并于 1995 年 12 月起对各类进口食品执行这一体系。与此同时，加拿大政府也推出一项食品安全促进计划(FSEP)，农业部要求在所有食品生产过程中推行 HACCP 原理，由各食品加工企业负责制定自己的 HACCP 计划、农业部根据 HACCP 计划具体执行情况的评估结果，帮助企业按 FSEP 的要求实施 HACCP 计划。日本、新西兰、荷兰、澳大利亚、挪威、泰国等国家都相继颁布有关法规，要求在食品企业中实施 HACCP 体系。目前，HACCP 体系已成为世界公认的能有效保证食品安全的控制体系。

HACCP 概念于 20 世纪 80 年代传入中国。1988 年，中国检验检疫部门就注意到国际食品微生物标准委员会对 HACCP 体系基本原理所作的详细叙述。1990 年，原国家进出口商品检验局科学技术委员会食品专业技术委员会开始进行 HACCP 的应用研究，制定了"在出口食品生产中建立 HACCP 质量管理体系"导则，以及一些应用于食品加工业的 HACCP

体系的具体实施方案，并在全国范围内进行广泛讨论。同时，还组织了一项“出口食品安全工程的研究和应用”计划，该计划包括10种食品，水产品、肉类、禽类和低酸性罐头食品也在其中，约250家食品企业志愿参加了这项计划。通过这项计划，多数食品加工企业接受了HACCP概念。1997年10月，原国家商检局对水产品加工企业实施HACCP体系的情况进行了检查，以确定各企业制定的HACCP和SSOP是否符合美国海产品HACCP法规的各项要求。共180家企业申请了检查，其中139家企业的HACCP和SSOP计划及其实施情况通过了检查，获得中国检验检疫部门的批准。现在，HACCP体系已经成为中国商检食品安全控制的基本政策，中国检验检疫局将建立与美国、欧盟等发达国家相对等的食品安全和品质管理体系。我国卫生部食品卫生监督检验所等单位对HACCP在乳制品、熟肉及饮料等食品中的应用进行了较为深入的研究。

但是，与国外相比，我国在HACCP体系的研究和实施方面所进行的工作都不够深入，除有些海产品出口实施了HACCP体系外，大多数食品加工企业对HACCP体系的原理和应用都缺乏重视。因此，1998年初，国务院办公厅印发了《中国营养改善行动计划》，其中明文规定：“完善各类食品生产卫生规范的制定工作并在主要食品行业全面推行；建立健全食品生产经营企业的质量控制与管理体系，在各类食品生产、经营过程中逐步推广使用HACCP系统分析分法。”这一政策的制定与实施，不仅能推动我们借鉴国外先进技术和管理经验，加强我国食品安全与卫生管理的基础性和应用性研究，促进我国食品检测手段和体制与国际接轨，而且能彻底改变我国食品卫生现状，满足人们对食品卫生与安全的要求，提高食品质量，增强我国出口食品在国际市场上的竞争力。现在，我国有80%以上的出口企业建立了HACCP体系，为了提高我国食品安全与卫生状况，实现从农田/饲养场到餐桌的全程质量管理，在我国农业、牧业、食品加工业、食品服务业等相关部门全面实施HACCP体系将是必然的发展趋势。

(3) HACCP的特点

HACCP是一个真正的逻辑性控制和评价系统，与其他质量体系相比，具有简便易行、合理等特点。

①具有全面性。HACCP是一种系统化方法，涉及食品安全的所有方面(从原材料、种植、收获和购买到最终产品的使用)，能够鉴别出现今能够想到的危害，包括实际预见到可能发生的危害。

②以预防为重点。使用HACCP防止危害进入食品，变追溯最终产品检验方法为预防性质量保证方法。

③提高产品质量。HACCP体系控制质量，能使产品更具竞争性并保证消费者食用安全。

④具有良好的经济效益。通过预防措施减少损失，降低成本，减轻一线工人的劳动强度，提高劳动效率。

⑤肯定了食品行业对生产安全食品的基本责任。保证食品安全的首要责任首先归于食品生产商或销售商。

⑥提高政府监督管理工作效率。官方检验员可将精力集中到最容易发生危害的环节上，通过检查HACCP监控记录和纠偏记录可了解工厂的所有情况。

⑦为食品业体系与进行监督管理的政府体系提供联系的可能，有助于改善工厂与管理官方和工厂与消费者的关系。

值得注意的是，HACCP 可用于尽量减少食品危害的风险，但并不是零风险体系。HACCP 是对其他质量管理体系的补充，和其他的质量管理体系一起使用具有更大的优越性，可以互相补充。

(4)实施 HACCP 体系的意义

随着食品工业规模化与多样化的发展，人们对食品安全与卫生方面的监控与管理工作提出了更高的要求，政府和企业界都付出了巨大的努力。但是，世界各国食物中毒事件仍呈逐年上升趋势。这一现状向各类食品加工企业和政府部门提出了严峻的挑战。

纵观、分析各类食物中毒事件可知，引发食源性疾病的主要原因如下：原料质量差；原料处理不当；产品配方变更；产品工艺变更；发生交叉污染；清洁不当；维修保养不当；添加剂使用不符合法规要求或加入错误的成分；以经济欺骗为目的的制假。这些原因导致食品中存在各种生物、化学和物理危害，使食品消费不安全，其中生物性危害所引起的结果最为严重，导致的食源性疾病占整个食物中毒事故的 90%以上。

采用 HACCP 体系的主要目的是建立一个以预防为主的食品安全控制体系，最大限度地消除或减少食源性疾病，保护人民健康。同时，实施 HACCP 企业也有好处：增强客户的信心；增强竞争优势；减少责任发生；改善内部营运；对品牌产品增加安全性；达到或超越市场及官方的要求。因此，这种理性化、系统性强、约束性强、通用性强的管理体系，对政府监督机构、消费者和生产商都有利。

**2. HACCP 的基本原理**

HACCP 是对食品加工、运输以至销售整个过程中的各种危害进行分析和控制，从而保证食品达到安全水平。它是一个系统的、连续性的食品卫生预防和控制方法。以 HACCP 为基础的食品安全体系，是以 HACCP 的 7 个原理为基础的。

①原理 1：危害分析和风险评估。

拟定工艺中各工序的流程图，确定与食品生产各阶段(从原料生产到消费)有关的潜在危害性及其程度，鉴定并列出各有关危害，并规定具体有效的控制措施，包括危害发生的可能性及发生后的严重性估计。危害分析与预防控制措施是 HACCP 原理的基础，也是建立 HACCP 计划的第一步。企业应根据所掌握的食品中存在的危害以及控制方法，结合工艺特点，进行详细分析。

②原理 2：确定关键控制点。

使用判定树鉴别各工序中的关键控制点(CCP)。如原料生产收获与选择、加工、产品配方、设备清洗、储运、雇员与环境卫生等都可能是 CCP，且每一个 CCP 所产生的危害都可以被控制、防止或将之降低至可接受的水平。

③原则 3：确定与各 CCP 相关的关键限值。

要尽可能地为每一个 CCP 确立各自的关键控制限值。有时对某一个工序可以确定多个控制限值，以确保每个关键限值在安全值以内。关键控制限值常常采用一些保藏手段的参数或工艺参数，如温度、时间、压力、张力、流速、水分含量、水分活度、pH、有效氯、细菌总数等，以及感官指标，如外观和组织结构等。

④原理4:建立监控程序。

监控程序是为关键点和极限值所设定按照制定的计划进行的观察或测量程序,通过对控制参数进行测量,评估关键控制点是否处于受控制状态。企业应制定监控程序并执行,以确定食品的性质或加工过程是否符合关键限值。通过有计划的测试或观察,以保证CCP处于被控制状态,其中测试或观察要有记录。监控应尽可能采用连续的理化方法,如无法连续监控,也要求有足够的间隙频率次数来观察测定每一CCP的变化规律,以保证监控的有效性。

⑤原理5:纠正措施。

当监控表明,偏离关键限值或不符合关键限值时采取的程序或行动。如有可能,纠正措施一般应是在HACCP计划中提前决定的。纠正措施一般包括两步:第一步,纠正或消除发生偏离CL的原因,重新加工控制;第二步,确定在偏离期间生产的食品,并决定如何处理。采取纠正措施包括食品的处理情况时应加以记录。

⑥原理6:记录保持程序。

保持有效和准确的记录对HACCP的实施是很重要的。企业在实行HACCP体系的全过程中,需有大量的技术文件和日常的监测记录,这些记录应是全面的,记录应包括:体系文件、HACCP体系的记录,HACCP小组的活动记录,HACCP前提条件的执行、监控、检查和纠正记录。

⑦原理7:验证程序。

审核HACCP计划的准确性,包括适当的补充试验和总结,以确认HACCP是否在正常运转,确保计划在准确执行,以及被确认生效使用的方法、程序、检测及审核手段。检验方法包括生物学的、物理学的、化学的或感官的。

## 二、食品的良好生产规范(GMP)

### 1. 食品良好生产规范(GMP)概述

良好生产规范(good manufacturing practice,GMP)是为保障食品安全与质量而制定的贯穿水平生产全过程的一系列措施、方法和技术要求。GMP是国际上普遍采用的用于食品生产的先进管理系统,它要求食品生产企业应具备良好的生产设备、合理的生产过程、完善的质量管理和严格的检测系统,以确保最终产品的质量符合标准。

(1) GMP的起源

GMP是从药品生产实践中获取经验教训的总结。人类社会先后经历了12次较大的药物灾难,深刻认识到以成品抽样分析检验结果为依据的质量控制方法有一定缺陷,不能保证生产的药品都做到安全并符合质量要求,特别是20世纪出现了最大的药物灾难"反应停"事件后,公众要求对药品制剂严格监督的法律。在此背景下,美国于1962年修订了《联邦食品药品化妆品法》,将食品质量管理和质量保证的概念制定成法定的要求。美国食品药品管理局FDA根据修改法的规定,按照修正案的要求,美国国会于1963年颁布了世界上第一部GMP,GMP最初是由美国坦普尔大学6名教授编写制定的,并于1963年通过美国国会第一次颁布成法令。经FDA官员多次讨论修改,在美国经过几年实施GMP,确实收到了实效。1967年,WHO在出版的《国际药典》附录中进行了收载。1969年,英国食品药品管理局将GMP的观点引用到食品的生产法规中。20世纪60—70年代的欧美发达国家也以法令形式加以颁布，要求食品与药品企业广泛采用。

20世纪70年代初期，美国FDA为了加强、改善对食品的监管，根据美国食品药物化妆品法第402(a)的规定，凡在不卫生的条件下生产、包装或贮存的食品或不符合生产食品条件下生产的食品视为不卫生、不安全的，因此制定了食品生产的现行良好操作规范。这一法规适用于一切食品的加工生产和贮存，随之FDA相继制定了各类食品的操作规范，如婴儿食品、低酸罐头等食品的营养品质。

GMP大致可分为10种类型：①由国家政府机构颁布的GMP，如美国FDA公布的低酸性罐头食品GMP、我国卫生部发布的《保健食品良好生产规范》《膨化食品良好卫生规范》；②行业组织制定的GMP，这类GMP可作为同类食品企业参照执行，自愿遵守的管理规范；③食品企业以自订的GMP作为企业内部管理的规范。

从GMP的法律效力来看，又可分为强制性和指导性（或推荐性）两种。强制性GMP是食品生产企业必须遵守的法律规定，由有关政府部门颁布并监督实施。我国卫生部的食品企业GMP属强制性标准。指导性（或推荐性）GMP由国家政府部门、行业组织或协会制定并推荐给食品企业参照执行，但遵循自愿遵守的原则。食品CMP认证由美国在20世纪60年代发起，当前除美国已立法强制实施食品GMP外，其他如日本、加拿大、新加坡、德国、澳大利亚、中国等国均采取劝导方式引导相关企业主自动自发实施。

(2) GMP的发展

美国FDA于1963年首先颁布了GMP，这是世界上最早的一部GMP，在实施过程中经过数次修订，可以说是至今较为完善、内容较详细、标准最高的GMP。现在美国要求，凡是向美国出口药品的制药企业以及在美国境内生产药品的制药企业，都要符合美国GMP要求。

1969年世界卫生组织（WHO）也颁发了自己的GMP，并向各成员国家推荐，受到许多国家和组织的重视，经过3次的修改，也是较为全面的GMP。

1971年，英国制定了《GMP》（第1版），1977年又修订了第2版；1983年公布了第3版，现已由欧盟GMP替代。

1972年，欧共体公布了《GMP总则》指导欧共体国家药品生产，1983年进行了较大的修订，1989年又公布了新的GMP，并编制了一本《补充指南》。1992年又公布了欧洲共同体药品生产管理规范新版本。

1974年，日本以WHO的GMP为蓝本，颁布了自己的GMP，现已作为一个法规来执行。

1988年，东南亚国家联盟也制订了自己的GMP，作为东南亚联盟各国实施GMP的文本。

此外，德国、法网、瑞士、澳大利亚、韩国、新西兰、马来西亚等同家也先后制订了GMP，到目前为止，世界上已有100多个国家、地区实施了GMP或准备实施GMP。当今世界上GMP分为3种类型。

我国提出在制药企业中推行GMP是在20世纪80年代初，比最早提出GMP的美国迟了20年。1982年，中国医药工业公司参照一些先进国家的GMP制订了《药品生产管理规范》（试行稿），并开始在一些制药企业试行。1984年，中国医药工业公司又对1982年的《药品生产管地规范》(试行稿)进行修改,变成《药品生产管理规范》(修订稿),经原国家医药管理局审查后,正式颁布在全国推行。1988年,根据《药品管理法》,国家卫生部颁布了我国第一部《药品生产质量管理规范》(1988年版),作为正式法规执行。1991年,根据《药品管理法实施办法》的规定,原国家医药管理局成立了推行GMP、GSP委员会,协助国家医药管理局,负责组织医药行业实施GMP和GSP工作。

(3)实施GMP的意义

①食品GMP的实施,首先为食品生产过程提供了整套必须遵循的组合标准,使食品生产经营人员认识食品生产的特殊性,由此产生积极的工作态度,激发他们对食品质量高度负责的精神,消除生产上的不良习惯,使食品生产企业对原料、辅料、包装材料的要求更为严格;

②有助于食品生产企业采用新技术、新设备,从而保证食品质量;

③为卫生行政部门、食品卫生监督员提供监督检查的依据;

④为建立国际食品标准提供基础,以便于食品的国际贸易。

因此,我国食品行业实施食品GMP具有非常重要的意义。食品GMP既是食品制造规范,也是制造食品所必须遵循的技术标准。GMP是发达国家食品质量管理的先进方法和成功经验,也是保证食品卫生质量的关键。

## 三、质量管理体系(ISO)

### 1.ISO的概念及简介

ISO的全称是International Organization for Standardization,翻译成中文就是“国际标准化组织”。ISO是世界上最大的国际标准化组织。它成立于1947年2月23日,它的前身是1928年成立的“国际标准化协会国际联合会”(ISA)。其他标准化组织如IEC即“国际电工委员会”也比较大。IEC 1906年在英国伦敦成立,是世界上最早的国际标准化组织。IEC主要负责电工、电子领域的标准化活动,而ISO负责除电工、电子领域之外的所有其他领域的标准化活动。

ISO的宗旨是“在世界上促进标准化及其相关活动的发展,以便于商品和服务的国际交换,在智力、科学、技术和经济领域开展合作”。ISO现有117个成员,包括117个国家和地区。

ISO管理体系分为ISO 9000质量管理体系、ISO环境管理体系等。

(1)质量管理体系(ISO 9000)

质量管理体系一般理解为好的文件体系、一致并改进的工作,包括产品和服务。它可以有效达到质量改进。ISO 9000是一组为质量管理体系框架提供的标准的通称,是国际上通用的质量管理体系。ISO 9000家族标准于2000年12月更新修订。

2000年版ISO 9000标准的首要目标是将现代质量管理理论和组织持续改进、不断获得顾客满意等实际过程和活动联系起来,此外,还应使标准在全球范围内各类组织中都能适用。

①适用于所有的生产和服务部门,适用于任何规模的组织;

②使用简便、表达清晰、便于翻译、易于理解;

③能够将质量管理体系和组织的运行联系起来;

④为组织实施改进提供一个坚实的基础;

⑤更大程度地着眼于持续改进和顾客满意；

⑥与其他管理体系相容，如 ISO 14000 环境管理体系等；

⑦需要为特殊部门，如航空、汽车、医疗器械以及电讯等部门中的组织提供坚实的基础，并阐明这些组织的主要需求和利益。

(2)2000 年版 ISO 9000 族标准的文件结构

①核心标准 4 个：

• ISO 9000:2000 基本原理；

• ISO 9001:2000 质量管理体系——要求；

• ISO 9004:2000 质量管理体系——业绩改进指南；

• ISO 19011 质量和环境管理审核指南。

②其他标准 1 个：

• ISO 10012 测量设备的质量保证要求。

③技术报告若干份，现已列入计划的有：

• ISO/TR 10006 项目管理指南；

• ISO/TR 10007 技术状态管理指南；

• ISO/TR 100013 质量管理体系文件指南；

• ISO/TR 100014 质量经济性指南；

• ISO/TR 100015 教育和培训指南；

• ISO/TR 100017 统计技术在 ISO9001 中的应用指南。

④小册子若干，现已列入计划的有：

• 质量管理原理；

• 选择和使用指南；

• ISO 9001 在小型企业中的应用指南。

(3)为什么要进行质量认证

由于质量认证是由独立于第一方(供应商)和第二方(采购商)之外的第三方中介机构，通过严格的检验和检查，为产品的符合要求出具权威证书的一种公正、科学的质量制度，符合市场经济的法则，能给贸易双方带来直接经济效益，所以很快被社会所接受。但是也出现另一种倾向，即一些国家利用质量认证作为技术壁垒，阻碍别的国家的商品流入本国，实行贸易保护。为了消除这种贸易技术壁垒，国际上不断协调，使质量认证跨越国界，推动质量认证的国际互认。有人称质量认证是商品进入国际市场的通行证。按照一定规范有序地开展质量认证活动，可减少重复检验和评审，降低成本，成为促进贸易的有效手段。认证是贯彻“以质取胜”的经济发展战略方针的重大措施。企业按照 GB/T 19000 族标准建立质量管理和质量保证体系，并开展认证工作，就是完善“硬件”和“软件”的最好途径。企业获得认证证书和认证标志，是企业文化、质量文化的重要表现。争取获得认证标志，生产高质量产品，不仅是企业的物质成果，也是企业文化的结晶，是精神的产物。

**2. 2000 年版 ISO 9000 质量管理体系——基本原理**

2000 年版 ISO 9000 标准中，ISO 9000 标准起着确定理论基础、统一技术概念和明确指导思想的作用，具有很重要的地位。新版 ISO 9000 标准与 1994 年版 ISO 9000 标准相比在内容上有很大变化，这其中新增加的一个非常重要的内容就是八项质量管理原则。它是新标准的理论基础，也是组织领导者进行质量管理的基本原则。正因为八项质量管理原则是新版ISO 9000标准的灵魂，所以对其含义的理解和掌握是至关重要的。

①以顾客为中心。组织依存于顾客。因此，组织应理解顾客当前和未来的需求，满足顾客要求并争取超越顾客期望。顾客是每一个组织存在的基础，顾客的要求是第一位的，组织应调查和研究顾客的需求和期望，并把它转化为质量要求，采用有效措施使其实现。这一指导思想不仅领导要明确，还要在全体职工中贯彻。

②领导作用。领导必须将本组织的宗旨、方向和内部环境统一起来，并能创造出使员工充分参与实现组织目标的环境。领导，即最高管理者具有决策和领导一个组织的关键作用。为了营造一个良好的环境，最高管理者应建立质量方针和质量目标，关注顾客的要求，建立和实施一个有效的质量管理体系，确保应有的资源，并随时将组织运行的结果与目标比较，根据情况决定实现质量方针、目标的措施，决定持续改进的措施。在领导作风上还要做到透明、务实和以身作则。

③全员参与。各级人员是组织之本，职工是每个组织的基础，只有他们的充分参与，才能使他们的才干为组织带来最大的收益。组织的质量管理不仅需要最高管理者的正确领导，还有赖于全员的参与。所以要对职工进行质量、职业道德、以顾客为中心的意识和敬业精神的教育，激发他们的积极性和责任感。

④过程方法。将相关的资源和活动作为过程进行管理，可以得到更高效的结果。过程方法的原则不仅适用于某些简单的过程，也适用于由许多过程构成的过程网络。在应用于质量管理体系时，2000年版ISO 9000族的标准建立了一个过程模式，此模式把管理职责、资源管理、产品实现及测量、分析与改进作为体系的四大主要过程，描述其相互关系，并以顾客要求为输入，以提供给顾客的产品为输出，通过信息反馈来测定顾客的满意度，评价质量管理体系的业绩。

⑤管理的系统方法。针对设定的目标，识别、理解并管理一个由相互关联的过程所组成的体系，有助于提高组织的有效性和效率。这种建立和实施质量管理体系的方法，既可用于新建体系，也可用于现有体系的改进。此方法的实施可在三方面受益：一是提供对过程能力及产品可靠性的信任；二是为持续改进打好基础；三是使顾客满意，最终使组织获得成功。

⑥持续改进。持续改进是组织的一个永恒目标。在质量管理体系中，改进是指产品质量、过程及体系的有效性和效率的提高。持续改进包括：了解现状；建立目标；寻找、评价和实施解决办法；测量、验证和分析结果，把更改纳入文件等活动。

⑦基于事实的决策方法。对数据和信息的逻辑分析或直觉判断是有效决策的基础。以事实为依据做决策，可防止决策失误。在对信息和资料做科学分析时，统计技术是最重要的工具之一。统计技术可用来测量、分析和说明产品及过程的变异性，还可以为持续改进的决策提供依据。

⑧互利的供方关系。通过互利的关系可增强组织及其供方创造价值的能力。供方提供的产品将对组织向顾客提供满意的产品起到重要影响，因此处理好与供方的关系，会影响到组织能否持续、稳定地提供顾客满意的产品。对供方不能只讲控制不讲合作互利，特别对关键供方，更要建立互利关系，这对组织和供方都有利。

3. 实施ISO 9001认证的作用

食品企业实施ISO 9001:2000标准有以下几方面的作用和意义。

(1)强化质量管理,提高企业效益

企业取得ISO 9001认证,可极大地提高工作效率和产品合格率,降低成本,迅速提高企业的经济效益、行业社会效益。

(2)提高供方的质量信誉,增强客户信心,扩大市场份额

企业取得ISO 9001认证,对于企业外部来说,当顾客得知供方拿到了ISO 9001质量体系认证证书,并且有认证机构的严格审核和定期监督,就可以确信该企业是能够稳定的提供优质产品和服务的信得过的企业,从而放心的采购供方的产品或与企业订立供销合同,增强顾客满意,扩大了企业的市场占有率。

(3)促进国际贸易,消除技术壁垒,增强产品品质竞争力

国际贸易中,许多国家为了保护自身的利益,设置了技术壁垒,主要是产品品质认证和ISO 9000质量体系认证的壁垒。因此,取得ISO 9001认证,对消除技术壁垒、排除贸易障碍起到了十分积极的作用。

(4)有利于国际上的经济合作和技术交流

按照国际上经济合作和技术交流的惯例,合作双方必须在产品(包括服务)品质方面有共同的语言、统一的认识和共守的规范,方能进行合作与交流。贯彻ISO 9000系列标准为国际经济技术合作提供了国际通用的共同语言和准则,促进了国际上企业的合作与交流。

## 四、ISO 22000食品安全管理体系

### 1. ISO 22000食品安全管理体系族标准的产生和发展

ISO(国际标准化组织)为了协调和统一国际食品安全管理体系,由ISO/TC 34农产食品技术委员会在吸纳了HACCP在世界上各国多年应用经验基础上,借鉴了ISO 9001国际质量管理体系的编写框架,制定的一套专用于食品链内的食品安全管理体系,并与2005年9月1日向全世界正式颁布。ISO 22000的整个产生过程经历了如下阶段:

①20世纪60年代美国太空计划;

②1995年美国水产品HACCP法规;

③1997年CACHACCP体系应用指南;

④2002年质检总局出口食品厂应用;

⑤2004年6月ISO/TC 34委员会DIS版;

⑥2005年5月FDIS版;

⑦2005年9月1日ISO 22000:2005标准版。

该标准是在HACCP(危害分析与关键控制点)、GMP(良好操作规范)和SSOP(卫生标准操作规范)的基础上,同时整合了ISO 9001:2000的部分要求而形成的。

我国于2006年3月1日颁布了《ISO 22000:2005食品安全管理体系适用于食品链中各类组织的要求》的等同采用(idt)标准《GB/T 22000—2006食品安全管理体系—适用于食品链中各类组织的要求》,并于2006年7月1日开始实施。目前国内已经有很多通过HACCP认证的企业。

2. ISO 22000 标准的特点

①详细描述基于 HACXCP 7 个原理的食品安全管理体系；

②可以用于审核；

③可以用于认证；

④广泛适用性(整个食品链)；

⑤将把 HACCP 同先决条件以及标准卫生操作程序兼容；

⑥结构同 ISO 9000 和 ISO 14000 趋同；

⑦为国际上 HACCP 概念的交流提供机制。

3. ISO 22000 认证对于食品企业的作用

①可以有效地识别和控制危害，降低企业的风险；

②可以有效地降低企业的运营成本；

③可以提高消费者的信任度，提升企业的市场知名度；

④通过 ISO 22000 认证后，食品企业可以增加投标成功率，也可以促进国际贸易的发展。

4. ISO 22000 认证应用范围

①直接介入食品链中一个或多个环节的组织，如饲料加工，种植生产，辅料生产，食品加工、零售，配套服务，提供清洁、运输、贮存和分销服务的组织；

②间接介入食品链的组织，如设备供应商、清洁剂和包装材料及其他食品接触材料的供应商。

# 单元三

# 绿色食品标志

**学习目标**

- 掌握绿色食品标志使用权的申请程序及所需材料；获得绿色食品标志使用权后享有的权利及应承担的义务。

**知识要点**

- 绿色食品标志使用权的申请程序，申请绿色食品标志使用权所需的材料；绿色食品标志编码的含义；申报AA级绿色食品标志使用权的要求；绿色食品推荐生产资料资格的申报条件；绿色食品商业及餐饮业标志使用权的使用要求；对绿色食品标志使用权的保护和约束。

**技能要点**

- 能够正确填写申报材料，独立完成绿色食品种植、养殖、加工操作规程的编写。

# 项目一 绿色食品标志使用权的申请

## 【知识与技能】

### 一、绿色食品标志使用权的资格及条件

《绿色食品标志管理办法》第五条中规定:“凡具有绿色食品生产条件的单位和个人均可作为绿色食品标志使用权的申请人。”随着绿色食品事业的发展,申请人的范围有所扩展,为了进一步规范管理,对标志申请人条件做如下规定:

1.申请绿色食品标志使用权的生产单位和个人需具备的基本条件

申请人必须自愿地申请使用标志,而不是被动地服从别人的命令或不得已应付某种局面;申请人必须承担民事责任,能够对自己的生产行为负责;申请人必须是相关生产资料的生产者、经营者。

2.申请标志使用权的企业还应具备的条件

申请人必须要能控制产品生产过程,落实绿色食品生产操作规程,能建立稳定的质量保证体系,确保产品质量符合绿色食品标准;申报企业要具有一定规模,能承担绿色食品标志使用费;乡、镇以下从事生产管理、服务的企业作为申请人,必须要有生产基地,并直接组织生产;乡、镇以上的经营、服务企业必须要有隶属于本企业的、稳定的生产基地;申报加工产品企业的,生产经营的时间必须 1 年以上。

有下列情况之一者,不能作为申请人:

①与中国绿色食品发展中心及各级绿色食品委托管理机构有经济和其他利益关系的;

②能够导致消费者对产品(原料)的来源产生误解或不信任的企业,如批发市场、粮库等;

③纯属商业经营的企业,不受理其产品和生产资料的申报;

④政府和行政机构。

### 二、绿色食品产品标志使用权的申报

1.申报程序

企业如果需要在生产的产品上使用绿色食品标志,根据农业部《绿色食品标志管理办法》的规定,应当遵循逐级申报的制度。一般按以下步骤进行:

书面申请—实地考察—产地环境质量监测评价—初审——审和二审—终审—签订协议—颁发证书—仲裁检测(申报企业对环境监测结果或产品检测结果如有异议)。

2.申报的时间

由于绿色食品认证过程需要一定时间,对于季节性较强的产品,要注意提前申报。种植业产品一般在春耕前为宜。

对于要求继续使用绿色食品标志的,须在有效期满前 90 日内重新申报,未重新申报的,视为自动放弃其使用权。

3.申报培训

绿色食品是涉及多学科的系统工程,为保证企业全面了解绿色食品的标准及有关规定,

提高企业的申报效率和质量管理水平，实行“先培训、后申报”的申报制度，凡拟申报绿色食品标志使用权的企业，至少有两名以上专业管理人员需经省级以上管理机构的专业培训，并获得专职管理人员培训合格证书。

4. 申报材料

根据有关部门的要求，及时上报申请使用绿色食品标志所需的所有材料。如《绿色食品标志使用申请书》《企业生产情况调查表》《产地的农业环境质量现状调查报告》《农业环境质量监测报告》《农业环境质量现状评价报告》《考察报告》《企业情况调查表》产品或产品原料的生产规程（种植规程、养殖规程、加工规程）、产品执行标准及其他相关证明等。

5. 申报中需注意的几个问题

①对于矿泉水，还需提供采矿许可证、专家评审意见、卫生许可证复印件。

②对于养殖企业，还应包括饲料的加工规程、疫病的防治规程、预混料配方及产品标签、屠宰规程、屠宰许可证等。

③关于原料合同的问题，有以下 4 点：

a. 对于公司＋农户（基地）形式的企业，公司与农户（基地）应签订合同，并提供农户名册；

b. 购买绿色食品原料，除需提供合同外，还需提供原料证书复印件，建议合同由四方盖章，即买、卖双方及各方所在的省级绿色食品管理机构；

c. 对于从中间商购买绿色食品原料的，需提供供方与中间方合同、中间方与需方的合同；

d. 合同（或协议）需签订 3 年，产品量应满足绿色食品生产需要。

6. 填写要求

(1)《绿色食品标志使用申请书》的填写（表 2-3-1）

**表 2-3-1　绿色食品标志使用申请书**

| | | | |
|---|---|---|---|
| 申请单位全称 | | | |
| 英文名称 | | | |
| 详细地址 | | | |
| 产品名称 | | 英文名称 | |
| 包装方式 | | 包装规格 | |
| 注册商标名称 | | 注册商标编号 | |
| 产品特点简介 | | | |
| 原料生产环境简介 | | | |
| 省级绿色食品办意见 | | | 年　月　日 |
| 中国绿色食品发展中心审批结论 | | | 年　月　日 |
| 绿色食品证书编号及使用期限 | | | |
| 年度抽检记录 | | | |
| 备注 | | | |

“申请单位全称”要与申报单位公章上的全称一致。

“产品名称”一栏，必须填写申报产品的商品名，系列产品不可作为一个产品申报，如不能以“茶叶”、“水果”等集合名称申报，要坚持“一品一号”的原则。产品名称须采用食品真实属性的专用名称；名称必须反映食品本身固有的特性、性质、特征。一栏内不可多个产品混填，如一栏内不允许填写“小麦、大米”。对于类似于冰淇淋、系列大米类产品，由于成分基本一致，且加工工艺一样，可填写一份申请书，但要附报一份清单（名称、商标、产量等），一栏内也不可多个产品混填。

“产品特点简介”主要填写产品的营养特征、无污染特征及区别同类普通产品的不同点。

“原料生产环境简介”主要填写初级产品或加工产品原料生产基地的地理位置、区域范围、地形地貌（经度、纬度、具体地点、海拔高度、地形地貌特征、植被情况），气候条件（降雨量、年平均温度、最低温、最高温、年积温、日照、无霜期），土壤情况（土壤类型、pH 及肥力状况），大气及水的污染情况，产地历史上使用垃圾及农药、肥料的情况，产地周围工业污染情况及产地的生物多样性等。

(2)《企业及生产情况调查表》的填写（表 2-3-2）

**表 2-3-2　生产企业概况表**

填表日期：　　年　　月　　日（盖章）

| | | | | | |
|---|---|---|---|---|---|
| 企业情况 | 企业全称 | | | 法人代表 | |
| | 邮政编码 | | | 联系电话 | |
| | 省内主管部门 | | | 经济性质 | |
| | 领取营业执照时间 | | | 执照编号 | |
| | 职工人数 | | | 技术人员数 | |
| | 流动资金 | | | 固定资产 | |
| | 经营范围 | 主营 | | | |
| | | 兼营 | | | |
| | 年生产总值 | | | 年利润 | |
| 申请使用标志产品情况 | 产品名称 | | | 商标 | |
| | 设计年生产规模 | | | 实际年生产规模 | |
| | 平均批发价 | | | 当地零售价 | |
| | 年销售量 | | | 年出口量 | |
| | 主要销售范围 | | | | |
| | 获奖情况 | | | | |
| 原料供应单位情况 | 单位名称 | | | 生产规模 | |
| | 经济性质 | | | 年供应量 | |
| | 原料供应形式 | | | | |
| 填表人： | | | | | |

①“原料供应单位情况”项主要填写申报企业与生产基地、加工企业与原料生产基地或供应单位之间的关系。常见的形式有：申报企业本身就是生产单位，如农场、果园等，属于此

种情况的在“原料供应形式”一栏中填写“自给”；申报企业属技术推广或经营单位，但有固定的生产基地，如某某乡技术推广站、某某县果品公司，属此种情况的在“原料供应形式”一栏填写“协议供应形式”，并附报协议复印件；申报企业购买绿色食品原料，属此种情况的在“原料供应形式”一栏填写“合同供应形式”，并附报合同原件、发票复印件。

②对填写“表 2-3-3 农药、肥料使用情况”的几点要求：

必须由种植单位或当地技术推广单位的主要技术负责人填写、签字，并加盖种植单位或技术推广单位公章。

“主要病虫害”一栏填写申报产品或产品原料当年发生的病虫、草害。

“农药、肥料使用情况”栏填写申报产品或产品原料生产中当年农药、肥料的使用情况。

每项内容必须认真填写，不得涂改（如有笔误，实行杠改，并加盖红章），否则，一律视为不合格材料。如生产中不使用农药、肥料，在“农药、肥料使用情况”栏应填写未使用的理由；如使用的农药系非常规农药，需附报产品标签说明书。

对大田作物，农药“每次用量”单位用 g(mg)/$hm^2$ 或 L(mL)/$hm^2$，不得用稀释倍数；对果树、茶叶类，可以用稀释倍数表示，如 4 000 倍。

一张表只允许填写一种产品或产品原料的农药、肥料使用情况，不得多个产品或产品原料混填。

**表 2-3-3　农药、肥料使用情况表**

填表日期：　　年　　月　　日（盖章）

| | | | | | | | |
|---|---|---|---|---|---|---|---|
| 作物（饲料名称） | | | 种植面积 | | | | |
| 年生产量 | | | 收获时间 | | | | |
| 主要病虫害 | | | | | | | |
| 农药使用情况 | 农药名称 | 剂型规格 | 目的 | 使用方法 | 每次用量（或浓度） | 全年使用次数 | 末次使用时间 |
| | | | | | | | |
| 肥料使用情况（kg/667 $m^2$） | 肥料名称 | 类别 | 使用方法 | 使用时间 | 每次用量 | 全年用量 | 末次使用时间 |
| | | | | | | | |
| 附报：作物种植规程，对主要病虫害及其他公害控制技术及措施 | | | | | | | |
| | | | | | | | |
| 填表人： | | | | | 种植单位负责人： | | |

③对填写“表 2-3-4 畜（禽、水）产品饲养（养殖）情况”的要求：

必须由饲养（养殖）单位的主要技术负责人填写、签字，并加盖饲养（养殖）单位公章。

“饲养（养殖）规模”要求填写多少只、尾、条等个体单位。

“饲料构成情况”栏“饲料成分”要求将饲料的全部成分具体列出，不得用“其他”等含糊字样。如生长期各阶段的饲料成分有所区别的，应分别填写。“比例”应填写百分数，不得填写具体的量化数。“来源”应详细填写，不可填写“来自基地”“来自外地”或“外购”等不明确的术语。

每项内容必须认真填写，不得涂改（如有笔误，实行杠改，并加盖红章），否则，一律视为不合格材料。

“药剂使用情况”栏“使用量”应填写平均每只（条、尾）所使用的药剂量（支、mL）。如饲养（养殖）中不使用药剂，应说明理由，如使用非常规药剂，需附报产品标签说明书。

一张表只允许填写一种产品或产品原料的饲料、药剂使用情况，不得多个产品或产品原料混填。

**表 2-3-4　畜（禽、水）产品饲养（养殖）情况表**

填表日期：　　年　月　日（盖章）

<table>
<tr><td colspan="3">畜（禽、水）产品</td><td colspan="3"></td><td colspan="3">饲养（养殖）规模</td><td colspan="3"></td></tr>
<tr><td colspan="12">饲料构成情况</td></tr>
<tr><td colspan="3">成分名称</td><td colspan="3">比例</td><td colspan="3">年用量</td><td colspan="3">来源</td></tr>
<tr><td colspan="3"></td><td colspan="3"></td><td colspan="3"></td><td colspan="3"></td></tr>
<tr><td colspan="12">药剂（含激素）使用情况</td></tr>
<tr><td colspan="2">药剂名称</td><td colspan="2">用途</td><td colspan="2">使用时间</td><td colspan="2">使用方法</td><td colspan="2">使用量</td><td colspan="2">备注</td></tr>
<tr><td colspan="2"></td><td colspan="2"></td><td colspan="2"></td><td colspan="2"></td><td colspan="2"></td><td colspan="2"></td></tr>
<tr><td colspan="12">附报：畜（禽、水）产品主要病虫害的防疫措施</td></tr>
<tr><td colspan="12"></td></tr>
<tr><td colspan="12">填表人：</td></tr>
</table>

④“表 2-3-5 加工产品生产情况”的填写：

该表必须由加工企业具体技术负责人填写，并加盖加工企业单位公章。

“产品名称”应与申请书上一致，采用产品的商品名。

企业执行标准包括国家标准（简称“国标”）、行业标准、地方标准、企业标准。如执行行业标准、地方标准、企业标准，需附报标准复印件。

“原料基本情况”栏“名称”项应将产品原料填写全部，如“苹果汁饮料”应填写苹果汁、白砂糖、水等成分。按用量大小，由大到小填。“比例”填百分数。“年用量”注意是填写全年的用量。“来源”不可填写“外购”等不具体的术语。

“添加剂使用情况”栏“名称”项必须使用《食品添加剂使用卫生标准》中的添加剂名称，不可缩写（如 cmc）、填写“俗称”等，也不可填写“甜味剂”“色素”“增稠剂”“香精”等集合名称。“用途”必须填写，如漂白、防腐、乳化、增稠等。“用量”必须用千分数（或 g/kg），不可用全年的量，如“公斤”“吨”之类的术语。所用的如果是非常规添加剂，需附报产品标签说明书复印件或原件。

“加工工艺基本情况”栏将加工中的重点工序用简要文字表述出来。

“主要设备名称、型号及制造单位”栏一定程度上反映了企业生产能力及设备质量。每台设备上都有铭牌，按铭牌上标注的内容填写即可。

**表 2-3-5　加工产品生产情况表**

填表日期：　　年　　月　　日(盖章)

| | | | |
|---|---|---|---|
| 产品名称 | | 执行标准 | |
| 设计年产量 | | 实际年产量 | |
| 原料基本情况 | | | |
| 名称 | 比例 | 年用量 | 来源 |
| | | | |
| 添加剂、防腐剂使用情况 | | | |
| 名称 | 比例 | 用量 | 备注 |
| | | | |
| 加工工艺基本情况 | | | |
| 工艺流程简图 | | | |
| 主要设备名称、型号及制造单位： | | | |
| 填表人： | | | |

7. 种植原料生产技术规程

①原料生产技术规程是绿色食品申报的核心，应根据申报产品或产品原料的特点，因地制宜编制具备科学性、可操作性的种植规程，体现绿色食品生产的特点。

②病虫草鼠害的防治，应以生物、物理、机械防治为主，根据近 3 年的植保概况制定较全面的防治措施；施肥应以有机肥为基础，以维持或增加土壤肥力为核心。《企业及生产情况调查表》表二的内容在规程中应全部体现。

③规程中农药的使用应包括农药名称、剂型规格、使用目的、使用方法、全年使用次数、安全间隔期等内容。

④规程编制的内容应包括：立地条件(环境质量、肥力水平等)、品种与茬口、育苗与移栽、种植密度、田间管理(包括肥、水等)、病虫草鼠害的防治、收获等。

⑤正式打印文本，并加盖种植单位或技术推广单位公章。

⑥种植业生产技术规程一般要求参考内容(根据实际生产情况进行调整)。

规范性引用文件：

NY/T 391—2000 绿色食品　产地环境技术条件

NY/T 393—2000 绿色食品　农药使用准则

NY/T 394—2000 绿色食品　肥料使用准则

产地环境(产地条件的选择与要求，应符合 NY/T 391—2000 的规定)

自然条件(气候、水文、地形地貌等)；土壤条件(土层、土壤、肥力、农灌水质、农田水利设施等)；环境条件(生态环境质量、周围环境污染企业建设等)；农业基础设施要求(设施农业)。

(1)生产技术管理

栽培方式(露地栽培、水田栽培、旱地栽培、设施栽培)；栽培季节；茬口安排；整地作畦；品种选择，种子处理；播种育苗，苗期管理(温度、光照、水分、追肥、防病、防虫、除草)。

定植(移栽)：壮苗标准；定植前准备；定植时间；定植密度；定植方法。

田间管理：前期管理（补栽、间苗、定苗）；中期管理：中耕除草（草害发生的主要时间，除草次数、时间安排，除草技术等），后期管理；整形修剪（疏枝、绑蔓、摘心、疏蕾）：整形修剪的要求与原则，修剪技术，修剪工具，修剪时间安排；花果管理：控花（抑花、催花、促花、保花、疏花），控果（疏果、保果、护果、壮果），果实套袋。

水肥管理：水分管理包括灌溉原则（各个时期的水分管理、灌溉水量）、灌溉时间安排、灌溉技术、排水，施肥包括施肥原则（施肥应以有机肥为基础，以维持或增加土壤肥力为核心）、肥料种类（包括允许使用和限量、限制使用的肥料）、肥料处理（有机肥料须经无害化处理或腐熟处理后使用）、施肥方法和数量、基肥（底肥）、追肥、叶面喷肥、施肥时间、施肥技术、基地培肥计划。

病虫害防治（根据近 3 年的植保概况制定较全面的防治措施）：主要病害，主要虫害。

防治原则：以农业防治、物理防治、生态防治、生物防治为主，化学防治为辅。通过选用抗病品种、轮作倒茬、培育壮苗、精耕细作等农业措施；利用灯光、颜色诱杀、翻耕捡除害虫幼虫、机械人工捕捉害虫等物理措施；利用间、混、套种等生物多样性生态措施；选用生物源、矿物源、植物源等低毒农药，保护害虫天敌、繁殖释放天敌等生物措施；有限度地科学施用部分化学合成农药，有效控制病虫害危害，每种农药在作物生长的一季当中只允许使用一次，使用要求、用量、方法等按 GB 4285、GB 8321（1—6）执行，把病虫害危害降低到最低允许值以下。

植物检疫（禁止检疫性疫病传入基地），农业防治，物理防治，生态防治，生物防治，化学防治。

（2）药剂使用原则

科学合理应用化学防治技术，选用高效、低毒、低残留农药。根据防治对象、当地病虫害发生实际情况、农药性能及抗药性程度不同，适量地选择最合适的农药品种，对症用药，能专治的不普治；做好病虫害预报工作，根据防治指标选择好防治时机，适期防治，适时用药；选用合理有效的施药器械和正确的施药方法，充分发挥药效，尽量减少农药使用次数和用药量，降低对生态环境和产品原料的污染。

（3）主要病虫害的药剂防治

逐一写清主要病虫害，并阐述化学防治时机、时期及特征、指标，使用的农药名称、剂型规格、使用目的、使用方法、全年使用次数（1 个农药品种在 1 个生产周期内只允许使用 1 次）、安全间隔期等内容。

生产中禁止使用的农药。

采收：原料成熟时期，原料采收质量标准，采收技术，采收时间，采收人员的要求（卫生、着装等），采收工具及运输工具。

采收后的原料质量管理：分级、包装（包括包装材料的要求）、运输、存放贮藏、副产品处理（秸秆等废弃物的处理、利用）。

采收后的田间管理。

8. 养殖业生产技术规程一般要求参考内容（根据实际生产情况进行调整）

规范性引用文件：

GB 16548 《畜禽病害肉尸及其产品无害化处理规范》

GB 16549 《畜禽产地检疫规范》

GB 16567 《种畜禽调运检疫技术规范》

GB/T 16569 《畜禽产品消毒规范》

GB 16596 《畜禽场污染物排放标准》

GB 13078 《饲料卫生标准》

NY/T 388 《畜禽场环境质量标准》

NY 5027 《畜禽饮用水质标准》

NY/T 391 《绿色食品产地环境技术条件》

NY/T 471—2001 《绿色食品饲料和饲料添加剂使用准则》

NY/T 472—2001 《绿色食品兽药使用准则》

NY/T 473—2001 《绿色食品动物卫生准则》

NY 467 《畜禽屠宰卫生检疫规范》

《种畜禽管理条例》

《饲料和饲料添加剂管理条例》

农业部公告《允许使用的饲料添加剂品种目录》

《家畜屠宰、加工企业兽医卫生规范》

《鲜家禽肉生产卫生规范》

(1)养殖场环境与布局

养殖场环境(养殖场的选择与要求,应符合 NY/T 388 的规定);畜禽舍环境(畜禽舍内对温度、湿度、通风等条件的要求);养殖场布局(分设管理区、生产区及粪污处理区,生产区、生活区分开,粪污处理区应处下风向,雏畜禽、成年畜禽分开饲养);养殖场设施。

引种(品种的选择、要求、检疫)

(2)饲养投入品

饲料原料(品种、来源、要求、仓储),饲料添加剂(品种、来源、要求、仓储),饲料(各饲养阶段的饲料组成和质量要求),饮水,疫苗(品种、来源、要求、仓储),兽药(品种、来源、要求、仓储)。

(3)卫生消毒

消毒剂;消毒制度:环境消毒,畜禽舍消毒,用具消毒,人员消毒(工作人员、外来人员),畜禽体消毒;消毒方法(喷雾、喷洒、紫外线、熏蒸等)。

(4)饲养管理

工作人员要求;饲养阶段及时间;饲养方式和饲养密度;饲喂管理(时间、数量、次数、喂料要求);饮水;蛋类收集:蛋箱或蛋托的要求,集蛋人员要求,集蛋要求;蛋类的贮存及存放环境、时间要求;日常清洁卫生(及时清扫、冲除畜禽粪便,保持清洁卫生);灭鼠、灭蚊蝇、驱虫。

(5)疫病与疾病防治

防治原则:

贯彻"预防为主"的方针,加强饲养管理,增强体质,减少应激,提高机体免疫力和对疾病的抵抗能力,保持畜禽的正常生长发育。严格按照国家《动物防疫法》的规定,合理使用疫(菌)苗和兽药,推广使用中草药制剂,有效控制疾病的发生,确保鸡群安全。

疫病检疫监测;免疫:疫苗,免疫器械要求,免疫部门或人员,免疫方法,免疫程序;主要疾病防治(逐一写清主要疾病种类、特征、防治方法和药剂的用量、用法、使用时间、使用次数、休药期规定等内容);其他防治措施(如疫病的控制、隔离、扑灭等)。

病、死畜禽处理(禽类包括病期产蛋的处理)。

(6)废弃物的处理

商品肉畜禽出栏

出栏要求与标准;出栏检疫;运输:运输车辆要求,运输时间要求,运输(包括销售)期间饲喂管理。

(7)屠宰与销售

屠宰场所要求(环境、卫生);屠宰人员要求;屠宰方式;屠宰后的要求;商品肉销售要求。

(8)生产记录

建立并做好生产记录档案,包括进雏、日常生产、疫病检疫及防治、出栏销售等记录,记录档案应保存 2 年以上。

9. 加工规程的编写一般要求参考内容(根据实际生产情况编制)

规范性引用文件:

NY/T 392—2000 《绿色食品食品添加剂使用准则》

GB 7718 《食品标签通用标准》

GB 5739 《生活饮用水卫生标准》

GB 3095 《环境空气质量标准》

基本条件及加工卫生控制条件

原料质量要求:

主要原料:主要原料来源、运输,主要原料质量标准和要求,原料质量控制措施(进厂验收、进厂后的贮存、预处理等);辅料:主要原料来源、运输,主要原料质量标准和要求,原料质量控制措施(进厂验收、进厂后的贮存、预处理等);加工用水;生产设施:厂区环境(对厂区内外环境的要求),厂房及设施(厂房、车间、设施的布局和要求等),主要生产设备,卫生设施(消毒设施、卫生清洁措施等)。

人员要求:健康要求与制度,技能要求(包括培训、持证上岗),人员卫生要求,着装要求。

生产过程监控

产品执行标准;生产工艺流程(以框图表示);产品加工技术:产品粗加工技术及过程介绍,产品精加工技术及过程介绍;工艺要求,应根据生产工艺流程将加工的每一环节用简要的文字表述出来。其中有关温度、浓度、杀菌的方法、添加剂的使用等应详细说明。

检验控制:

检验制度,检验(化验)室和检验设备,检验项目,检验技术与方法,原料验收(检验),半成品检验,成品检验,不合格产品的处置;记录控制。

质量管理

成品质量

产品包装、标识

产品包装:包装材料来源、要求与存放,包装技术,包装式样;产品标识(包括净含量、等级、生产日期、保质期、存放注意事项等)。

产品运输、贮藏

产品运输:运输车辆卫生要求,产品运输安全管理;产品贮藏:仓库环境卫生要求,贮藏方式方法，贮藏要求。

10. 申报产品产地环境质量监测

环境质量是影响绿色食品产品质量最基础的因素之一。而判断环境质量的好坏，必须取得代表环境质量的各种数据，即各种污染因素在一定范围内的时、空分布。环境监测是用科学方法监视和检测代表环境质量及发展变化趋势的各种数据的全过程。因此，环境监测及现状评价报告是绿色食品申报材料的重要组成部分。

产地是指申报产品或产品主原料的生长地。申报产品产地环境监测主要监测申报产品或产品主原料产地土壤、大气和水 3 个环境因子。监测工作由省绿色食品委托管理机构指定的环境监测机构（必须是在中国绿色食品发展中心备案的）承担。监测费用由环境监测单位收取。有关绿色食品产地环境的监测有如下几点规定：

(1)监测时间

绿色食品产地环境监测时间要求安排在生物生长期。

(2)布点数

布点数原则上按《绿色食品产地环境质量现状评价纲要》的有关规定执行，强调现场调查研究（必须出具环境监测单位的调查研究报告），坚持优化布点。

(3)特殊产品监测

依据产品工艺特点，某些环境因子（土壤、大气、水）可以不进行监测（须事先报中心批准）。根据几年来的监测实践经验及产品的特点，对以下几种产品的环境监测做如下规定：矿泉水环境监测只要求对水源进行水质监测，土壤、大气不必监测；深海产品只要求对加工水进行监测；野生产品的环境监测可以适当少布点；深山野生产品及深山蜂产品，水质及大气不要求监测；蘑菇等特殊产品监测要依据具体原料来源情况，经监测单位与中心商量后再确定。

(4)续报产品环境监测

在第 1 个使用周期有效期满前提出续报的产品，如申报规模没变，可以不做环境监测。该产品在第 2 个使用周期满前仍继续申报时，须做环境监测，但经监测单位和省绿办考察后，如果没有新的污染源，可以适当少布点。自第 3 个使用周期起，环境监测的有效期为 6 年。

(5)仲裁

如果企业在申报时，认为监测单位出具的监测结果有疑问，经企业与监测单位协商后，可以请求中心仲裁。

(6)任务书

各绿办要对所辖范围内申报产品的环境监测实行统一编号，对监测单位下发委托任务书。监测单位只有接到当地省绿办的委托任务书后，才能进行环境监测。环境质量现状评价报告中要求附报绿办委托任务书的复印件。

(7)出具报告时间

监测单位自接到省绿办的委托任务书后，须于 45 日内出具环境监测及环境质量现状评价报告。

(8)环境监测及环境质量现状评价报告的内容

环境监测及环境质量现状评价报告也叫农业环境质量监测报告，内容包括大气分析结果、土壤分析结果。根据企业类型的不同，还包括农田灌溉用水水质分析结果、畜禽饮用水水质分析结果、渔业用水水质分析结果、加工用水水质分析结果。

(9)有效期

产品环境监测有效期为6年。续报产品第1个周期可以不再进行环境质量监测，再次续报时重新监测；增报产品，如果产地面积没有变化，不要求环境监测，如果产地有所拓展，则对增加的部分需补做环境监测。

## 三、绿色食品标志使用权的审批

1. 对申请绿色食品标志单位的考察

(1)考察目的和任务

为保证绿色食品标志的严肃性和公正性，确保绿色食品生产全过程符合《绿色食品标志管理办法》的有关规定，各绿办对申请绿色食品标志使用权的单位进行考察。

考察主要是对申请书中填报的内容进行实际审核，对产品及其原料生产、加工过程的操作规程及使用的农、兽药、肥料、食品添加剂等是否符合要求进行确认。必要时应查阅生产资料购入及出库登记或其他有关记录。

(2)考察要求

绿办受理绿色食品标志使用申请后，必须前往申报单位对产品及其原料产地进行实地考察，不得委托其他单位或个人代替进行。

考察工作在受理企业申请后15日内完成。考察人员根据考察的实际情况，编写考察报告，署名并对其报告负责。

根据考察，再行确定是否安排环境监测等程序。

考察报告随其他申报材料，上报中国绿色食品发展中心标志管理处。

(3)考察内容

考察报告基本内容包括：申请单位基本概况；申请绿色食品标志产品生产情况及特点；原料生产及供应情况；产品及其原料生产操作规程。

a. 种植业

将产地环境、基地分布、作物生长状况、农药、肥料来源及使用情况、耕作制度、收获，企业对农户的管理制度等作为考察关键技术点。关键技术有所改变，需考察其替代办法，如番茄生产中保花保果技术等。

b. 养殖业

将企业基本情况、养殖场地理位置、布局、卫生情况，饲料的来源、饲料的主要成分产地及种植情况，饲料添加剂成分及来源(预混料来源及成分)，主要疫病、虫害及防治措施(药品种类、剂量、用药次数等)，兽药的使用情况，饮用水、环境消毒情况(药品种类、数量、消毒时间、消毒方法等)，废水处理、加工屠宰情况及管理制度等作为考察关键技术点。

c. 加工企业

将企业基本情况，加工车间的卫生及管理，原料来源(凡用量占总投料30%以上的均列入原料)、原料贮藏，加工工艺，添加剂使用情况，加工用水，质量管理体系，加工记录，出(入)库单及对基地的管理制度等作为考察关键技术点。若不用某传统工艺(原料)，则考察替代方法，如粉丝生产中明矾、啤酒生产中进口大麦和甲醛作用、食盐生产中抗结剂亚铁氰化钾、面粉生产中增白剂使用等问题都要进行考察。

此外，还要考察申报产品(绿色食品)与非申报的同类产品(非绿色食品)在采收、包装、贮运、销售环节中如何区分，有无保证措施。

2.申报材料的审核

(1)审核的依据

一方面要符合绿色食品生产标准及有关规定，有以下几点：

《绿色食品 标志管理办法》

《绿色食品 产地环境技术条件》

《绿色食品 产地环境质量现状评价技术导则》

《绿色食品 农药使用准则》

《绿色食品 肥料使用准则》

《绿色食品 食品添加剂使用准则》

《绿色食品 饲料及饲料添加剂使用准则》

《绿色食品 兽药使用准则》

(1995)中绿字第13号文件“关于绿色食品标志若干问题的意见”。

(1996)中绿字第5号文件“关于绿色食品申报管理工作中须注意问题的通知”。

(1997)中绿字第7号文件“关于印发绿色食品分级管理实施意见的通知”。

(1997)中绿函字第13号文件“关于印发《对蔬菜申报及绿色食品加工产品(饲料)原料的几点要求》的通知”。

(1999)中绿字第4号文件“关于油炸方便面、酱腌菜类产品申报绿色食品有关问题的通知”。

(1999)中绿字第42号文件“关于下发绿色食品产地环境监测及标志管理有关问题补充规定的通知”。

(2000)中绿字第9号文件“关于绿色食品认证管理工作有关问题的通知”。

关于啤酒原料问题：一是2001—2003年，产品中如进口大麦使用所占比例＜30%，只需提供进口大麦来源及进口大麦的质检报告，如进口大麦≥30%，需提交进口大麦产地环境、种植过程中农药和化肥使用情况等资料，并由国家绿色食品管理机构实行进口大麦商检；二是2003年以后，要求进口大麦必须是绿色食品产品。

另一方面要符合实际，即如原料产地面积、原料产量、原料供应量、加工损失率、产品产量等不发生矛盾。

还要坚持产品质量的安全性和全程质量控制原则。

(2)审核结果

①需要补充材料。企业接到通知单后，应立即将有关补充材料上报国家绿色食品机构，如超过3个月，按不通过处理。

②一审不通过。如果一审不通过，当年不能重新申报。但对加工产品，如果添加剂(如稳定剂)等超标，当年给予整改机会；对蔬菜类产品，按生产周期计算，予以整改。

③合格。发产品质量抽检单。

(3)抽检

中国绿色食品发展中心对申报材料进行审核，如材料合格，将书面通知省绿色食品委托管理机构对申报产品进行抽样。省绿办接到抽检单后，应派2名或2名以上绿色食品标志专职管理人员赴申报企业进行抽样。抽样由抽样人员与被抽样单位当事人共同执行。抽取样品 4 kg，并于样品包装物上贴好封条，并由双方在抽样单上签字、加盖公章。

抽样后，申报企业带上检测费、产品执行标准复印件、绿色食品抽样单、抽检样品送至绿色食品定点食品监测中心。绿色食品定点监测中心依据绿色食品产品标准检测申报产品。监测中心应于收到样品 3 周内出具检验报告，并将结果直接寄至中心标志管理处，不得交予企业。对于违反程序，无抽样单的产品，监测中心应不予检测，否则，检测结果一律视为无效。

原则上，要求接到抽检单后才抽样。特殊情况下，对季节性产品，绿办可书面向中心提出提前送样的申请。

抽样：依据 GB 10111—88《利用随机数骰子进行随机抽样的方法》抽样。

3. 证书办理

(1)办证事项

终审合格后国家绿色食品管理机构书面通知企业前往中心办理领证手续，3 个月内未办理手续者，视为自动放弃。

企业领取绿色食品标志使用证书时，需同时办理如下手续：一是带着领证通知；二是送审产品包装设计样图；三是如不是法人代表本人来办理，需出示法人代表的委托书。

企业还需要订制绿色食品标志防伪标签。

每个产品需交纳标志服务费 1 万元(包括申请费、审查许可费、公告费、3 年内的产品质检费等，系列产品优惠)和第 1 年的标志管理费。国家扶贫开发工作重点县企业的初级产品、初加工产品、深加工产品，西部地区企业的初级产品，获得绿色食品标志商标使用许可当年的产品，标志使用费按优惠政策收取。

与中心签订《绿色食品标志许可使用合同》。中国绿色食品发展中心将对履行了上述手续的产品实行统一编号，并颁发绿色食品使用证书，证书的有效期为 3 年。

(2)标志编号

现行的绿色食品标志编号由“绿色标志”缩写的拼音首写字母、产品分类编号、该产品批准年度、所在国家代码、所在省(市或地区)编号、当年批准的产品序号、产品分级代号的共 10 位阿拉伯数字构成。具体编码如下：

| | | | | | | |
|---|---|---|---|---|---|---|
| LB —— | XX —— | XX | XX | XX | XXX | X |
| 绿色标志 | 产品分类 | 批准年度 | 国别 | 省市地区 | 产品序号 | 产品分级 |

编号的最末一位数代表了绿色食品产品的级别，1 表示该产品为 A 级，2 表示该产品为 AA 级。

例如：

绍兴东风酒有限公司生产的绿色食品“会稽山”牌加饭酒五年陈的编号为：

LB—39—0101118541

其中 LB 代表“绿标”，39 代表“产品类别为酒类”，01 代表“批准年份为 2001 年”，01 代表“中国”，11 代表“浙江省”，854 代表“当年批准的第 854 个产品”，1 代表“A 级绿色食品”，如果是 2 则代表“AA 级绿色食品”。

为了适应绿色食品事业发展和加强绿色食品标志管理的需要，农业部绿色食品管理办公室、中国绿色食品发展中心下发了(2002)农绿字第5号文件《关于实行绿色食品产品新编号的通知》的规定,实行新的产品编号。新编号的形式及代码含义为:

| LB——＊＊—— | ＊＊ | ＊＊ | ＊＊ | ＊＊ | ＊＊ | A(AA) |
|---|---|---|---|---|---|---|
| | 产品类别 | 认证年份 | 认证月份 | 省份(国别) | 产品序号 | 产品级别 |

新编号相对现行编号做了如下修订:

产品类别代码仍为两位数,而产品分类由7大类55小类调整为5大类57小类,按小类编号。

认证时间代码由两位数增加到4位数,使显示的时间由年份延伸到月份。

将产品国别代码和省(地区)级绿色食品办公室代码合并为省份(国别)代码,各省(区、市)按全国行政区划的序号编号;国外产品,从第51号开始,按各国第一个绿色食品产品认证的先后顺序编排该国家代码;中国不编代码。

产品序号代码由3位数增加到4位数。

将表示A级产品、AA级产品的1、2代码分别改为英文字母A、AA。

新编号自现行编号产品序号号满之日起实行,届时现行编号在其3年有效期内继续适用。

绿色食品新编号:产品类别代码见表2-3-6。

**表2-3-6 产品类别代码**

| | | |
|---|---|---|
| 农林产品及其加工产品 | 01.小麦 | 02.小麦粉 |
| | 03.大米 | 04.大米加工品 |
| | 05.玉米 | 06.玉米加工品 |
| | 07.大豆 | 08.大豆加工品 |
| | 09.油料作物产品 | 10.食用植物油及其制品 |
| | 11.糖料作物产品 | 12.机制糖 |
| | 13.杂粮 | 14.杂粮加工品 |
| | 15.蔬菜 | 16.冷冻、保鲜蔬菜 |
| | 17.蔬菜加工品 | 18.鲜果类 |
| | 19.干果类 | 20.果类加工品 |
| | 21.食用菌及山野菜 | 22.食用菌及山野菜加工品 |
| | 23.其他食用农林产品 | 24.其他农林加工食品 |
| 畜禽类产品 | 25.猪肉 | 26.牛肉 |
| | 27.羊肉 | 28.禽肉 |
| | 29.其他肉类 | 30.肉食加工品 |
| | 31.禽蛋 | 32.蛋制品 |
| | 33.液体乳 | 34.乳制品 |
| | 35.蜂产品 | |
| 水产类产品 | 36.水产品 | 37.水产加工品 |

续表 2-3-6

| | | |
|---|---|---|
| 饮品类产品 | 38.瓶(罐)装饮用水 | 39.碳酸饮料 |
| | 40.果蔬汁及其饮料 | 41.固体饮料 |
| | 42.其他饮料 | 43.冷冻饮品 |
| | 44.精制茶 | 45.其他茶 |
| | 46.白酒 | 47.啤酒 |
| | 48.葡萄酒 | 49.其他酒类 |
| 其他产品 | 50.方便主食品 | 51.糕点 |

(3)证书管理

一年一换证。

证书上标注申报产量。

可以向经销单位单独发放证书。如北京奥内特公司系欧洲乳清公司的中国独家代理，欧洲乳清公司通过绿色食品认证后，可以单独向北京奥内特公司颁发经销绿色食品的证书。

续报产品，应将原产品证书与续报材料一并上交国家绿色食品管理机构。

## 四、申报 AA 级绿色食品标志使用权的要求

AA 级绿色食品生产，在产地选择、生产管理、产品加工等方面，都有着不同于 A 级绿色食品生产的要求。

1. AA 级绿色食品产地的要求

AA 级绿色食品总的要求：选择产地周边没有任何污染源、生态环境良好，有隔离带，没有施用过或很少施用过化肥、农药，同时具有生物多样性的地块。

(1)根据地形选择地块

坡地

防止因降雨而将化肥、农药流渗到地块。地块安排顺序如下：

坡地→AA 级地块→A 级地块→普通地块

平地

要根据风向选择地块，防止农药随风飘移污染产地环境。地块安排顺序如下：

常年主导风向→AA 级地块→A 级地块→普通地块

水田

根据水源选择地块，如灌溉使用水，应考虑选择在水源上游的地块，防止水源流经 A 级地块或普通地块后污染 AA 级地块。地块安排顺序如下：

水源→AA 级地块→A 级地块→普通地块。

(2)AA 级产品转化期

转化期概念

为保证 AA 级绿色食品质量，由常规农业生产向 AA 级绿色食品认证转化的时间为转化期。产品向 AA 级绿色生产转化，一般不少于 2 年。多年生长作物的转化期一般需要 3 年时间。1 年生长的常规作物，即从一个农作物生产期开始进行 AA 级绿色食品生产管理，

到这个农作物被认证为AA级产品为止。

转化期时间要求

至少有1年的时间完全满足“AA级绿色食品认证准则”的要求，才能被认证为AA级绿色食品种植区，其后的第一次收获期的产品才可按“转化期的AA级绿色食品”在市场上销售。

已转化的区域，不得在AA级绿色食品与普通食品或A级绿色食品之间反复生产。

原生产方法完全符合“AA级绿色食品认证准则”要求时不需要转化期。在新开垦处女地用作绿色食品生产时，若产地环境完全符合生产AA级绿色食品要求时，不需要转化期，但产品申报后必须经中国绿色食品发展中心的考察认可。

(3)隔离带

为保证AA级食品生产地块不受污染，在AA级与常规作物之间设置足够的过渡带为隔离带。按有机食品生产要求，AA级地块与周边非AA级地块至少要有8 m以上的隔离带，以保证进行AA级生产的地块不受任何污染。原则要求：隔离带要是高2 m以上的阔叶树带，阻隔防止污染物飘移。

(4)撂荒地

种植面积较大的AA级地块，要求有8%～10%面积的撂荒地，以利天敌生长，防止AA级地块虫害的发生。

(5)AA级产地的标牌要求

AA级种植产地的田间地块要求竖立标牌，目的以利监督检查。标牌要求牢固、耐久、醒目、字迹清晰。标牌尺寸长宽比例为1∶0.66，可根据标牌大小需要按比例制作。

2. AA级产品种植与生产管理要求

(1)签订种植协议书

商家与农户要签订AA级产品种植协议书，目的是保证需方所需要产品的质量和供给数量。同时也为调动农户种植积极性，便于有计划地安排种植面积，是双方共同约束的法律依据。

(2)种子及种子的处理要求

种子要选择适合当地环境条件生长、品质优良、抗逆境性强的品种(抗病、抗虫害、抗涝、抗旱、抗草等)。在品种的选择上要充分考虑基因多样性，不允许使用任何基因工程种子，以及转基因植物和种苗等。

(3)种植产地允许使用的肥料种类

种植AA级绿色食品允许使用有机肥、微生物肥料(根瘤菌肥料、固氮菌肥料、磷细菌肥料、硅酸盐细菌肥料、复合微生物肥料)、矿物质肥料、其他肥料(发酵废干燥复合肥料、不含防腐剂的鱼渣、牛羊毛废料、骨粉、氨基酸残渣、骨胶废渣、家畜加工废料、糖厂废料等有机物料制成的肥料)。

(4)防治病虫草害允许使用的农药种类

AA级绿色食品允许使用的农药种类有生物源农药、植物源农药、矿物源农药。

(5)种植产地多样化与轮作生产

作物生长多样性，包括豆科作物在内的多种作物轮作，1年期作物要尽可能通过种植不同类型的作物，根据不同深浅根系作物的轮作，可提高土壤肥力和生物的有效性。轮作可作为作物防病治虫的一种有效措施。因此，轮作种植产地的作物，都按AA级标准要求进行生产轮作。

北方一年一熟作物轮作方式如下：

第 1 年(豆)——第 2 年(麦)——第 3 年(杂)——第 4 年(豆)。

(6)产品收获要求

AA 级种植产品收获，如使用机械收割，合用一台机器时必须事先清洗。AA 级作物收获时(后)，要求单独收割、单独晾晒、单独加工、单独包装、单独储存，不可与非 AA 级产品混放一起。

3. 产品加工程序要求

(1)AA 级原料产品的收购

根据 AA 级绿色食品种植手册，确定种植户的产品是否合格，核对产量，并按下列程序进行收购：

由企业派出专职人员到乡、村设点收购。

填写收购明细，其内容见表 2-3-7。要求产品收购标识、收购明细、包装物上标识等名称必须一一对应。

原料入库时，按包装物上的编号顺序排列，以便加工时容易区分。

**表 2-3-7 收购明细表**

| 日期 | 数量 | 价格 | 包装物编号 | 姓名 |
|---|---|---|---|---|
| | | | | |

(2)AA 级产品加工记录

绘制 AA 级绿色食品加工流程图。

AA 级绿色食品的加工时注意事项如下：

前期处理的产品注明哪些是农民处理的，哪些是公司处理的，并在流程图上标明。

用同一套设备，既加工绿色食品又加工普通食品时，原料必须严格分开，并有认证员、检查员监督与检查。

加工产品时，应做记录。其内容见表 2-3-8。

**表 2-3-8 加工产品记录表**

| 原料包装袋编号 | 加工日期 | 成品量 | 标识 |
|---|---|---|---|
| 1 | 11.10.01 | 1 000 kg(A) | 11.10.01 |
| 2 | 11.10.01 | 1 000 kg(B) | 11.10.01 |
| ⋮ | 11.10.01 | 500 kg(C) | 11.10.01 |
| 150 | 11.10.01 | 150 kg(废料) | 11.10.01 |
| 总量 | | 2 500 kg(A) | |

(3)AA 级产品出入库要求

AA 级绿色食品原料出入库单、库存标签。

AA 级绿色食品成品出入库单、库存标签。

AA 级绿色食品销售明细。

4. AA 级产品申报程序和材料的要求

AA 级绿色食品标志使用权除按本节前申报程序履行外，还必须具备以下材料：

①AA级绿色食品申报企业管理人员访问表。

②AA级绿色食品基地负责人访问表。

③申报产品(原料)种植及管理情况。

④AA级绿色食品申报企业基地检查表。

⑤申报产品(原料)仓储及运输情况调查表。

⑥AA级绿色食品种植户访问表。

⑦申报产品加工制造及管理情况调查表。

⑧申报企业产品质量管理机构图、厂区平面图等。

AA级绿色食品申报材料报国家审查合格后,再进行产品终检。若产品检验化验质量不合格,当年不再受理。

# 项目二　绿色食品的标志管理

## 【知识与技能】

### 一、绿色食品标志管理概述

1. 绿色食品标志管理的对象与目的

绿色食品标志管理,是针对绿色食品工程的特征而采取的一种管理手段,其对象是所有绿色食品和绿色食品生产企业;其目的是为绿色食品生产者确定一个的特定的生产环境、生产规范,并为绿色食品流通创造一个良好的市场环境,包括法律规则;其结果是维护了这类特殊商品的生产、流通、消费秩序,保证绿色食品应有的质量。

2. 绿色食品标志管理的特点

(1)绿色食品标志管理是一种质量管理

所谓管理,泛指人类协调共同生产活动中各要素关系的过程。美国管理学家H. 孔茨认为"管理就是创造一种环境,使置身于其中的人们能在集体中一道工作,以完成预定的使命和目标。"绿色食品标志管理,是针对绿色食品工程的特征而采取的一种管理手段,其对象是全部的绿色食品和绿色食品生产企业;其目的是为绿色食品的生产者确定一个特定的生产环境,包括生产规范等,以及为绿色食品流通创造一个良好的市场环境,包括法律规则等;其结果是维护了这类特殊商品的生产、流通、消费秩序,保证了绿色食品应有的质量。因此,绿色食品标志管理,实际上是针对绿色食品的质量管理。

(2)绿色食品标志管理是一种认证性质的管理

认证主要来自买方对卖方产品质量放心的客观需要。1991年5月,我国国务院发布的《中华人民共和国产品质量认证管理条例》,对产品质量认证的概念作如下表述:"产品质量认证是根据产品标准和相应技术要求,经认证机构确认,并通过颁发认证证书和认证标志来证明某一产品符合相对标准和相应技术要求的活动"。

由于绿色食品标志管理的对象是绿色食品,绿色食品认定和标志许可使用的依据是绿色食品标准,绿色食品标志管理的机构——中国绿色食品发展中心是独立处于绿色食品生产企业和采购企业之外的第三方公正地位，绿色食品标志管理的方式是认定合格的绿色食品——颁发绿色食品证书和绿色食品标志，并予以登记注册和公告，所以说绿色食品标志管理是一种质量认证性质的管理。

(3)绿色食品标志管理是一种质量证明商标的管理

绿色食品标志是中国绿色食品发展中心作为国家认证管理机构在国家工商行政管理局商标局正式注册的质量证明商标，质量证明商标区别于普通商标，是专门用以证明绿色食品产品质量的。绿色食品标志作为质量证明商标，其注册人没有使用权，只有转让和许可权。

(4)绿色食品标志管理是一种委托方式的管理

以商标标志委托管理的方式，组织全国的绿色食品管理队伍是绿色食品事业的一大特色。

3. 以委托管理方式管理绿色食品标志的优点

绿色食品是改革开放和市场经济的产物，必须按市场规律办事。从市场宏观形势看，绿色食品的国际市场比国内市场成熟；国内沿海开放地区的市场需求比中西部欠发达地区的需求大。从消费人群结构分析，绿色食品的消费者明显偏重于高收入阶层和高知识阶层。从生产地的生态环境条件和开发产品的迫切性而言，北方地区优于南方地区等。绿色食品的管理形式，必须服从于其工作内容，如果不顾客观差异，而习惯地以一纸“红头命令”“一刀切”地组建全国各地的管理机构，不仅收不到应有的工作效果，还会造成不必要的浪费。

本着“谁有条件和积极性就委托谁”的原则，委托各地相应的机构管理绿色食品标志，不仅体现了因地制宜、因人制宜、因时制宜的求实态度，而且对绿色食品事业长期健康稳定地发展十分有益。其优点是：

(1)变行政管理为法律管理

实施标志委托管理，被委托机构获得相应管理职能的同时，即承担了维护标志法律地位的严肃义务。因为此时的标志管理，实际是一种证明商标的管理，此时的被委托机构，形同商标注册人在地域上的延伸，被委托机构和绿色食品企业的关系犹如商标注册人和被使用许可人的关系，一切管理措施都得以《中华人民共和国商标法》为依据。也就是说其管理行为已超越了行政管理的范围，被法律化、格式化了。这对于一个关系人民健康的崭新事业而言，意义极其深远。

(2)充分体现自愿原则

因为所有的委托都是在自愿的基础上进行的，所以被委托机构的积极性和主动性成为事业发展的先天优势。对各被委托机构而言，投身绿色食品事业是“我要干”而不是“要我干”。另一方面，委托是在有条件和有选择的前提下进行的，从而在主观积极性的基础上又考虑了客观条件，尽可能做到内因与外因的有机结合。

(3)引入竞争机制

实施标志的委托管理，本身即意味着打破了“岗位终身制”。每一个被委托机构都可能因丧失了其工作条件或责任心而随时失去被委托的地位，每一个不在委托之列的机构都存在竞争获得委托的机会。因而，委托管理制引入了竞争机制，而竞争则可以带来生机，竞争才能加速发展。

(4)体现绿色食品的社会化特点

实施标志的委托管理，打破了行业界限和部门垄断，符合绿色食品质量控制“从土地到餐桌一条龙”的产业化特点，也体现了绿色食品“大家的事业大家办”的社会化特点，不仅有利于吸收各行业人士的关心和支持，而且有利于绿色食品在相关各行业的发展。从质量认证的角度看，实施委托管理的方式，符合认证、检查、监督相分离的原则，更充分地体现了绿色食品认证的科学性和公正性。

目前，中国绿色食品发展中心已在全国30多个省、市、自治区委托了绿色食品标志管理机构，形成了一支网络化的管理队伍。这些委托管理机构形成了区域性的分中心，对区域绿色食品发展起到重要作用；从宏观角度看，他们又是事业网络中必不可少的结点，承担着宣传发动、检查指导、信息传递等重要任务，对事业的兴衰成败起着非常重要的作用。这支队伍具有自己鲜明的特色：事业心强、有活力，不论所在单位是行政性的还是事业性的，均不受干扰，直接对委托人负责，对法律负责。

4. 绿色食品标志管理机构及人员

绿色食品标志管理机构及人员，包括国家绿色食品标志管理机构及人员、各省(市、区)绿色食品委托管理机构、定点的绿色食品环境监测、食品监测机构，以及绿色食品标志专职管理人员，由这些机构和人员共同行使绿色食品的管理职能。

(1)国家绿色食品管理机构

国家绿色食品管理机构有农业部绿色食品办公室、中国绿色食品发展中心、中国绿色食品协会。

中国绿色食品发展中心(China Green Food Development Center)，是经中华人民共和国人事部批准的、组织和指导全国绿色食品开发和管理工作的权威机构，也是绿色食品标志商标的所有者。全权负责组织实施全国绿色食品工程。1990年开始筹备并积极开展工作，1992年11月正式成立，隶属中华人民共和国农业部。

为了将分散的农户和企业组织发动起来进入绿色食品的管理和开发序列，中国绿色食品发展中心在全国构建了3个组织管理系统，并形成了高效的网络：一是在全国各地委托了分支管理机构，协助和配合中国绿色食品发展中心开展绿色食品宣传、发动、指导、管理、服务工作；二是委托全国各地具有省级计量认证资格的环境监测机构负责绿色食品产地环境监测与评价；三是委托区域性的食品质量监测机构负责绿色食品产品质量监测。绿色食品组织网络建设采取委托授权的方式，并使管理系统与监测系统分离，这样不仅保证了绿色食品监督工作的公正性，而且也增加了整个绿色食品开发管理体系的科学性。

①基本宗旨。组织和促进无污染的安全、优质、营养类食品开发，保护和建设农业生态环境，提高农产品及其加工食品质量，推动国民经济和社会可持续发展。

②工作范围。受农业部委托，制定发展绿色食品的政策、法规及规划，组织制定绿色食品标准，组织和指导全国绿色食品开发和管理工作；专职管理绿色食品标志商标，审查、批准绿色食品标志产品；委托和协调地方绿色食品工作机构和环境及产品质量监测工作；组织开展绿色食品科研、技术推广、培训、宣传、信息服务、示范基地建设，以及对外经济技术交流与合作。

③机构设置。综合处：职能是组织、协调、指导和监督地方绿色食品委托管理机构工作；组织和协调开展全国绿色食品系统重大活动；开展信息传递、统计及咨询服务工作；承担中心内部管理和服务工作。

标志管理处：职能是研究制定与标志管理有关的政策、规定和管理办法；受理各类使用标志的申请、复核与审批(食品、生产资料、商店、餐饮企业、基地)；负责标志商标的管理、监督与保护；指导和协调各地绿色食品委托管理机构，加强质量保证体系的建设(产品环境与产品质量)；承担相关的咨询服务。

计划发展处：职能是组织研究制定绿色食品发展战略、产业政策、开发规划；组织和协调全国绿色食品基地的建设和管理工作；管理绿色食品建设项目的可行性研究和项目的评估工作；负责全国绿色食品信息网络建设工作。

科技处：职能是制定绿色食品科研、技术推广的发展规划；组织重点科研项目的攻关、技术开发、示范推广；管理科研成果、专利和科技经费工作；负责制定并完善绿色食品各类标准；开展技术咨询以及技术与人才培训工作。

宣传处：职能是绿色食品事业宣传工作规划与方案的研究制定；绿色食品整体形象设计；绿色食品管理机构、生产经营企业及社会传媒机构宣传工作与活动的协调、指导和服务；绿色食品重大宣传活动的策划、组织与实施。

国际合作处：职能是管理中心对外交流、对外联络与国际合作事项；负责中心与有机农业运动国际联盟(IFOAM)等国际组织的联系与交流；协调中心外资、技术引进等外事外经工作；协调中心有关部门及绿色食品各企业、事业单位经营项目的对外合作、招商引资；协助开拓国际市场。

(2)各省、市(区)绿色食品管理机构

根据绿色食品事业的发展，国家绿色食品管理机构在全国各省(市、区)委托了绿色食品管理机构，负责本辖区内绿色食品商标标志的管理工作。各省绿色食品委托管理机构的主要职能是：

根据国家绿色食品管理机构的总体发展战略，研究本省(市、区)发展绿色食品的方针、政策及规划，并报国家绿色食品管理机构批准后执行。

受国家绿色食品管理机构的委托，认真负责、管理好本省(市、区)与绿色食品标志申请和使用有关的事宜。

协调好本省(市、区)内工商、环保、食品卫生等各部门的关系，共同做好绿色食品质量控制和市场监督工作，依法打击假冒伪劣行为。

组织各地科技人员，对与绿色食品生产相关的技术进行攻关，不断更新和丰富绿色食品的生产操作规程。

在省(市、区)内各有关部门的支持下，多渠道筹集资金，搞好绿色食品基地建设和开发工作。

协助国家绿色食品管理机构做好定点商店及专柜的选择认定工作，促进绿色食品市场发育、成熟。

组织与绿色食品相关的国内外经济技术合作，协助国家绿色食品管理机构组织绿色食品产品参加各种展销或贸易活动。

联合绿色食品企业及有关部门，做好宣传工作；配合中国绿色食品发展中心，实施绿色食品整体宣传战略。

(3)定点的绿色食品环境监测及食品检测机构

证明商标管理办法要求证明商标所有者对使用该商标的产品具有检测、监督能力，国家绿色食品管理机构在全国指定了一批经国家技术部门认定的，具有一定权威性的环境检测、食品检测机构。定点的环境监测、食品检测机构，是独立于国家绿色食品管理机构，处于第三方公正地位的权威技术机构。

定点绿色食品环境监测机构的主要职能，是根据绿色食品委托管理机构的委托，按《绿色食品产地环境现状评价纲要》的有关规定对申报产品或产品原料产地进行环境监测与评价；根据国家绿色食品管理机构的抽检计划，对获得绿色食品标志的产品或产品原料产地生态环境进行抽检；根据国家绿色食品管理机构的安排，对提出仲裁监测申请的企业进行复检；根据国家绿色食品管理机构的布置，专题研究绿色食品环境监测与评价工作中的技术问题等。

绿色食品产品质量检测机构，全国共委托了 12 个产品质量检测中心作为绿色食品定点检测单位，这 12 个监测中心分别是：东北地区的绿色食品中国科学院沈阳食品监测中心；农业部大豆制品监测中心；华北地区的中国农垦北方食品监测中心；华中地区的农业部食品质量监测中心（武汉）；华东地区的农业部食品质量监测中心（上海）；农业部食品质量监测中心（济南）；华南地区的农业部食品质量监测中心（湛江）；西南地区的农业部食品质量监测中心（成都）；西北地区的农业部食品质量监测中心（新疆）等。

绿色食品定点食品监测单位的主要职能，是按绿色食品产品标准对申报产品进行监督检验；根据中心的抽样计划，对获得绿色食品标志的产品进行年度抽检；根据中心安排，对检验结果提出仲裁要求的产品进行复检；根据中心的布置，专题研究绿色食品质量控制有关问题，有计划引进、翻译国际上有关标准，研究和制定我国绿色食品的有关产品标准。

(4)绿色食品标志专职管理人员

为了加强绿色食品标志管理，不断完善绿色食品的审批、监督、管理体系，国家绿色食品管理机构和省级绿色食品委托监督管理机构，均配备绿色食品标志专职管理人员，专门从事绿色食品标管理工作。国家绿色食品管理机构对省级绿色食品标志专职管理人员进行统一培训、考核，并对符合条件者颁发绿色食品标志专职管理人员资格证书。

绿色食品标志专职管理人员的主要职责是：

宣传和普及绿色食品知识，为广大群众提供绿色食品咨询服务；指导和受理企业按规定程序申请使用绿色食品标志；依据绿色食品标准及有关规定，对各类企业的申报材料进行初审并赴实地考察；对各类合法使用绿色食品标志的单位进行定期检查、监督；依据绿色食品规程，指导绿色食品生产企业正确生产绿色食品产品；督促标志使用单位履行"绿色食品标志使用协议"；对各种非法使用绿色食品商标的单位和个人进行举报，并配合有关部门予以坚决打击；认真接受国家绿色食品管理机构的领导，贯彻其工作部署，并及时向其反馈有关信息；指导其所在机构的下级，地（市）、县级管理机构正确开展工作。统一组织所在机构的下级机构管理人员参加中心培训。

## 二、绿色食品标志使用管理

1. 绿色食品标志的使用期及终止

①绿色食品商标和绿色食品生产资料的使用期，自批准之日起有效期为 3 年，绿色食品基地的使用期，自批准之日起有效期为 6 年。要求到期后继续绿色食品标志的，须在有效期满前 90 日内重新提出申请。

②绿色食品商标在企业 AA 级绿色食品产品上有效使用期为 1 年，农作物为一个生长周期。

③企业取得绿色食品标志使用权后，应尽快在产品包装上和宣传广告中使用绿色食品标志。产品获标后，半年内必须使用绿色食品标志。《绿色食品标志管理办法》中规定，获得标志使用权后，半年内没有使用绿色食品标志的，国家绿色食品管理机构有权取消其标志使用权，并公告于众。

④在绿色食品商标有效使用期内，如发生下列情况，企业必须立即停止使用绿色食品商标。

第一，改变生产条件、工艺、产品标准及注册商标的；第二，由于不可抗拒因素丧失绿色食品生产条件的；第三，监督抽检不合格的。

以上情况，必须等按照相关规定解决问题后，再经国家绿色食品管理机构许可，方可继续使用绿色食品商标。

2. 对使用绿色食品标志企业的要求

①企业必须严格履行《绿色食品标志许可使用合同》，按期交纳标志使用费，对于未如期交纳费用的企业，中国绿色食品发展中心有权取消其标志使用权，并公告于众。

②绿色食品标志许可使用有效期为3年。若到期后欲继续使用绿色食品标志，须在使用期满前90日重新申报。未重新申报者，视为自动放弃使用权，收回绿色食品证书，并进行公告。

③企业应积极参加各级绿色食品管理部门的绿色食品知识、技术及相关业务的培训。

④企业应按照中国绿色食品发展中心要求，定期提供有关获得标志使用权的产品的当年产量，原料供应情况，肥料、农药的使用种类、方法、用量，添加剂使用情况，产品价格，防伪标签使用情况等内容。

⑤获得绿色食品标志使用权的企业不得擅自改变生产条件、产品标准及工艺。企业名称、法人代表等变更须及时报发展中心备案。

3. 绿色食品商标使用的权限和范围

中国绿色食品发展中心是绿色食品标志商标的唯一注册人，未经中国绿色食品发展中心许可，任何企业和个人无权使用绿色食品标志。绿色食品商标只能在经国家绿色食品管理机构许可的产品上使用。

许可使用绿色食品标志的产品，可以在其所有可做广告宣传的物体和媒体上，如在名片、台历、灯箱、运输车和办公楼上或电视广告中使用绿色食品标志。但绿色食品生产企业不能扩大绿色食品标志使用范围。

取得绿色食品标志使用权后，企业常见的几种擅自扩大标志使用范围的情况如下：

①取得绿色食品标志使用权的企业，在未获得绿色食品标志使用权的产品上使用绿色食品商标标志。如某饮料生产企业产品有苹果汁、桃汁、橙汁等，其中仅苹果汁获得了绿色食品标志使用权，则企业不能在桃汁、橙汁的包装上使用绿色食品标志，广告宣传中也不应用“某某果汁，绿色食品”之类的广告语，只能讲“某某苹果汁，绿色食品”，以免给消费者造成误解。

②取得绿色食品标志使用权的企业，在获得绿色食品使用权产品的系列产品上使用绿色食品商标标志。

③取得绿色食品标志使用权的企业，在其合资或联营的企业产品上使用绿色食品商标标志。如某茶厂云雾绿茶获得标志使用权后，在未申报的银毫绿茶上使用绿色食品标志是

不允许的。

④取得绿色食品标志使用权的企业，在兼并的、未经国家绿色食品管理部门认证的企业生产的同类产品上使用绿色食品商标标志。

⑤经销单位用自己单位的名称作为生产者名称，销售取得绿色食品标志使用权的产品，并在该产品上使用绿色食品商标标志。

⑥取得绿色食品标志使用权的企业，未经国家绿色食品管理机构许可，将绿色食品商标转让他人使用。

4. 绿色食品标志使用的地域

绿色食品商标标志在日本、中国香港等已注册的国家和地区受相关法律保护。绿色食品生产企业在出口产品上使用绿色食品商标，必须经国家绿色食品管理机构同意。

5. 绿色食品商标设计要求

绿色食品产品标签、包装必须符合《中国绿色食品商标标志设计使用规范手册》要求。《中国绿色食品商标标志设计使用规范手册》，对绿色食品标志的标准图形、标准字体、图形与字体的规范组合、标准色、广告用语，以及用于食品系列化包装的标准图形、编号规范都作了明确规定。绿色食品生产企业在产品内、外包装及产品标签上使用绿色食品标志时必须按照要求执行，并将设计彩图报中国绿色食品发展中心审核、备案。具体要求如下：

①绿色食品产品包装、标签上必须做到"四位一体"，即"绿色食品标志图形"、"绿色食品"文字、编号及防伪标签须全部体现在产品包装上。

②AA 级绿色食品标志的底色为白色，标志与标准字体为绿色；而 A 级绿色食品标志的底色为绿色，标志与标准字体为白色。

③凡标志图形出现时，必须附注册商标符号"R"。为了增加绿色食品标志产品的权威性及绿色食品标志许可的透明度，在产品编号正后或正下方须注明"经中国绿色食品发展中心许可使用绿色食品标志"的文字，其规范英文为"Certified China Green Food Product"。

④在绿色食品生产资料产品的包装标签的左上方，必须标明"X(A 或 AA)级绿色食品生产资料"、"中国绿色食品发展中心认定推荐使用"字样及统一编号，并加贴中心统一的防伪标签。

6. 绿色食品标志防伪标签的使用

(1)绿色食品标志防伪标签的特点

绿色食品标志防伪标签采用了以造币技术中的网纹技术为核心的综合防伪技术。该防伪标签为纸制，便于粘贴。标签用绿色食品指定颜色，印有标志及产品编号，背景为各国货币通用的细密实线条纹图案，有采用荧光防伪技术的前中国绿色食品发展中心主任的亲笔签名字样。

该防伪标签还具有专用性，因标签上印有产品编号，所以每种标签只能用于一种产品上。中国绿色食品发展中心发挥了全国绿色食品的规模优势，大大降低了印制标签的成本，防伪标签价格十分合理。防伪标签具有多种规格类型，为满足不同包装的需要，分为圆形，直径为 15 mm、20 mm、25 mm、30 mm 不等；长方形，52 mm×126 mm 或按比例变化的任意规格。

(2)绿色食品标志防伪标签的作用

①绿色食品防伪标签具有保护作用。防伪标签是绿色食品产品包装上必备的特征，既

可防止企业非法使用绿色食品标志，也便于消费者识别，利用标签先进的防伪性能，避免市场中假冒绿色食品的发生。

②监督管理作用。中国绿色食品发展中心还利用发放防伪标签的数量，控制企业生产产量，避免企业取得标志使用权后，扩大产品使用范围及产量。

③统一绿色食品整体形象的作用。绿色食品标志防伪标签的使用，也是中国绿色食品发展中心对绿色食品商标的专有权在企业产品上的体现。

(3)绿色食品标志防伪标签的管理

为了降低成本、严格管理，绿色食品标志防伪标签由中国绿色食品发展中心统一委托定点专业生产单位印刷。企业不得自行生产或从其他渠道获取防伪标签，也不可直接向中心委托的防伪标签生产企业订货。

各企业根据其绿色食品生产计划及产品包装规格的需要，填写《绿色食品标志防伪标签需求计划表》，于需要使用前2个月报中心，中国绿色食品发展中心根据企业申报时的产量掌握1年内防伪标签的发放总量。

企业在报表的同时，应向中国绿色食品发展中心交付印标费用。中心将生产任务通知单下达到防伪标签生产企业，并按企业需求时间发货。各企业收到货物应及时检验，若标签有质量或数量问题，须立即与绿色食品发展中心联系。

(4)绿色食品标志防伪标签的使用

许可使用绿色食品标志的产品必须加贴绿色食品标志防伪标签。

每种产品只能使用对应的防伪标签(印有该产品的编号)

防伪标签应贴于食品标签或包装正面显著位置，不能掩盖原有绿标、编号等绿色食品整体形象。防伪标签粘贴位置应固定，不能随意变化。

7. 绿色食品产品标签的要求

产品标签还必须符合《食品标签通用标准》GB 7718。绿色食品也必须标注下列内容：

①标签上必须标注食品名称，而且要采用食品真实属性的专用名称；

②配料表，除单一配料的食品外，食品标签上必须标明配料表；

③净含量及固形物含量；

④制造者、销售者的名称和地址；

⑤日期标志(生产日期、保质期/保存期)和贮藏指南；

⑥质量(品质等级)；

⑦产品标准号。

另外，有特殊标注内容的要标明。如防腐剂、色素等所用种类及用量。

8. 绿色食基地生产地块展板的设计要求

绿色食品基地生产者在绿色食品地块要设置展板，记载如下事项：

①标题为“绿色食品※※※※基地生产地块”；

②作物名称；

③产地编号；

④种植面积；

⑤负责人；

⑥时间。

9. 取得绿色食品标志使用权的企业必须执行绿色食品标志使用协议书

协议书中主要注意下列内容：

①国家绿色食品管理机构拥有对绿色食品生产企业的监督权，可以检查企业生产情况、档案及文件；

②标志使用费必须按期足额交纳；

③企业定期向管理机构汇报标志使用情况，并提交有关产销的统计表；

④出口产品使用绿色食品标志，必须经国家绿色食品管理机构许可。

## 三、绿色食品标志监督管理

对于所有取得绿色食品标志使用权的产品，都有多个环节的监督网络对其进行监督。国家绿色食品管理机构对绿色食品整个生产环节（环境、规程、食品、商品）进行监督管理。定点的绿色食品环境监测机构，负责环境质量的抽查检验；各省绿色食品委托管理机构标志专职管理人员，监督种植、养殖、加工等操作规程的实施，定点绿色食品监测中心根据国家绿色食品管理机构下达的任务，对产品进行抽检；而市场中流通的绿色食品，更是在食品监测机构的监督下。

绿色食品标志监督管理的具体内容：

(1)年检制度

国家绿色食品管理机构对绿色食品标志进行统一监督管理，并根据使用单位的生产条件、产品质量状况、标志使用情况、合同的履行情况、环境及产品的抽检(复检)结果以及消费者的反映，对绿色食品标志使用证书实行年审。年审不合格者，取消产品的标志使用权并公告。由各省绿色标志专职管理人员负责收回证书并返回国家绿色食品管理机构。

(2)抽检

国家绿色食品管理机构根据对使用单位的年审情况，于每年初下达抽检任务，指定定点的环境监测机构、食品监测机构对使用标志的产品及其产地生态环境质量进行抽检。抽检不合格者，取消其标志使用权，并公告于众。

(3)标志专职管理人员的监督

绿色食品标志专职管理人员对所辖区域内的绿色食品生产企业，每年至少进行一次监督考察。监督绿色食品生产企业种植、养殖、加工等规程的实施及标志许可使用合同的履行，并将监督、考察情况汇报国家绿色食品管理机构。

(4)消费者监督

使用绿色食品标志的企业必须接受全社会消费者的监督。国家绿色食品管理机构，首先加大绿色食品监督的宣传力度，使消费者认识绿色食品标志，了解绿色食品。为了进一步鼓励消费者对绿色食品质量的监督，对消费者所发现不合标准的产品，责成生产企业进行经济赔偿，并对举报者予以一定奖励；对有产品质量问题的企业，坚决予以查处。

## 四、绿色食品标志法律管理

法律管理是绿色食品标志管理的核心。运用法律手段保护绿色食品标志，对于维护绿色食品标志注册人的合法权益、维护绿色食品标志的整体形象、保障绿色食品工程的顺利实施、促进农业可持续发展都具有积极的意义。

1. 绿色食品标志的法律保护

绿色食品标志属知识产权范畴。中国绿色食品发展中心、绿色食品委托管理机构及获得绿色食品标志使用权的企业,必须执行商标法、反不正当竞争法、产品质量法、消费者权益法等诸多法律。同时,每项法律都给予了法律保护的依据。

《商标法》是绿色食品标志必须执行且对标志予以最大力度保护的基本法律。《商标法》第三条规定:“经商标局核准注册的商标为注册商标,商标注册人享有专用权,受法律保护。”开发推广绿色食品是一项新生事物,用法律保护绿色食品标志,是实施绿色食品工程不可缺少的手段。为此,国家工商行政管理局和农业部联合发文《关于依法使用、保护《商标标志的通知》(工商标字[1992]第77号),对进一步加强绿色食品商标标志保护提供了有利条件。

依据上述法律法规,农业部颁布了《绿色食品标志管理办法》,规定了绿色食品标准及申请操作程序。绿色食品企业必须严格执行。黑龙江省政府颁布了“黑龙江省绿色食品管理条例”,对绿色食品加强了依法管理。

2. 绿色食品标志商标侵权行为及假冒商标构成

根据商标法第三十八条及商标法实施细则第四十一条规定,结合绿色食品标志的具体情况,有下列行为之一者,均属侵犯绿色食品标志商标专用权行为。

①未经国家绿色食品管理机构许可,在其注册的九大类商品或类似商品上使用与绿色食品标志相同或者近似商标。具体说来,包括4种情况:在注册的九大类商品上使用绿色食品标志;在注册的九大类商品上使用类似绿色食品标志的商标;在与注册商品类似的商品上使用绿色食品标志;在类似商品上使用与绿色食品标志近似的商标。

②销售明知是假冒绿色食品标志的商品的。

③伪造、擅自制造绿色食品标志或销售伪造、擅自制造的绿色食品标志的。

④给绿色食品标志专用权造成其他损害的。

假冒商标是指凡未经国家绿色食品管理机构同意,而故意在其注册的九大类商品上使用与绿色食品标志或十分近似的商标的行为,也包括擅自制造或销售绿色食品标志的行为。假冒商标与商标侵权既有区别又有联系。商标侵权不一定就是假冒商标,但假冒商标必然构成商标侵权,而且是一种严重的侵权行为。一般说来,商标侵权大多是过失的和无意的,而假冒商标则是故意行为。

在认定绿色食品标志侵权行为是否假冒商标时,不能简单地以侵权情节的轻重为依据,也不能以侵权获利或经营额的大小为准,只要行为人未经国家绿色食品管理机构许可,故意在其注册的九大类商品上使用与绿色食品标志相同或十分近似的商标的,就认为是假冒绿色食品商标标志;假冒绿色食品商标标志情节严重的,构成假冒商标罪。

3. 绿色食品标志商标侵权案件及假冒商标的受理机关

根据我国商标法第三十九条规定:工商行政管理局和人民法院都有权处理商标侵权案件。商标法实施细则第四十二条规定:“对侵犯注册商标专用权的,任何人可以向侵权人所在地或者侵权行为地县级以上工商行政管理机关控告或者检举。”在绿色食品标志受到侵害时,国家绿色食品管理机构、绿色食品委托管理机构,可以根据自己的意愿,请求工商行政管理机关查处,也可直接向人民法院起诉;被许可使用绿色食品标志的企业也可参与上述请求。

工商行政管理机关和人民法院虽然都受理绿色食品标志侵权案件，但在具体处理过程中，也存在不同之处：

①要求处理绿色食品标志侵权人当事人不同，受理机构也不同。任何人都可以向工商行政管理机关控告和检举侵犯绿色食品标志专用权行为，即检举人可以是国家绿色食品管理机构、绿色食品委托管理机构，经公告的绿色食品标志使用人，也可以是普通消费者。

向人民法院起诉的，必须是商标注册人。绿色食品委托管理机构，经公告的使用人均可参与上诉请求。除此之外，人民法院不受理其他人的起诉。

②人民法院受理的绿色食品标志商标侵权案件，必须有明确的被告。而工商行政管理机关则只要求当事人提供的事实存在，不一定需要明确的被告。

假冒绿色食品标志是一种严重的商标侵权行为，任何人都可以向工商行政管理机关或检察机关控告或检举。向工商行政管理机关控告或检举的，工商行政管理机关按照一般商标侵权行为处理后，对于构成犯罪案件，直接将责任人员移送检察机关追究其刑事责任。检察机关对控告、认为犯罪事实需要追究刑事责任的予以立案。经过侦查，向人民法院提起公诉，由人民法院依法作出裁决。

4. 绿色食品标志商标侵权行为及假冒绿色食品标志商标的处罚

对构成侵犯绿色食品标志商标专用权的行为，工商行政管理机关将采取诸如责令侵权人立即停止侵权行为，封存或收缴绿色食品标志；消除现有商品和包装上的绿色食品标志；责令赔偿中国绿色食品发展中心的经济损失等。绿色食品标志商标专用权是国家绿色食品管理机构的一项民事权利，对于损害国家绿色食品管理机构的信誉，损害了绿色食品整体形象的侵权行为，国家绿色食品管理机构（也可委托省绿色食品管理机构），可请求工商行政管理机关责令侵权人赔偿自己的损失。

对于假冒商标的处罚，刑法第一百二十七条规定："违反商标管理法规，工商企业假冒其他企业已经注册的商标，对于直接责任人员处以三年以下有期徒刑，拘役或者罚金"。1993年2月22日第七届全国人民代表大会常务委员会第十三次会议通过《全国人民代表大会常务委员会关于惩治假冒注册商标犯罪的补充规定》，其中第一、第二规定如下：

第一条，未经注册商标所有人许可，在同一种商品上使用与其注册商标相同的商标，违法所得数额较大或者有其他严重情节的，处三年以下有期徒刑或者拘役，可以并处罚金；违法所得数额巨大的处三年以上七年以下有期徒刑，并处罚金。

销售明知假冒注册商标的商品，违法所得数额较大的，处三年以下有期徒刑，或者拘役，可以并处罚金，违法所得数额巨大的，处三年以上七年以下有期徒刑，并处罚金。

第二条，伪造、擅自制造他人注册商标标识，或者销售伪造、擅自制造的注册商标标识，违法所得数额较大或其他严重情节的依照第一条第一款的规定处罚。

## 【自我训练】

1. 绿色食品标志作为一种证明商标与一般商标相比具有哪些特点？
2. 绿色食品标志商标作为质量证明商标的特点是什么？
3. 申请绿色食品标志使用权的生产单位和个人需具备哪些条件？
4. 申请绿色食品产品标志使用权要经过怎么样的申报程序？
5. 申请绿色食品产品标志使用权需要哪些申报材料？

6. 环境监测及环境质量现状评价的内容有哪些？
7. 对申请绿色食品标志单位的考察目的和任务是什么？
8. 企业办理绿色食品证书时需要哪些材料和费用？
9. 申请 AA 级绿色食品标志使用权与 A 级的相比还需具备哪些材料？
10. 申报绿色食品生产资料应具备哪些条件？
11. 绿色食品生产资料认定推荐申请要经怎样的程序？
12. 申报绿色食品基地标志应具备的条件有哪些？
13. 申报绿色食品基地标志所需的申报材料有哪些？
14. 申请绿色食品商业企业标志使用权应具备什么条件？
15. 绿色食品标志的管理有什么特点？
16. 绿色食品商标设计要求有哪些特点？
17. 怎样对绿色食品标志进行监督管理？

# 单元四

# 绿色食品认证

**学习目标**

- 了解绿色食品认证的本质、体系，掌握绿色食品产品认证、基地认证的基本程序。

**知识要点**

- 绿色食品体系各项认证，由中国绿色食品中心和由其授权委托的省级绿色食品办公室按照企业申请、绿办初审、委托检测监测、终审批准认证的程序进行。

**技能要点**

- 绿色食品产品认证程序。

# 项目一　产品质量认证

世界近百年的质量认证发展史表明，产品质量认证和质量体系认证是国际通行的质量监督方式。质量认证对于保障供需双方权益、促进产品销售、提高产品和品牌的国际市场竞争力都起着巨大的作用。

## 【知识与技能】

### 一、产品质量认证的概念

在质量竞争和国际贸易日益频繁的今天，质量认证作为对产品质量、企业质量保证能力实施的第三方评价活动，已经成为世界各国规范市场行为、促进贸易发展和保护消费者合法权益的有效手段。质量认证在全球经济活动中发挥着越来越重要的作用。

质量认证是实施质量监督的有效方式，也是被认证方建立市场信誉的有效途径。质量认证，又称合格评定，合格认证，简称认证。

质量认证，在 20 世纪 70 年代前没有统一的定义。20 世纪 70 年代，应联合国经济委员会(ECE)的要求，国际标准化组织(ISO)和国际电工委员会(IEC)又对认证定义做了全面修改："由第三方对产品、过程或服务满足规定要求给出书面保证的程序"。ISO/IEC 指南 2-1983《标准化、认证与实验室认可的一般术语》将合格认证定义为："用合格证书或合格标志的方法证明某一产品或服务符合特定的标准或技术规范的活动"。1986 年版本的该指南，将该定义修改为："由可以充分信任的第三方证实某一经鉴定的产品或服务符合特定标准或规范性文件的活动"。1991 年版本进一步修改为："第三方依据程序对产品、过程或服务符合规定的要求给予书面保证(合格证书)"。

质量认证，就是由第三方依据规定的程序，对产品、过程或服务符合特定标准或规定的要求所给予的书面保证。

对质量认证的含义，我们可以从以下几个方面理解：

1. 质量认证的对象

质量认证的对象是产品、过程或服务。质量认证的对象可以是硬件、流程性材料等有形产品，也可以是检测、施工等工艺性作业和工程作业过程。

2. 质量认证的依据

质量认证的依据为认证的基础是特定的标准，即按照认证法规、指南和标准的要求进行认证。作为质量认证依据的主要有：有关国际标准组织发布的指南(如 ISO/IEC 指南)；有关区域性组织和国家发布的认证法规、指令(如欧共体 EC 指令)；开展质量认证工作的国家有关部门发布的认证法规和规章以及有关的标准，如认证产品的产品标准等；必要时，还有相关的技术法规和技术规范。任何一种产品、一个企业、一个实验室或一项活动过程，要通过质量认证，就必须满足上述相应的法规、指南、标准、规范的要求。

3. 质量认证是一种符合性评价活动

质量认证是证明产品、过程或体系与特定标准的符合性，经认证的产品是由第三方认证机构证明该产品符合特定产品标准的要求，经认证的质量体系是由第三方认证机构证明该质量体系符合某一质量保证标准的要求。

4. 第三方认证

质量认证活动由有条件(资质)的第三方进行。第三方是“在所涉及的问题上，公认的独立于有关各方之外的人或机构”(ISO/IEC 指南 2)。由于认证机构处于第三方地位，它和第一方、第二方都不存在行政上的隶属关系和经济上堵塞利益关系，因此，由其组织质量认证工作就具有公正性和权威性，是同时可以得到供、需双方信赖的认证。最初的质量认证，就是在市场经济中，买卖双方都需要有一个信得过、权威的、公正的、与买卖双方都无利害关系的第三方单位出示商品质量证明或者具备生产合格产品能力证明，这也是产品质量认证和质量体系认证的由来。在当今国际社会，普遍采用的制度是由权威团体(或称官方机构)对具有第三方地位的认证机构进行认证，这个认证称为认可。

5. 认证的程序性

质量认证是一项有计划、有程序地开展的外部质量保证活动。质量保证是“为了提供足够的信任表明实体能够满足质量要求，而在质量体系中实施并根据需要进行证实的全部有计划和有系统的活动”(ISO 8402)。由于实体是“可以单独描述和研究的事物”，它可以是活动、过程、产品、组织或它们的组合，而认证法规与标准等规定的要求基本上是质量要求。因此，质量认证工作就是依据认证程序所开展的外部质量保证活动。

6. 认证合格的证明方式

认证合格的证明方式是合格证书或认证证书。对质量认证合格的企业、产品、过程或服务，给予证明的方式是授予合格证明。表示质量认证合格的方式是授予合格证书或合格标志。ISO/IEC 指南 2 给合格证明的定义和注释是：“通过证据的检查，得到符合产品、过程或服务提出的要求的证明”(注：对产品来说，合格保证的声明可以是一个文件、一个标志或其他同等含义的形式。它也可以印于或用于产品的有关说明目录、装货单、用户手册等)。表示质量认证合格的方式是授予合格证书或合格标志。合格证书是“按照认证体系的规则颁布的文件”。合格标志是“根据认证体系的规则使用或颁发的一种合格的保护性标志”(ISO/IEC 指南 2)。

7. 受控性

质量体系认证要求被认证的过程或体系处于受控状态。所谓受控状态，是指质量控制主体及其所采取的措施，与过程的预期状态之间有必然联系。

## 二、质量认证的形式

各种类型的质量认证制度，按其所包含的认证基本要素不同，大致可以分为以下 6 个类型。

1. 全数检验

由经过认可的独立检验机构按照指定的标准，对申请认证的产品作 100％的检验后发给认证证书。这种认证模式费用太高。

2. 批量试验

依据规定的抽样检查方案对企业生产的一批进行抽样试验的认证。目的在于帮助买方判断该产品是否符合技术规范。这一认证模式，只有在供需双方协商一致后才能有效实行，而且，一般只对该批检验合格的产品发给认证证书。

3. 型式试验

按照规定的方法对产品进行试验，来验证样品是否符合标准或技术规范。这种认证只发证书，不允许使用合格标志。它的优点是对产品只需进行一次实验，所需的时间、费用都较低。

4. 型式试验加认证后监督

抽样范围不同，包括市场抽样检验、工厂抽样检验、双重抽样检验是一种带有监督措施的型式试验。监督的办法是从市场上购买样品或从批发商、零售商的仓库中随机抽样进行检验，以证明认证产品的质量特性持续符合标准或技术规范的要求。这种认证形式的产品可以使用认证标志，优点是认证费用较低，并有一定的监督力度。工厂抽样检验是从工厂发货前的产品中随机抽样检查。另外，也可从市场和供方双重抽样检验，它们的差异在于提供的产品质量信任程度不同。

5. 工厂质量体系评定

即对产品的生产按照所规定的技术标准生产产品的质量体系进行检查评定，证实工厂具有按既定的标准或规范提供产品的质量保证能力。人证对象是质量体系而不是产品。监督是定期对质量体系进行复查。通过认证的企业，由认证机构给予质量体系注册登记，发给注册证书，表明该体系是根据 ISO 9000（或 2000）标准及相应的国家标准进行了评定并取得了注册资格。通过该种认证的企业，不能在产品上使用产品质量认证标志。这种认证形式，适应面广、灵活性大，是一种世界范围的信任证明，得到世界各国公认。

6. 型式试验加工厂质量体系评定再加认证后监督

即在认证的同时要求对申请认证产品进行质量体系的检查、评定和复查。无论是批准认证的基本条件，还是认证后的监督都是相当完善、严密的，能对顾客提供最高的信任。它是各种认证机构通常采用的模式，也是国际标准化组织推荐的模式。通过这种方式认证的产品，可以使用认证标志。

概括起来，质量认证包括产品质量认证、质量管理体系认证和综合认证 3 个基本类型。质量认证的原动力是购买方对所购产品质量的信任的客观需要。现代质量认证制度发源于英国。英国于 1903 年开始使用风筝标志，证明产品符合英国 BS 标准。该标志于 1922 年注册成为受法律保护的认证标志。质量认证工作从 20 世纪 30 年代后发展相当快，到 20 世纪 50 年代基本上已普及到所有工业化国家；20 世纪 60 年代起，东欧国家陆续开展认证活动；多数第三世界国家是从 20 世纪 70 年代后开始实行。目前，质量认证制度已发展成为一种世界趋势。推动质量认证制度发展的客观因素就是国际经济交往的扩大和加深。

我国于 1978 年 9 月加入国际标准化组织（ISO）之后，才引入质量认证。1988 年 12 月颁布《中华人民共和国标准化法》后，我国质量认证工作纳入法制化轨道。随着我国参与世界经济循环的深入和扩大，我国质量认证工作有了较快的发展。

## 三、产品质量认证的作用

质量认证在世界范围内得到迅速发展的原因，是随着国际贸易的发展，需方对产品质量信息越来越高的需求。具体地讲，质量认证有如下作用和意义。

1. 提高企业产品质量信誉，树立企业良好形象，增强企业在市场上的竞争能力，并获得显著效益

产品质量信誉是企业的生命，企业的产品有了信誉，才会有市场，才会有效益。由于质量认证依据于先进水平的产品标准和质量体系标准，企业一旦获得认证标志和认证证书，就立即会比非认证企业取得较高的质量信誉。在质量竞争已经成为市场竞争的主要表现形式的现代市场上，显然就拥有竞争优势，起到在社会上树立良好的企业形象、扩大市场占有率从而获得显著经济效益的作用。

2. 促使企业加强质量管理，建立健全质量体系，提高企业管理水平

企业在实施质量认证过程中，必须采用先进的产品标准和质量体系标准(如 ISO 2000)，经认证合格后还要定期接受监督复审。这就迫使企业不断完善质量体系，持续改善质量管理工作。

3. 减少了社会重复检验，简化了交易和进出口手续，使认证合格企业得到方便和效益

现代社会中，一个企业一方面从许多企业获得产品；另一方面也为众多企业供应产品。在大量的供需交易活动中，都需要经常、反复地进行验收检验和供应商质保能力的检验。这需要消耗大量的人力、物力，也影响交易的速度。实行质量认证，可以节省大量的检验和检查费用，提高了交易效率和速度。

4. 有利于保障和维护消费者合法权益

不论是自愿性的合格认证，还是强制性的安全认证，通过使用认证标志，可以防止消费者在市场上误购不符合标准的低劣产品。

## 四、绿色食品认证是质量认证

如前所述，质量认证包括产品质量认证、质量管理体系认证和综合认证 3 个基本类型。绿色食品认证，是包括产品质量认证和质量管理体系认证的综合质量认证。

1. 绿色食品认证，是产品质量认证

绿色食品认证的基本依据是绿色食品质量标准。绿色食品标准是由农业部发布的推荐性国家标准，对于认证和认证后企业来说，是强制性标准。认证机构和认证后的企业，必须严格执行该标准。《绿色食品产品标准》是衡量绿色食品最终产品质量的指标尺度。绿色食品产品标准包括质量标准和卫生标准两部分，它虽然跟普通食品的国家标准一样，规定了食品的外观品质、营养品质和卫生品质等内容，其中卫生标准包括农药残留、有害重金属污染和有害微生物污染，这些要求也完全概括了对无公害蔬菜的标准。但其卫生品质要求高于国家现行标准，即严于国家同类食品标准，达到或接近同类食品的国际先进标准，主要表现在对农药残留和重金属的检测项目种类多、指标严。而且，使用的主要原料必须是来自绿色食品产地的、按绿色食品生产技术操作规程生产出来的产品。绿色食品产品标准反映了绿色食品生产、管理和质量控制的先进水平，突出了绿色食品产品无污染、安全的卫生品质。

绿色食品最终产品必须由中国绿色食品发展中心指定的食品监测部门依据绿色食品卫生标准检测合格。绿色食品认证，必须经过指定的权威检测部门，对该产品的外观品质、理化品质、营养品质等指标依据相关技术标准进行科学、全面的综合检测，只有各项检测指标完全符合相关的质量标准，才能被认证为绿色食品。而且，为了保证绿色食品标志的权威性，国家绿色食品管理机构，每年都要指定有关的绿色食品质量监督检测部门对部分产品进行抽检。属于型式实验加认证后监督类型的产品质量认证。

2. 绿色食品认证，也是质量管理体系认证

为了保证绿色食品产品无污染、安全、优质、营养的特性，开发绿色食品有一套较为完整的质量标准体系。绿色食品标准包括产地环境质量标准、生产技术标准、产品质量和卫生标准、包装标准、储藏和运输标准以及其他相关标准，它们构成了绿色食品完整的质量控制标准体系。绿色食品认证，要依据这些标准。其中，环境标准、技术标准(包括生产规范)、包装标准、储藏运输标准都属于质量保证范畴，是质量保证体系认证，是“从土地到餐桌”的全程质量控制体系。

3. 绿色食品认证，由中国绿色食品发展中心统一组织

中国绿色食品发展中心(China Green Food Development Center)是组织和指导全国绿色食品开发和管理工作的权威机构，1990 年开始筹备并积极开展工作，1992 年 11 月正式成立，隶属中华人民共和国农业部。中国绿色食品发展中心是绿色食品标志的唯一注册人，绿色食品标志，只能由经中国绿色食品发展中心授权即通过认证的企业在其被认证的产品和认证规模范围内使用。《绿色食品标志管理办法》第三条规定：“使用绿色食品标志，须按本办法规定的程序提出申请，由农业部审核批准其使用权。未经农业部批准，任何单位和个人无权使用绿色食品标志”。

绿色食品认证实行检测、监测委托有资质的第三方进行的方式，同时，适合我国幅员广阔的实际需要，实行由国家中心、各省分中心分级管理的体制。

# 项目二　绿色食品生产资料认证及申报

生产绿色食品，与生产传统食品一样，需要各种生产资料。但绿色食品的生产，是按照新的品控体系组织的安全食品的生产。在整个生产过程中和整个品控体系中，贯彻的基本原则就是：以系统性的预防性措施，实现全程性的质量保证和持续的质量改进。为此，必须按一定标准对生产投入品进行质量控制。控制绿色食品生产投入品质量的基本环节之一，就是认证绿色食品生产资料。

## 【知识与技能】

### 一、绿色食品生产资料的类别

1. 绿色食品生产资料

绿色食品生产资料，是指符合绿色食品生产标准要求，经专门机构认可，允许使用绿色

食品标志并推荐使用在绿色食品生产过程的投入品。《绿色食品生产资料认定推荐管理办法》第二条规定："绿色食品生产资料是指经中国绿色食品发展中心认定，符合绿色食品生产要求及相关标准的，被正式推荐用于绿色食品生产的生产资料"。

2. 绿色食品生产资料分类

按照生产资料在生产过程中的自然属性划分，绿色食品生产资料包括种子、肥料、农药、兽药、食品添加剂、饲料和饲料添加剂、包装物及其他一些相关投入品。

《绿色食品生产资料认定推荐管理办法》第三条规定："绿色食品生产资料涵盖农药、肥料、食品添加剂、饲料添加剂(或预混料)、兽药、包装材料及其他相关生产资料"。

《黑龙江省绿色食品专用生产资料推荐管理办法》规定："我省绿色食品专用生产资料的推荐，以种子、肥料、农药为主，兼顾其他种类专用生产资料"。

按照允许使用范围，绿色食品生产资料分A级和AA级。AA级生产资料可以使用在所有绿色食品产品生产中；A级生产资料只允许在A级绿色食品的生产中使用。

## 二、绿色食品生产资料的基本条件

绿色食品生产资料的申报，材料包括：企业营业执照，商标注册证，卫生许可证，企业法人代码证，企业税务登记证，一年内省级质检报告(原件)产品执行标准，生产企业概况，企业质量管理措施，种植业生产技术规程，养殖业生产技术规程，加工业生产技术规程，农药使用情况，肥料使用情况，畜(禽)用药情况，产品添加剂使用情况，生产工艺流程，企业、厂区、设备、生产车间、化验室、成品库产品的照片，企业获奖证书(复印件)，产品包装式样。

凡是经过认证推荐的绿色食品生产资料，必须具备下列条件：

1. 经国家有关部门检验登记，允许生产、销售的产品

2001年由省九届人大二十三次会议通过实施的《黑龙江省绿色食品管理条例》规定："用于绿色食品生产的肥料、农药、食品添加剂、饲料添加剂、兽药等生产资料，必须符合生产绿色食品的要求。用于农作物种植、畜禽养殖、水产养殖绿色食品生产的种子、种畜、种禽、种苗、食用菌种等，应当是经省级以上品种鉴定机构鉴定的优良品种"。

绿色食品生产资料，必须符合《食品卫生法》和国家有关部门关于农药、兽药、饲料、饲料添加剂、食品添加剂使用、登记等项规定。如饲料必须是《允许使用的饲料添加剂品种目录》《进口饲料添加剂注册目录》内的品种，必须符合《饲料和饲料添加剂管理条例》的要求，并最终符合《绿色食品饲料和饲料添加剂使用准则》的要求。食品添加剂必须符合《绿色食品食品添加剂使用准则》的要求。

国家明令禁止使用的农药、兽药、食品添加剂、饲料、饲料添加剂及其他含抗生素、生物激素的生产投入物，以及转基因生物及其种苗、制品，不能推荐认定为绿色食品生产资料。

绿色食品生产资料，必须符合绿色食品生产资料使用准则的要求，其中，申请AA级绿色食品生产资料认证的，产品必须符合AA级绿色食品生产资料使用准则的有关标准。

2. 有利于保护和促进使用对象的生长，或有利于保护或提高产品品质

比如在生产加工类食品时，只有在不使用某类添加剂或加工助剂，就不能生产出类似的产品时或不能保持食品应有的自然适用品质时，才允许有条件地使用经过风险评估的、不会对人体、生物和环境产生危害的食品添加剂。因此，只有符合这一条件的食品添加剂，才可

以被认证为绿色食品食品添加剂。在农药、兽药上也是如此。

3. 不造成使用对象产生和积累有害物质，不影响人体健康

只有经过科学试验和风险评估，证明对人、畜及其他生物无害、无残毒积累，对人、畜不发生致癌、致畸、致突变作用的产品，才可以被认证为绿色食品生产资料。含抗生素、生物激素的产品和基因工程产品，不允许认证为绿色食品生产资料。

4. 对生态环境无不良影响

绿色食品生产，既以良好生态环境为前提，也遵循可持续发展原则，注重持续改善环境状况。剧毒、高残留、难以降解和对环境有不确定性影响的产品，如转基因产品、剧毒农药、流失严重的肥料等，不能申报绿色食品生产资料。

## 三、绿色食品生产资料的认证申报程序

1. 企业申请

《绿色食品生产资料认定推荐管理办法》第四条：凡具有法人资格生产第三条所述产品的企业，均可作为申请企业。

(1)提交申请报告

申请企业向所在市(地)或县(市)绿色食品管理机构提交申请报告，该绿色食品机构收到企业的申请报告后，对企业申报产品生产情况进行核查，并对符合申报条件的向省级机构提交申请，同时将企业申请报告附后。

申请报告的格式。题目：关于办理"××"牌××(产品名称)AA级(或A级)绿色食品生产资料标志使用权的申请。申请的主送单位：××市绿色食品办公室。市(地)绿色食品管理机构的申请报告的主送单位：省级绿色食品管理机构。

申请报告的内容：申报主体的地理位置及生态环境；企业的基本情况(企业的隶属关系、性质、设计年生产能力、实际年生产能力、生产设备及条件、生产人员的技术力量或技术依托)；原料来源、数量及供应方式；产品质检设备、质量检验制度、保证产品质量的措施；市场销售情况(产品年销售量、销售地域及方式、年销售收入及利润情况)；企业产品执行标准及工艺流程；产品特点；企业的三废(废气、废水、废弃物)排放及处理情况，对周围生态环境有无不良影响。

(2)填写认定推荐申请书

省级管理机构收到申请报告后，派专职管理人员到申报企业进行考核，合格的企业填写"绿色食品生产资料认定推荐申请书"(一式二份)。

填写"绿色食品生产资料认定推荐申请书"的要求：产品名称力求准确，区分系列产品与单一产品，限定适用范围。试验数据要经过数理统计，1/3以上的试验效果显著。

提交供审材料：

登记证(临时或正式)复印件(肥料：复混肥料应提供省级肥料管理机构发放的推广证复印件，叶面肥、微生物肥必须提供农业部登记证复印件；农药：必须是农业部颁发的登记证复印件；饲料：农业部颁发的饲料添加剂、预混料生产许可证和省级饲料管理机构发放的批准文件复印件；兽药：必须是省级兽药管理机构批准的生产许可证复印件；食品添加剂：必须是省级主管部门会同卫生部门颁发的生产许可证和卫生许可证复印件)。

产品质量检测报告(由省级以上质量监测部门出具的1年之内的质量检测报告)。

商标注册证复印件。

营业执照复印件。

环保合格同意生产证明(由当地环保部门出具三废排放符合国家标准的证明)。

生产许可证。

产品标签。

产品使用说明书(提供样张)。

企业执行的产品标准(省技术监督局备案文本复印件)。

产品工艺流程(详细、具体的说明原料、添加物名称、用量)。

产品原料供应合同及供应方式。

企业质量管理手册。

试验报告(即田间肥效试验报告。我国两个以上自然条件不同的地区,2年以上8种作物的田间试验,试验设计有3次以上的重复,试验数据经数理统计1/3以上效果显著。试验报告要规范、可靠,由县级以上的农业科研、教学、技术推广单位的农艺师或同级职称以上技术人员签字,并盖单位公章的报告复印件。田间药效试验报告,由取得农业部认证资格的农药试验单位出具。饲料有2年以上的效果验证报告、专家对产品的鉴定)。

毒性试验报告(有机肥及叶面肥应提供省级以上药品、卫生检验机构出具的急性毒性试验报告。土壤调理剂应提供省级以上药品、卫生检验机构出具的急性试验、Ames试验、微核试验或染色体试验、致畸试验报告。微生物肥料应按菌种安全管理的规定,提供农业部认可的检测机构出具的菌种相应的免检、毒理试验或非病原鉴定报告。农药必须出具由农业部认可的检测机构出具的急性毒性试验报告。已正式登记的农药产品,必须提供省级以上单位提供的我国两年两地残留试验报告和对环境影响报告。饲料及饲料添加剂、食品添加剂、兽药,应提供毒理学安全评价报告)。

如果是科研成果或专利,必须提供科研成果鉴定材料、鉴定证书或专利证书。

以上材料齐备后,按顺序用A4纸装订成册,材料必须加封皮和目录,一式两份报省级绿色食品管理机构。

填写申请书的要求:

产品名称要做到:力求准确;区分系列产品与单一产品的;限定适用范围。

工艺流程应该做到:有助于审查;详细、具体地说明原料、添加物的成分、用量;不是生产顺序的排列。

2. 绿办初审

对申报材料的初审。省级绿色食品管理机构,依据《绿色食品生产资料认定推荐管理办法》及其实施细则,对申报材料进行初审。审查内容包括:

①材料齐全与否。

②企业填写是否符合要求。

省级绿色食品管理机构,在进行初审时,要按申报程序的要求,根据专家审查意见对企业进行考核;在最终审查结果未出来前,不得对企业作任何承诺。初审合格者,报送国家绿色食品管理机构。

3. 中心进行材料审查

国家绿色食品管理机构收到申报材料后，组织专家审查。审查合格者，派人或委托省级绿色食品管理机构的标志认证人员对申报企业进行核查和抽样，并将样品寄送指定的监测机构检测。

4. 审核认定，签订协议

国家绿色食品管理机构对核查和检测结果进行审核。合格者，由国家绿色食品管理机构与企业签订协议，颁发推荐证书，并发布公告；不合格者，在其不合格部分作出相应整改前，不再受理其申请。

绿色食品生产资料自批准之日起，3 年有效。要求第 3 年到期后继续推荐其产品的企业，须在有效期满前 90 日内重新提出申请，未重新申请者，视为自动放弃被推荐的资格。

绿色食品生产资料认定推荐工作，由国家绿色食品发展中心统一组织，任何单位、组织均不得以任何形式直接或变相地进行绿色食品生产资料的认定、推荐活动。

5. 对认证产品进行年审

为了加强对绿色食品生产资料质量监督管理，提高绿色食品生产资料生产企业的管理水平，保证和持续提高认证产品质量，国家绿色食品中心，对经认证的绿色食品生产资料实行年审管理。年审项目包括：企业年度生产经营状况、产品原料来源及进货量、原有问题或不足、企业质量管理改进状况。

国家绿色食品管理机构，根据年审结果，对受审企业的生产、规模、效益、产品质量、经营管理、技术服务等方面的优势、不足和存在问题作出评价，并提出具体建议。

## 四、考核内容

国家绿色食品管理机构在认证和认证后的年审中，都要对被认证企业进行考察、审核。其审核内容主要是：

1. 企业及其生产情况

企业概况、工艺流程、原料比例及来源等情况。

2. 机构与人员

企业内部机构设置是否合理；岗位职责是否分明；重要技术岗位和管理部门技术人员比例。包括经过绿色食品知识和食品质量控制知识培训的专职管理人员，配备专职机械设备、水电设施维修人员。

3. 质量管理与控制

质量管理部门及主要领导、技术人员、操作人员及其培训情况；文件、档案管理制度；原料、成品、半成品检验制度和检测方法；不合格产品管理制度；生产工序操作规程和生产操作记录；操作人员熟练掌握规程的程度；质量统计台账；安全生产及应急措施；主要仪器设备的操作规程、操作记录和维修记录；出厂产品检验合格证；产品质量保证措施；售后服务网络；推荐生资产品和非推荐生资产品的防混控制措施等。

4. 生产场所与设备

固定的并符合要求的标准厂房、库房（原料、产品）、防鼠防蝇等措施，需要控制温度的场所的控温、干燥设备。加工设备和配套的设备要符合工艺要求。

5. 质检能力

专门检验场所和必要的仪器设备，设置符合检验要求。检验项目，自检、代检机构和代检协议。检测指标和检测方法、检测记录、试剂标签、法定计量单位、存档情况。检验人员的学历和培训情况。计量器具的检定证书或标志。另外，还要考察生产过程中的防污措施、制度及管理情况等。

# 项目三 绿色食品产品认证及申报

为确保绿色食品事业的健康发展，促进生态环境的保护与改善，保证绿色食品标志的严肃性与公正性，维护绿色食品信誉及消费者利益，使用绿色食品标志，必须按照《绿色食品标志管理办法》的有关规定，由自愿使用并支付标志使用费的企业提出使用申请，经国家绿色食品中心按程序审核、考察认定，授予绿色食品标志使用权。

## 【知识与技能】

### 一、绿色食品认证应具备的基本条件

中国绿色食品发展中心在国家工商行政管理局注册的质量信誉证明商标。获得绿色食品标志认证，表明企业具有符合绿色食品标准体系要求的品控体系和合格产品。这为企业有效参与食品、农产品市场竞争，提供了强有力的支持。为了保证绿色食品标志的信誉，保护申报企业和产品的利益，必须明确申报企业应具备的条件和申报产品范围。

1. 申报主体资格

凡具有绿色食品生产条件的单位和个人，出于自愿申请使用绿色食品标志者，均可成为绿色食品标志使用权的申请人。

《绿色食品标志管理办法》第五条中规定："凡具有绿色食品生产条件的单位和个人均可作为绿色食品标志使用权的申请人"。

申请绿色食品产品认证的主体是生产食品、食品原料产品的企业和个人。政府机构、事业单位，不能作为绿色食品产品认证的申请人。申请人应符合如下条件：

(1)申请人必须要能控制产品生产过程，落实绿色食品生产操作规程，确保产品质量符合绿色食品标准

质量保证是以被认证体系、产品、过程的"受控"为核心的。这有两层含义：一是规程、标准、措施、制度等保证性手段，能有效地被贯彻，这是通过认证的必备条件；二是所贯彻的保障性手段、措施，与被保证的品质或状态之间，有必然性因果关系。从管理组织机构和权限上，申请人必须能够在其认证范围内，有效地管理生产过程、贯彻经过认证的品控体系和产品标准。

(2)申报企业要具有一定规模，能承担绿色食品标志使用费

绿色食品标志，实行按认证品种收费的有偿使用制度。这种有偿使用，不仅是为了维护标志所有权人的合法权益，而且也是为了保护被认证企业利益，并利用经济利益来约束标志所有

权人、标志使用权人，使其共同维护绿色食品标志信誉，以促进绿色食品事业的健康发展。

绿色食品认证费和标志使用费都实行按品种收费办法。按照2004年开始实施的《绿色食品认证及使用收费管理办法》的规定，每个产品认证费8 000元，标志使用费1 000元（初级产品），同时认证系列初级产品，超过两个的部分，每个收取1 000元认证费、300元使用费。

(3)必须有稳定的生产基地

乡、镇以下从事生产管理、服务的企业作为申请人，必须要有生产基地，并直接组织生产；乡、镇以上的经营、服务企业必须要有隶属于本企业的、稳定的生产基地。

绿色食品标志认证的申请人，对生产过程的有效控制，以其直接管理稳定的生产基地为前提。即拥有土地或加工生产设施的长期、稳定的使用权。这种长期使用权包括拥有物权、国家核准使用权、协议获得使用权。这样，申请人才能够在认定的使用期限内有效地贯彻品控体系和措施。

(4)申报加工产品企业的生产经营须1年以上

绿色食品标志认证，需要经过复杂的申请、考察、审核过程。获得认证后，申请人可以在规定的有效期内使用绿色食品标志。根据《绿色食品认证及使用收费管理办法》的规定，获得认证后的标志使用权的有效期为3年。申请人的生产经营期限，也不能少于这个标志使用权的有效期。

(5)有下列情况之一者，不能作为申请人

与中国绿色食品发展中心及各级绿色食品委托管理机构有经济和其他利益关系的。

中国绿色食品中心采用委托制管理认证工作。凡受中心委托管理绿色食品标志、检测、监测被认证产品和环境的机构，包括各级农业主管部门及所属业务职能机构、受中心委托的监测、检测机构，均不能作为标志使用权的申请人。

能够导致消费者对产品（原料）的来源产生误解或不信任的企业，如批发市场、粮库等。粮油批发市场、粮库、其他粮食收购经销企业（不能有效地对供应方贯彻其品控体系的经销企业），一般来说，粮食来源于分布广泛且经营者与粮食生产者之间没有稳定的经营关系、无法贯彻统一的品控体系。这一点也包括无法有效贯彻其品控体系的粮食加工企业。

纯属商业经营的企业。在城乡从事食品销售的商业企业，由于实行多品种、多渠道经营，其产品种类、进货渠道和经营规则，都使其不能有效向供应方延伸品控体系，因此不能作为绿色食品标志申请人。除非按《商业企业使用绿色食品标志暂行规定》认证为绿色食品专营商店或绿色食品专柜。

政府和行政机构。在商品经济条件下，政府是制定经济运行规则、维持经济运行秩序的公共权利部门，如果允许其作为经营活动主体，本身违背商品经济本身的客观规律，必然会扭曲经济运行，形成不公平竞争。

政府无权从事经营活动，也无权干涉任何生产经营者的内部经营事务。如果政府和行政机构申请绿色食品标志认证，则或者政府或行政机构不能有效地向生产者贯彻经过认证的品控体系和标准，从而不能维护绿色食品标志的社会信誉，损害消费者的合法权益；否则就是政府或行政机构越权侵害企业或农户合法权益。在前种场合，政府机构尊重生产者的自主决策权，以符合经济规律的方式行事；在后一场合，政府违背经济规律，侵害生产者合法权益。同时，在我国加入WTO的环境下，政府直接作为经济活动主体，也是世界贸易规则所不允许的。

2. 申报的产品范围

关于申报绿色食品的产品范围,《绿色食品标志管理办法》第四条规定：获得绿色食品标志使用权的产品,必须同时符合下列条件：

①产品或产品原料的产地必须符合绿色食品的生态环境标准；

②农作物种植、畜禽饲养、水产养殖及食品加工必须符合绿色食品的生产操作规程；

③产品必须符合绿色食品的质量和卫生标准；

④产品的标签必须符合《绿色食品标志设计标准手册》中的有关规定。

中国绿色食品发展中心在国家工商行政管理局已完成 9 类商品共 33 件证明商标的注册工作,核定使用商品类别为 1、2、3、5、29、30、31、32、33 类(按我国于 1987 年开始使用的《商标注册用商品和服务国际分类尼斯协定》中的分类标准)。

其中标志图形核定使用商品类别为第 5、29、30、31、32、33 共 6 大类。第 5 类的婴儿食品;第 29 类的肉、家禽、水产品、奶及奶制品、食用油脂等;第 30 类的食盐、酱油、醋、米、面粉及其他谷物类制品、豆制品、调味用香料等;第 31 类的新鲜蔬菜、水果、干果、种子、活生物等;第 32 类的啤酒、矿泉水、水果饮料及果汁、固体饮料等;第 33 类的含酒精饮料。

第 1 类肥料、第 2 类食品着色剂、第 3 类香料,可以申请使用中英文商标。

新近开发的一些新产品,只要是卫生部以"食"字或"健"字登记的,同样可以申报绿色食品标志。经卫生部公告的既是食品又是药品的品种(紫苏、菊花、白果、陈皮、红花等),可以申报绿色食品标志。

与绿色食品相关的农药、饲料和天然食品添加剂等,可以申请认证推荐使用资格。

药品、香烟不可以申报绿色食品标志。按照绿色食品标准,暂不受理蕨菜、方便面、火腿肠、叶菜类酱菜的申报;暂不受理作用机理不甚清楚的产品(如减肥茶)的申报。

## 二、绿色食品认证申报的程序

国家工商行政管理局、农业部关于依法使用、保护"绿色食品"商标标志的通知(颁布、实施日期 1992/04/15)农业部统一负责"绿色食品"标志的颁发和使用管理。凡从事食品生产、加工的企业,需要在某项产品上使用"绿色食品"标志的,必须依照《农业部"绿色食品"标志管理暂行办法》的有关规定提出申请,经审查符合标准的,授予《绿色食品证书》及专用编号,准其使用,企业方可在该项指定的产品上使用"绿色食品"标志。由农业部定期将准许使用"绿色食品"标志企业名单报国家工商行政管理局商标局备案。

已获准使用"绿色食品"标志的企业,必须严格依照《商标法》及农业部有关"绿色食品"管理办法使用标志,并接受农业部指定的环保监测及食品监测部门的监督检查,保证使用标志产品的质量,维护"绿色食品"标志的商标信誉。

任何单位或个人,未经农业部准许,擅自印制、使用"绿色食品"标志,或经销假冒"绿色食品"食品的,皆属于侵犯商标专用权或假冒商标行为。

申报程序图示如下：

绿色食品标志申请程序(选自《中国绿色食品网》http://www.cngreenfood.com)(图 2-4-1)。

图 2-4-1 所示程序,可以用以下流程图(图 2-4-2)表示：

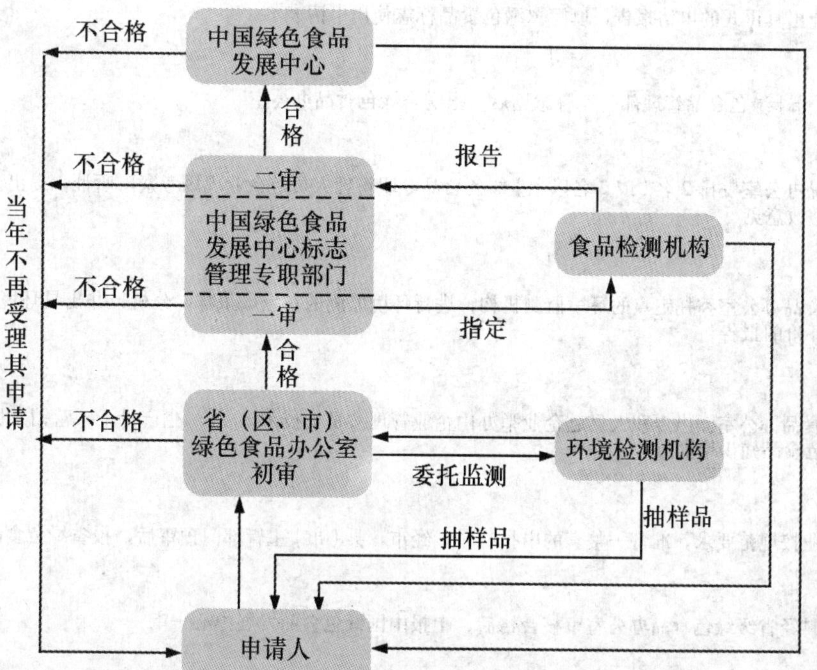


图 2-4-1　绿色食品标志申请程序

绿色食品标志是经中国绿色食品发展中心注册的质量证明商标。根据农业部《绿色食品标志管理办法》，食品生产企业如需在其生产的产品上使用绿色食品标志，必须按以下程序提出申报。

1. 提出书面申请

申请人向发展中心或向发展中心委托的省级绿色食品管理机构提出书面申请，领取绿色食品标志使用申请书及有关材料。

2. 填写申请书及相关材料

申请人按要求填写绿色食品标志使用申请书、企业及生产情况调查表，递交申报前准备的各种材料。黑龙江省境内的企业，需先向黑龙江省绿色食品办公室（简称省绿办）或农垦绿色食品办公室提出书面申请，领取申请表。填写《绿色食品标志使用申请书》（一式两份）、《企业生产情况调查表》。

3. 实地考察

省级绿色食品管理机构派主管标志的两名以上同志到申请企业考察。根据发展中心制定的考察要点，对申请企业的基本情况、原料生产及供应情况进行考察，核实其产品生产过程的质量控制等情况。经考核验收后，填写企业情况调查表，写出综合考察报告。省级绿色食品办公室将依据企业的申请，派员赴申请企业进行实地考察。

4. 委托进行环境检测

经省绿办对申请企业考察后，对具有省级以上计量认可，具有环评资格的环境监测单位，委托其对申请产品或产品主要原料产地的环境质量进行监测和现状评价，省级绿办将按计划统一安排环境监测工作。如考察合格，省级绿色食品办公室将委托定点的环境监测机构对申报产品或产品原料产地的大气、土壤和水进行环境监测和评价。

1. 申报企业出具正式的申请报告、填写《绿色食品标志使用申请表》

↓

2. 市、县（市）绿色食品管理部门签署意见后，报送省绿色食品办公室

↓

3. 绿色食品办公室安排2名（或2名以上）绿色食品专职管理人员赴企业现场考察、听证，提出考察结论、整改意见

↓

4. 省绿色食品办公室委托定点的环境监测机构，进行环境监测的布点、采样、分析，并出具环境调查、监测和评价的报告

↓

5. 省绿色食品办公室派出专职人员赴企业举办由企业管理人员、技术人员、生产骨干、营销人员等参加的绿色食品知识培训班

↓

6. 申报企业按规范要求，准备一整套的申报材料，经市、县（市）主管部门预审后，报省绿色食品办公室

↓

7. 申报材料经省级绿色食品办公室审核合格后，上报中国绿色食品发展中心一审

↓

8. 一审合格后，中国绿色食品发展中心发产品抽样检验单至省绿色食品办公室

↓

9. 由省绿色食品办公室派专人赴企业或委托市、县（市）主管部门随机抽取样品并封好，由企业送指定的绿色食品质量检验中心检验

↓

10. 绿色食品检验中心报送该企业的产品的检验报告至中国绿色食品发展中心终审

↓

11. 终审合格后，由省绿色食品办公室通知企业法人代表或法人代表委托人赴北京办理领取绿色食品证书的有关事宜

**图 2-4-2 流程图**

续报产品环境监测。在第一个使用周期有效期满前提出续报的产品，如申报规模没变，可以不做环境监测；该产品在第二个使用周期满前仍继续申报时，须做环境监测，但经监测单位和省绿办考察后，如果没有新的污染源，可以适当少布点；自第三个使用周期起，环境监测的有效期为6年。

申报企业对环境监测结果或产品检测结果有异议，可向中国绿色食品发展中心提出仲裁检测申请。中国绿色食品发展中心委托两家或两家以上的定点监测机构对其重新检测，并依据有关规定做出裁决。

5. 省级审核

省级绿办对申请材料进行初审，并对审定合格的材料签署意见，连同环境监测报告、现状评价报告和综合考察报告整套材料报送发展中心。省级绿色食品办公室的标志专职管理人员将结合考察情况及环境监测和评价的结果对申请材料进行初审，并将初审合格的材料上报中国绿色食品发展中心。

6. 中心初审

中国绿色食品发展中心对申报材料进行审核，如材料合格，将书面通知省级绿色食品办公室对申报产品进行抽样。省级绿色食品办公室接到中心的抽样单后，委托具有资质的人员赴申报企业进行抽样。抽样由抽样人员与被抽样单位当事人共同执行。抽取样品，并于样品包装物上贴好封条，并由双方在抽样单上签字、加盖公章。抽样后，申报企业带上检测费、产品执行标准复印件、绿色食品抽样单、抽检样品，送至绿色食品定点食品监测中心。绿色食品定点监测中心依据绿色食品产品标准检测申报产品。监测中心应于收到样品 3 周内出具检验报告，并将结果直接寄至中心标志管理处，不得直接交予企业。对于违反程序，无抽样单的产品，监测中心应不予检测，否则，检测结果一律视为无效。

7. 中心复审

国家绿色食品发展中心对省级绿办上报材料进行复审，合格者由中心指定的部级食品质量监测中心对其申报的产品进行抽样，并依据绿色食品质量和卫生标准进行检测。对检测不合格的产品，当年不再受理其申请。同时，企业必须按国家食品标签适用标准和绿色食品标志标准设计要求，将带有绿色食品标志的产品包装方案送省级绿办审核。

8. 签订协议

中心对申请企业及产品进行审定认证后，与符合绿色食品条件的生产企业的法人代表签订“绿色食品标志使用协议书”。

9. 公告

发展中心将许可使用绿色食品标志的企业及产品名单，报国家工商行政管理局备案，并向社会发布通知。

10. 编号发证

中国绿色食品发展中心对上述合格的产品进行编号，并颁发绿色食品标志使用证书。领取绿色食品标志使用证书时，需同时办理如下手续：①交纳标志服务费（标准见新的收费办法）；②送审产品使用绿色食品标志的包装设计样图；③订制绿色食品标志防伪标签（图 2-4-3）。

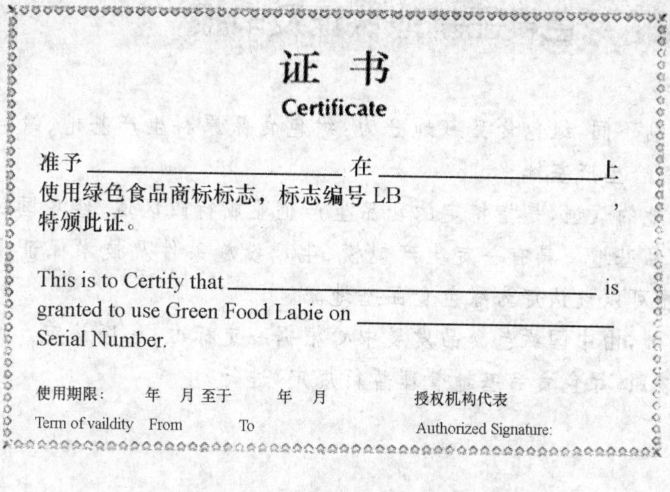
证 书

Certificate

准予 ____________ 在 ____________ 上

使用绿色食品商标标志，标志编号 LB ____________，

特颁此证。

This is to Certify that ____________ is

granted to use Green Food Labie on ____________

Serial Number.

使用期限： 年 月至于 年 月 授权机构代表

Term of vaildity From To Authorized Signature:

图 2-4-3 绿色食品标志使用证书

## 三、申报材料

申请认证的企业或个人，除提供企业营业执照、商标注册证、企业法人代码证、企业税务登记证外，还需要报送以下材料：

①企业的申请报告；

②《绿色食品标志使用申请书》(一式两份)；

③《企业生产情况调查表》；

④《农业环境质量监测报告》及《农业环境质量现状评价报告》；

⑤省委托管理机构考察报告及《企业情况调查表》；

⑥产品的执行标准及1年内省级质检报告(原件)；

⑦产品及产品原料种植(养殖)规程、加工规程(种植业生产技术规程、养殖业生产技术规程、加工业生产技术规程，生产工艺流程，企业、厂区、设备、生产车间、化验室、成品库产品的照片)；

⑧企业获奖证书(复印件)；

⑨企业质量管理手册及有关质量管理措施；

⑩加工产品的现用包装式样及产品标签；

⑪原料购销合同(原件、附购销发票复印件)；

⑫仓库的防虫、防鼠措施；

⑬企业生产多种产品的需提供区分绿色食品与非绿色食品的措施；

⑭采用“公司＋基地＋农户”生产经营的企业，应提交基地生产组织管理形式、具体的管理办法，明确各基地名称、种植面积、农户清单等材料；

⑮保证执行绿色食品标准和规范的声明；

⑯基地分布图。



# 项目四　绿色食品基地认证及申报

根据产品类别不同，绿色食品基地分为：绿色食品原料生产基地、绿色食品加工品生产基地、绿色食品综合生产基地。

绿色食品基地的认证，是指特定的食品生产企业或行政区域，经中国绿色食品发展中心批准成为绿色食品基地。具有一定生产规模、生产设施条件及技术保证措施的食品生产企业或行政区域，才可以被认定为绿色食品基地。

绿色食品基地，由中国绿色食品发展中心根据一定标准、程序认定。绿色食品基地的申请和认定，必须按照《绿色食品基地管理暂行规定》进行。

## 【知识与技能】

### 一、绿色食品基地标准

不同类型的绿色食品基地，工艺技术基础不同，绿色食品原料生产单位，是以生物过程为特征的农牧渔业生产，其产品质量控制，受大范围环境因素的影响，比食品工业企业大；而食品工业企业，产品品种复杂，工艺和产品具有变化速度快的特点。因此，为了有效保证绿色食品商标信誉、保证被认证基地具有经济效益，对不同类型的绿色食品基地，要有不同的标准。

1. 绿色食品原料（绿色食品农产品）生产基地标准

①绿色食品必须为该单位的主导产品，其产值或种养规模应占企业农业产值或总种养规模的60%以上。绿色食品产品基地必须达到规定的生产规模（表2-4-1）。

表 2-4-1　绿色食品基地产量规模

| 产品类别 | 生产规模 | 说明 |
|---|---|---|
| 粮食、大豆 | 年产1万t，或1 300 $hm^2$ 以上 | |
| 蔬菜 | 大田67 $hm^2$ 以上，或保护地13 $hm^2$ 以上 | 因地域、产品差异，此栏中3类产品生产规模可适当调整 |
| 水果 | 年产3 000 t以上，或333 $hm^2$ 以上 | |
| 茶叶 | 年产干毛茶300 t以上，或333 $hm^2$ 以上 | |
| 杂粮 | 年产250万t以上，或333 $hm^2$ 以上 | |
| 蛋鸡 | 年存栏15万只以上 | |
| 蛋鸭 | 年存栏5万只以上 | |
| 肉鸡 | 年屠宰加工150万只以上 | |
| 肉鸭 | 年屠宰加工50万只以上 | |
| 奶牛 | 成乳牛存栏数400头以上 | 每头年产奶4 000 kg以上的牛，为成年乳牛 |
| 肉牛 | 年出栏2 000头以上 | |
| 猪 | 年出栏5 000头以上 | |
| 羊 | 年存栏10 000只以上 | |
| 水产养殖 | 养殖面积3 333 $hm^2$ 以上，或精养鱼塘33 $hm^2$ 以上 | 精养池塘面积包括鱼池、种池 |

②必须具备完善的绿色食品管理机构（基地办）和生产服务体系，并制定出相应技术措施和规章制度。

绿色食品认证，是把产品质量认证和质量管理体系认证结合在一起的综合认证。离开了相应的科学管理体系，就不能保证其认证的信誉，从而也就不会建立、维护绿色食品的信誉。因此，包括绿色食品基地的认证，都必须建立、贯彻包括生产技术操作规程在内的科学的质量管理体系。具体地说，种植类企业须制定作物病虫害防治措施、杂草防治措施、轮作计划、肥料计划、农药使用计划、仓库卫生措施。养殖类企业须制定疫病防治措施、饲料检验措施（含饮用水）、畜舍清洁措施。为了保证质量的可追踪性，以上两类企业还必须建立严格的档案制度(详细记录绿色食品生产情况、生产资料购买使用情况、病虫害发生处置情况等)、检查制度。

绿色食品基地,贯彻科学品控体系、实施绿色食品生产技术措施,是一项必需的经常性管理工作。适合这个管理体系需要的专门管理机构和生产服务体系的建立和完善,是保证这些管理理念、措施、制度得以贯彻的前提。在管理机构方面,建立统一管理基地生产经营和品质控制的基地办。在服务体系方面,要建立与基地绿色食品生产经营活动相适应的,提供生产资料供应、技术措施实施、产品销售、技术、信息咨询服务等相关保障措施的服务体系。

③接受绿色食品知识培训的专业技术人员,应占该单位职工总人数的5%以上。

绿色食品基地的管理、质量控制、技术措施实施等,必须按照国家绿色食品标准体系的要求进行,必须贯彻预防质量事故、持续改进、全程控制的管理理念。实现这种科学的质量管理,必须要有相应的懂得绿色食品相关知识的技术人员和品控人员。

④必须具备相对独立的良好生态环境,并采取行之有效的环境措施,使该环境持续稳定在良好状态下。

绿色食品是在良好环境下生产的无污染、安全、优质食品。生产过程与环境不停地进行着交互影响,包括空气环境、水环境、土壤环境、生物环境等。良好的环境因素,首先是保证产品安全、无污染的前提条件;其次,良好的生态环境,也是实施绿色食品生产技术措施的保障和必要措施之一。比如利用作物害虫天敌减少虫害和减少农药使用量。

环境是动态因素。不仅绿色食品生产需要良好生态环境,而且用持续发展的眼光看,绿色食品生产过程中,减少对环境的污染,不断改善环境质量,是保证绿色食品市场信誉、提高绿色食品产品经济效益的前提条件。这主要有以下原因:污染、破坏的再治理成本因素;污染、破坏引起的破坏性后果;污染、破坏引起的外部不经济。从长远讲,绿色食品要想打入国际市场,还必须进行环境认证,即证明本企业产品的生产过程以及流通、消费过程,均不对环境造成污染。这也要求我们有预见性地采取措施,持续提高环境质量。

⑤必须具备较完善配套的生产设施和机械,保证稳定的生产规模,具有抵御一般自然灾害的能力。

绿色食品生产过程中,减少化学物质的使用,在AA级绿色食品中甚至杜绝使用化学物质。但动植物的病害、植物草害、虫害,以及恶劣气候灾害,总是难以避免的。同时,认证是按照产品品种收费的,如果被认证的企业生产规模小或者不稳定,就不能保证企业经济利益的稳定实现,也就不利于绿色食品的发展。因此,被认证的企业,除了要具备一定规模(条件1)外,还要具备实施各项绿色食品生产技术措施的设施、设备,比如对抗恶劣气候的灌溉、排涝设备、设施,足够的除草、中耕、播种、收获等机械,这是绿色食品企业抓住最佳时机,采取适当技术措施的物质保证。

2.绿色食品加工生产基地标准

绿色食品加工生产基地,就是绿色食品工业基地。绿色食品加工品生产基地必须同时符合下列条件:

①绿色食品加工品必须为该单位的主导产品,其产量或产值占该单位总产量或总产值的60%以上。

②企业达到大中型企业的规模(按国家企业规模划分标准,以资产衡量)。

按旧标准(即1988年发布、1992年补充的《大中小型工业企业划型标准》),“其他轻工业企业(其他轻工企业包括塑料制品、饮料、酒、照相机、日用化学制品、日用品陶瓷制品、日用玻璃制品、灯泡、食品、文教体育用品、日用染品、工艺美术制品、皮革毛皮制品、盐业综合利用加工等企业),生产用固定资产原值达到中一、中二的标准,分别为 1 500 万至 3 000 万元和 1 000 万至 1 500 万元。"

也就是说,按照这个标准,只有生产用固定资产原值达到 1 000 万元人民币的食品工业企业,才能有条件申请和被认证为绿色食品加工生产基地。

按 2003 年 11 月发布实施的新标准,中型企业是指:"从业人员数 200～2 000 人,销售额 3 000 万～3 亿元,资产总额 4 000 万～4 亿元。"

③必须具备专门的绿色食品加工生产管理机构,负责原料供应、加工生产规程和产品销售,并制定出相应的技术措施和规章制度。

绿色食品加工产品,也必须执行绿色食品产品标准、绿色食品生产资料使用准则,贯彻预防质量事故、持续改进、全程控制的管理理念。包括实行品控体系延伸管理,与农户签订合同、索取原料供应机构产品认证证书,严格验收原料,按规程运输、保管原料等。

④企业必须有相应的技术措施和管理制度。

⑤从事绿色食品加工的管理人员及直接从事加工生产的人员,必须经过绿色食品知识培训。

⑥必须具有行之有效的环境保护措施。

3. 绿色食品综合生产基地标准

①绿色食品综合生产基地应同时具有绿色食品初级产品及绿色食品加工产品。

绿色食品综合生产基地,是指既生产绿色食品原料又生产绿色食品加工产品的绿色食品基地。同时具有两类产品,是认证为综合基地的物质前提。这和专利申请、商标注册不同,是对现有生产体系和产品的认证,必须实际在生产该产品,才可以申请并通过认证。

②必须同时具备绿色食品初级农产品基地及绿色食品加工生产基地的条件。

也就是说,申请综合基地认证的企业,其绿色食品原料生产,必须符合"绿色食品原料生产基地"标准;其绿色食品加工生产,必须符合"绿色食品加工生产基地"标准。具体包括:

第一,绿色食品为该单位主导产品,其中,绿色食品原料产值或种养规模应占该企业农业产值或总种养规模的 60%以上,绿色食品加工品产量或产值占该单位加工业总产量或总产值的 60%以上;

第二,绿色食品原料产品规模必须达到上述规定的生产规模(见本节附表:"绿色食品基地产量规模"),企业加工业资产规模,按国家标准达到大中型企业的规模(见前项);

第三,必须具备完善的绿色食品管理机构和生产服务体系,并制定出相应技术措施和规章制度,负责原料生产、供应、工业品加工生产和产品销售,并制定出相应的技术措施和规章制度;

第四,从事绿色食品加工的管理人员及直接从事加工生产的人员,必须经过绿色食品知识培训,接受绿色食品知识培训的专业技术人员,应占该单位职工总人数的 5%以上。

第五,在原料生产地域,必须具备相对独立的良好生态环境,整个企业必须包括原料生产和加工品生产环节,必须采取行之有效的环境保护措施,使原料和加工品生产环境持续稳定在良好状态下,并有效防止对环境的污染。

## 二、绿色食品基地认证申报程序

绿色食品基地认定，是为市场和社会提供生产者真实可靠信息的过程，同时也是生产者定位自己市场形象的行为。公正、公开、公平，是实现这两个目标的条件。为此，必须有科学、合理的申请、认定程序，以维护生产者、消费者双方权益。按照农业部制定的绿色食品基地管理暂行规定的要求，企业在已经获得绿色食品产品认证的基础上，按以下步骤申请、认定。

1. 申请

申请人向中国绿色食品发展中心或所在省、自治区、直辖市绿色食品办公室提出申请，领取申请，并领取绿色食品基地申请书。

2. 填写申请书

申请人按要求，规范填写《绿色食品基地申请书》，报所在省(区、市)绿色食品办公室。

3. 人员培训

申请人组织本单位直接从事绿色食品管理、生产的人员参加培训，并经省级绿色食品办公室考核、确认。

4. 省级审核

由各省(区、市)绿色食品办公室派专人到申报企业实地调、考查，核实企业的生产规模、管理、环境及质量控制情况，写出正式考察报告。

5. 上报中心

以上材料一式两份，由各省(区、市)绿色食品办公室初审后，写出推荐意见，报中国绿色食品发展中心审核。

6. 中心考察

根据需要，由中国绿色食品发展中心派专人赴申请材料合格的企业实地考察。

7. 签订协议

在国家绿色食品发展中心对申请企业进行终审后，国家绿色食品发展中心与符合绿色食品基地标准的申请人签订"绿色食品基地协议书"。

8. 颁证

对符合基地标准第四条(绿色食品原料生产基地标准)或第五条(绿色食品加工生产基地)标准的企业颁发绿色食品专项产品基地证书和牌匾，对符合基地标准第六条(绿色食品综合生产基地)的企业颁发综合基地证书和牌匾。

9. 公告

国家绿色食品发展中心，对合格并发给绿色食品基地证书和铭牌的企业，予以公告。对申报不合格的单位，当年不再受理其申请。

10. 续报

绿色食品基地自批准之日起 6 年有效。到期要求继续作为绿色食品基地的，须在有效期满前 6 个月内重新申报，逾期未将重新申报材料递交中国绿色食品发展中心的，视为自动放弃标志使用权。

## 三、申报材料

①申请人向所在省绿机提交的申请报告；

②省级绿色食品办公室的考察报告；

③绿色食品产品证书及有关基地建设材料复印件；

④基地应执行的绿色食品生产操作规程；

⑤基地示意图(标明绿色食品生产地块和非绿色食品生产地块)；

⑥基地专职管理机构及人员组成名单；

⑦基地专职技术人员名单及培训合格证书复印件；

⑧基地各种档案制度(田间生产档案、收购记录、贮藏记录、销售记录、生资购买及使用登记记录等)；

⑨基地各项检查、管理制度等。

# 项目五　绿色食品商业、餐饮业认证及申报

## 【知识与技能】

## 一、绿色食品商业企业标志使用权的申请

1. 申报条件

①申请绿色食品商店(绿色食品专营店)或绿色食品专柜的标志使用权的条件：

绿色食品商店，要具有食品经营许可证和卫生许可证，商店门市面积不少于 50 $m^2$，配有能确保食品质量的专用库房，店内环境优雅、清洁、卫生设施齐备先进。绿色食品上柜品种及数量占商店食品上柜销售品种及数量的60%以上。

绿色食品专柜，要具有食品经营许可证，专柜长度不少于 6 m，配有具备一定保鲜能力、卫生条件、能确保食品质量的专用库房。专柜内必须全部销售绿色食品。

②绿色食品标志必须设置在店内外及柜台的显著位置，有关标志及广告用语、店内装潢及店员着装必须符合国家绿色食品管理机构统一规定。

③从业人员必须经过绿色食品基础知识培训，具有对绿色食品标识的鉴别能力，严禁假冒绿色食品上柜。

2. 商业企业申请使用绿色食品标志的程序

①申请人填写“商业企业使用绿色食品标志申请书”一式两份(附报材料)，报所在省(自治区、直辖市、计划单列市，下同)绿色食品管理部门。

②省绿色食品管理机构对申请材料进行初审，并对该企业进行实地考核，写出正式考核报告，连同初审意见报国家绿色食品管理机构。

③国家绿色食品机构通知省绿色食品管理机构对申请单位进行为期 3 个月的试营业跟踪考核。3 个月后，由申请单位和当地绿色食品管理部门共同写出报告，报国家绿色食品管

理机构进行复审。对符合条件的企业,国家绿色食品管理机构与其签订“绿色食品标志使用协议”;颁发绿色食品标志使用证书及绿色食品商业企业牌匾,同时公告于众。对申报不合格的企业,当年不再受理其申请。

## 二、绿色食品餐饮业标志使用权的申请

1. 申报条件

①具有餐饮经营许可证和卫生许可证,餐厅面积不少于100 $m^2$,配有能确保食品质量的专用库房和操作间,炊事及卫生设施齐备先进,必须有特级厨师1名以上。餐饮配方中绿色食品的使用量不少于食品总量的60%。

②绿色食品标志必须设置在餐厅内外及服务台的显著位置,有关标志及广告用语设计、餐厅内装潢及服务员着装,必须符合国家绿色食品管理机构统一规定。

③从业人员必须经过绿色食品基础知识培训,具有对绿色食品标识鉴别能力,严禁采购和使用假冒绿色食品。

2. 餐饮企业申请使用绿色食品标志的程序

①申请人填写“餐饮企业使用绿色食品标志申请书”一式两份(含附报材料),报所在省(自治区、直辖市、计划单列市,下同)绿色食品管理部门。

②省绿色食品管理机构对申请材料进行初审,并对该企业进行实地考核,写出正式考核报告,连同初审意见报国家绿色食品管理机构。

③国家绿色食品机构通知省绿色食品管理机构对申请单位进行为期3个月的试营业跟踪考核。3个月后,由申请单位和当地绿色食品管理部门共同写出报告,报国家绿色食品管理机构进行复审。对符合条件的企业,国家绿色食品管理机构与其签订“绿色食品标志使用协议”;颁发绿色食品标志使用证书及绿色食品商业企业牌匾,同时公告于众。对申报不合格的企业,当年不再受理其申请。

# 【行业标准】

### 一、绿色食品认证及标志使用收费管理办法

发布单位:国家发展和改革委员会 2004/4/30

第一条　为规范绿色食品认证及标志使用收费行为,维护绿色食品标志所有者和使用者的合法权益,促进绿色食品事业的健康发展,特制定本办法。

第二条　农业部负责组织实施绿色食品的质量监督、认证工作,中国绿色食品发展中心依据标准认定绿色食品,依据《商标法》实施绿色食品标志商标管理。

第三条　中国绿色食品发展中心开展绿色食品认证和绿色食品标志许可工作,可收取绿色食品认证费和标志使用费。

第四条　绿色食品认证费由申请获得绿色食品标志使用许可的企业在申请时缴纳,具体收费标准按附件二的规定执行。

第五条　绿色食品标志使用费由获得绿色食品标志使用许可的企业在每个绿色食品标志使用年度开始前缴纳,标志使用权有效期3年。具体收费标准按附件二的规定执行。

第六条　下列产品的标志使用费按优惠政策收取：

(一)国家扶贫开发工作重点县企业的初级产品、初加工产品、深加工产品；

(二)西部地区企业的初级产品；

(三)获得绿色食品标志商标使用许可当年的产品。

具体优惠政策按农业部的规定执行。

第七条　在申请绿色食品标志使用过程中需接受环境监测和产品检验的企业，应按规定缴纳环境监测费和产品检验费，环境监测费和产品检验费由具有环境监测或产品检验资格的单位在实施监测或检验时收取，收费单位应按规定到指定的价格主管部门申领《收费许可证》，并使用规定的收费票据。环境监测费和产品检验费的具体收费标准按附件三、四的规定执行。

第八条　在企业使用绿色食品标志期间，为实施监督管理所进行的产品检验和环境监测，其费用由实施监督管理的单位负担；监督管理要求的企业整改复检，其费用由企业负担；企业申请的仲裁检验，其费用先由企业垫付，再根据仲裁检验结果由责任方负担。

第九条　绿色食品认证费和标志使用费的收入作为绿色食品事业的一项资金来源。认证费主要用于受理认证申请、认证检查、认证审核、制发证书、颁布公告等；标志使用费主要用于标志管理和发展绿色食品事业。

第十条　收取认证费和标志使用费的有关事项，应在《绿色食品标志商标使用许可合同》中依照本办法的有关规定予以约定。

第十一条　未按规定缴纳认证费或标志使用费的，中国绿色食品发展中心可以对其做出不予或终止绿色食品标志使用许可的处理。

第十二条　中国绿色食品发展中心收取绿色食品认证费和绿色食品标志使用费，应到国家发展改革委办理《收费许可证》，使用税务发票，依法纳税。

第十三条　中国绿色食品发展中心除收取绿色食品认证费和绿色食品标志使用费外，不得另外收取绿色食品标志工本费，收费单位应严格按照本办法规定执行，不得擅自扩大收费范围、提高收费标准，自觉接受社会监督。

第十四条　本办法由国家发展和改革委员会负责解释。

第十五条　本办法自二〇〇四年一月一日起施行。

## 二、绿色食品认证费收费标准

绿色食品认证费收费标准具体为：每个产品 8 000 元，同类的(57 小类)的系列初级产品，超过两个的部分，每个产品 1 000 元；主要原料相同和工艺相近的系列加工产品，超过两个的部分，每个产品 2 000 元；其他系列产品，超过两个的部分，每个产品 3 000 元(表 2-4-2)。

**表 2-4-2　绿色食品标志使用费收费标准**　　万元

| 类别编号 | 产品类别 | 非系列产品 | 系列产品 |
|---|---|---|---|
| 一 | 初级产品 | | |
| (一) | 农林产品 | | |
| 0.1 | 小麦 | 0.1 | 0.03 |
| 0.5 | 玉米 | 0.1 | 0.03 |

续表 2-4-2

| 类别编号 | 产品类别 | 非系列产品 | 系列产品 |
| --- | --- | --- | --- |
| 0.7 | 大豆 | 0.1 | 0.03 |
| 0.9 | 油料作物产品 | 0.1 | 0.03 |
| 11 | 糖料作物产品 | 0.1 | 0.03 |
| 13 | 杂粮 | 0.1 | 0.01 |
| 15 | 蔬菜 | 0.1 | 0.01 |
| 18 | 鲜果类 | 0.1 | 0.03 |
| 19 | 干果类 | 0.1 | 0.03 |
| 21 | 食用菌及山野菜 | 0.1 | 0.03 |
| 23 | 其他食用农林产品 | 0.1 | 0.03 |
| (二) | 畜禽类产品 | | |
| 25 | 猪肉 | 0.18 | 0.06 |
| 26 | 牛肉 | 0.18 | 0.06 |
| 27 | 羊肉 | 0.18 | 0.06 |
| 28 | 禽肉 | 0.18 | 0.06 |
| 29 | 其他肉类 | 0.18 | 0.06 |
| 31 | 禽蛋 | 0.18 | 0.06 |
| (三) | 水产类产品 | | |
| 36 | 水产品 | 0.18 | 0.06 |
| 二 | 初加工产品 | | |
| (一) | 农林加工产品 | | |
| 0.2 | 小麦粉 | 0.18 | 0.06 |
| 0.3 | 大米 | 0.18 | 0.06 |
| 0.6 | 玉米加工品(初加工) | 0.18 | 0.06 |
| 14 | 杂粮加工品(初加工) | 0.18 | 0.06 |
| 16 | 冷冻、保鲜蔬菜 | 0.18 | 0.06 |
| 17 | 蔬菜加工品(初加工) | 0.18 | 0.06 |
| 20 | 果品加工类(初加工) | 0.18 | 0.06 |
| 22 | 食用菌及山野菜加工品 | 0.18 | 0.06 |
| 24 | 其他农林加工食品(初加工) | 0.18 | 0.06 |
| (二) | 畜禽类产品 | | |
| 32 | 蛋制品 | 0.25 | 0.08 |
| 35 | 蜂产品(初加工) | 0.25 | 0.08 |
| (三) | 水产类产品 | | |
| 37 | 水产加工品(初加工) | 0.25 | 0.08 |

续表 2-4-2

| 类别编号 | 产品类别 | 非系列产品 | 系列产品 |
|---|---|---|---|
| (四) | 饮料类产品 | | |
| 44 | 精制茶 | 0.15 | 0.05 |
| (五) | 其他产品 | | |
| 50 | 方便主食品 | 0.18 | 0.06 |
| 54 | 食盐 | 0.18 | 0.06 |
| 55 | 淀粉 | 0.18 | 0.06 |
| 三 | 深加工产品 | | |
| (一) | 农林加工产品 | | |
| 0.4 | 大米加工品 | 0.3 | 0.1 |
| 0.6 | 玉米加工品(深加工) | 0.3 | 0.1 |
| 0.8 | 大豆加工品 | 0.3 | 0.1 |
| 10 | 食用植物油及其制品 | 0.3 | 0.1 |
| 12 | 机制糖 | 0.3 | 0.1 |
| 14 | 杂粮加工品(深加工) | 0.25 | 0.08 |
| 17 | 蔬菜加工品(深加工) | 0.25 | 0.08 |
| 20 | 果品加工品(深加工) | 0.25 | 0.08 |
| 24 | 其他农林加工食品(深加工) | 0.28 | 0.08 |
| (二) | 畜禽类产品 | | |
| 30 | 肉食加工品 | 0.3 | 0.1 |
| 33 | 液体乳 | 0.3 | 0.1 |
| 34 | 乳制品 | 0.3 | 0.1 |
| 35 | 蜂产品(深加工) | 0.3 | 0.1 |
| (三) | 水产类产品 | | |
| 37 | 水产加工品(深加工) | 0.3 | 0.1 |
| (四) | 饮料类产品 | | |
| 38 | 瓶(罐)装饮用水 | 0.3 | 0.1 |
| 39 | 碳酸饮料 | 0.3 | 0.1 |
| 40 | 果蔬汁及其饮料 | 0.3 | 0.1 |
| 41 | 固体饮料 | 0.3 | 0.1 |
| 42 | 其他饮料 | 0.3 | 0.1 |
| 43 | 冷冻饮料 | 0.3 | 0.1 |
| 45 | 其他茶 | 0.3 | 0.1 |
| (五) | 其他产品 | | |
| 51 | 糕点 | 0.25 | 0.08 |
| 52 | 糖果 | 0.25 | 0.08 |

续表 2-4-2

| 类别编号 | 产品类别 | 非系列产品 | 系列产品 |
| --- | --- | --- | --- |
| 53 | 果脯蜜饯 | 0.25 | 0.08 |
| 56 | 调味品类 | 0.25 | 0.08 |
| 57 | 食品添加剂 | 0.25 | 0.08 |
| 四 | 酒类产品 | | |
| 46 | 白酒 | 1.25 | 0.4 |
| 47 | 啤酒 | 0.75 | 0.25 |
| 48 | 葡萄酒 | 0.75 | 0.25 |
| 49 | 其他酒类 | 0.75 | 0.25 |

绿色食品环境监测费收费标准见表 2-4-3 至表 2-4-6。

**表 2-4-3　空气环境质量监测**　　元

| 检测项目 | 每项次收费 |
| --- | --- |
| 氮氧化物 | 25 |
| 二氧化硫 | 25 |
| 总悬浮物 | 10 |
| 氟化物 | 20 |

**表 2-4-4　水质监测**　　元

| 检测项目 | 每项次收费 | 检测项目 | 每项次收费 |
| --- | --- | --- | --- |
| pH | 10 | 生物需氧量 | 40 |
| 总汞 | 40 | 总大肠菌群 | 40 |
| 总镉 | 40 | 总铜 | 40 |
| 总砷 | 40 | 挥发酚 | 40 |
| 总铅 | 40 | 石油类 | 10 |
| 六价铬 | 50 | 色度 | 20 |
| 氟化物 | 40 | 浑浊度 | 25 |
| 粪大肠菌群 | 40 | 臭和味 | 25 |
| 色、嗅、味 | 20 | 肉眼可见物 | 10 |
| 漂浮物质 | 10 | 氰化物 | 40 |
| 悬浮物 | 10 | 细菌总数 | 40 |
| 溶解氧 | 40 | 氯化物 | 20 |

**表 2-4-5　土壤环境质量监测**

元

| 检测项目 | 每项次收费 | 检测项目 | 每项次收费 |
| --- | --- | --- | --- |
| pH | 10 | 汞 | 50 |
| 铅 | 50 | 铬 | 50 |
| 镉 | 50 | 铜 | 40 |
| 砷 | 50 | | |

注：空气、水质、土壤采样费以及土壤样品预处理费等都已计入检测项目成本，不再另行收取其他任何费用。

**表 2-4-6　绿色食品产品检验费收费标准**

元

| 检测项目 | 计费单位 | 检测方法 | 收费标准 |
| --- | --- | --- | --- |
| 滋(气)味、色泽、肉眼可见物、冲调性、粒度、粒形、碎粒、果形、果径、果面缺陷、片宽、不整齐度、不完善粒、杂质(糠粉、矿物质、带壳稗粒等)、混合均匀度、弯曲折断率、热断条率、烹调损失和烹调性 | 每次每项 | 五官、卡尺 | 5 |
| 胶稠度 | 每次每项 | 胶稠度仪 | 30 |
| 解冻失水率、掺碱试验、畸形粒重、挥发酚、粉末、总固体、膨胀率、千粒重、单果重、可食率、固形物、碳水化合物、固酸比、甲醛、钡离子、水浸出物、溶解性总固体、热值 | 每次每项 | 天平、计算 | 7 |
| 粗纤维 | 每次每项 | 过滤法 | 25 |
| 水分、干燥失重、各种灰分 | 每次每项 | 天平、烘箱 | 20 |
| 比重、密度、各种比容 | 每次每项 | 比重计、密度计 | 10 |
| 果实硬度 | 每次每项 | 硬度仪 | 10 |
| 杂质度 | 每次每项 | 杂质度仪 | 10 |
| 烟点 | 每次每项 | 烟点仪 | 10 |
| 粗细度 | 每次每项 | 筛子 | 10 |
| 溶解度、不溶度指数 | 每次每项 | 离心机 | 7 |
| 酒精度 | 每次每项 | 酒精度计 | 7 |
| 面筋质 | 每次每项 | 面筋质仪 | 15 |
| 色度、浑浊度、透光度、透明度 | 每次每项 | 色度仪 | 10 |
| 粉质曲线稳定时间 | 每次每项 | 仪器法 | 45 |
| 降落数值、氧化时间 | 每次每项 | 秒表 | 10 |
| 脂肪、含油量 | 每次每项 | 抽提 | 30 |
| 可溶性固形物、折光指数 | 每次每项 | 阿贝折光仪 | 12 |
| 螨、乳糖结晶、体细胞 | 每次每项 | 显微镜 | 10 |
| 净含量 | 每次每项 | 天平或量具 | 10 |
| 脲酶定性、磷化物、氰化物、蔗糖转化酶活性 | 每次每项 | 化学显色 | 20 |
| 蛋白质、氨基酸态氮、挥发性盐基氮、总酸、各种酸度、酸价、各种碱度、碱消值、脂肪酸值、过氧化值、碘价、皂化值、番茄红素、各种糖类、总硬度、脯氨酸钠、氯、氯化钠、碳酸盐、重碳酸盐、硫酸盐、耗氧重、含皂量、不皂化物、淀粉 | 每次每项 | 滴定法 | 30 |

续表 2-4-6

| 检测项目 | 计费单位 | 检测方法 | 收费标准 |
|---|---|---|---|
| pH、二氧化碳 | 每次每项 | 滴定法 | 12 |
| 氟 | 每次每项 | 电极 | 40 |
| 羰基价、亚硫酸盐、亚硝酸盐、氰化物、磷、二氧化硫、二硫化碳、氯化苦、组胺、胆碱、挥发酚、偏硅酸、稀土、$\beta$-胡萝卜素、亚铁氰化钾、卵磷脂、胆固醇、总酯、硼、碘化物、氨氮 | 每次每项 | 比色 | 50 |
| 维生素 $B_1$、维生素 $B_2$、维生素 C | 每次每项 | 荧光光谱 | 75 |
| 苯并(a)芘 | 每次每项 | 荧光光谱 | 100 |
| 砷、硒、汞、甲基汞 | 每次每项 | 原子荧光光谱 | 50 |
| 其他各种金属元素 | 每次每项 | 原子吸收 | 50 |
| 甲醇、杂醇油、乙酸乙酯、己酸乙酯、亚油酸、不饱和脂肪酸、脂肪酸、石油烃、碘、总醛、肌醇、总酯、其他醇、双乙酸 | 每次每项 | 气相色谱 | 75 |
| 多氯联苯、三氯甲烷、四氯化碳 | 每次每项 | 气相色谱 | 90 |
| DHA、EPA | 每次每项 | 气相色谱 | 100 |
| 非酒精挥发物总量、二元酸二乙酯总量、柑橘原果汁 | 每次每项 | 气相色谱等 | 300 |
| 六六六、DDT | 每次每项 | 气相色谱 | 60 |
| 六六六、DDT | 每次 2 项 | 气相色谱 | 100 |
| 有机磷 | 每次每项 | 气相色谱 | 60 |
| 有机磷(同一检测方法 4 项以上) | 每次合计 | 气相色谱 | 200 |
| 其他农药残留 | 每次每项 | 气相色谱 | 75 |
| 其他农药残留(同一检测方法 3 项以上) | 每次合计 | 气相色谱 | 200 |
| 山梨酸、苯甲酸、糖精钠 | 每次每项 | 色谱 | 60 |
| 山梨酸、苯甲酸和糖精钠 | 每次 3 项 | 液相色谱 | 150 |
| 维生素 A、维生素 D、维生素 E | 每次每项 | 液相色谱 | 60 |
| 维生素 A、维生素 D 和维生素 E | 每次 3 项 | 液相色谱 | 150 |
| 伊维菌素 | 每次每项 | 液相色谱 | 125 |
| 盐酸克伦特罗 | 每次每项 | 气相色谱-质谱连用 | 150 |
| 咖啡因、泛酸、烟酸、牛磺酸、维生素 K、维生素 $B_{12}$、其他食品添加剂、呋喃 | 每次每项 | | |
| 唑酮、氯羟吡啶、己烯雌酚、喹诺酮类、贝类毒素 | | 液相色谱 | 75 |
| 黄曲霉毒素 $B_1$ | 每次每项 | 薄层法 | 100 |
| 黄曲霉毒素 $M_1$ | 每次每项 | 薄层法 | 125 |
| 氨基酸 | 每次合计 | 液相色谱 | 250 |
| 抗生素定性 | 每次每项 | 显色法 | 50 |
| 磺胺类 | 每次每项 | 液相色谱 | 75 |
| 磺胺类(同一检测方法 3 项以上) | 每次合计 | 液相色谱 | 200 |
| 其他兽药、渔药残留 | 每次每项 | 液相色谱 | 100 |

续表 2-4-6

| 检测项目 | 计费单位 | 检测方法 | 收费标准 |
|---|---|---|---|
| 菌落总数、乳酸菌 | 每次每项 | 微生物平板法 | 30 |
| 大肠菌群、致泻大肠埃希氏菌 | 每次每项 | 发酵管法 | 30 |
| 致病菌 4 项 | 每次 4 项 | 微生物平板法 | 100 |
| 霉菌和酵母菌 | 每次 2 项 | 微生物平板法 | 75 |
| 商业无菌 | 每次每项 | 微生物法 | 125 |
| 各种孢子 | 每次合计 | 微生物法 | 100 |
| 生物素、叶酸、维生素 $B_6$、肌醇 | 每次每项 | 微生物法 | 125 |

## 【自我训练】

1. 质量认证的作用是什么？
2. 如何理解绿色食品认证就是质量管理体系认证？
3. 简述绿色食品生产资料认证的程序。
4. 绿色食品基地应具备什么条件？
5. 具备什么样的主体资格，才可以申报绿色食品产品认证？
6. 简述绿色食品认证的程序。

# 参 考 文 献


[1] 卞有生．生态农业技术．北京：中国环境科学出版社，1992.

[2] 鞠剑峰，赵凤艳．绿色食品基础．哈尔滨：黑龙江人民出版社，2005.

[3] 鞠剑峰．绿色食品生产基础．北京：中国农业出版社，2007.

[4] 鞠剑峰．绿色食品生产技术手册：哈尔滨：黑龙江人民出版社，2007，2011.

[5] 毛树林，等．黑龙江省情概论．哈尔滨：哈尔滨工程大学出版社，1999.

[6] 孟凡乔，乔玉辉，李花粉．绿色食品．北京：中国农业大学出版社，2003.

[7] 刘连馥．绿色食品导论．北京：企业管理出版社，1998.

[8] 刘学龙．林蛙养殖．北京：中国农业出版社，2004.

[9] 路明．现代生态农业．北京：中国农业出版社，2002.

[10] 凌熙和．淡水健康养殖技术手册．北京：中国农业出版社，2003.

[11] 郭忠广．绿色食品生产技术手册．济南：山东科学技术出版社，2003.

[12] 高祥照，等．肥料实用手册．北京：中国农业出版社，2002.

[13] 高翔．特种经济动物养殖实用新技术．北京：中国农业出版社，2004.

[14] 何志德．农民日报．2004-1-20.8 版.

[15] 韩应堂．无公害农产品规范化管理与生产标准实施手册．吉林：吉林摄影出版社，2003.

[16] 黑龙江省绿色食品开发领导小组办公室，黑龙江省绿色食品发展中心．黑龙江省绿色食品管理手册（一～五）．哈尔滨：黑龙江出版社，2002.

[17] 贺普霄，贺克勇．饲料与绿色食品．北京：中国轻工业出版社，2004.

[18] 薛慧文，绍禹．蜜蜂无公害饲养综合技术．北京：中国农业出版社，2003.

[19] 张希良，王志国，马加林．绿色食品管理与生产技术．哈尔滨：黑龙江科学技术出版社，2003.

[20] 赵清爽，张希良，朱佳宁．绿色食品发展战略研究开发与市场营销．北京：中国致公出版社，2002.

[21] 赵继红，王育光，石剑，等. 生态农业是黑龙江省建设现代化农业的必由之路. 黑龙江气象，2003(3)，43-46.

[22] 赵振经，等．活水养鱼技术．北京：金盾出版社，2000.

[23] 中华人民共和国农业行业标准 NY/T 391—2000. 北京：农业部，2000.

[24] 中国绿色食品发展中心．绿色食品管理人员培训参考资料，1997.

[25] 中国标准出版社第一编辑室．绿色食品标准汇编．北京：中国标准出版社，2003.

[26] 中华人民共和国农业部发布．农业行业标准．北京：中华人民共和国农业部，2002.
[27] 迟建福．黑龙江省绿色食品开发与实践．哈尔滨：东北农业大学出版社，2001.
[28] 孙广玉，李春英．农业推广学．哈尔滨：东北林业大学出版社，2003.
[29] 王庆镐．家畜环境卫生学．北京：中国农业出版社，1999.
[30] 王志国. 绿色食品产地环境质量综述. http：//www. northeast. com. cn/spd/zilt/200208220027.
[31] 汪建国．养殖鱼类疾病防治技术．北京：中国农业出版社，1998.
[32] 万宝瑞．农产品加工业的发展与政策．北京：中国农业出版社，1998.
[33] 陈兵红．绿色食品生产基础．北京：科学出版社，2011.
[34] 高翔．特种经济动物养殖实用新技术．北京：中国农业出版社，2004.
[35] 李明荣．质量认证理论与实务．大连：大连理工大学出版社，2011.
[36] 杨克军．作物栽培．哈尔滨：黑龙江人民出版社，2005.
[37] 谭济才．绿色食品生产原理与技术．北京：中国农业出版社，2005.
[38] 马长路．食品企业管理体系建立与认证．北京：化学工业出版社，2009.
[39] 艾志录．食品标准与法规．南京：东南大学出版社，2007.
[40] 李秋洪，袁泳．绿色食品产业与技术．北京：中国农业科学技术出版社，2002.
[41] 绿色食品统计年报．1998—2011 年．
[42] 中国绿色食品网（http：//www. greenfood. org. cn/）
[43] 中国绿色食品信息网（http：//www. chinagreenfoods. com. cn/）
[44] 中国农业质量标准网（http：//caqs. gov. cn）
[45] 中国绿色食品发展中心（http：//www. greenfood. org/lsspjg/）
[46] 中国食品产业网（http：//www. foodqs. com/）
[47] 黑龙江绿色食品网（http：//www. hljgreen. net/）
[48] 黑龙江绿色有机食品网（http：//www. greenfood. hl. cn/）
[49] 黑龙江北大荒绿色有机食品网（http：//www. greenfood. hl. cn/zrzy. htm）
[50] 黑龙江农业信息网（http：//www. hljagri. gov. cn）
[51] 东北网-绿色频道（http：//www. northeast. com. cn/）
[52] 江苏绿色食品网（http：//www. greenfood. jsagri. gov. cn/）
[53] 广东绿色食品网（http：//www. gd-greenfood. org/）
[54] 粤北农业信息网（http：//www. agrisg. com/）
[55] 内蒙古绿色食品信息网（http：//www. nmgreenfood. org. cn/）